面向新工科普通高等教育系列教材

机器学习原理及应用

毋建军 姜 波 郭 舒 编著

机械工业出版社

本书从机器学习原理和应用出发，结合案例介绍了机器学习的基础技术和典型模型算法，包括机器学习的基础、特征选择与降维、典型学习算法、深度学习与神经网络、集成学习与迁移学习、强化学习、计算机视觉与语音识别等技术；详细介绍了机器学习典型模型算法及神经网络学习、计算机视觉和语音识别技术应用，并以实例介绍了应用场景需求、特征表示、深度神经网络设计、预训练模型及预测应用的开发方法和开发过程。

每个案例配有源码，每章配有习题，帮助读者进行深入学习。

本书既可作为高等院校、职业本科院校人工智能、大数据技术、计算机等专业相关课程的教材，也可作为机器学习从业者的技术参考书。

本书配有授课电子课件、所有项目源代码及数据等资源，需要的教师可登录 www.cmpedu.com 免费注册，审核通过后下载，或联系编辑索取（微信：13146070618，电话：010-88379739）。

图书在版编目（CIP）数据

机器学习原理及应用 / 毋建军，姜波，郭舒编著.
北京：机械工业出版社，2025.1. -- （面向新工科普通高等教育系列教材）. -- ISBN 978-7-111-77080-0

Ⅰ. TP181

中国国家版本馆 CIP 数据核字第 2024MR5351 号

机械工业出版社（北京市百万庄大街 22 号　邮政编码 100037）
策划编辑：解　芳　　　　　责任编辑：解　芳　赵晓峰
责任校对：郑　雪　张　征　责任印制：张　博
北京雁林吉兆印刷有限公司印刷
2025 年 1 月第 1 版第 1 次印刷
184mm×260mm・22.5 印张・656 千字
标准书号：ISBN 978-7-111-77080-0
定价：89.90 元

电话服务　　　　　　　　　　网络服务
客服电话：010-88361066　　　机　工　官　网：www.cmpbook.com
　　　　　010-88379833　　　机　工　官　博：weibo.com/cmp1952
　　　　　010-68326294　　　金　书　网：www.golden-book.com
封底无防伪标均为盗版　　　　机工教育服务网：www.cmpedu.com

前　　言

　　近年来，在神经网络、大模型的引领下，机器学习技术迈入了新的发展阶段，已经成为推动芯片研发、无人驾驶、智能制造、医疗诊断、药物研发等应用快速发展的重要手段，以及人工智能、数据科学与大数据技术等新型专业的基础。由于机器学习涵盖领域众多，技术原理难点多、算法复杂，市面上关注机器学习领域全技术、全流程与实践融合的书籍较少，能帮助读者全面了解机器学习原理、最新前沿技术、易于动手实践的入门教材更少。针对此问题，本书从机器学习的基本问题、处理流程、开发平台、学习框架等基础出发，通过案例实践全面深入详解了机器学习基础、特征选择与降维、典型学习算法、深度学习与神经网络、集成学习与迁移学习、强化学习、计算机视觉、语音识别、AI 云开发平台等技术，并引入了大模型、端到端学习等案例实践，供读者深入学习。

　　本书从机器学习原理基础讲起，理实融通，逐步详解在数据准备、特征提取、特征表示、算法解析、深度神经网络、集成迁移强化、视觉与语音方面的技术，以及机器学习库、框架技术及应用和开发步骤等内容。全书共 9 章，分为四部分，分别为：机器学习基础部分，包括机器学习基础、特征选择与降维、典型学习算法（第 1~3 章）；机器学习核心技术部分，包括深度学习与神经网络、集成学习与迁移学习、强化学习（第 4~6 章）；机器学习应用部分，包括计算机视觉技术、语音识别（第 7、8 章）；AI 云开发平台（第 9 章）。

　　本书作为面向高等院校人工智能、数据科学与大数据技术等专业的教材，涵盖了机器学习所涉及的主要技术。通过真实的项目案例，讲解机器学习的核心技术、应用知识体系，项目内容包括特征提取降维表示、典型算法学习预测、深度学习与神经网络综合应用、集成迁移欺诈检测、强化学习技术飞扬小鸟、深度视觉人脸表情识别、端到端中文语音识别，全面且实用，从机器学习初级基础到核心算法应用，涵盖了机器学习环境搭建、数据特征表示、模型设计、模型训练、模型预测应用的全流程操作，具有从理论到实践，再到应用的操作性，适合具有 Python 基础的机器学习入门读者学习。

　　书中所介绍的项目案例都已在 Python 环境、PyCharm、TensorFlow 下调试运行通过。每章除了实践案例之外，还给出一个完整的综合案例，以帮助读者理解、掌握机器学习从初级技术到核心技术的应用开发任务。通过文本、图片、视频、语音等数据，进行多模态的机器学习全流程设计开发，读者能够跟随书中项目案例完成机器学习原理知识的全过程任务。作为教材，每章后附有习题。

　　本书的编写、代码调试工作由毋建军、姜波、郭舒完成。感谢本书责任编辑解芳老师给予的支持和帮助。

　　由于时间仓促，书中难免存在不妥之处，请读者原谅，并提出宝贵意见。

编　者

目　录

前言
第1章　机器学习基础 ……………… 1
1.1　机器学习简介 …………………… 1
1.2　机器学习任务 …………………… 4
1.2.1　机器学习问题 ……………… 4
1.2.2　机器学习典型任务 ………… 5
1.2.3　机器学习应用场景 ………… 7
1.3　搭建机器学习开发环境 ………… 7
1.3.1　开发环境系统要求 ………… 7
1.3.2　Windows10 系统平台下搭建开发环境 ……………… 7
1.3.3　Linux 系统平台下搭建开发环境 … 16
1.4　机器学习常用库概述 …………… 21
1.4.1　库简介 ……………………… 21
1.4.2　库安装及集成 ……………… 22
1.5　机器学习框架概述 ……………… 24
1.6　机器学习开源平台 ……………… 25
1.7　小结 ……………………………… 29
习题 ……………………………………… 29
参考文献 ………………………………… 29
第2章　特征选择与降维 …………… 30
2.1　特征选择简介 …………………… 30
2.2　特征选择方法 …………………… 32
2.2.1　过滤式方法 ………………… 32
2.2.2　包裹式方法 ………………… 37
2.2.3　嵌入式方法 ………………… 41
2.3　降维技术 ………………………… 46
2.4　主成分分析 ……………………… 56
2.5　综合案例：基于 feature_selector 库的商业信贷特征选择 ……… 60
2.6　小结 ……………………………… 64
习题 ……………………………………… 65
参考文献 ………………………………… 65
第3章　典型学习算法 ……………… 66
3.1　回归算法 ………………………… 66
3.1.1　回归简介 …………………… 66
3.1.2　回归技术 …………………… 67
3.1.3　常用回归算法 ……………… 68
3.1.4　回归评价标准 ……………… 74
3.1.5　案例：房屋价格回归分析 … 75
3.2　聚类算法 ………………………… 77
3.2.1　聚类简介 …………………… 77
3.2.2　聚类技术 …………………… 78
3.2.3　常用聚类算法 ……………… 78
3.2.4　聚类评价标准 ……………… 82
3.2.5　案例：用户社区聚类分析 … 83
3.3　分类算法 ………………………… 85
3.3.1　分类简介 …………………… 86
3.3.2　分类技术 …………………… 86
3.3.3　常用分类算法 ……………… 86
3.3.4　分类评价标准 ……………… 90
3.3.5　案例：新闻分类 …………… 92
3.4　支持向量机 ……………………… 95
3.4.1　支持向量机简介 …………… 95
3.4.2　间隔 ………………………… 96
3.4.3　核函数与方法 ……………… 99
3.4.4　案例：垃圾邮件过滤 ……… 100
3.5　决策树 …………………………… 102
3.5.1　决策树简介 ………………… 102
3.5.2　构造及基本流程 …………… 103
3.5.3　剪枝方法 …………………… 105
3.5.4　案例：鸢尾花预测应用 …… 106
3.6　综合案例：基于随机森林回归的空气质量预测 ……………… 107
3.7　小结 ……………………………… 111
习题 ……………………………………… 111
参考文献 ………………………………… 111

第4章 深度学习与神经网络 113
4.1 深度学习 113
4.1.1 深度学习简介 113
4.1.2 深度学习框架 115
4.2 神经网络 116
4.2.1 神经网络简介 116
4.2.2 前馈神经网络 119
4.2.3 图神经网络 121
4.2.4 图卷积神经网络 123
4.3 深度神经网络 126
4.3.1 深度神经网络简介 126
4.3.2 深度神经网络模型 128
4.3.3 案例：手写数字识别 129
4.4 卷积神经网络 133
4.4.1 卷积神经网络简介 133
4.4.2 典型卷积神经网络算法 135
4.4.3 案例：猫狗分类应用 143
4.5 循环神经网络 147
4.5.1 循环神经网络简介 147
4.5.2 典型循环神经网络算法 149
4.5.3 案例：文本分类 151
4.6 长短期记忆网络 155
4.6.1 长短期记忆网络简介 155
4.6.2 典型长短期记忆网络算法 156
4.6.3 案例：文本生成应用 158
4.7 综合案例 162
4.7.1 验证码识别 162
4.7.2 自动写诗机器人 170
4.8 小结 174
习题 175
参考文献 175

第5章 集成学习与迁移学习 178
5.1 集成学习 178
5.1.1 集成学习简介 178
5.1.2 集成学习算法 179
5.1.3 集成学习应用 181
5.2 迁移学习 182
5.2.1 迁移学习简介 182
5.2.2 迁移学习分类 183
5.2.3 迁移学习算法 184
5.2.4 迁移学习应用 187
5.3 综合案例：欺诈检测应用 188
5.4 小结 191
习题 192
参考文献 192

第6章 强化学习 194
6.1 强化学习简介 194
6.2 强化学习技术 196
6.2.1 有模型强化学习与无模型强化学习 196
6.2.2 推荐系统 197
6.2.3 模仿学习 200
6.2.4 Q-learning算法 201
6.2.5 蒙特卡罗强化学习 202
6.2.6 时序差分强化学习 202
6.3 综合案例：飞扬小鸟游戏 203
6.4 小结 206
习题 207
参考文献 207

第7章 计算机视觉技术 209
7.1 计算机视觉简介 209
7.2 计算机视觉基础 211
7.2.1 图像表示 211
7.2.2 图像读取、存储 212
7.2.3 视频捕获及流保存 218
7.2.4 图像计算 220
7.2.5 图像二值化及平滑 221
7.2.6 图像变换及形态学操作 229
7.2.7 图像轮廓检测 237
7.3 计算机视觉开发平台 242
7.3.1 ARM 嵌入式人工智能开发平台 242
7.3.2 嵌入式 GPU 人工智能开发平台 242
7.3.3 计算机视觉综合开发平台 243
7.4 典型算法 244
7.4.1 LeNet 算法 244
7.4.2 MobileNets 算法 249
7.4.3 目标检测算法 258
7.5 综合案例：基于深度神经网络的人脸表情识别 264
7.6 小结 271

习题 …… 272
参考文献 …… 272

第8章 语音识别 …… 274
8.1 语音识别技术简介 …… 274
8.2 常用工具及平台 …… 276
8.2.1 语音识别工具 …… 276
8.2.2 语音识别平台 …… 279
8.3 语音数据特征处理 …… 283
8.4 典型算法 …… 286
8.5 在线语音识别 …… 292
8.5.1 音频流识别 …… 293
8.5.2 文本转语音 …… 294
8.5.3 视频字幕文本生成 …… 295
8.6 综合案例：基于端到端的中文语音识别 …… 302
8.7 小结 …… 306

习题 …… 306
参考文献 …… 306

第9章 AI 云开发平台 …… 308
9.1 AI 云开发简介 …… 308
9.2 云开发平台 …… 311
9.2.1 百度云开发平台 …… 312
9.2.2 阿里云开发平台 …… 320
9.2.3 Face++云开发平台 …… 324
9.2.4 科大讯飞云平台 …… 329
9.3 综合案例 …… 333
9.3.1 基于 EasyDL 的多物体识别 …… 333
9.3.2 基于 PaddlePaddle 的 CNN 图像识别 …… 340
9.4 小结 …… 350

习题 …… 350
参考文献 …… 351

第1章 机器学习基础

学习目标：

本章主要介绍机器学习基础知识，包含机器学习问题、任务、常见应用场景，如机器学习发展历程、机器学习各个学派、典型算法，以及回归、分类、语音识别等典型任务。同时，介绍了机器学习在不同系统平台下的开发环境搭建、机器学习常用库、机器学习框架、开源平台、常用工具集等。通过本章的学习，读者能够：

- ◇ 了解人工智能、机器学习及其关系。
- ◇ 熟悉机器学习中的基本问题及典型任务。
- ◇ 了解机器学习在各领域的场景应用。
- ◇ 掌握机器学习开发环境的搭建。
- ◇ 熟悉机器学习常用库、机器学习框架、机器学习平台。

在学习完本章后，读者将对机器学习的基础知识有一个全面的掌握和熟悉，并为后续的实际应用开发打下基础。

1.1 机器学习简介

下面从人工智能基本研究内容、发展历程、机器学习流派、机器学习处理流程等方面进行详述。

1. 人工智能

1950年，计算机科学之父阿兰·图灵在《计算机与智能》一文中提出了机器学习、遗传算法、图灵测试等概念。1956年，约翰·麦卡锡在达特茅斯（Dartmouth）会议上提出"人工智能（Artificial Intelligence，AI）"一词，其定义是利用人工的方法和技术，模仿、延伸和扩展人的智能，实现机器智能，让机器的行为看起来像人所表现出的智能行为一样。人工智能有4个基本任务，分别是知识表示、搜索、推理和机器学习。人工智能涵盖很多学科，其研究的主要内容有：

1）计算机视觉，包含模式识别、图像处理、图像生成、人脸识别等。
2）自然语言理解与交流，包含文本理解及生成、摘要生成、语义理解、语音识别及合成等。
3）认知与推理，包含逻辑推理、自动推理、搜索、物理及社会常识等。
4）机器人学，包含智能控制与设计、运动规划、任务规划、博弈等。
5）人工智能伦理，包含社会伦理、伦理规范、伦理标准等。
6）机器学习，包含知识表示、知识获取、知识处理、统计建模、分析工具及计算方法等。

人工智能按智能程度分为弱人工智能（Narrow AI）、强人工智能、超人工智能三个阶段。

弱人工智能：只专注于特定的任务，解决特定的问题，包含学习、语言、认知、推理、创造和计划，目标是使人工智能在处理任务的同时与人类开展交互式学习，如语音识别、图像识别和翻译等任务。

强人工智能：认为机器不仅是一种工具，而且本身拥有思维。"强人工智能"机器有真正推理和解决问题的能力，被认为是有知觉和自我意识。强人工智能分为类人的人工智能和非类人的人工智能两种。类人的人工智能，即机器的思考和推理就像人的思维一样；非类人的人工智能，即机器产生了和人完全不一样的知觉和意识，使用和人完全不一样的推理方式。

超人工智能：认为机器在几乎所有领域都比人类大脑还聪明，包括科学创新、通识和社交技能。

人工智能发展历程如图 1-1 所示。当前人工智能还处于"弱人工智能"阶段，距离"强人工智能"还有较长的路要走。

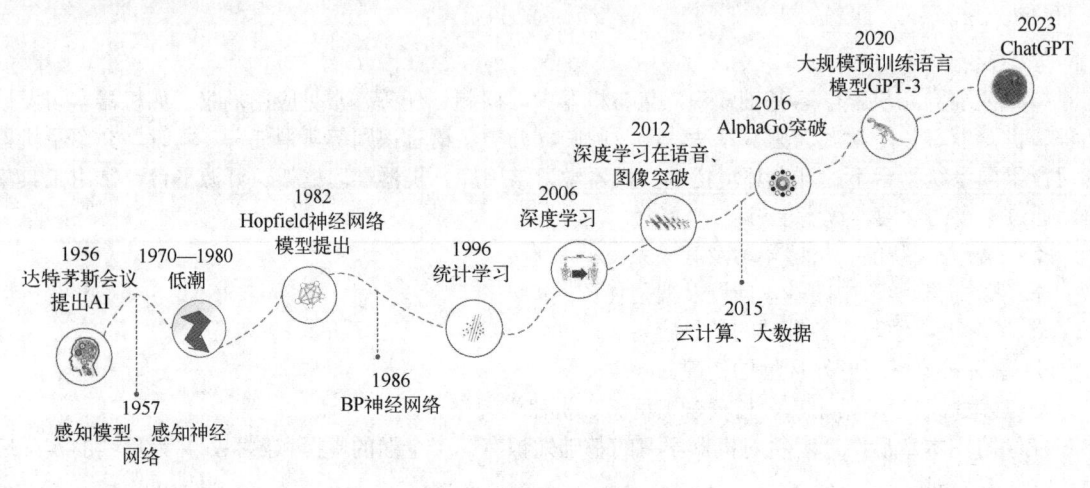

图 1-1 人工智能发展历程

2. 机器学习

机器学习（Machine Learning，ML）是研究计算机（机器）如何模拟和实现人的学习行为的一种技术。它从历史数据或经验中发现规律或获取知识、技能，利用新学到的知识和已存在的知识，改进问题的求解和系统的性能。1997 年，Tom Mitchell 将机器学习定义为：提出学习问题后，如果计算机程序对于任务 T 的性能度量 P 通过经验 E 得到了提高，则认为此程序对经验 E 进行了学习[1]。

在机器学习研究历程中，可分为符号主义（Symbolists）、联结主义（Connectionists）、进化主义（Evolutionaries）、贝叶斯派（Bayesians）、类比主义（Analogizers）五个学派，它们起源于不同的学科，也有着不同的代表性算法和领军人物，见表 1-1。

表 1-1 机器学习学派及其他信息

机器学习学派	起源学科	代表性算法	代表性人物	应用
符号主义	逻辑学、哲学	逆演绎算法（Inverse deduction）	Tom Mitchell、Steve Muggleton、Ross Quinlan	知识图谱
联结主义	神经科学	反向传播算法（Backpropagation）、深度学习（Deep learning）	Yann LeCun、Geoffrey Hinton、Yoshua Bengio	机器视觉、语音识别
进化主义	进化生物学	基因编程（Genetic programming）	John Koda、John Holland、Hod Lipson	海星机器人
贝叶斯派	统计学	概率推理（Probabilistic inference）	David Heckerman、Judea Pearl、Michael Jordan	反垃圾邮件、概率预测
类比主义	心理学	核机器（Kernel machines）	Peter Hart、Vladimir Vapnik、Douglas Hofstadter	推荐系统

机器学习基本流程为输入数据，通过模型训练，预测结果，模型通常为函数，如图 1-2 所示。

机器学习通常分为有监督学习、半监督学习、无监督学习、深度学习、强化学习、深度强化学习。它们之间的关系如图 1-3 所示。除此之外，还有对抗学习、对偶学习、迁移学习、分布式学习和元学习等。

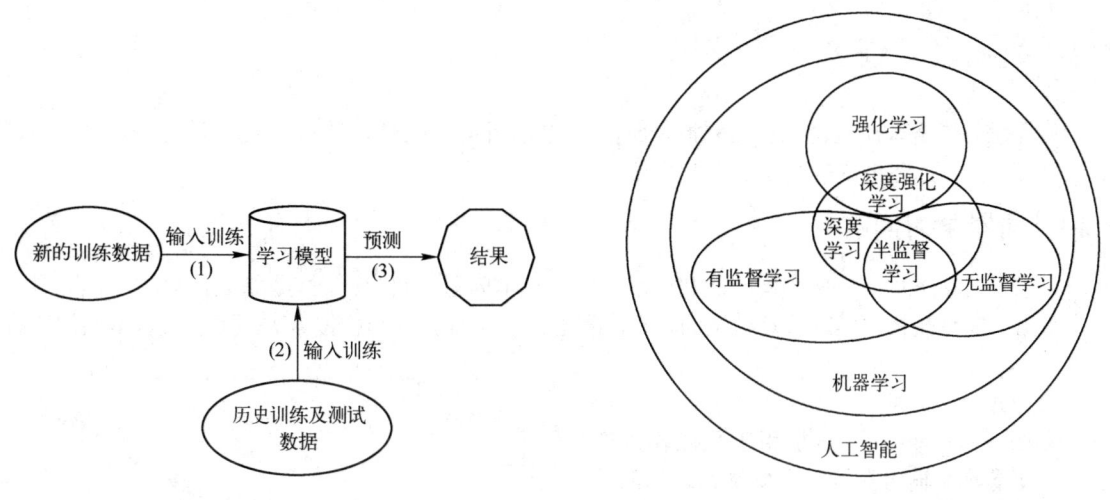

图 1-2　机器学习过程

图 1-3　机器学习的分类及关系

机器学习处理流程包括定义问题、收集数据、特征工程、模型训练、模型评估、模型应用[2]，然后将应用的结果反馈到定义问题，如图 1-4 所示。

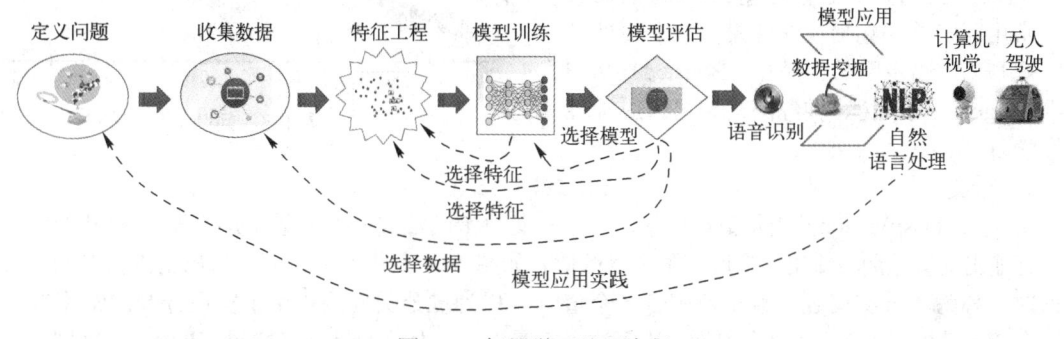

图 1-4　机器学习处理流程

机器学习处理流程步骤：
1）定义问题：根据具体任务，定义学习问题。
2）收集数据：将收集的数据分成三组：训练数据、验证数据和测试数据。
3）特征工程：使用训练数据来构建使用相关特征。
4）模型训练：根据相关特征训练模型。
5）模型评估：使用验证数据评估训练的模型，测试数据检查被训练的模型的表现。
6）模型应用：使用完全训练好的模型在新数据上做预测。

传统的机器学习算法包含线性回归、逻辑斯蒂回归、决策树、支持向量机、贝叶斯网络、神经网络等。与传统机器学习不同的是，深度学习采用端到端的学习，基于多层的非线性神经网络，直接从原始数据学习，自动抽取特征，从而实现回归、分类等目标。

如图 1-3 所示，强化学习属于机器学习的子类领域，是机器学习中一类学习算法的统称，目前有在线强化学习、离线强化学习（包含离线策略学习）两种[3]。在线强化学习是指智能体在动态系统、环境中，通过与系统或环境进行交互获得的奖罚训练指导学习行为，从而最大化累积奖赏或回报，以使奖励信号（强化信号）函数值最大。离线强化学习主要通过静态数据集学习到策略，面临的挑战是如何从数据集中学到超越数据集的策略。强化学习可分为无模型学习（Model-Free）和有模型学习（Model-Based）两种。强化学习在控制理论、运筹学、统计学等领域也有广泛应用。

1.2 机器学习任务

机器学习任务本质是由现实问题抽象而来，根据不同的问题，其任务解决方法各不相同，但其基本处理流程与上述机器学习处理流程类似。

1.2.1 机器学习问题

机器学习研究中有许多基本问题和前沿问题。基本问题有回归、分类、聚类、降维、网络学习等。前沿问题有规模化学习、参数空间自动配置学习、最优拓扑结构搜索等。下面就基本问题进行简述。

1. 回归

回归（Regression）分析用于预测输入变量（自变量）和输出变量（因变量）之间的关系，如图 1-5 所示，当输入变量的值发生变化时，输出变量值随之发生变化。直观来说回归问题等价于函数拟合，选择一条函数曲线使其很好地拟合已知数据且能很好地预测未知数据。常用回归算法包括：线性模型、非线性模型、规则化、逐步回归、提升（Boosted）和袋装（Bagged）决策树、神经网络和自适应神经模糊学习。

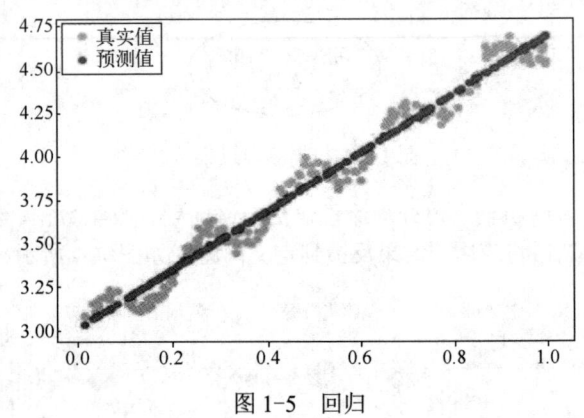

图 1-5 回归

2. 分类

分类（Classification）指从数据中学习一个分类决策函数或分类模型（分类器），对新的输入变量进行输出变量预测，输出变量取有限个离散值。如图 1-6、图 1-7 所示，输出范围只有两个可能的值时，称为二分类问题，输出范围有多个值时，称为多分类问题。用于实现分类的常用算法包括：支持向量机（SVM）、提升和袋装决策树、K-最近邻、朴素贝叶斯（Naive Bayes）、判别分析、逻辑回归和神经网络。

常见的分类应用有"邮件分类"的二分类问题以及"新闻板块分类"的多分类问题等。

图 1-6 二分类问题 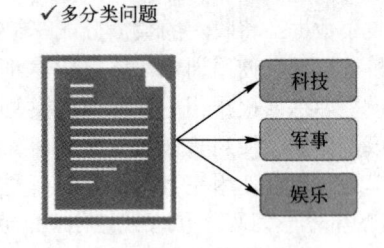　　　　图 1-7 多分类问题

3. 聚类

聚类（Clustering）即给定一组样本特征，通过发掘样本在 N 维空间的分布，分析样本间的距离，如哪些样本距离更近，哪些样本距离更远，来进行样本类别的划分。聚类用于分析样本的属性，类似分类，不同的是分类在预测前已经知道属性范围，或者说知道有多少个类别，而聚类事先并不知道样本的属性范围，只能凭借样本在特征空间中的分布来分析样本的属性，如

图 1-8 所示。

聚类的常用算法包括：K-Means 和 K-中心点、层次聚类、模糊聚类、高斯混合模型、隐马尔可夫模型、自组织映射、减法聚类、单连接群集、预期最大化（EM）、非负矩阵分解、潜在狄利克雷分配（LDA）。

4．降维

降维（Dimensionality Reduction）有很多重要应用，如数百万维的特征，会增加训练的负担与存储空间，通过降维方法去除冗余的特征，用更少的维数来表示特征。另外，降维可以加快训练的速度、筛掉一些噪声和冗余特征，但同时也会丢失一些信息，因而需要掌握其中的平衡问题。

除此之外，降维也可以使高维度的数据在低维空间实现数据可视化，从而直观地发现一些非常重要的信息，如图 1-9 所示。

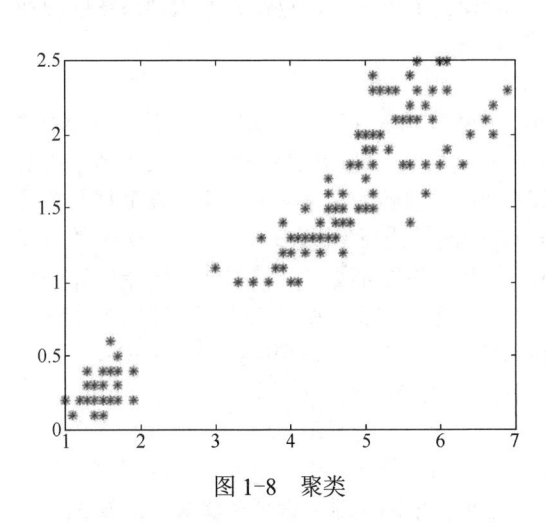

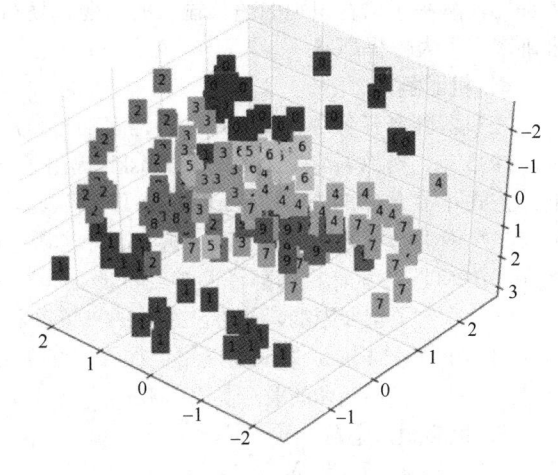

图 1-8　聚类　　　　　　　图 1-9　手写数字降维映射到三维空间

5．网络学习

网络学习是通过计算机学习网络的浅层、深层结构、网络节点表示、节点重要性及其作用等信息。常见的网络学习算法有自组织映射、感知、反向传播、自动编码、Hopfield 网络、玻尔兹曼机、受限玻尔兹曼机、Spiking 神经网络等。网络学习的典型应用有用户画像、网络关联分析、欺诈作弊发现、热点发现等。

1.2.2　机器学习典型任务

机器学习任务是根据所定义的问题，利用训练数据或规则所进行的预测或推理的一种场景模式。机器学习任务通常依赖于数据中的模式或者人工设定的规则进行学习，不同的场景有不同的任务模式，如分类任务将数据分配给相应类别，聚类任务则根据相似性对数据进行分组。常见的机器学习任务如下。

1．分类任务

分类问题是输出变量为有限个离散变量的预测问题。分类任务用于预测数据实例所属的类别。分类算法输入是一组标记示例，输出是一个分类器，可用于预测未标记的新实例的类。分类任务的输入也可以是图片（通常用一组三通道像素值表示），输出是表示图片物体的数字码，进行图像分类识别，如基础的人脸识别、图像识别等。

2．回归任务

回归问题是输入变量与输出变量均为连续变量的预测问题。回归任务的输入是一组带已知值标签的示例，输出是一个函数，可用于预测任何一组新输入特征的标签值，模拟其相关特征上的标签依赖关系，以确定标签将如何随着特征值的变化而变化。

分类和回归的区别是输出变量的类型和空间。回归是定量输出（输出空间是度量空间，度量输出值与真实值之间的误差），是连续变量预测；分类是定性输出（输出空间不是度量空间），是离散变量预测。

3. 语音识别

语音识别在金融、教育和互联网服务等领域的销售、客服电话自动识别、语音搜索场景都有广泛的应用。

近年来，语音识别经历了基于 DNN+HMM（深度神经网络和隐马尔可夫模型）、基于 LSTM+CTC（长短时记忆网络和连接时序分类）的不完全端到端、基于 Transformer（自注意力机制）的完全端到端的发展历程。2019 年，通过 Transformer-XL 神经网络结构引入循环机制和相对位置编码，解决了语音识别的超长输入的问题，使得长序列建模能力更强，也使语音识别系统的商业准确率有了大幅提高。

4. 机器翻译

在机器翻译任务中，输入是一种语言的符号序列，计算机程序将其转化成另一种语言的符号序列。1933 年，苏联科学家 Peter Troyanskii 提出了一种能将一种语言翻译成另一种语言的机器。机器翻译正式开始于 1954 年的 Georgetown-IBM 实验，IBM 701 计算机完成了史上首例机器翻译，自动将 60 个俄语句子翻译成了英语。机器翻译经历了基于规则的机器翻译（RBMT）、基于例子的机器翻译（EBMT）、统计机器翻译、神经机器翻译（NMT）四个主要阶段。当前的神经机器翻译中，深度学习产生了重要影响，如谷歌发布的支持 9 种语言的神经机器翻译系统 GNMT，它由 8 个编码器和 8 个解码器构成，解码器网络中加入了注意力连接和众包机制，用户帮助给数据标识标签和训练神经网络。机器翻译商业产品有谷歌的 Pixel Buds、科大讯飞的双屏翻译机等。

5. 机器阅读理解

机器阅读理解在输入给定需要机器理解的文档以及对应的问题下，通常以人工合成问答、完形填空、选择题、篇章抽取答案等形式出现，输出文本块答案。早期机器阅读理解将真实的知识排除在外，采用人工构造的、比较简单的数据集，以及回答一些相对简单的问题。在深度学习的推动下，机器阅读理解的深度学习模型有一维匹配模型、二维匹配模型、推理模型、EpiReader 模型和动态实体表示模型等。机器阅读理解的商业应用有搜索智能问答、智能家居人机交互、人工智能辅助阅片系统、人机对话的健康咨询等。

6. 异常检测

异常检测是一种对数据非正常情况和正常情况进行识别区分的辨别技术，用于测试给定的连续或非连续数据集中的数据是否存在异常，即这个测试数据不属于正常数据的概率是多少，也可以是计算机程序在一组事件或对象中筛选，并标记不正常或非典型的个体的过程。异常检测通常应用于信用卡诈骗检测、制造业产品异常检测、数据中心机器异常检测、入侵检测、垃圾邮件识别、新闻分类等场景。

7. 图机器学习

图机器学习是一种将机器学习应用于图结构数据的技术，但由于图中节点之间存在关联性和图的复杂性，使得传统机器学习方法并不适用于图结构学习，因而，当前图机器学习主要有图表征（表示）学习和图神经网络两个方面。

图表征学习是先学习图向量化表征，再基于表征进行任务学习。图表征学习通常又分为基于结构保持的图表征学习和基于性质保持的图表征学习。基于结构保持的图表征学习又分为：基于节点的、基于边的、基于社区的、基于图的等，典型算法有 DeepWalk、Line、Node2vec、SDNE。

图神经网络是基于神经网络的图的端到端的学习，可以归纳为图循环神经网络、图卷积神经网络、图自编码器、图强化学习、图对抗攻击学习等。

为了克服图机器学习中模型框架及参数需要人工参与和难自适应场景应用的缺陷，图自动机器学习方法应运而生[4]，图自动机器学习针对图结构复杂、图规模大的问题，衍生出图超参优化和图神经架构搜索两个方面的研究，典型的算法有 AutoGM、GraphNAS 等。

图机器学习开源库有 PyTorch、Paddle Graph Learning、DGL、AutoKeras、AutoGL 等。

1.2.3 机器学习应用场景

机器学习在上述典型任务及其他任务中都有了广泛的应用和落地，比如在基于用户位置信息的商业选址、音乐推荐、智能客服、智能反垃圾、用户画像、恶意流量识别、保险投保人分组、简历推荐、穿衣搭配推荐、基于用户轨迹的商户精准营销、旅游地点推荐系统、基于兴趣的实时新闻推荐等。

1．广告推荐

根据用户基本信息、上网浏览行为、点击行为等特征数据，提取浏览商品图像特征、价格等信息，实时描绘用户的各个维度的信息及特征，提供给广告推荐等系统，指导广告主进行定向广告投放和优化，使广告投入产生最大回报，提高广告推荐的效果。

2．用户画像营销

利用用户的人口属性标签（包括性别、年龄、学历、爱好等）和用户历史查询一起作为训练数据，通过机器学习、数据挖掘技术构建分类算法来对用户的兴趣属性进行判定，构建多层级体系的用户画像系统，从而实现精准营销和推广。

3．票房预测

在题材、内容、导演、演员、编剧、发行方、历史票房、影评、舆情等数据的基础上，通过机器学习算法，对电影市场票房进行预测。

4．新闻推荐

通过对用户的历史阅读内容和浏览行为进行分析，挖掘用户的新闻浏览模式和规律，设计及时准确的推荐系统，预测用户未来可能感兴趣的新闻，并进行相应的新闻推荐。

1.3 搭建机器学习开发环境

目前多数机器学习框架如 TensorFlow、PyTorch 等，都支持在 Windows、Ubuntu、mac OS 等操作系统下的开发和运行，支持运行在 NVIDIA 显卡上的 GPU 版本和只使用 CPU 进行计算的 CPU 版本。下面以 Windows10 系统和 Linux（Ubuntu 18.04）系统为例，介绍安装和配置 Python、OpenCV、NVIDIA GPU 环境，以及安装 TensorFlow 框架、PyTorch 框架及其配套的开发软件。

1.3.1 开发环境系统要求

在 Windows10 或 Linux（如 Ubuntu 18.04）操作系统下，首先查看自己计算机显卡的型号。如显卡为 NVIDIA 系列，可选择安装 GPU 版本；否则，需要安装 CPU 版。

1.3.2 Windows10 系统平台下搭建开发环境

1．搭建 Python 开发平台

1）安装 Anaconda，Anaconda 下载地址为https://www.anaconda.com/distribution/，选择 Windows 下的 Python 版本，这里的系统是 64 位，选择对应版本下载（历史版本下载地址为https://repo.

anaconda.com/archive/），如图 1-10 所示。

图 1-10　Anaconda 下载界面

2）然后运行直接默认安装即可，选择默认添加环境变量，将 Anaconda 环境配置到 PATH 环境变量中，如图 1-11 所示。

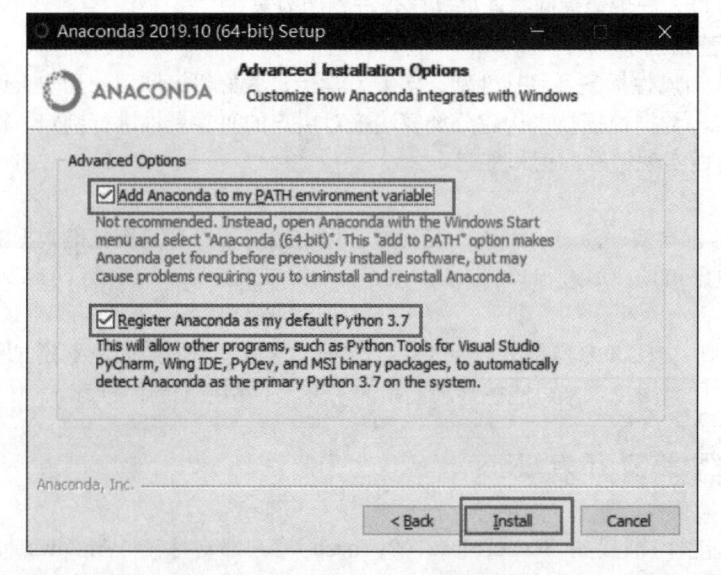

图 1-11　配置 Anaconda 环境

3）安装完成后，检测 Anaconda 环境是否安装成功（查看 Anaconda 版本号），打开 Windows 下的 cmd，输入命令：conda --version，如安装成功，则返回当前版本号，如图 1-12 所示。

图 1-12　检测 Anaconda 环境是否安装成功

4）创建 OpenCV 并安装 Python3.7，输入命令：conda create --name Opencv python=3.7，如

图 1-13 所示。

图 1-13　创建 OpenCV 并安装 Python3.7

5）激活并进入环境，输入命令：conda activate Opencv，如图 1-14 所示。

图 1-14　激活并进入环境

6）安装 OpenCV，输入命令：pip install opencv-python，如图 1-15 所示。

图 1-15　安装 OpenCV

7）进入 Python 解释器，输入命令：python，如图 1-16 所示。

图 1-16　进入 Python 解释器

8）测试 Python 环境，输入命令：print('hello world!')，输出：hello world!，如图 1-17 所示。

图 1-17　测试 Python 环境

2. 搭建 OpenCV 开发平台
1）激活并进入环境：conda activate Opencv。
2）安装 OpenCV 环境：pip install opencv-python。
3）测试 OpenCV 环境，进入 Python 解释器，输入命令：import cv2，不报错则为正常，如图 1-18 所示。

图 1-18　测试 OpenCV 环境

3. 搭建 TensorFlow 开发平台
1）安装 TensorFlow-CPU：打开 Windows 的 cmd，创建环境 tf-cpu 并安装 Python3.7，输入命令：conda create --name tf-cpu python=3.7，如图 1-19 所示。

图 1-19　安装 TensorFlow-CPU 环境

2）激活并进入环境，输入命令：conda activate tf-cpu，如图 1-20 所示。

图 1-20　激活并进入 TensorFlow-CPU 环境

3）安装 TensorFlow-CPU，输入命令：pip install tensorflow==1.13.1，如图 1-21 所示。

图 1-21　安装 TensorFlow-CPU

4）安装 NumPy1.16.0，输入命令：pip install numpy==1.16.0。

5）测试 TensorFlow-CPU 安装环境，进入 Python 解释器，输入测试代码如下所示。

```
import tensorflow as tf
hello = tf.constant('Hello,Tensorflow!')
sess = tf.Session()
print(sess.run(hello)
```

输出结果如下。

'Hello,Tensorflow!'

6）安装 TensorFlow-GPU，查看自己计算机显卡的型号。如果显卡是 NVIDIA 系列的，继续下面步骤；如果显卡不是 NVIDIA 系列的，直接装 CPU 版即可。右击"此电脑→管理→设备管理器→显示适配器"，就可以查看计算机显卡的型号，如图 1-22 所示。

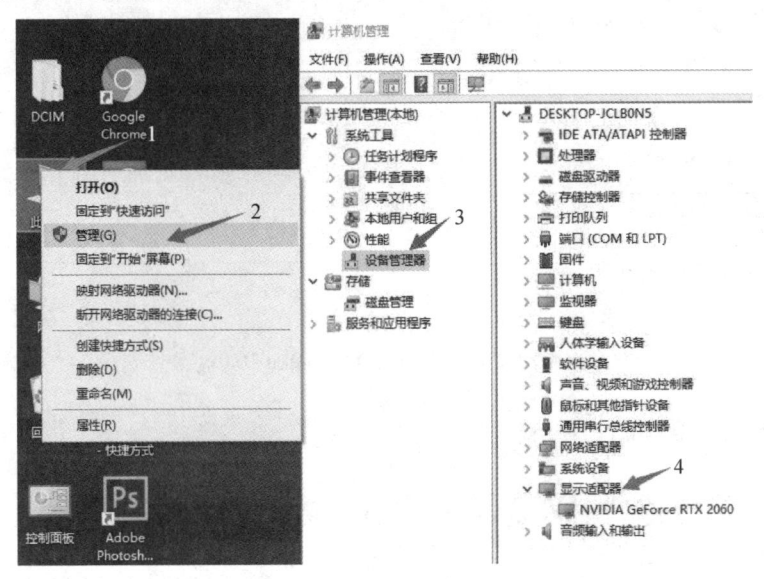

图 1-22　查看显卡型号

7）打开英伟达官网 https://developer.nvidia.com/cuda-gpus 查看显卡算力以及是否支持 GPU 加速，如果计算能力≥3.5，可以安装 GPU 版，如图 1-23 所示。

8）打开网址 https://developer.nvidia.com/cuda-toolkit-archive，选择 CUDA Toolkit 10.0 和 local 版本下载，如图 1-24 和图 1-25 所示。

GeForce和TITAN产品

显卡	计算能力
NVIDIA TITAN RTX	7.5
Geforce RTX 2080 Ti	7.5
Geforce RTX 2080	7.5
Geforce RTX 2070	7.5
Geforce RTX 2060	7.5
NVIDIA TITAN V	7.0
NVIDIA TITAN Xp	6.1
NVIDIA TITAN X	6.1
GeForce GTX 1080 Ti	6.1
GeForce GTX 1080	6.1
GeForce GTX 1070	6.1

GeForce笔记本电脑产品

显卡	计算能力
Geforce RTX 2080	7.5
Geforce RTX 2070	7.5
Geforce RTX 2060	7.5
GeForce GTX 1080	6.1
GeForce GTX 1070	6.1
GeForce GTX 1060	6.1
GeForce GTX 980	5.2
GeForce GTX 980M	5.2
GeForce GTX 970M	5.2
GeForce GTX 965M	5.2
GeForce GTX 960M	5.0

图 1-23　查看显卡算力

CUDA Toolkit Archive

Previous releases of the CUDA Toolkit, GPU Computing SDK, documentation and developer drivers can be found using the links below. Please select the rel below, and be sure to check www.nvidia.com/drivers for more recent production drivers appropriate for your hardware configuration.

Download Latest CUDA Toolkit　　　　　　　　　　　　　Learn More about CUDA Toolkit 10

Latest Release
CUDA Toolkit 10.2 (Nov 2019), Versioned Online Documentation

Archived Releases
CUDA Toolkit 10.1 update2 (Aug 2019), Versioned Online Documentation
CUDA Toolkit 10.1 update1 (May 2019), Versioned Online Documentation
CUDA Toolkit 10.1 (Feb 2019), Online Documentation
CUDA Toolkit 10.0 (Sept 2018), Online Documentation
CUDA Toolkit 9.2 (May 2018), Online Documentation
CUDA Toolkit 9.1 (Dec 2017), Online Documentation
CUDA Toolkit 9.0 (Sept 2017), Online Documentation
CUDA Toolkit 8.0 GA2 (Feb 2017), Online Documentation
CUDA Toolkit 8.0 GA1 (Sept 2016), Online Documentation

图 1-24　选择 CUDA Toolkit 10.0

CUDA Toolkit 10.0 Archive

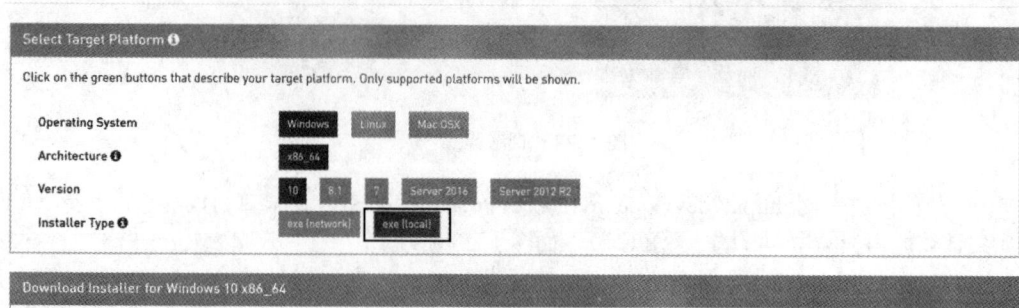

Select Target Platform

Click on the green buttons that describe your target platform. Only supported platforms will be shown.

Operating System	Windows　Linux　Mac OSX
Architecture	x86_64
Version	10　8.1　7　Server 2016　Server 2012 R2
Installer Type	exe (network)　exe (local)

Download Installer for Windows 10 x86_64

The base installer is available for download below.

> Base Installer　　　　　　　　　　　　　　　　　　　　　Download (2.1 GB)

图 1-25　选择 local 版本

9）安装 CUDA，运行下载好的安装包，单击 OK 解压，如图 1-26 所示。

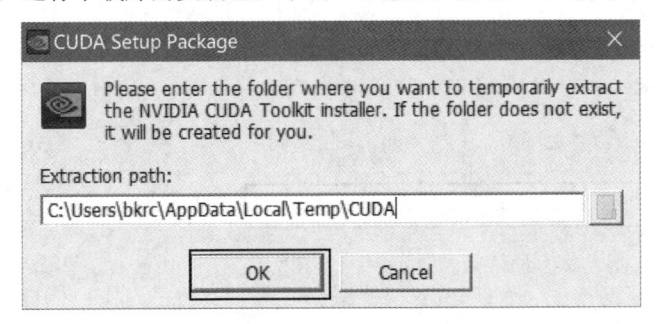

图 1-26　安装 CUDA

10）在兼容性检测和同意许可协议后，选择精简安装，如图 1-27 所示。

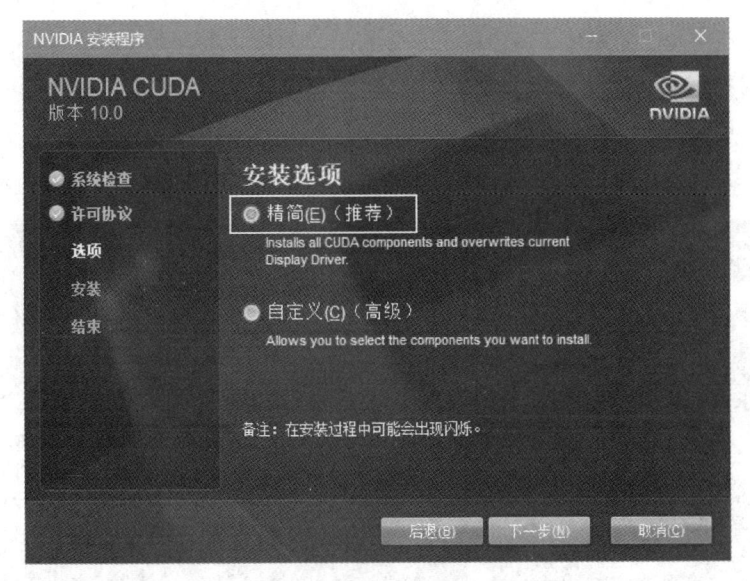

图 1-27　选择精简安装

11）安装完成后，重启即可，系统会自动添加环境变量。通过〈Win+R〉快捷键输入：powershell，再输入命令：nvcc -V，可以验证是否安装成功，如图 1-28 所示。

图 1-28　验证安装

12）下载安装 cuDNN，在网址 https://developer.nvidia.com/rdp/cudnn-archive 中选择 for CUDA 10.0，如图 1-29 所示。

13）将 cuDNN 解压出来的 3 个文件夹：bin、include 和 lib，复制到"C:\Program Files\NVIDIA GPU Computing Toolkit\CUDA10"目录下并重启系统。

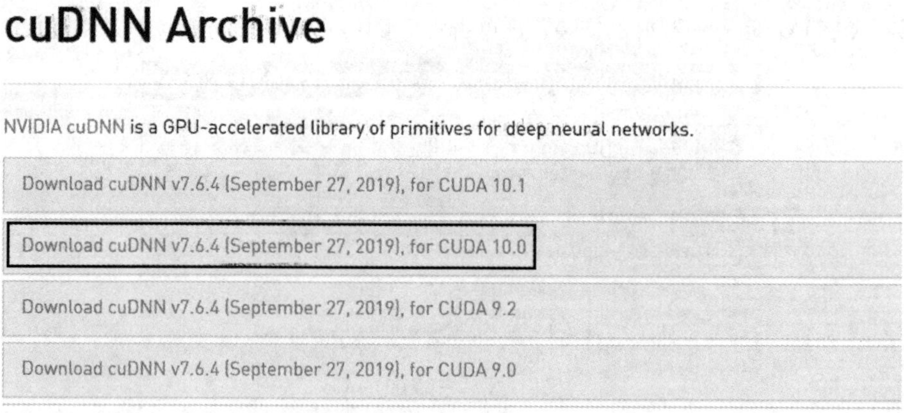

cuDNN Archive

NVIDIA cuDNN is a GPU-accelerated library of primitives for deep neural networks.

Download cuDNN v7.6.4 (September 27, 2019), for CUDA 10.1

Download cuDNN v7.6.4 (September 27, 2019), for CUDA 10.0

Download cuDNN v7.6.4 (September 27, 2019), for CUDA 9.2

Download cuDNN v7.6.4 (September 27, 2019), for CUDA 9.0

图 1-29 下载 cuDNN

14）TensorFlow-GPU 的安装，与步骤 1 至 2 相同，创建并激活进入环境 tf-gpu 输入代码如下。

```
conda create --name tf-gpu python=3.7
conda activate tf-gpu
```

15）安装 TensorFlow-GPU，输入命令：pip install tensorflow-gpu==1.13.1，如图 1-30 所示。

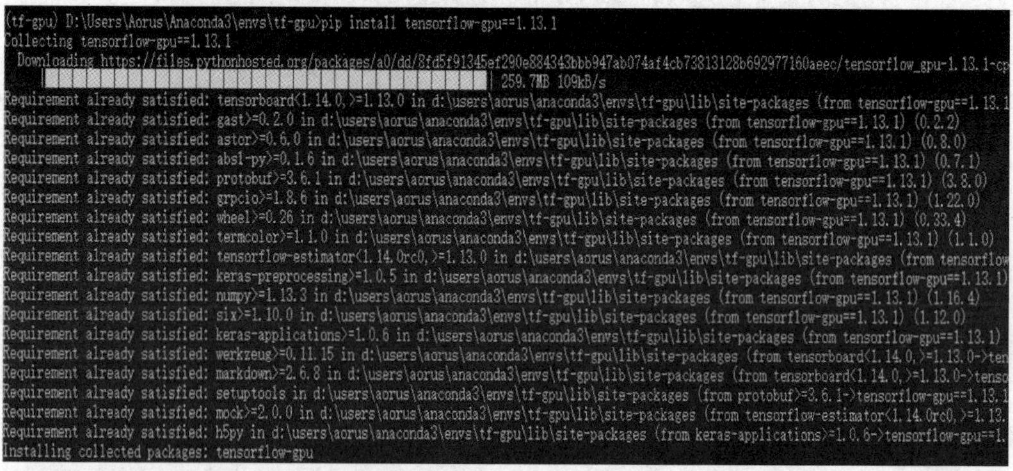

图 1-30 安装 TensorFlow-GPU

16）安装 NumPy1.16.0，输入命令：pip install numpy==1.16.0。

17）测试 TensorFlow-GPU 环境，进入 Python 解释器输入测试代码，如下所示，输出 True 即安装成功。

```
import tensorflow as tf
a = tf.test.is_built_with_cuda()
b = tf.test.is_gpu_available(cuda_only=False,min_cuda_compute_capability=None)
print(a)
print(b)
```

4. 搭建 PyTorch 开发平台

1）打开 PyTorch 官网 https://pytorch.org/，GPU 安装方式如图 1-31 所示，CUDA 选项选择 None 即为 CPU 版本。

第 1 章 机器学习基础

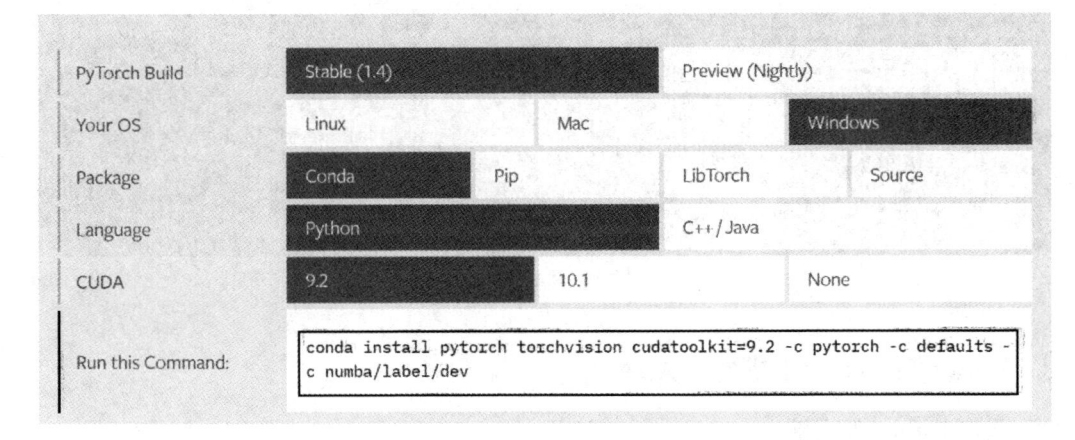

PyTorch Build	Stable (1.4)		Preview (Nightly)	
Your OS	Linux	Mac	Windows	
Package	Conda	Pip	LibTorch	Source
Language	Python		C++ / Java	
CUDA	9.2	10.1	None	
Run this Command:	conda install pytorch torchvision cudatoolkit=9.2 -c pytorch -c defaults -c numba/label/dev			

图 1-31　PyTorch 安装方式选择

2）安装 PyTorch，创建并激活进入环境 torch，输入命令如下：

```
conda create --name torch python=3.7
conda activate torch
```

3）输入如图 1-31 所示的 Run this Command 框中的指令，安装 PyTorch-GPU，如图 1-32 所示。

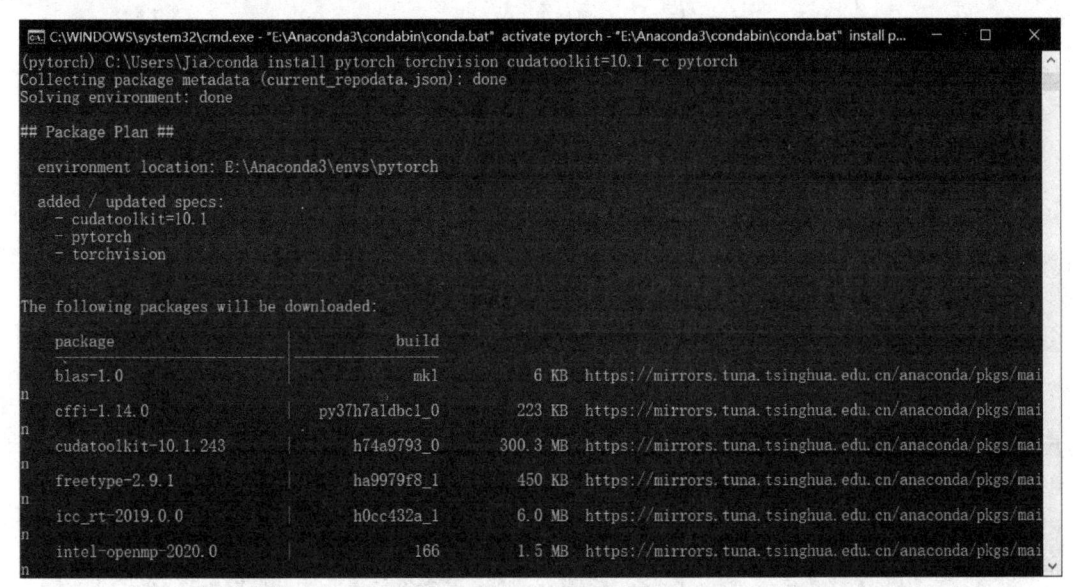

图 1-32　安装 PyTorch-GPU

4）测试安装是否成功，进入 Python 解释器，输入如下代码，运行结果如图 1-33 所示。

```
import torch
print("cuda is available {}".format(torch.cuda.is_available()))
print("torch version {}".format(torch.__version__))
```

图 1-33　测试 PyTorch 环境

1.3.3　Linux 系统平台下搭建开发环境

1. 搭建 Python 开发平台

1）安装 Anaconda，在 Anaconda 官网地址https://www.anaconda.com/distribution/，选择 Linux，然后根据操作系统下载对应的版本，如图 1-34 所示。

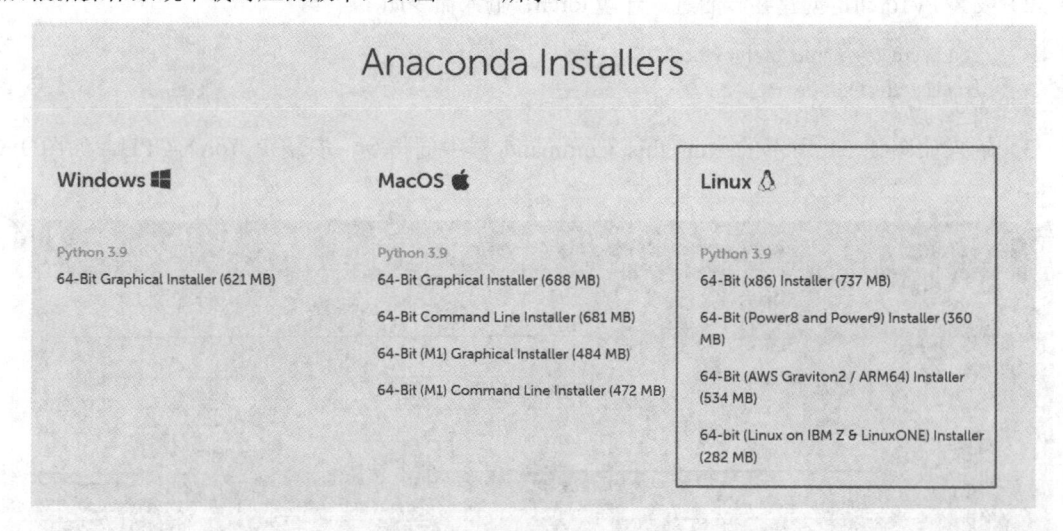

图 1-34　Anaconda 下载界面

2）进入 Anaconda 目录，执行命令：bash Anaconda3-2019.10-Linux-x86_64.sh，如图 1-35 所示。

图 1-35　在 Linux 系统中安装 Anaconda

3）按照提示操作，成功安装，如图 1-36 所示。

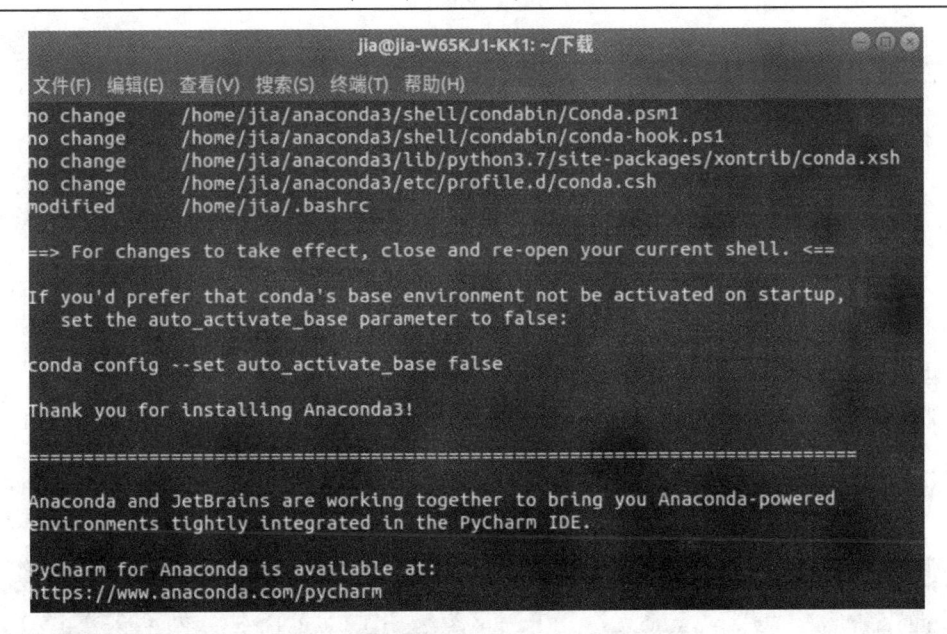

图 1-36　安装成功提示

4）验证 Anaconda 是否安装成功，在终端窗口中，输入命令：conda -V，输出 Anaconda 版本号表示安装成功，如图 1-37 所示。

图 1-37　验证 Anaconda 是否安装成功

5）安装 Python 环境，在终端窗口输入：conda create --name python3.7 python==3.7，如图 1-38 所示。

图 1-38　安装 Python 环境

6）激活并进入环境，在终端窗口输入：conda activate python3.7，如图 1-39 所示。

图 1-39　激活 Python 环境

7）测试 Python 环境，首先进入 Python 解释器，在终端窗口输入：python，输入测试代码如下，结果如图 1-40 所示。

```
print('hello world!')
```

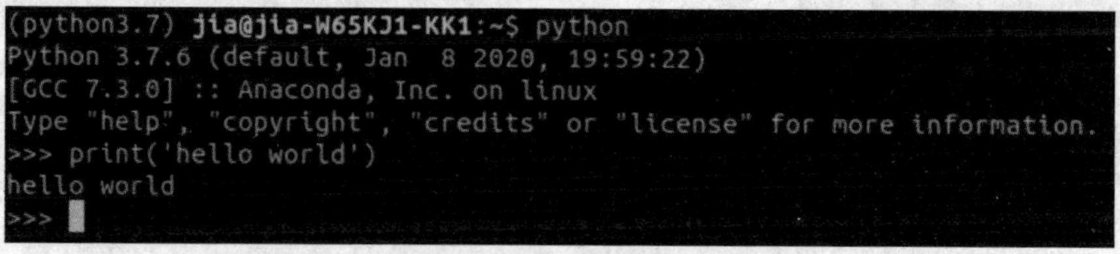

图 1-40　测试 Python 环境

2. 搭建 OpenCV 开发平台

1）激活并进入 Python 环境，安装 OpenCV 环境，在终端输入代码如下，结果如图 1-41 所示。

```
conda activate python3.7
pip install opencv-python
```

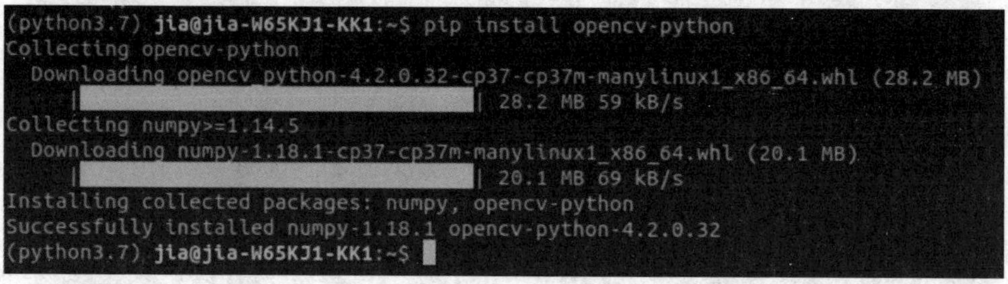

图 1-41　安装 OpenCV 环境

2）测试 OpenCV 环境，进入 Python 解释器，在终端窗口输入：import cv2，不报错即为安装成功，如图 1-42 所示。

图 1-42　测试 OpenCV 环境

3. 搭建 TensorFlow 开发平台

1）安装创建 TensorFlow-CPU 环境，在终端窗口输入：conda create--name tf-cpu python==3.7，如图 1-43 所示。

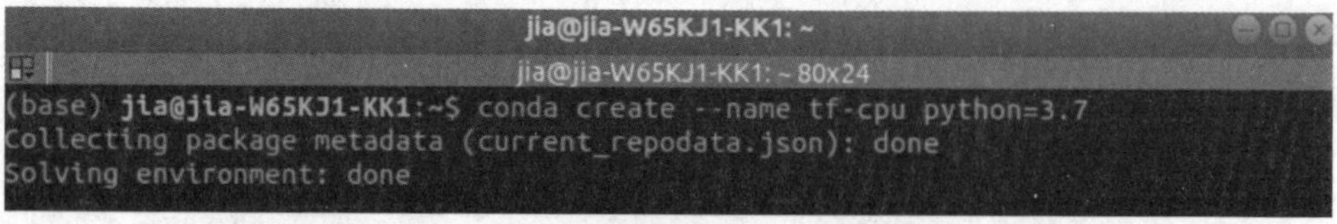

图 1-43　安装创建 TensorFlow-CPU

2）激活 TensorFlow-CPU 环境，在终端窗口输入：conda activate tf-cpu，如图 1-44 所示。

图 1-44　激活 TensorFlow-CPU 环境

3）安装 TensorFlow-CPU，在终端窗口输入：pip install tensorflow==1.13.1，如图 1-45 所示。

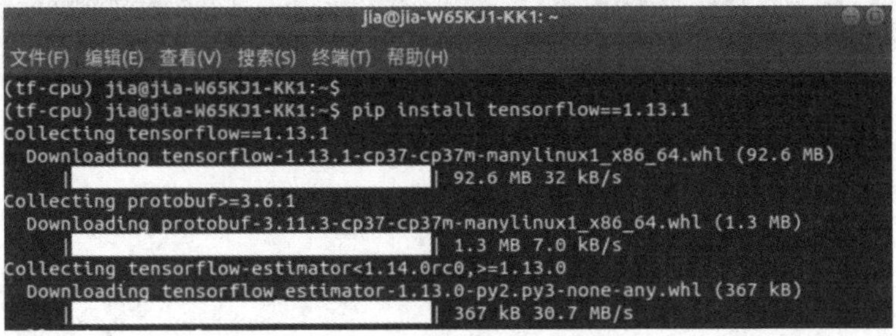

图 1-45　安装 TensorFlow-CPU

4）安装 NumPy1.16.0，输入命令：pip install numpy==1.16.0。
5）测试 TensorFlow-CPU 环境，进入 Python 解释器，输入测试代码如下。

```
import tensorflow as tf
hello = tf.constant('Hello,Tensorflow!')
sess = tf.Session()
print(sess.run(hello))
```

输出结果如下。

```
'Hello,Tensorflow!'
```

6）安装 TensorFlow-GPU，查看计算机显卡的型号。如果显卡是 NVIDIA 系列的，继续下面步骤；如果显卡不是 NVIDIA 系列的，直接装 CPU 版即可。
7）与步骤 1 至 2 相同，创建并激活进入环境 tf-gpu 输入代码如下。

```
conda create --name tf-gpu python=3.7
conda activate tf-gpu
```

8）安装 TensorFlow-GPU，在终端输入：conda install tensorflow-gpu==1.13.1，如图 1-46 所示。

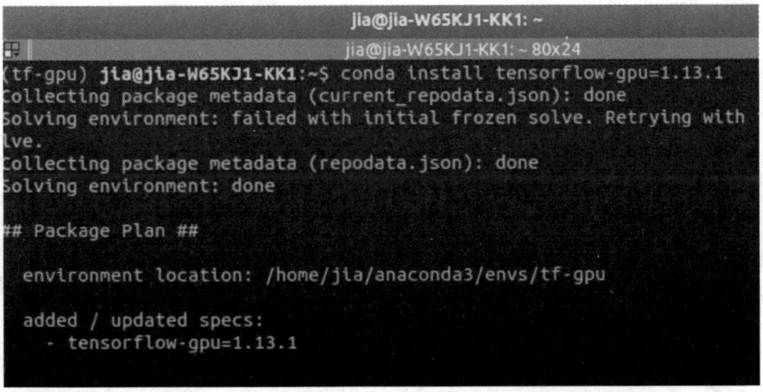

图 1-46　安装 TensorFlow-GPU

9）安装 NumPy1.16.0，输入命令：pip install numpy==1.16.0。结果如图 1-47 所示。

图 1-47　安装 NumPy1.16.0

10）测试 TensorFlow-GPU 环境，进入 Python 解释器输入测试代码如下，结果都返回 True 即为安装成功。

```
import tensorflow as tf
a = tf.test.is_built_with_cuda()
b = tf.test.is_gpu_available(cuda_only=False,min_cuda_compute_capability=None)
print(a)
print(b)
```

4. 搭建 PyTorch 开发平台

1）进入 PyTorch 官网 https://pytorch.org/，GPU 版安装方式如图 1-48 所示，CUDA 选项选择 None 即为 CPU 版本。

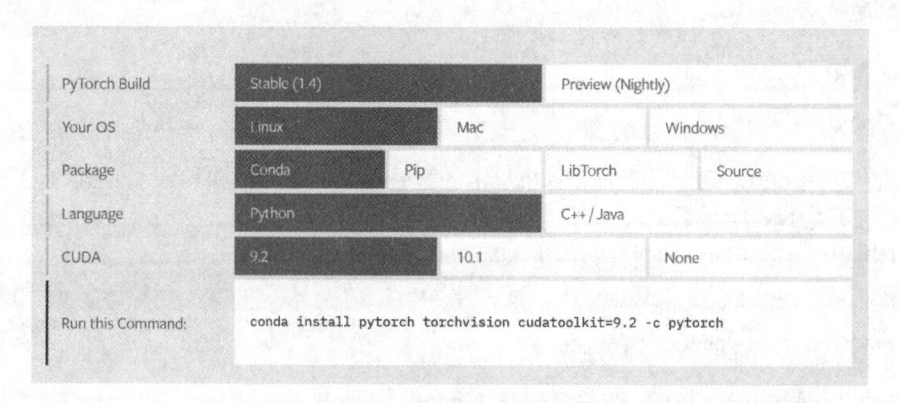

图 1-48　PyTorch 安装方式选择

2）安装 PyTorch，创建并激活进入环境 torch 输入代码如下：

```
conda create --name torch python=3.7
conda activate torch
```

3）输入如图 1-48 所示的 Run this Command 框中的命令，安装 PyTorch-GPU 如图 1-49 所示。

图 1-49　安装 PyTorch-GPU

4）测试是否安装成功，进入 Python 解释器，输入如下代码，结果如图 1-50 所示。

```
import torch
print("cuda is available {}".format(torch.cuda.is_available()))
print("torch version {}".format(torch.__version__))
```

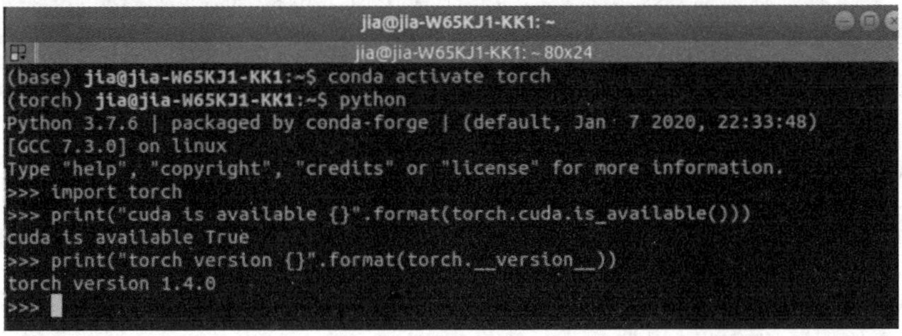

图 1-50　测试 PyTorch 环境

1.4　机器学习常用库概述

1.4.1　库简介

机器学习在工业界和研究领域，编程语言多为 Java 和 Python，Python 具有与 C/C++紧密的关系，相对容易扩展，Java 机器学习库也有许多，如 WEKA、Mallet 等。

本书重点介绍 Python 常用的机器学习库，如 NumPy、SciPy、Scikit-learn、Theano、TensorFlow、Keras、PyTorch、Pandas、Matplotlib 等，它们使得机器学习在科学计算、数据预处理、时序分析、文本处理、图像处理、数据分析、数据可视化等方面，都有了广泛应用。同时，也被越来越多地用于独立的、大型项目的开发，缩短开发周期。除上述提及的库之外，还有 Gensim、milk、Octave、mahout、pyml、NLTK、libsvm 等库。

1. Theano

Theano 是一个可以让用户定义、优化、有效计算数学表达式的 Python 包，是一个通用的符号计算框架。Theano 优点是显式地利用了 GPU，使得数据计算比 CPU 更快，使用图结构下的符号计算架构，对 RNN 支持很好；缺点是依赖于 NumPy、偏底层、调试困难、编译时间长、缺乏预训练模型。Theano 的最新版本为 Theano 1.0.4。

2. Scikit-learn

Scikit-learn 是一个在 2007 年由数据科学家 David Cournapeau 发起，基于 NumPy 和 SciPy 等包支持的 Python 语言的机器学习开源工具包。通过 NumPy、SciPy 和 Matplotlib 等 Python 数值计算库，实现有监督和无监督的机器学习。Scikit-learn 主要应用于分类、回归、聚类、降维、预处理等方面，是简单高效的数据挖掘和数据分析工具，其最新版本是 Scikit-learn 0.22.2。

3. Statsmodels

在 Python 中，Statsmodels 是统计建模分析的核心工具包，包括了几乎所有常见的各种回归模型、非参数模型和估计、时间序列分析和建模以及空间面板模型等。

4. Gensim

Gensim 是一个开源的第三方 Python 工具包，用于从原始的非结构化文本中，无监督地学习到文本隐层的主题向量表达，其支持 TF-IDF、LSA、LDA、Word2vec 等主题模型算法，通常用于抽取文档的语义主题。Gensim 的输入是原始的、非结构化的文本（纯文本），在内置的算法支持下，通过计算训练语料中的统计共现模式自动发现文档的语义结构。

5. Keras

Keras 是基于 Theano 的深度学习框架，也是一个高度模块化的神经网络 API 库，提供了一种更容易表达神经网络的机制。Keras 主要包括 14 个模块包，包括 Models、Layers、Initializations、Activations、Objectives、Optimizers、Preprocessing、metrics 等模块。另外，Keras 还提供了用于编译模型、处理数据集、图形可视化等的工具。Keras 运行在 TensorFlow、CNTK 或 Theano 之上，支持 CPU 和 GPU 运行，其最新版本为 Keras 2.3.1。

6. DMTK

DMTK 由一个服务于分布式机器学习的框架和一组分布式机器学习算法构成，是一个将机器学习算法应用在大数据上的强大工具包，支持在超大规模数据上灵活稳定地训练大规模机器学习模型。DMTK 的框架包含参数化的服务器和客户端 SDK，如图 1-51 所示。

DMTK 是设计用于分布式机器学习的平台。深度学习不是 DMTK 的重点，DMTK 中发布的算法主要是非深度学习算法。如果想使用最新的深度学习工具，建议使用 Microsoft CNTK。DMTK 与 CNTK 紧密合作，并为其异步并行培训功能提供支持。

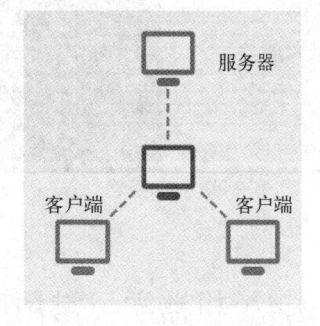

图 1-51 DMTK 框架

7. CNTK

CNTK 是微软认知工具集（Microsoft Cognitive Toolkit），是用于商业级分布式深度学习的开源工具包。它通过有向图将神经网络描述为一系列计算步骤。CNTK 允许用户轻松实现和组合流行的模型类型，例如前馈深度神经网络（DNN）、卷积神经网络（CNN）和递归神经网络（RNN/LSTM）。CNTK 通过跨多个 GPU 和服务器的自动微分和并行化实现随机梯度下降学习。

另外，CNTK 也可以作为库包含在 Python、C#或 C++程序中，也可以通过其自身的模型描述语言（BrainScript）用作独立的机器学习工具。另外，可以在 Java 程序中使用 CNTK 模型评估功能。

CNTK 也是第一个支持开放神经网络交换（ONNX）格式的深度学习工具包，这是一种用于框架互操作和共享优化的开源共享模型表示。ONNX 由 Microsoft 开发，允许开发人员在 CNTK、Caffe2、MXNet 和 PyTorch 等框架之间移动模型。

1.4.2 库安装及集成

1. Theano 安装

1）在 Anaconda 中创建并进入环境，注意 Python 版本不小于 3.6（参考 1.3 节），输入命令：conda create --name ML python==3.6。

2）安装 Theano，输入命令：conda install theano，如图 1-52 所示。

```
(ML) C:\Users\bkrc>conda install theano
Collecting package metadata (current_repodata.json): done
Solving environment: done
```

图 1-52 安装 Theano

3）安装 Theano 环境依赖的组件，代码如下所示。

```
conda install mkl-service
pip install nosey
pip install parameterized
```

4）测试 Theano 安装环境，进入 Python 解释器，输入代码如下，结果如图 1-53 所示。

```
import theano
theano.test()
```

```
Ran 6985 tests in 22647.180s

OK (SKIP=80)
<nose.result.TextTestResult run=6985 errors=0 failures=0>
>>>
```

图 1-53　测试 Theano 安装环境

2．Scikit-learn 安装

1）在 Anaconda 中创建并进入环境，注意 Python 版本不小于 3.6（参考 1.3 节），输入：conda create --name ML python==3.6。

2）安装 Scikit-learn，输入命令：conda install scikit-learn，如图 1-54 所示。

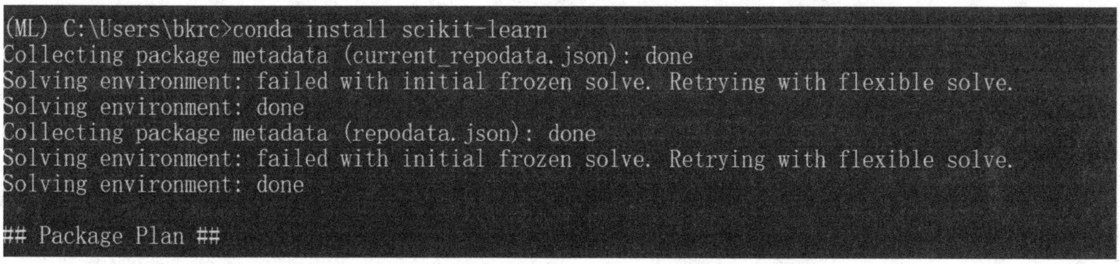

```
(ML) C:\Users\bkrc>conda install scikit-learn
Collecting package metadata (current_repodata.json): done
Solving environment: failed with initial frozen solve. Retrying with flexible solve.
Solving environment: done
Collecting package metadata (repodata.json): done
Solving environment: failed with initial frozen solve. Retrying with flexible solve.
Solving environment: done

## Package Plan ##
```

图 1-54　安装 Scikit-learn

3）测试 Scikit-learn 安装环境，进入 Python 解释器，输入代码如下，结果如图 1-55 所示。

```
from sklearn import datasets
iris = datasets.load_iris()
digits = datasets.load_digits()
print(digits.data)
```

```
(ML) C:\Users\bkrc>python
Python 3.6.0 |Continuum Analytics, Inc.| (default, Dec 23 2016,
Type "help", "copyright", "credits" or "license" for more infor
>>> from sklearn import datasets
D:\ToolsSoftware\Anaconda3\envs\ML\lib\site-packages\sklearn\ex
eprecationWarning: the imp module is deprecated in favour of im
ses
  import imp
>>> iris = datasets.load_iris()
>>> digits = datasets.load_digits()
>>> print(digits.data)
[[ 0.  0.  5. ...  0.  0.  0.]
 [ 0.  0.  0. ... 10.  0.  0.]
 [ 0.  0.  0. ... 16.  9.  0.]
 ...
 [ 0.  0.  1. ...  6.  0.  0.]
 [ 0.  0.  2. ... 12.  0.  0.]
 [ 0.  0. 10. ... 12.  1.  0.]]
>>>
```

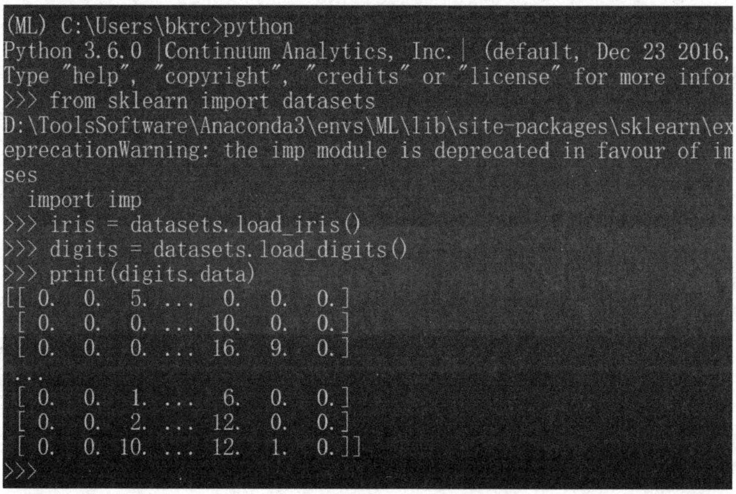

图 1-55　测试 Scikit-learn 安装环境

1.5 机器学习框架概述

机器学习框架与机器学习库的不同之处在于,机器学习框架支持完成机器学习项目的全过程(从开始到结束),其界面可以是图形化界面、命令行或者应用程序接口,或三种综合兼容,通常用于通用目标,而不仅仅是着重于速度、可扩展性或准确率。但机器学习库通常为应用程序接口,应用于特定的问题、任务、目标或环境。下面就常用的机器学习框架 Caffe、TensorFlow、MXNet、PyTorch、Apache Mahout、Apache SINGA、MLlib 和 H2O 进行简要介绍。

1. Caffe

Caffe(Convolution Architecture For Feature Extraction)是一个兼具表达性、速度和思维模块化的深度学习框架,于 2013 年首次发布,设计初衷是应用于计算机视觉。Caffe 的内核是用 C++编写的,支持多种类型的深度学习架构,支持 CNN、RCNN、LSTM、全连接神经网络设计,以及基于 GPU 和 CPU 的加速计算内核库。此外,Caffe 有 Python 和 MATLAB 相关接口。

2017 年 4 月,Facebook 发布 Caffe2,增加递归神经网络等新功能。2018 年 3 月底,Caffe2 并入 PyTorch。Caffe 具有完全开源、模块化、表示和实现分离、GPU 加速、Python 和 MATLAB 结合等特点。

2. TensorFlow

TensorFlow 是由谷歌设计开发的开源的机器学习框架,以 Python 语言为基础,主要用于机器学习和深度学习,可以方便地用张量来定义、优化、计算数学公式,支持深度神经网络、机器学习算法,适用于不同数据集的高性能数值计算。TensorFlow 可以跨平台在 Linux、Windows、macOS 系统下运行,也可以在移动终端下运行,用户可以轻松地将计算工作部署到多种平台(CPU、GPU、TPU)上进行分布式计算,也可以部署到设备,如桌面设备、服务器集群、移动设备、边缘设备等。TensorFlow 模块包含 TensorBoard、Datasets、TensorFlow Hub、Serving、Model Optimization、Probability、TensorFlow Federated、MLIR、Neural Structured Learning、XLA、TensorFlow Graphics、SIG Addons、SIG IO,当前版本为 TensorFlow 2。

3. MXNet

MXNet 是一个轻量级的深度学习框架(亚马逊 AWS 选择支持),支持 Python、R、Julia、Scala、Go、Javascript 等,支持多语言接口和多 GPU。MXNet 尝试将声明式编程与命令式编程两种模式进行无缝的结合,在命令式编程中 MXNet 提供张量运算,而声明式编程中 MXNet 支持符号表达式。MXNet Python 库包含 NDArray、Symbol、KVStore,NDArray 提供矩阵和张量计算,Symbol 定义神经网络,提供自动微分,KVStore 使得数据在多 GPU 和多个机器间同步。MXNet 当前的版本为 MXNet 1.6。

4. PyTorch

PyTorch 源于 1990 年产生的 Torch,其底层与 Torch 框架一样,是应用于机器学习的优化的张量库,支持 GPU 和 CPU。PyTorch 除了基本的 torch Python API 库之外,还有处理音频、文本、视觉等库,如 torchaudio、torchitext、torchvision、torchElastic 等。PyTorch 在数据加载 API、构建神经网络等方面具有明显优势。

5. Apache Mahout

Apache Mahout 是 Apache 软件基金会(Apache Software Foundation,ASF)开发的一个全新的开源项目,提供一些可扩展的机器学习领域经典算法的实现,包括聚类、分类、推荐过滤、频繁子项挖掘等。同时,Mahout 通过 Apache Hadoop 库可以扩展到云端。Mahout 已经包含 Taste CF,支持 K-Means、模糊 K-Means、Canopy、Dirichlet、Mean-Shift、Matrix 和矢量库等在集群上的分布式运行。

6．Apache SINGA

SINGA 项目始于 2014 年，由新加坡国立大学数据库系统实验室联合浙江大学和网易共同开发完成，是一个开源的分布式、可扩展的深度学习平台，它可以在机器集群上训练大规模的机器学习模型，尤其是深度学习模型。

2019 年 10 月，SINGA 项目成为 ASF 的顶级项目。SINGA 包含硬件层、支撑层、接口层、Python 应用层，通过代码模块化来支持不同类型的深度学习模型，不同的训练（优化）算法和底层硬件设备。另外，SINGA 同时支持 ONNX、DLaaS（Deep Learning as a Service）等。SINGA 当前的版本为 3.0。

7．MLlib

MLlib 是最早由 AMPLab、加州大学伯克利分校发起的 Spark 子项目常用机器学习库。MLlib 支持 Java、Scala 和 Python 语言，支持通用的机器学习算法，如分类、回归、聚类、协同过滤（ALS）、降维（SVD、PCA）、特征提取与转换、优化（随机梯度下降、L-BFGS）等。它在 Spark 中可以实现 GraphX+MLIib、Streaming+MLlib、Spark SQL+MLlib 等组合应用。

8．H2O

H2O 是由 Oxdata 于 2014 年推出的一个独立开源机器学习平台，主要功能是为 App 提供快速的机器学习引擎。H2O 支持大量的无监督式和监督式机器学习算法，可以通过对 R 与 Python 用引入包的方式进行模型的开发，提供可视化的 UI 界面建模工具，以及模型的快速部署、自动化建模和自动化参数调优。另外，H2O 提供了许多集成，如 H2O+TensorFlow+MXNet+Caffe、H2O+Spark 等。H2O4GPU 是 H2O 开发的基于 GPU 机器学习加速的工具包。H2O 最新稳定的版本是 1.8 LTS。

H2O 提供了一个 REST API，用于通过 HTTP 上的 JSON 从外部程序或脚本访问所有软件的功能。H2O 核心代码使用 Java 编写，数据和模型通过分布式键-值对存储在各个集群节点的内存中。H2O 的算法使用 Map/Reduce 框架实现，并使用了 Java Fork/Join 框架来实现多线程。

1.6 机器学习开源平台

1．PaddlePaddle

并行分布式深度学习（Parallel Distributed Deep Learning，PaddlePaddle），又称飞桨，是百度发起的开源深度学习平台，支持大规模稀疏参数训练场景、千亿规模参数、数百个节点的高效并行训练，同时支持动态图和静态图，具有易用、高效、灵活和可伸缩等特点。

PaddlePaddle 支持本地和云端两种开发和部署模式，其组件使用场景如图 1-56 所示。

PaddlePaddle 具有支持多端多平台的部署、适配多种类型硬件芯片的优势。

2．Photon ML

Photon ML 是 LinkedIn 公司开发的应用于 Apache Spark 的机器学习库。Photon ML 支持大规模回归、L1、L2 和 elastic-net 正则化的线性回归、逻辑回归和泊松回归，提供可选择的模型诊断，创建表格来帮助诊断模型和拟合的优化问题，实现了实验性质的广义混合效应模型。Photon ML 的运行使用 Spark on Yarn 模式，与其他应用，如 Hadoop MapReduce 应用共用同一个集群，在同一个工作流中混合使用 Photon ML 和传统的 Hadoop MapReduce 程序及脚本。

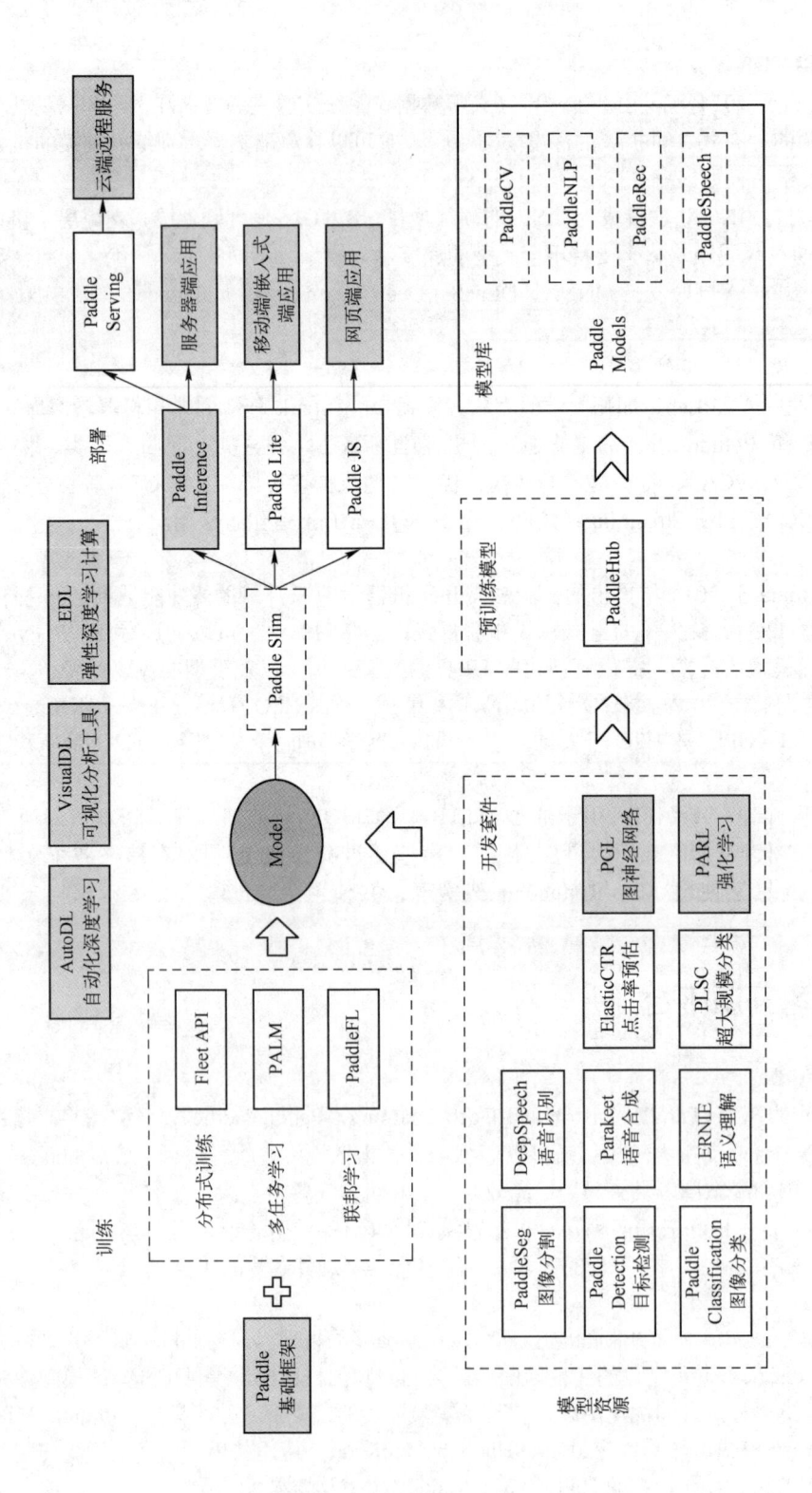

图 1-56 PaddlePaddle 组件使用场景

Photon ML 模型训练过程分为三个部分，第一部分是数据预处理，包含 ETL，即数据抽取（Extract）、转换（Transform）、加载（Load），以及创建标签、加入特征；第二部分是离线机器学习及过程，包括采样数据（分为训练数据集、测试数据集），特征计算，模型训练，模型选择，在测试数据集验证；第三部分是在线评分及过程，包括模型部署，进行 A/B 测试，验证效果，具体流程如图 1-57 所示。

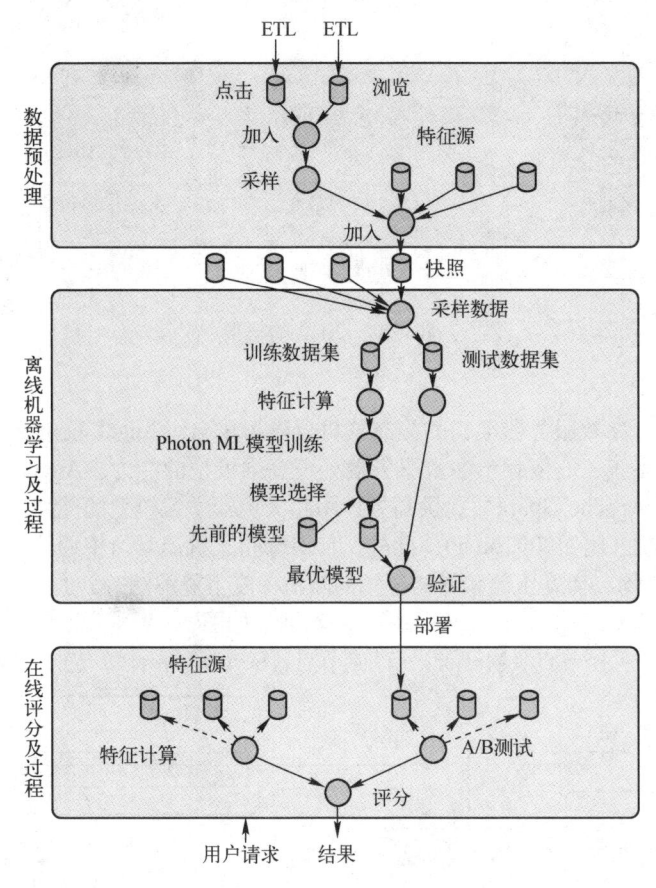

图 1-57 Photon ML 模型训练过程

3．X-DeepLearning

X-DeepLearning（XDL）是由阿里发起的面向高维稀疏数据场景（如广告、推荐、搜索等）深度优化框架，其主要特性有：针对大批量样本/低并发场景的性能优化；存储及通信优化，参数无须人工干预自动全局分配，请求合并，彻底消除参数服务的计算/存储/通信热点；完整的流式训练，包括特征准入、特征淘汰、模型增量导出、特征统计等。

XDL 专注解决搜索、广告等稀疏场景的模型训练性能问题，因此将模型计算分为稀疏和稠密两部分。稀疏部分通过参数服务器、GPU 加速、参数合并等技术极大提升了稀疏特征的计算和通信性能。稠密部分采用多 backend 设计，支持 TensorFlow 和 MXNet 两个引擎作为计算后端，并且可以使用原生 TensorFlow 和 MXNet API 定义模型。此外，XDL 支持单机及分布式两种训练模式，单机模式一般用作早期模型的调试和正确性验证，为了充分发挥 XDL 的稀疏计算能力，建议使用分布式模式进行大规模并行训练。XDL 的框架如图 1-58 所示。

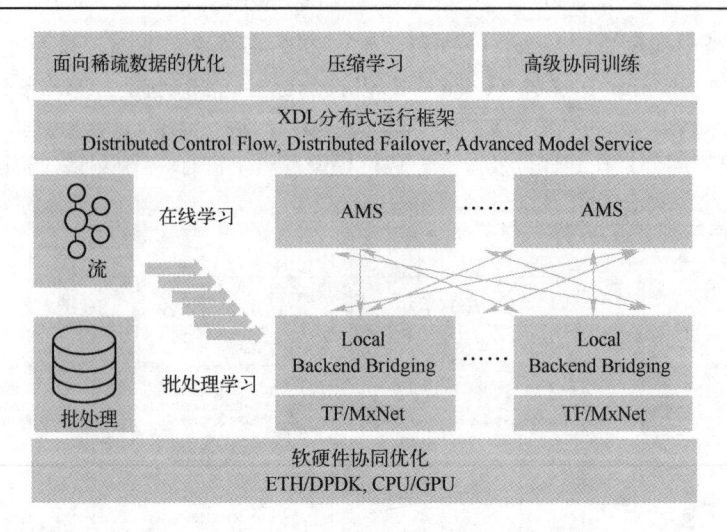

图 1-58 XDL 的框架

4．Angel

Angel 是一个基于参数服务器架构的分布式机器学习平台。Angel 能够高效地支持现有的大数据系统以及机器学习系统——依赖于参数服务器处理高维模型的能力。Angel 能够以无侵入的方式为大数据系统（比如 Apache Spark）提供高效训练超大机器学习模型的能力，并且高效地运行已有的分布式机器学习系统（比如 PyTorch）。此外，针对分布式机器学习中通信开销大和掉队者问题，Angel 也提供了模型平均、梯度压缩和异构感知的随机梯度下降解法等。

目前 Angel 支持 Java 和 Scala，Angel 系统基本框架如图 1-59 所示，主要包括四个部分，分别为：客户端（Client）、主控节点（Master）、存储节点（Server）和计算节点（Worker）。

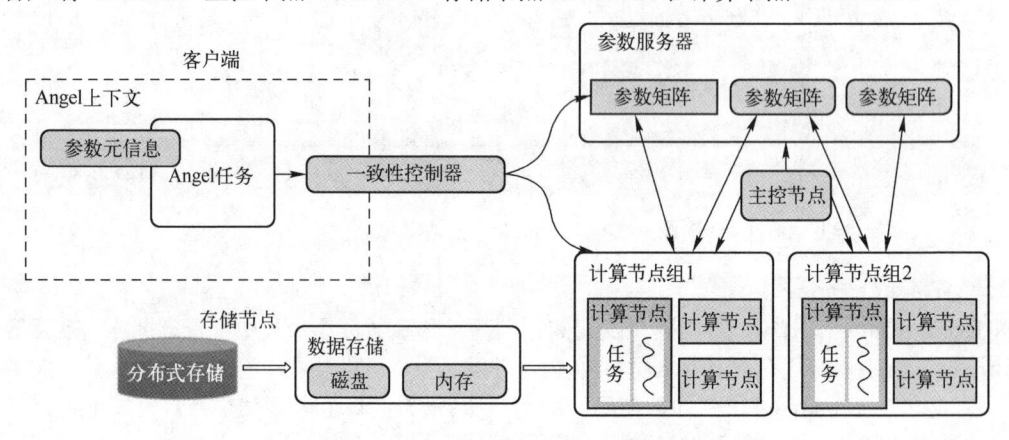

图 1-59 Angel 系统基本框架

客户端是任务启动的入口，主控节点用来管理 Angel 任务的生命周期，存储节点作为模型参数的分布式内存存储系统，向所有计算节点维护一份全局的模型参数，计算节点则用于计算任务的进程。

5．AWS

AWS 是 Amazon 开发的机器学习平台，其提供了丰富的软件开发工具包，如 AWS 命令行界面 CLI、Ruby、JavaScript、Python、PHP、.NET、Node.js、Android、IOS 等，应用在机器学习、用户计算、机器人技术、区块链、物联网、游戏开发、数据分析等方面，提供的服务包含 Amazon Polly、AWS Deep Learning、AMI Amazon Transcribe 等。

1.7 小结

本章主要讲解机器学习的基础知识，首先介绍了人工智能、机器学习分类及典型算法、应用场景；其次介绍了在不同操作系统平台下的机器学习开发环境的搭建过程、机器学习常用库、集成安装、常用工具集，以及机器学习常见的框架、开源平台等知识；本章同时给出了机器学习开发环境配置、基本应用等实际操作案例。

习题

1. 概念题

1）机器学习典型任务有哪些，分别应用于哪些场景？
2）机器学习、深度学习、强化学习三者之间的关系是什么？
3）搭建机器学习开发环境常用的软件有哪些？
4）常见的机器学习框架有哪些，它们之间有什么关系？

2. 操作题

编写一个文本分析处理程序。要求如下：

1）用 TensorFlow 和 PyTorch 完成自动读取指定目录下指定格式的数据；
2）支持文件正则解析操作；
3）使用文件存储数据。

参 考 文 献

[1] MITCHELL T M. Machine learning[M]. New York: McGraw-Hill Education, 1997.
[2] 杨强. 机器学习的几个前沿问题[R]. 清华-中国工程院知识智能联合研究中心年会暨认知智能高峰论坛. 北京：[s.n.], 2020.
[3] LEVINE S, KUMAR A, TUCKER G, et al. Offline reinforcement learning: tutorial, review, and perspectives on open problems[J/OL]. [s.n.], 2020[2023-10-05]. https://doi.org/10.48550/arXiv.2005.01643.
[4] ZHANG Z, WANG X, ZHU W. Automated machine learning on graphs: a survey[C]// Proceedings of the 27th ACM SIGKDD Conference on Knowledge Discovery & Data Mining, New York : Association for Computing Machinery, 2021.

第 2 章　特征选择与降维

学习目标：

本章主要讲解特征选择与降维技术，对每种技术的经典方法和实现方式进行介绍，同时对广泛应用的特征降维方法——主成分分析技术进行详细介绍。最后，通过商业信贷综合实际案例详解特征选择技术实现过程。通过本章的学习，读者可掌握以下知识点。

◇ 了解特征选择的作用，熟悉特征选择的一般框架和常用方法，掌握其实现原理和应用。
◇ 掌握特征选择的常用方法。
◇ 熟悉降维的基本原理和常用方法。
◇ 熟悉主成分分析技术的原理及应用。

2.1　特征选择简介

在机器学习中，特征选择属于机器学习算法中数据预处理步骤的重要一环，是帮助算法提高学习器性能的有效手段之一。在本小节，将简要介绍特征选择的作用，并介绍其一般框架和步骤。

通常，进行特征选择有以下几个目的。

（1）避免维数灾难问题

在现实任务中经常遇到维数灾难问题，即描述一个对象的特征集合非常大，例如一张图片包含百万级像素，一篇文章包含成千上万词汇。通过特征选择可以减少特征个数，在低维空间中构建模型，避免维数灾难问题，提高机器学习算法的效率。

（2）降低噪声、提取有效信息

庞大的特征集合中可能只有少量的元素是相关的，另一些大量的特征则可能是无关或冗余的。所谓无关特征即与当前学习目标没有直接联系的特征，冗余特征则不会给目标对象增加任何新信息。例如一篇描述足球比赛的文章，可能其中一些关键词足以让读者了解其主题，但是诸如大量的"的""是的"等词汇并不能反映这篇文章的有效信息；而对于描述"足球踢得好"，"好"这个词相比于"精准""迅速"等词汇是冗余特征。去除不相关或冗余的特征往往能降低学习任务的难度，让机器学习算法抽丝剥茧，获取更重要的特征。

（3）降低过拟合风险

增加变量会增加模型本身的额外自由度，这些额外的自由度对于模型记住某些细节信息会有所帮助，但对于创建一个稳定性良好、泛化性能强的模型可能没有好处，也就是说增加额外的不相关变量容易增大过拟合的风险，使模型在新数据上可能表现不佳。而更少的输入维数通常意味着更少的参数或更简单的结构，一定程度上能帮助学习算法改善所学模型的通用性、降低过拟合风险。

显然，无论出于哪种目的，特征选择总是为机器学习算法而服务，两者之间关系密切。图 2-1 概括了机器学习算法中采用特征选择技术的一般框架。在获得某个学习任务的训练数据之后，对于每一个数据对象，获取描述对象的特征集合，然后进行特征选择，再进行算法模型（比如分类算法）的训练。相对于机器学习算法，特征选择阶段既可以是独立的模块直接作用于算法，也可以同机器学习算法之间相互作用，即根据机器学习算法对数据的反馈而不断调整选择策略（如图 2-1 中虚线所示）。

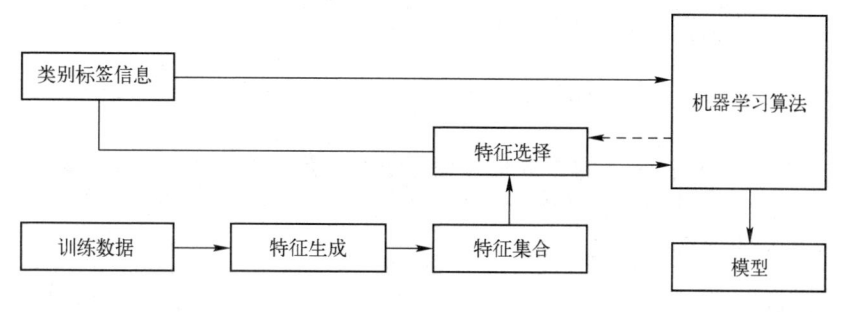

图 2-1 特征选择的一般框架

特征选择归纳起来就是如何选取一个包含所需要的重要信息的特征子集。通常的做法是先产生一个候选子集，接着对其重要性进行评估，然后根据评价结果产生下一个候选子集，再对其进行评估，如此循环持续进行，直到无法产生一个更好的候选子集为止。该过程涉及两个关键环节。

1）子集搜索：根据评价结果获取候选特征，为评价环节提供特征子集。
2）子集评价：对特征子集进行评价。

以分类算法为例。需要说明的是，在这里并不需要知道具体的分类算法原理，仅需要了解分类的作用即可。分类算法即根据样本的特征对样本进行分类。例如，已知特征集合 $\mathcal{F} = \{f_1, f_2, \cdots, f_m\}$ 和类别集合 $\mathcal{C} = \{c_1, c_2, \cdots, c_K\}$，给定数据集 $D = \{x_1, x_2, \cdots, x_N\}$ 以及其特征向量 $X = \{x_1, x_2, \cdots, x_N\} \in \mathbb{R}^{N \times m}$，其中 x_k 表示样本 x_k 的 m 维特征向量，一个分类算法的目的是根据 x_k 判定样本类别标签 c_j。

给定上述数据集及其特征定义，特征选择的主要步骤如下。

（1）子集搜索

子集搜索即从 $\mathcal{F}$ 的 m 个特征中选取一个特征子集 $\mathcal{F}^* \subset \mathcal{F}$，可采用的策略有：前向（Forward）搜索、后向（Backward）搜索、双向（Bidirectional）搜索。

前向搜索：对于特征集合 $\mathcal{F}$，首先选择一个最优的单特征子集（比如 $\{f_1\}$）作为第一轮选定子集，然后在此基础上加入一个特征，构建包含两个特征的候选子集，例如 $\{f_1, f_3\}$，接着选择最优的双特征子集作为第二轮选定子集，以此类推，直到找不到更优的特征子集才停止，这样逐渐增加相关特征的策略为前向搜索。

后向搜索：类似地，如果从完整的特征集合 $\mathcal{F}$ 开始，每次尝试去掉一个无关特征，这样逐渐减少特征的策略称为后向搜索。

双向搜索：前向搜索和后向搜索结合起来，每一轮逐渐增加选定相关特征（这些特征在后续轮中确定不会被去除），同时减少无关特征，这样的策略称为双向搜索。

上述策略都是贪心策略，仅考虑本轮选定子集最优。但是若不进行穷举，每一次的本轮最优并不能保证全局优。然而在大量特征的场景下，穷举的方式在计算上是不可行的，容易造成组合爆炸等问题。贪心策略则可以在效果和效率之间达到一个较好的平衡。

（2）子集评价问题

确定了搜索策略，接下来就需要对特征子集进行评价。以离散型特征的信息增益（或互信息）为例，给定数据集 D，假定 D 中取值为 x_i 的样本所占的比例为 $p(x_i)$，则信息熵的定义为：

$$H(D) = -\sum_{i=1}^{N} p(x_i) \log_2 p(x_i) \qquad (2\text{-}1)$$

信息熵有如下特性，集合 D 的元素分布越"纯"，其信息熵越小；集合 D 的元素分布越"紊乱"，其信息熵越大。

对于某特征子集 A，假定根据其取值将 D 划分成 v 个样本子集 $D^1, D^2, \cdots, D^v$，且每个子集的样本在 A 上取值相同。期望在给定根据 A 所划分的分类下，每个类中的元素越相似越好，即信息熵越小越好。于是，特征子集 A 的信息增益可以计算为：

$$\text{IG}(A) = H(D) - \sum_{v=1}^{N} \frac{|D^v|}{|D|} H(D^v) \tag{2-2}$$

信息增益越大，表明特征子集 A 包含的特征越有助于分类。对于每个特征子集，可以基于数据集 D 来计算其信息增益，以此来评价特征子集的好坏。将不同特征子集搜索策略和子集评价机制相结合，就可以得到不同的特征选择方法。

2.2 特征选择方法

图 2-1 中提到了特征选择与机器学习算法之间的关系，根据这种关系可以进一步将特征选择方法分为三大类。

1）过滤式（Filter）方法：特征选择过程独立，与后续学习器的训练无关。
2）包裹式（Wrapper）方法：特征选择过程与机器学习算法有关，特征选择依赖学习器的性能（作为特征子集的评价准则），两者迭代进行。
3）嵌入式（Embedding）方法：特征选择过程与机器学习算法有关，特征选择与学习器训练过程融为一体，在学习器训练过程中自动进行特征选择。

2.2.1 过滤式方法

过滤式方法首先使用特定的评价标准（例如统计检验中的分数以及相关性的各项指标）对各个特征进行评分，选择分数大于阈值的特征或者选择前 K 个分数最大的特征，最后再使用选择出的特征子集来训练学习器。显然，这是一种将特征选择与学习器训练相分离的特征选择技术。过滤式方法一般分为单变量和多变量两类。

在单变量过滤式方法中，每个特征在特征空间中独立地进行排序，而多变量过滤式方法则可以对特征进行批处理。单变量过滤式方法不需要考虑特征之间的相互关系，常用的单变量过滤式方法是基于特征变量和目标变量之间的相关性或互信息排序的，可以过滤掉不相关的特征信息，优点是计算效率高、不易过拟合，而缺点是不太能去掉冗余特征，所以常用于预处理步骤。代表性方法包括方差检验法、卡方检验法、皮尔逊相关系数法、互信息法等。

多变量过滤式方法则考虑特征变量之间的相互关系，常用的是基于相关性和一致性的特征选择策略，因此能够自然地处理冗余特征。Relief 算法是多变量过滤式方法中的代表。Relief 算法通过设计一个相关统计量来度量特征的重要性，该统计量是一个向量，每个分量对应于一个特征，特征子集的重要性由子集中每个特征所对应的相关统计量分量之和来决定。相关统计量的每个分量值根据各样本与其同类样本中最近邻的距离以及与异类样本中最近邻的距离共同确定，某个特征对应的相关统计量分量值越大，说明该特征分类能力越强（表示与同类样本中最近邻的距离足够小，与异类样本中最近邻的距离足够大），通常权重小于某个阈值的特征将被移除。Relief 算法局限于两类数据的分类问题，而 ReliefF 是特征选择方法 Relief 的扩展，可以应用到多类样本上。

下面主要就基本的单变量过滤式方法进行详细介绍，这类方法往往在预处理步骤中使用，且可以利用 sklearn 中现有的程序包进行简单调用。

1. 单变量过滤式方法

（1）方差检验法

对每一维特征的所有数据进行方差计算，方差越大，说明该特征的区别度越大，适合选作最终用于学习器区分样本的特征；如果方差较小，则说明特征内部的差异较小，不具有区分度。基于方差检验法进行特征选择的一般步骤如下。

1)计算每个特征 f_i 在所有数据上的方差:

$$\sigma^2(f_i) = \frac{\sum_{j=1}^{N}(f_{ij} - \mu_i)^2}{N} \tag{2-3}$$

式中,N 为数据集的大小;f_{ij} 为第 j 个数据 x_j 在特征 f_i 上的取值;μ_i 为所有数据在第 i 维特征 f_i 上取值的平均值。

2)对特征进行筛选,筛除方差值低于某个阈值的特征。

可以直接利用 sklearn 包的方差检验特征选择函数实现,如下述代码所示:

```
# 载入数据
from sklearn.datasets import load_iris
iris = load_iris()
# 加载方差检验特征选择函数
from sklearn.feature_selection import VarianceThreshold

var = VarianceThreshold(threshold = 1)    # threshold 为方差的阈值,默认 0;这里剔除方差小于 1 的特征
var = var.fit_transform(iris.data) #返回特征选择后的特征
```

(2)卡方检验法

卡方检验法是一种假设检验方法,它能够检验两个分类变量之间是否是独立无关的,用在特征选择领域作为特征评分标准时,能够检验特征与类别标签之间的相关性,卡方统计量越大,相关性越强,卡方统计量越小,说明该特征与标签独立,可以删除该特征。利用卡方检验法进行特征选择的一般步骤如下。

1)计算每个特征 f_i 对于类别标签 c_k 的卡方统计量:

$$\chi^2(f_i, c_k) = \frac{\sum_{j=1}^{T}(O_j - E_j)^2}{E_j} \tag{2-4}$$

式中,O_j 为特征 f_i 在类别 c_k 上的实际观测值;E_j 为在类别 c_k 上的期望值;T 为不同观测值的数量。

2)对特征进行筛选,选出卡方统计量排名前 K 个的特征。

在实际应用中,可直接利用 sklearn 包的卡方检验特征选择函数实现,如下述代码所示:

```
# 载入数据
from sklearn.datasets import load_iris
iris = load_iris()

# 加载卡方检验特征选择函数
from sklearn.feature_selection import SelectKBest    # 选择前 K 个值最大的特征
from sklearn.feature_selection import chi2            # 卡方检验

model = SelectKBest(chi2,k=5) # 根据卡方统计量选择前 k 个值最大的特征
model.fit_transform(iris.data,iris.target)
var = model.get_support(True) #返回特征选择后的特征
```

卡方检验函数 feature_selection.chi2 计算每个非负特征和类别标签之间的卡方统计量,并依照卡方统计量由高到低为特征排序。feature_selection.SelectKBest 可以根据评分标准(这里选择的卡方统

计量）选出前 K 个值最大的特征，以此除去与分类目的无关的特征。

（3）皮尔逊（Pearson）相关系数法

Pearson 相关系数是用来反映两个变量之间相关程度的统计量。给定变量 X 和 Y，两者的 Pearson 相关系数可以表示为：

$$\rho_{X,Y} = \frac{\text{cov}(X,Y)}{\sigma_X \sigma_Y} = \frac{E[(X-\mu_X)(Y-\mu_Y)]}{\sigma_X \sigma_Y} \tag{2-5}$$

式中，$\text{cov}(X,Y)$ 为变量 X 和 Y 的协方差，表示的是两个变量总体误差的期望；μ_X 和 μ_Y 分别为变量 X 和 Y 的均值；σ_X 和 σ_Y 分别为变量 X 和 Y 的标准差。

在机器学习算法中，Pearson 相关系数可以用来计算特征与类别标签间的相关度，结果取值为 $[-1,+1]$，从取值可以判断所提取到的特征和类别是正相关、负相关，还是不相关。利用 Pearson 相关系数进行特征选择的一般步骤如下。

1）计算特征与类别标签之间的 Pearson 相关系数。

2）对特征进行筛选，选出 Pearson 相关系数排名前 K 个的特征。

在实际应用中，Pearson 相关系数特征选择法可以直接利用 sklearn 包以及 SciPy 的 pearsonr 函数实现，如下述代码所示：

```
# 载入数据
from sklearn.datasets import load_iris
iris= load_iris()

# 加载 Pearson 相关系数特征选择函数
from sklearn.feature_selection import SelectKBest    # 选择前 K 个值最大的特征
from scipy.stats import pearsonr                     # 计算 Pearson 相关系数
from numpy import array

# SelectKBest 第一个参数为特征评价函数，该函数的输入为特征矩阵和类别向量，输出二元组（评
# 分，P 值）的数组，数组第 i 项为第 i 个特征的评分和 P 值
model = SelectKBest(lambda X, Y: array(map(lambda X:pearsonr(X, Y), X.T)).T, k=3) # 根据 Pearson 相
# 关系数选择前 k 个值最大的特征
model.fit_transform(iris.data, iris.target)
var = model.get_support(True) #返回特征选择后的特征
```

但是，Pearson 相关系数作为特征排序机制只对线性关系敏感。如果关系是非线性的，即便两个变量具有一一对应的关系，Pearson 相关系数也可能会接近 0。

（4）互信息法

互信息法计算效率高、可解释性强，是最常用的特征选择方法之一。该方法通过计算第 i 维特征 f_i 与类别标签集合 $\mathcal{C}$ 之间的互信息来度量特征与类别标签之间的依赖关系：

$$\text{IG}(f_i, \mathcal{C}) = H(f_i) - H(f_i | \mathcal{C}) \tag{2-6}$$

式中，$H(f_i)$ 为 f_i 的熵；$H(f_i|\mathcal{C})$ 为已知 $\mathcal{C}$ 条件下 f_i 的条件熵。在离散特征值的情况下可分别定义为：

$$H(f_i) = -\sum_j p(x_j) \log_2 p(x_j) \tag{2-7}$$

$$H(f_i | \mathcal{C}) = -\sum_k p(c_k) H(f_i | c_k) = -\sum_k p(c_k) \sum_j p(x_j | c_k) \log_2 p(x_j | c_k) \tag{2-8}$$

式中，p_j 为特征 f_i 取值为 x_j 的概率，在离散情况下即 f_i 上 x_j 出现的频率。在互信息特征选择中，

如果一个特征具有较高的互信息,那么这个特征就是相关的。利用互信息进行特征选择的一般步骤如下。

1)计算特征与类别标签之间的互信息。

2)对特征进行筛选,选出互信息排名前 k 个的特征。

sklearn 包中提供了基于互信息进行特征选择的函数,代码实现如下:

```
# 载入数据
from sklearn.datasets import load_iris
iris = load_iris()

# 加载互信息特征选择函数
from sklearn.feature_selection import mutual_info_classif
result = mutual_info_classif(iris.data, iris.target)
model= SelectKBest(mutual_info_classif, k=10)# 根据互信息值选择前 k 个值最大的特征
model.fit_transform(iris.data, iris.target)
var = model.get_support(True) #返回特征选择后的特征
```

由于互信息对特征的选择是基于单变量的方式,因此不能处理冗余特征。为了解决该问题,一系列改进方法相继被提出。Battiti[1]提出了一种一阶增量搜索算法,即互信息特征选择(MIFS)方法,通过贪心选择策略研究候选特征与类别之间、候选特征与已选特征之间的关系。后续 MIFS 的改进版陆续被提出,包括 MIFS-u、mRMR、NMIFS、MIFS-ND 等,它们通过计算候选特征与所选子集内的特征之间的互信息来判断冗余特征。最近,Bennasar 等人[2]提出了两种基于联合互信息的特征选择方法,即联合互信息最大化法(JMIM)和标准化联合互信息最大化法(NJMIM),这两种方法都使用了互信息和最大最小准则,有效解决了冗余特征和无关特征的选择问题。

2. 过滤式方法的实现

为了更进一步理解过滤式方法实现特征选择的机制,接下来以基于互信息的特征选择为例,通过操作实际数据了解过滤式方法的实现。

此次采用数据集 Paribas,该数据为法国巴黎银行个人用户理赔的匿名数据,可从 https://www.kaggle.com/c/bnp-paribas-cardif-claims-management/data 下载,部分数据样例如图 2-2 所示。Paribas 中每个数据样本的特征向量包含 133 维特征,既有数值型特征,也有文本型特征;target 代表数据样本的类别标签。

	ID	target	v1	v2	v3	v4	v5	v6	v7	v8	...
0	3	1	1.335739	8.727474	C	3.921026	7.915266	2.599278	3.176895	0.012941	...
1	4	1	NaN	NaN	C	NaN	9.191265	NaN	NaN	2.301630	...
2	5	1	0.943877	5.310079	C	4.410969	5.326159	3.979592	3.928571	0.019645	...
3	6	1	0.797415	8.304757	C	4.225930	11.627438	2.097700	1.987549	0.171947	...
4	8	1	NaN	NaN	C	NaN	NaN	NaN	NaN	NaN	...

图 2-2　数据集 Paribas 部分数据样例

基于上述数据,利用互信息进行特征选择的实现过程如下。

(1)安装 sklearn 包等,引入特征选择相关库函数

```
# 引入基础依赖包
import pandas as pd
import matplotlib.pyplot as plt
```

```
from sklearn.model_selection import train_test_split
from sklearn.feature_selection import mutual_info_classif
from sklearn.feature_selection import SelectKBest
```

（2）导入数据并进行预处理

```
# 导入20000条样本示例数据
df = pd.read_csv('paribas-train.csv', nrows=20000)

# 过滤非数值类特征
numerics = ['int16', 'int32','int64', 'float16', 'float32', 'float64']
numerical_features = list(df.select_dtypes(include=numerics).columns)
data = df[numerical_features]

# 划分特征数据和类别标签，并对数据进行训练集和测试集划分
X = data.drop(['target','ID'], axis=1) #特征向量集合
y = data['target'] #类别标签序列
X_train, X_test, y_train, y_test = train_test_split(X, y, test_size=0.3, random_state=101)
```

对数据进行预处理后，每一个样本仅保留114维数值类特征。

（3）基于互信息值对特征进行排序

```
#计算训练集中每个特征与类别标签之间的互信息
mutual_info = mutual_info_classif(X_train.fillna(0), y_train)
mi_series = pd.Series(mutual_info)
mi_series.index = X_train.columns
#根据互信息值对特征进行排序，并绘制柱形图
mi_series.sort_values(ascending=False).plot.bar(figsize=(20,8))
```

按照互信息值从大到小对特征进行排序，如图 2-3 所示，互信息值最大的特征在左边，互信息值最小的特征在右边。可见，有些特征对互信息有很大的贡献，有些特征几乎没有任何贡献。所以，为了选择重要的特征，可以设置一个阈值，比如选择特征的前 10%或前 20 个特征作为最后选取的特征子集。

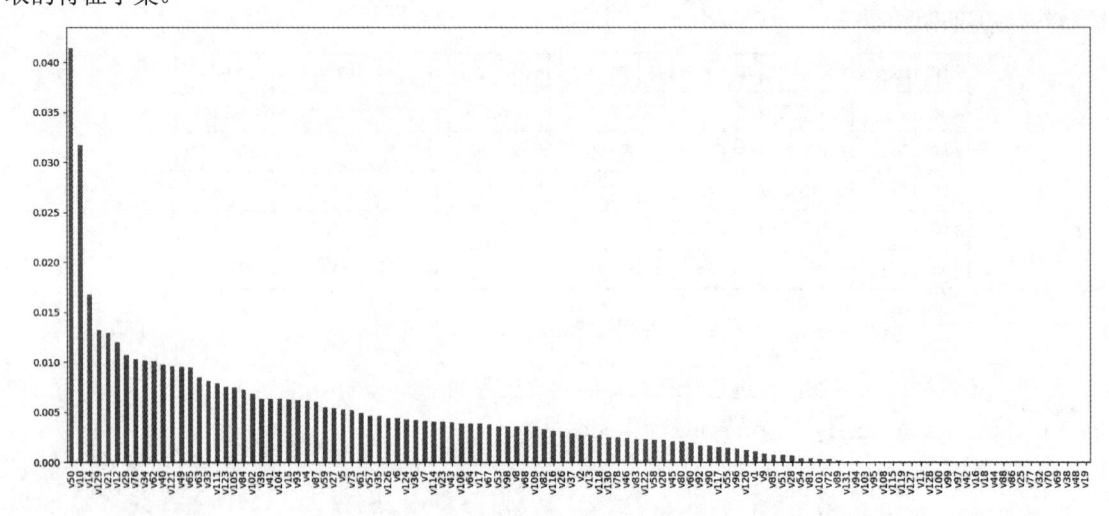

图 2-3　按照互信息值从大到小对特征进行排序

（4）选择特征子集

可以使用"SelectKBest"或"SelectPercentile"的组合，这里选择互信息值排在前 10 的特征，实现如下：

```
k_best_features = SelectKBest(mutual_info_classif, k=10).fit(X_train.fillna(0), y_train)
print('Selected top 10 features: {}'.format(X_train.columns[k_best_features.get_support()]))
```

最终选出来的特征为：

```
Selected top 10 features: Index(['v10', 'v12', 'v14', 'v21', 'v34', 'v39', 'v50', 'v82', 'v104', 'v129'], dtype='object')
```

2.2.2 包裹式方法

过滤式方法独立于任何特定的分类器，缺点是完全忽略了所选特征子集对机器学习算法性能的影响，因此所选择的特征子集不一定对于模型是最佳的。不同于过滤式方法，包裹式方法假定最优特征子集应当依赖于算法中的归纳偏置（即算法本身的一些启发式假设）。因此，包裹式方法直接把最终将要使用的模型性能作为特征子集的评价标准，也就是说，包裹式方法的目的就是为给定的模型选择最有利于其性能的特征子集。给定预定义的机器学习算法，以分类算法为例，一个典型的包裹式方法将执行以下步骤。

1）搜索特征的子集。

2）通过分类器的性能来评价所选择的特征子集。

3）重复步骤 1）和步骤 2），直至达到某一条件。

如图 2-4 所示，在包裹式方法中，特征搜索组件将生成一个特征子集，特征评价组件将使用机器学习算法训练的模型性能对特征进行评估，评价结果将反馈给特征搜索组件，并用于下一次迭代的特征搜索组件。最后，选择评价结果最好的特征子集用于机器学习算法模型训练。可见，包裹式方法是为机器学习算法量身定做的。研究表明，在模型性能效果上，使用包裹式方法进行特征选择通常比过滤式方法更好，但由于需要多次训练模型来帮助筛选特征，因此计算开销较大。尽管包裹式方法是根据模型学习的效果来选择特征子集，但所选择出来的特征可能并不具有可解释性。

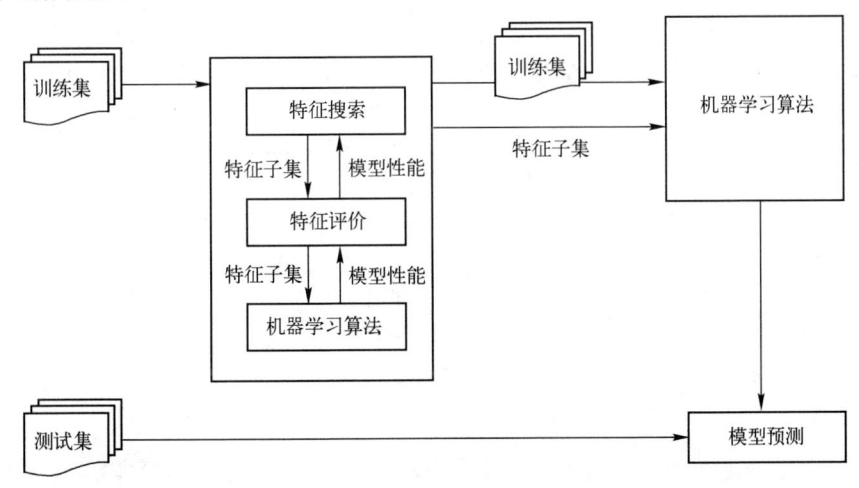

图 2-4 包裹式方法框架

给定 m 个特征，使用包裹式方法的特征搜索空间的大小为 $O(2^m)$，除非 m 特别小，否则随着 m 增大，搜索复杂度成指数级增长，穷尽搜索是不切实际的。这样的搜索问题是 NP 问题，可以使用广泛的搜索策略来解决，包括爬山法、最佳优先搜索、分枝限界法和遗传算法等。爬山法使用贪心策略确定子集扩展的方向，当没有子集超过当前集合时终止。最佳优先搜索根据一个评价函数，在目前产生的特征子集中选择具有最小评价函数值的特征进行扩展，该方法具有全局优化观念，而爬山法仅具有局部优化观念。也有一些方法采用随机搜索策略，例如LVM（Las Vegas Wrapper）是一个典型的包裹式方法，它使用随机策略来进行特征子集搜索，并使用交叉验证的方法估计学习器在特征子集上的分类误差，以此作为特征子集评价标准。但是由于LVM算法是基于拉斯维加斯方法框架，若初始特征数很多，时间效率通常会比较低，并且最终可能一直无法得到满足条件的解。下面将介绍几种机器学习算法中常用的包裹式方法。

1. RFE（Recursive Feature Elimination）

RFE是一个经典的包裹式方法，它使用一个机器学习模型来进行多轮训练，每轮训练后，删除若干个重要性低的特征，再基于新的特征集进行下一轮训练，直到特征数满足设定。RFE一般步骤如下。

1）首先在原始特征上训练模型（例如分类模型），并为每个特征指定一个权重系数。

2）将拥有最小绝对值权重的特征从特征集中剔除。

3）如此迭代递归，直至剩余的特征数量达到所需的特征数量。

sklearn包中集成了RFE的函数实现，如下述代码所示：

```
# 加载数据
from sklearn import datasets
iris = datasets.load_iris()

# 加载REF特征选择函数和分类模型
from sklearn.feature_selection import RFE
from sklearn.linear_model import LogisticRegression  # 逻辑斯蒂分类模型

model = LogisticRegression()
rfe = RFE(estimator=model,n_features_to_select=1,step=1)
rfemodel = rfe.fit_transform (iris.data, iris.target)
```

sklearn包的RFE函数中，estimator参数指明了用于特征评估的基础模型；n_features_to_select指定最终要保留的特征数量；step为整数时，表示每次要删除的特征数量，step小于1时，表示每次剔除权重最小的特征。

2. RFECV（Recursive Feature Elimination-Cross Validation）

RFECV是RFE的扩展，它通过交叉验证的方式执行RFE，以此来选择最佳数量的特征。RFECV一般步骤如下。

1）指定一个外部的机器学习算法，比如支持向量机分类算法（该算法将在第3章中详细介绍），通过该算法对所有特征子集进行交叉验证，以评估学习器的性能损失。

2）对于某个特征，如果减少该特征会造成性能损失，那么将不会去除该特征。

3）最终筛选得到的特征子集作为所挑选的特征。

sklearn包集成了RFECV的函数实现，如下述代码所示：

```
from sklearn.svm import SVC
from sklearn.model_selection import StratifiedKFold
from sklearn.feature_selection import RFECV
from sklearn.datasets import make_classification
# 创建一个分类模型
```

```
X, y = make_classification(n_samples=1000, n_features=25, n_informative=3,
                n_redundant=2, n_repeated=0, n_classes=2,
                n_clusters_per_class=1, random_state=0)
svc = SVC(kernel="linear") # 支持向量机线性分类模型
# 创建 RFECV 特征选择模型，交叉验证使用 roc_auc 指标评估特征
rfecv = RFECV(estimator=svc, step=1, cv=StratifiedKFold(2), scoring='roc_auc',
            min_features_to_select=1)
rfecv.fit(X, y)
```

sklearn 包的 RFECV 函数中，step 表示每次递归剔除的特征数量，当 step 小于 1 时，表示每次去除权重最小的特征；scoring 为字符串类型，选择 sklearn 中的 scorer 作为输入对象，用于指定评估模型性能的指标，比如正确率（Accuracy）、roc_auc；min_features_to_select 用于设定最少的特征数（如果模型有特征数量限制，比如随机森林设置了最大特征数，则此变量需要大于或等于该值）。RFECV 首先计算没有删除任何特征的得分（即评估模型的指标值），接着每次计算删除 step 个特征的得分，并对所有特征组合情况计算得分，得到其平均的得分。以此类推，直至到达 min_features_to_select 约定的最少特征数。最后，给出每个特征的评分，选出最优特征子集。

RFECV 用于选取单模型特征是一个不错的选择，但是该方法有几点不足。第一，计算量大，由于每一次迭代都需要进行模型训练和交叉验证，运行一次需要的计算时间较长。第二，随着学习器的变更，最佳特征组合也会改变，特征选择结果不具备鲁棒性，有时候会造成不利影响。因此适合在模型确定后进行特征再次选择。第三，更改最小特征数，在没有达到最小特征数的情况下，运行结果也会发生变化。

接下来，通过一个综合实例基于 Paribas 数据进一步了解包裹式方法的实际应用。由于包裹式方法依赖于具体的机器学习算法，这里选取随机森林算法（该算法将在第 3 章中详细介绍）。包裹式方法的代码实现过程如下。

（1）安装 sklearn 以及 mlxtend 包，引入特征选择相关库函数

```
# 引入基础依赖包
from sklearn.model_selection import train_test_split
from sklearn.ensemble import RandomForestRegressor, RandomForestClassifier
from sklearn.metrics import roc_auc_score
from mlxtend.feature_selection import SequentialFeatureSelector as SFS
```

（2）导入数据并进行预处理

```
# 导入 20000 条样本示例数据
df = pd.read_csv('paribas-train.csv', nrows=20000)
# 过滤非数值类特征
numerics = ['int16', 'int32','int64', 'float16', 'float32', 'float64']
numerical_features = list(df.select_dtypes(include=numerics).columns)
data = df[numerical_features]
# 划分特征数据和类别标签，并对数据进行训练集和测试集划分
X = data.drop(['target','ID'], axis=1) #特征向量集合
y = data['target'] #类别标签序列
X_train, X_test, y_train, y_test = train_test_split(
    data.drop(labels=['target', 'ID'], axis=1),
```

```
            data['target'],
            test_size=0.3,
            random_state=0)
# 为了减少特征空间，缩短模型训练的时间，剔除一些相关度高的特征
# 此步骤也可省略
def correlation(dataset, threshold):
    col_corr = set()  # 相关列名称的集合
    corr_matrix = dataset.corr()
    for i in range(len(corr_matrix.columns)):
        for j in range(i):
            if abs(corr_matrix.iloc[i, j]) > threshold:
                colname = corr_matrix.columns[i]
                col_corr.add(colname)
    return col_corr
corr_features = correlation(X_train, 0.8)
X_train.drop(labels=corr_features, axis=1, inplace=True)
X_test.drop(labels=corr_features, axis=1, inplace=True)
```

（3）借助包裹式方法前向搜索特征子集

在利用包裹式方法进行前向特征搜索的过程中，选取随机森林学习器的评估反馈（即 roc_auc 评分）来调整所选择的特征子集，直至找不到令 roc_auc 评分更好的特征子集。这里借用 mlxtend 中的 SequentialFeatureSelector 方法实现该过程，具体实现代码如下：

```
# 前向搜索特征
# 根据最优 roc_auc 评分标准选择 10 个特征
sfs1 = SFS(RandomForestClassifier(n_jobs=4),
    k_features=10, #选取特征的个数
    forward=True,
    floating=False,
    verbose=2,
    scoring='roc_auc', #评价指标
    cv=3)

sfs1 = sfs1.fit(np.array(X_train.fillna(0)), y_train)
selected_feat= X_train.columns[list(sfs1.k_feature_idx_)]
print(selected_feat)
```

在该数据集中，所选择的特征子集如下：

```
Index(['v10', 'v14', 'v23', 'v34', 'v38', 'v45', 'v50', 'v61', 'v72', 'v129'], dtype='object')
```

（4）根据最终所选的特征子集验证算法性能

最后，可以基于所选的特征子集，验证随机森林算法的性能，实现如下：

```
def run_randomForests(X_train, X_test, y_train, y_test):
    rf = RandomForestClassifier(n_estimators=200, random_state=39, max_depth=4)
    rf.fit(X_train, y_train)
    print('Train set')
    pred = rf.predict_proba(X_train)
```

```
print('Random Forests roc-auc: {}'.format(roc_auc_score(y_train, pred[:,1])))
print('Test set')
pred = rf.predict_proba(X_test)
print('Random Forests roc-auc: {}'.format(roc_auc_score(y_test, pred[:,1])))

run_randomForests(X_train[selected_feat].fillna(0),
        X_test[selected_feat].fillna(0),
        y_train, y_test)
```

该算法在训练集和测试集上的性能指标分别如下：

Train set:
Random Forests roc-auc: 0.7209127288873236
Test set:
Random Forests roc-auc: 0.7148814901970846

2.2.3 嵌入式方法

上述两种特征选择方法中，由于过滤式方法中特征选择与机器学习算法完全分离，且避免了典型的包裹式方法中的交叉验证步骤，因此计算效率很高。然而，这类方法并没有考虑学习器的模型偏差，即所学习模型的期望输出与真实输出的偏离程度。例如，Relief 的相关度度量可能并不适合作为朴素贝叶斯分类方法的特征子集选择器，因为在多数情况下朴素贝叶斯的性能会随着相关特征的去除而提高。包裹式方法利用预定义的分类器来评估特征的质量，并通过特征选择过程避免了分类器的偏差。然而，该方法必须多次训练分类器来评估所选特征子集的质量，导致计算成本很高。

相比于上述方法，嵌入式方法在学习器训练过程中自动地进行特征选择，是一种将特征选择与学习器训练完全融合的特征选择方法，它将特征选择融入学习器的优化过程中。该方法先使用机器学习算法模型进行训练，得到各个特征的权重系数以判断特征的优劣，再进行过滤。这种方式同时继承了过滤式方法和包裹式方法的优势，既同包裹式方法一样与分类器有交互，又同过滤式方法一样不需要迭代地评估特征集，因此计算效率高。

嵌入式方法大致可以分为三种。第一种是剪枝方法，它首先利用所有特征来训练一个模型，然后试图通过将相应的系数降为 0 来消除一些特征。第二种是使用带有内置机制的模型进行特征选择，如 ID3[3]和 C4.5[4]。第三种是带有目标函数的正则化模型，它能通过最小化拟合误差使得特征系数足够小甚至精确为零。正则化模型由于其良好的性能，在越来越多的模型中受到关注。下面将简述几种有代表性的方法。

不失一般性，在本节中，只考虑简单的线性分类器，并定义特征权重系数 $w \in \mathbb{R}^d$，通过它与特征向量 x_k 的线性组合计算样本分类的概率 y_k。在正则化方法中，w 的每一维 w_k 对应特征 f_k 的权重，w 中不为零的项所对应的特征将用于分类器的模型学习。因此，通过学习 w 的值，分类器的模型学习和特征选择是可以同时实现的。具体而言，定义线性分类器的目标函数为

$$\min_{w} \sum_{k} \mathcal{L}(w, x_k) + \alpha \cdot \mathcal{T}(w) \tag{2-9}$$

式中，$\mathcal{L}(\cdot)$ 为分类器的目标函数；$\mathcal{T}(w)$ 为正则项；$\alpha \geq 0$ 为权衡两者的正则项系数。

$\mathcal{L}(\cdot)$ 可以有多种选择，常用的包括平方损失函数、折页损失函数以及对数损失函数。

平方损失：

$$\mathcal{L}(\boldsymbol{w}, \boldsymbol{x}_k) = (y_k - \boldsymbol{w}^T \boldsymbol{x}_k)^2 \qquad (2\text{-}10)$$

折页损失：

$$\mathcal{L}(\boldsymbol{w}, \boldsymbol{x}_k) = \max(0, 1 - y_k \boldsymbol{w}^T \boldsymbol{x}_k) \qquad (2\text{-}11)$$

对数损失：

$$\mathcal{L}(\boldsymbol{w}, \boldsymbol{x}_k) = \log\{1 + \exp[-y_k(\boldsymbol{w}^T \boldsymbol{x}_k + \boldsymbol{b})]\} \qquad (2\text{-}12)$$

当样本较少，而样本特征较多时，上述损失函数很容易陷入过拟合。为了解决这个问题，可以通过引入不同的正则项 $\mathcal{T}(\boldsymbol{w})$，达到不同特征约束的效果。常用的正则项如下。

1. L_2 正则

L_2 正则又称 Ridge 正则，即对权重系数 $\boldsymbol{w}$ 的 L_2 范数进行约束，定义为

$$\mathcal{T}(\boldsymbol{w}) = \|\boldsymbol{w}\|_2^2 = \sum_{i=1}^{m} w_i^2 \qquad (2\text{-}13)$$

sklearn 包中集成了 L_2 正则的函数实现，代码如下：

```
# 加载数据
from sklearn.datasets import load_iris
iris = load_iris()

# 数据和标签预处理
from sklearn.preprocessing import StandardScaler
scaler = StandardScaler()
x = scaler.fit_transform(iris.data)
y = iris.target

# 加载正则化的线性模型
from sklearn.linear_model import Ridge  # L_2 正则化的线性模型
ridge = Ridge(alpha=10)
ridge.fit(x,y)
print(ridge.coef_)   # 输出 L_2 正则化后的系数值
```

2. L_1 正则

L_1 正则又称 Lasso 正则，即对权重系数 $\boldsymbol{w}$ 的 L_1 范数进行约束，定义为

$$\mathcal{T}(\boldsymbol{w}) = \|\boldsymbol{w}\|_1 = \sum_{i=1}^{m} |w_i| \qquad (2\text{-}14)$$

式中，w_i 为 $\boldsymbol{w}$ 的第 i 维分量。

L_2 正则和 L_1 正则都可以降低过拟合风险，但是后者可以使得 $\boldsymbol{w}$ 产生精确为零系数的值（即稀疏解），从而达到特征选择的效果。通过一个简单的例子来理解这一点。考虑一个 2 维 $\boldsymbol{w}$ 向量，即 $\boldsymbol{w}$ 仅包含两个分量 w_1 和 w_2。$\boldsymbol{w}$ 在 L_1 正则化（左）与 L_2 正则化（右）约束下解空间的区别如图 2-5 所示，浅灰色线表示损失函数的等值线，黑色实线区域为解的正则化约束区域，可以分别表示为 $|w_1|+|w_2| \leq t$ 以及 $w_1^2 + w_2^2 \leq t^2$。浅灰色线和黑色实线区域切点就是目标函数的最优解。如果是圆，则很容易切到圆周的任意一点，但是很难切到坐标轴上，此时 w_1 和 w_2 均非 0，因此没有稀疏解；但是如果是菱形或者多边形，则很容易切到坐标轴上，此时 w_1 或 w_2 为 0，因此很容易产生稀疏的结果。这也说明了为什么 L_1 正则容易产生零解（稀疏解）。

$\boldsymbol{w}$ 中为零的项对应的特征将在分类器学习过程中被剔除。因此，L_1 正则可以用来进行特征选择。

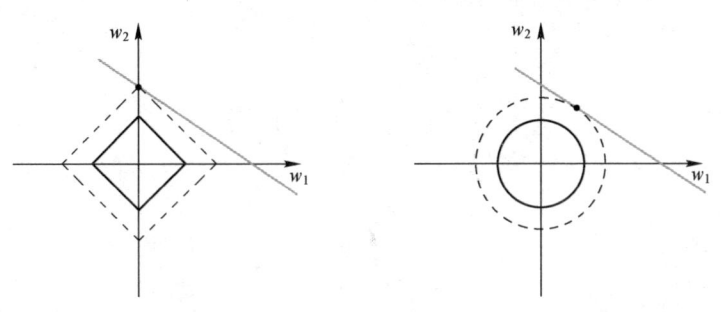

图 2-5 L_1 正则化（左）与 L_2 正则化（右）约束下解空间的区别

sklearn 包中集成了 L_1 正则的函数实现，代码如下：

```
# 加载数据
from sklearn.datasets import load_iris
iris = load_iris()

# 数据和标签预处理
from sklearn.preprocessing import StandardScaler
scaler = StandardScaler()
x = scaler.fit_transform(iris.data)
y = iris.target

# 加载正则化的线性模型
from sklearn.linear_model import Lasso # L1 正则化的线性模型
lasso = Lasso(alpha=0.2)
lasso.fit(x,y)
print(lasso.coef_) # 输出 L1 正则化后的系数值
```

Lasso 正则也有一个缺陷，那就是它对所有系数变量都施加相同的惩罚，对于加大值的变量，可能会出现过度压缩非零系数的情况，增大了估计结果的偏差，使得其估计量是有偏的。为了提高 Lasso 正则的准确性，Zou 提出了自适应的 Lasso 方法，把 Lasso 中的惩罚项修正为：

$$\mathcal{T}(w) = \sum_{i=1}^{m} \frac{1}{b_i}|w_i| \tag{2-15}$$

相比于原始的 Lasso 正则，自适应 Lasso 对每一维 w_i 增加了一个权重调整项 b_i，它的作用是使越重要的变量的惩罚越小，这样就可以使重要的变量更容易被挑选出来，而不重要的变量更容易被剔除。这样就很好地弥补了 Lasso 正则的缺陷，同时满足 Oracle 性质（一种判断模型选择方法好坏的准则）。Lasso 正则也拓展为一种更泛化的情况，即 Bridge 正则：

$$\mathcal{T}(w) = \sum_{i=1}^{m} |w_i|^{\gamma}, \quad 0 \leqslant \gamma \leqslant 1 \tag{2-16}$$

当 $\gamma = 1$ 时，即为 Lasso 正则，它是 Bridge 正则的一种特殊情况。

3. ElasticNet 正则

ElasticNet 正则是 L_2 正则和 L_1 正则的折中，形式表示为：

$$\mathcal{T}(w) = \lambda_1 \|w\|_1 + \lambda_2 \|w\|_2^2 \tag{2-17}$$

ElasticNet 正则需要调整平衡两个正则之间的权重。sklearn 包中集成了 ElasticNet 正则的函数实现，代码如下：

```
# 加载数据
```

```
from sklearn.datasets import load_iris
iris = load_iris()

# 数据和标签预处理
from sklearn.preprocessing import StandardScaler
scaler =StandardScaler() # 对数据进行归一化预处理
x = scaler.fit_transform(iris.data)
y = iris.target

# 加载正则化的线性模型
from sklearn.linear_model import ElasticNet # ElasticNet 正则
EN = ElasticNet(alpha=1.0, l1_ratio=0.5)
EN.fit(x,y)
print(EN.coef_) # 输出 ElasticNet 正则化后的系数值
```

以下将通过简单的 Titanic 数据集了解嵌入式方法 L_1 正则在分类场景中的应用。

Titanic 数据集描述的是 1912 年沉没于大西洋的巨型邮轮泰坦尼克号中乘客的基本信息,可从 https://www.kaggle.com/c/titanic/data 下载,部分数据样例如图 2-6 所示,其中 PassengerID 代表乘客 ID,Survived 表示乘客幸存与否,每个乘客的特征向量包含 10 个特征,包括 Pclass(舱位等级)、Name(姓名)等。

PassengerId	Survived	Pclass	Name	Sex	Age	SibSp	Parch	Ticket	Fare	Cabin	Embarked
1	0	3	Braund, Mr	male	22	1	0	A/5 21171	7.25		S
2	1	1	Cumings, N	female	38	1	0	PC 17599	71.2833	C85	C
3	1	3	Heikkinen,	female	26	0	0	STON/O2	7.925		S
4	1	1	Futrelle, M	female	35	1	0	113803	53.1	C123	S
5	0	3	Allen, Mr. V	male	35	0	0	373450	8.05		S
6	0	3	Moran, Mr	male		0	0	330877	8.4583		Q
7	0	1	McCarthy,	male	54	0	0	17463	51.8625	E46	S
8	0	3	Palsson, M	male	2	3	1	349909	21.075		S
9	1	3	Johnson, N	female	27	0	2	347742	11.1333		S
10	1	2	Nasser, Mr	female	14	1	0	237736	30.0708		C
11	1	3	Sandstrom	female	4	1	1	PP 9549	16.7	G6	S

图 2-6 Titanic 部分数据样例

以下将考虑利用逻辑斯蒂回归算法(详见第 3 章)作为分类器,并对该分类器施加 L_1 正则,然后根据输入的每个乘客的 10 个特征,利用正则化的分类器预测该乘客幸存与否。

(1)安装 sklearn 等包,引入特征选择相关库函数

```
# 引入依赖包
import pandas as pd
from sklearn.model_selection import train_test_split
from sklearn.preprocessing import StandardScaler
from sklearn.linear_model import LogisticRegression
from sklearn.feature_selection import SelectFromModel
from sklearn.metrics import roc_auc_score
```

(2)导入数据并进行预处理

```
# 导入全部示例数据
titanic = pd.read_csv('Datasets/Titanic/titanic.csv')
print(titanic.isnull().sum())
titanic.drop(labels = ['Age', 'Cabin'], axis = 1, inplace = True)
titanic = titanic.dropna()
```

```
print(titanic.isnull().sum())
print(titanic.head())
# 将部分文字类型特征数值化
data = data = titanic[['Pclass', 'Sex', 'SibSp', 'Parch', 'Fare', 'Embarked']].copy()
# 剔除对于 Survived 分类缺少区分度的特征，例如 Name 等
sex = {'male': 0, 'female': 1}
data['Sex'] = data['Sex'].map(sex)
ports = {'S': 0, 'C': 1, 'Q': 2}
data['Embarked'] = data['Embarked'].map(ports)
# 划分特征数据和类别标签，并对数据进行训练集和测试集划分
X = data.copy()
y = titanic['Survived']
X_train, X_test, y_train, y_test = train_test_split(X, y, test_size = 0.3, random_state = 42)
```

（3）模型训练

采用逻辑斯蒂回归算法学习分类器，并施加 L_1 正则。

```
scaler = StandardScaler()
scaler.fit(X_train)

sel_ = SelectFromModel(
    LogisticRegression(C=0.5,
            penalty='l1', #这里选 L1 正则对特征进行约束
            solver='liblinear',
            random_state=10))
sel_.fit(scaler.transform(X_train), y_train)

features = X_train.columns[sel_.get_support()]
print(features) #查看被筛选出来的特征

#从数据集中删除系数为零的特征
X_train_lasso = pd.DataFrame(sel_.transform(X_train))
X_test_lasso = pd.DataFrame(sel_.transform(X_test))
X_train_lasso.columns = X_train.columns[(sel_.get_support())]
X_test_lasso.columns = X_train.columns[(sel_.get_support())]
```

通过 get_support() 可以看到每一个特征被筛选的情况，比如在这个例子中，分类权重向量在模型学习中经过 L_1 正则化约束后，系数为零项所对应的特征会被删除，最终留下以下特征作为最终的特征子集：

```
Index(['Pclass', 'Sex', 'SibSp', 'Fare', 'Embarked'], dtype='object')
```

（4）根据最终所选的特征子集验证算法性能

```
#创建一个函数来评价逻辑斯蒂回归模型基于所选特征子集在训练集和测试集上的性能
def run_logistic(X_train, X_test, y_train, y_test):
    scaler = StandardScaler().fit(X_train)

    logit = LogisticRegression(random_state=44, max_iter=500)
    logit.fit(scaler.transform(X_train), y_train)
```

```
    print('Train set')
    pred = logit.predict_proba(scaler.transform(X_train))
    print('Logistic Regression roc-auc: {}'.format(
        roc_auc_score(y_train, pred[:, 1])))

    print('Test set')
    pred = logit.predict_proba(scaler.transform(X_test))
    print('Logistic Regression roc-auc: {}'.format(
        roc_auc_score(y_test, pred[:, 1])))

run_logistic(X_train_lasso,
             X_test_lasso,
             y_train,
             y_test)
```

该算法在训练集和测试集上的性能指标分别如下:

```
Train set
Logistic Regression roc-auc: 0.8358038830715533
Test set
Logistic Regression roc-auc: 0.8517065868263471
```

2.3 降维技术

从前几节可以看出，特征选择通过定义评估函数来筛选特征，从而起到减少数据维度的作用。而降维技术是另一种使数据维度减少的方法，与特征选择技术有着本质的不同。特征选择单纯地从提取到的所有特征中选择部分特征作为训练集特征，特征值在选择前和选择后并不改变，只是选择后的特征维度比选择前少。而降维是从一个维度空间映射到另一个维度空间，也就是说通过降维后，不仅特征的维度减少，特征的值也有可能变化。

也就是说，降维的本质是学习一个映射函数 $f: x \to y$，其中 x 是原始数据样本点的特征表示，比如向量表达形式，y 是数据点映射后的低维向量表达，通常 y 的维度小于 x 的维度。目前大多数降维算法处理向量表示的数据，也有一些降维算法处理高阶张量表示的数据。同特征选择类似，降维技术同样可以有助于减少冗余信息以及噪声信息，提高训练速度。除此以外，降维技术还能用于数据可视化，把高维数据降到 2 维或 3 维，把特征在 2 维空间（或 3 维空间）表示出来，让人们更直观地发现数据内部的本质结构特征。按照 f 的定义形式，可以将数据降维技术分为线性降维方法和非线性降维方法，如图 2-7 所示。

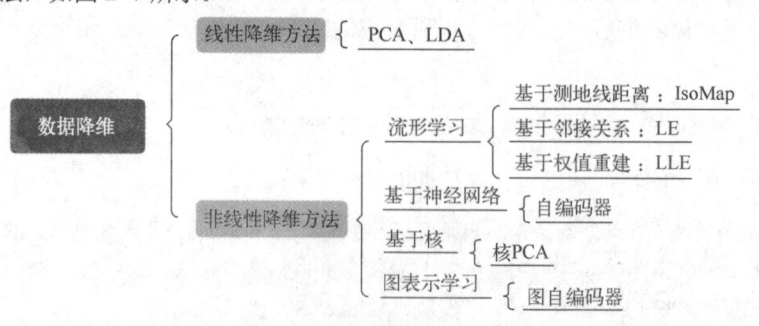

图 2-7 数据降维技术分类

下面，将介绍其中几种经典的线性降维方法，以及非线性降维方法中基于流形学习的方法、基于神经网络的方法和基于图表示学习的方法。核 PCA 将在 2.4 节中与 PCA 一同进行介绍。

1. 线性降维方法

线性降维方法中具有代表性的一类是矩阵分解方法，它通过将数据矩阵缩减为多个低秩子矩阵实现降维，例如特征分解（Eigen Decomposition）、奇异值分解（Singular Value Decomposition，SVD）、主成分分析（PCA）等。特征分解是使用最广的矩阵分解之一，又称谱分解（Spectral Decomposition），是将矩阵分解为由其特征值和特征向量表示的矩阵之积的方法。这里需要注意的是，只有对可对角化方阵才可以施以特征分解。对于矩阵 $A \in \mathbb{R}^{d \times d}$，其特征分解可以表示为：

$$A = Q\Lambda Q^{\mathrm{T}} \tag{2-18}$$

式中，Q 中每一列为 A 的特征向量；Λ 是对角矩阵，其对角线上的元素为对应的特征值。若 A 不是满秩矩阵，那么存在少于 d 个的非零特征值，或少于 d 个的线性无关的特征向量。也就是说，Q 的维度可能比 A 小，以更低维的矩阵组成原数据矩阵。

SVD 也是对矩阵进行分解，但是和特征分解不同，SVD 并不要求要分解的矩阵为方阵。假设矩阵 A 是一个 $m \times n$ 的矩阵，那么定义矩阵 A 的 SVD 为

$$A = U\Sigma V^{\mathrm{T}} \tag{2-19}$$

式中，U 是一个 $m \times m$ 的矩阵；Σ 是一个 $m \times n$ 的矩阵，除了主对角线上的元素以外全为 0，主对角线上的每个元素都称为奇异值；V 是一个 $n \times n$ 的矩阵。U 和 V 都是酉矩阵，即满足 $U^{\mathrm{T}}U = I$，$V^{\mathrm{T}}V = I$。SVD 在 sklearn 包中可以直接调用，如以下代码所示。

```
from sklearn.decomposition import TruncatedSVD
from scipy.sparse import csr_matrix
import numpy as np
# 创建数据矩阵
np.random.seed(0)
X_dense = np.random.rand(100, 100)
X_dense[:, 2 * np.arange(50)] = 0
X = csr_matrix(X_dense)
# svd 分解
svd = TruncatedSVD(n_components=5, n_iter=7, random_state=42) # 降维至 5 维向量
svd.fit(X)
```

另一类线性降维方法则是使用线性投影函数实现高维空间向低维空间的转变，例如线性判别分析（Linear Discriminant Analysis，LDA）。LDA 的核心思想是将高维空间中的数据点映射到低维空间中，使得同类点之间的距离尽可能接近，不同类点之间的距离尽可能远。LDA 在 sklearn 包中可以直接调用，示例代码如下。

```
import numpy as np
import matplotlib.pyplot as plt
from mpl_toolkits.mplot3d import Axes3D
from sklearn.datasets.samples_generator import make_classification
#生成数据和标签
X, y = make_classification(n_samples=1000, n_features=3, n_redundant=0, n_classes=3,
            n_informative=2, n_clusters_per_class=1,class_sep =0.5, random_state =10)
#LDA 降维
from sklearn.discriminant_analysis import LinearDiscriminantAnalysis
lda = LinearDiscriminantAnalysis(n_components=2) # 设定降维至 2 维向量
lda.fit(X,y)
X_new = lda.transform(X)
```

PCA（Principal Component Analysis）即主成分分析方法，是一种使用最广泛的数据降维算法。PCA 的主要思想是通过某种线性投影，将高维的数据映射到低维的空间中表示，并且期望在所投影的维度上数据的方差最大（最大方差理论），以使用较少的数据维度，同时保留较多的原数据点的特性。PCA 在 sklearn 包中可以直接调用，示例代码如下。

```
import numpy as np
from sklearn.decomposition import PCA
# 创建数据矩阵
X = np.array([[-1, -1], [-2, -1], [-3, -2], [1, 1], [2, 1], [3, 2]])
#设定两个主成分
pca = PCA(n_components=2)
```

2．基于流形学习的方法

矩阵分解通过线性投影的方式实现降维，而基于流形数据进行建模的流形学习（Manifold Learning）是以非线性方式进行降维的主流技术。流形学习假设高维数据分布在一个特定的低维空间结构（流形）上，然后试图在低维空间上保持原有高维空间中数据的结构特征，并求出相应的嵌入映射，以实现维数约简或者数据可视化。

图 2-8 为利用流形假设将瑞士卷（Swiss Roll）数据投影到低维空间的效果。图 2-8 第一行所示，数据分为两类，在三维空间看起来很难区分，但通过流形假设映射到二维空间就能很轻易地区分开。但是，流形假设并不总是能成立，如图 2-8 第二行所示，决策线为 x=5，但在二维空间的决策线比在三维空间的决策线要复杂。因此，在训练模型之前先降维能够加快训练速度，但是效果却不一定能得到保障，这取决于数据的形式。

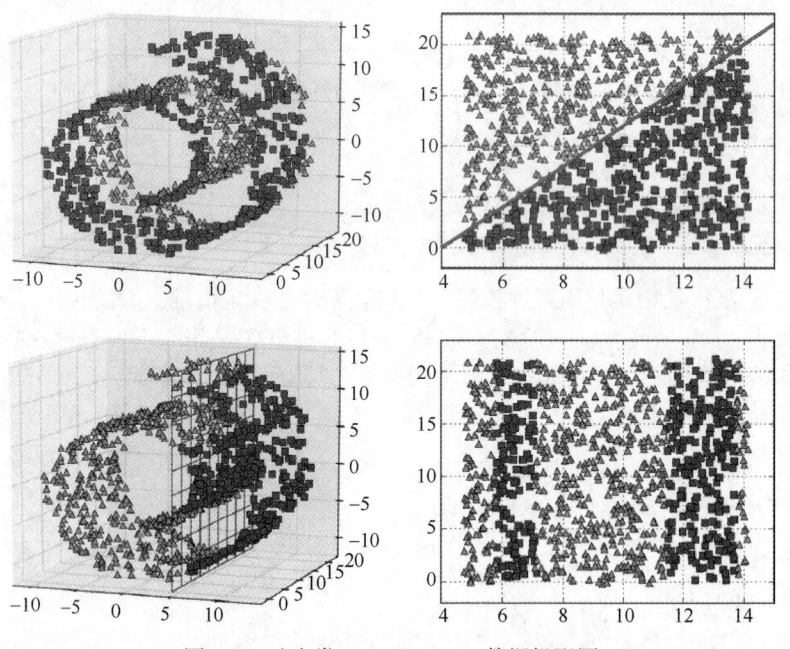

图 2-8 瑞士卷（Swiss Roll）数据投影图

MDS、IsoMap、LE、LLE、SNE 都是基于流形学习的传统经典方法。

（1）MDS

MDS（Multi-Dimensional Scaling），即多维尺度变换，是一种通过保留样本在高维空间中的不相似性来降低数据维度的方法，所谓不相似性即为样本之间的距离。根据距离的度量方式不同可以将其分为度量型 MDS（metric MDS）和非度量型 MDS（non-metric MDS）。度量型 MDS 通过计算不同样本之间距离的度量值进行降维，而非度量型 MDS 则仅考虑距离的排序信息。以度量型 MDS 为例，给定样本集 $D = \{x_1, x_2, \cdots, x_N\}$，低维空间的维度 d，其算法如下。

1）计算样本的距离矩阵 $\boldsymbol{D}$，其元素为两个样本的距离 $d_{ij} = \text{dist}(x_i, x_j)$。

2）构建矩阵 $\boldsymbol{A}$，其元素 $a_{ij} = -1/2 \cdot d_{ij}^2$。

3）通过中心矫正的方法构造矩阵 $\boldsymbol{B} = \boldsymbol{JDJ}$，$\boldsymbol{J} = \boldsymbol{I} - 1/N \cdot \boldsymbol{O}$，其中 $\boldsymbol{I}$ 为 $N \times N$ 的单位矩阵，$\boldsymbol{O}$ 为 $N \times N$ 的全 1 矩阵。

4）计算矩阵 $\boldsymbol{B}$ 的特征向量 $\boldsymbol{b}_1, \boldsymbol{b}_2, \cdots, \boldsymbol{b}_m$ 及对应的特征值 $\lambda_1, \lambda_2, \cdots, \lambda_m$。

5）重构数据矩阵 $\boldsymbol{X} = \boldsymbol{E}_d \boldsymbol{\Lambda}_d^{1/2}$，其中 $\boldsymbol{\Lambda}_d$ 为前 d 个最大特征值构成的对角矩阵，$\boldsymbol{E}_d$ 为对应的 d 个特征向量构成的矩阵。

事实上，MDS 所得到的 $\boldsymbol{X}$ 的 d 维主坐标正好是将 $\boldsymbol{X}$ 中心化后 N 个样本的前 d 个主成分的值，这与 PCA 和 LDA 中的特征值分解类似，通过保留大的特征值对应的特征向量，来提取被分解矩阵的主要成分。sklearn 提供了 MDS 函数，可以直接调用：

```
# 加载数据
from sklearn.datasets import load_digits
X, _ = load_digits(return_X_y=True)

from sklearn.manifold import MDS # MDS
embedding = MDS(n_components=2)
X_transformed = embedding.fit_transform(X[:100])
print(X_transformed.shape)
```

（2）IsoMap

IsoMap 考虑高维空间中每个点和它最邻近 k 个点的测地线距离（即两点在流形数据上的最短曲线距离），将测地线距离作为数据差异度量，利用 MDS 进行降维，以保持每个节点和其局部邻近节点之间的距离关系。给定样本集 $D = \{\boldsymbol{x}_1, \boldsymbol{x}_2, \cdots, \boldsymbol{x}_N\}$，近邻节点数量 k，其一般步骤如下。

1）确定 $\boldsymbol{x}_i$ 的 k 近邻。

2）设置邻接矩阵，其中 $\boldsymbol{x}_i$ 与 k 近邻之间的距离为欧氏距离，与其他节点的距离为无穷大。

3）调用最短路径算法计算任意两节点之间的距离 $\text{dist}(\boldsymbol{x}_i, \boldsymbol{x}_j)$。

4）将 $\text{dist}(\boldsymbol{x}_i, \boldsymbol{x}_j)$ 作为 MDS 算法的输入得到低维空间中的映射。

IsoMap 由于使用的是测地线距离而非原始的欧氏距离，因此可以更好地控制数据信息的流失，能够在低维空间中更加全面地将高维空间中的数据特性表现出来。任意两点之间的测地线距离可以利用构建的邻接图上的最短路径进行估计，图上的最短路径可通过 Dijkstra 方法或 Floyd-Warshall 方法计算。由于 IsoMap 需要找到所有样本的全局最优解，当数据量很大、样本维度很高时，计算非常耗时。sklearn 提供了 IsoMap 函数，可以直接调用：

```
# 加载数据
from sklearn.datasets import load_digits
X, _ = load_digits(return_X_y=True)

from sklearn.manifold import Isomap # IsoMap
embedding = Isomap(n_components=2) #结果数据保留 2 个维度
X_transformed = embedding.fit_transform(X[:100]) #拟合模型及变换
print(X_transformed.shape)
```

(3) LE

LE（Laplacian Eigenmaps）希望保持流形中的近邻关系，即在高维空间中相近的点映射到低维空间中时依旧相近，通过求解图拉普拉斯算子的广义特征值问题来求得低维嵌入。具体而言，假设高维空间中的数据点为 x，LE 认为该数据与其近邻点之间的误差最小，即：

$$\mathcal{T}_h(W) = \sum_{i,j=1}^{N} \| x_i - x_j \|^2 W_{ij} \tag{2-20}$$

式中，W_{ij} 为权重系数。

在高维空间中数据 x 是已知的，目标是求加权系数矩阵 W（又称为邻接矩阵）使得 $\mathcal{T}_h(W)$ 最小化。LE 认为降维后 y_i 和 y_j 必须与其对应高维 x_i 和 x_j 的相似性不变，即：

$$\mathcal{T}_l(y) = \sum_{i,j=1}^{N} \| y_i - y_j \|^2 W_{ij} \tag{2-21}$$

在低维空间中，加权系数矩阵 W 是已知的，LE 的目标是求 y 对应的低维表示使得 $\mathcal{T}_l(y)$ 最小化。利用 LE 算法求解低维嵌入的一般步骤如下。

1) 构建邻接图。

2) 构建邻接矩阵 W。W 中的元素可以为布尔值，即相邻点的距离为 1，不相邻点的距离为 0；也可以定义核函数形式：$W_{ij} = \exp\left(\dfrac{-\| x_i - x_j \|^2}{t}\right)$，$t$ 为实数型参数。

3) 基于上述邻接图，计算 $Ly = \lambda Dy$ 的广义特征值和特征向量，其中 D 为对角矩阵，$L = D - W$ 为拉普拉斯矩阵。将 L 的特征值从小到大排序，取排在第 $2 \sim d+1$ 的特征值所对应的特征向量为降维后的嵌入表示（拉普拉斯矩阵最小的特征值为 0，对应的特征向量为全 1 向量，因此舍去）。

sklearn 提供了 LE 函数，可以直接调用：

```
# 加载数据
from sklearn.datasets import load_digits
X, _ = load_digits(return_X_y=True)

from sklearn.manifold import SpectralEmbedding # LE
embedding = SpectralEmbedding(n_components=2) #结果数据保留 2 个维度
X_transformed = embedding.fit_transform(X) #拟合模型及变换
print(X_transformed.shape)
```

(4) LLE

LLE（Locally Linear Embedding）利用局部线性假设，在高维空间中计算每个点和它邻近节点的线性依赖关系（即每个点能被近邻点线性重构表示），并试图在低维空间中继续保持这种线性关系，重构权值不变，低维嵌入最终转化为特征分解问题。不同于 IsoMap 构建邻接图保留全局结构，LLE 从局部结构出发对数据进行降维。具体而言，假设高维空间中的数据点为 x，LLE 认为该数据与其近邻点的线性加权组合构造成的数据之间误差最小，加权组合为：

$$\mathcal{T}_h(W) = \sum_{i=1}^{N} \| x_i - \sum_{j \in \mathcal{N}(i)} W_{ij} x_j \|^2 \tag{2-22}$$

式中，W_{ij} 为权重系数，满足两个条件，一是 x_i 与 x_j 不相邻时权重为 0，二是权重值满足归一化条件；$\mathcal{N}(i)$ 为样本点 x_i 的 k 个近邻点。在高维空间中数据 x 是已知的，目标是求加权系数矩阵 W 使得 $\mathcal{T}_h(W)$ 最小化。LLE 希望这些加权系数对应的线性关系在降维后的低维数据（假设为 y）中一样得到保持，即：

$$\mathcal{T}_l(y) = \sum_{i=1}^{m} \| y_i - \sum_{j \in \mathcal{N}(i)} W_{ij} y_j \|^2 \tag{2-23}$$

对样本点 x 进行降维后，在低维空间中，上述加权系数矩阵 W 是已知的，LLE 的目标是求 x 对应的低维表示 y 使得 $T_l(y)$ 最小化。综上，LLE 算法的一般步骤如下。

1）对于样本点 x_i，找到距离其最近的 k 个近邻点 x_j。

2）最优化式（2-23），求解得到 W 使得 $T_h(W)$ 最小化。

3）通过 W 求解低维表示 y 使得 $T_l(y)$ 最小化。

具体最优化求解方法在此不再赘述。sklearn 提供了 LLE 函数，可以直接调用：

```
# 加载数据
from sklearn.datasets import load_digits
X, _ = load_digits(return_X_y=True)


from sklearn.manifold import LocallyLinearEmbedding # LLE
embedding = LocallyLinearEmbedding(n_components=2) #结果数据保留 2 个维度
X_transformed = embedding.fit_transform(X) #拟合模型及变换
print(X_transformed.shape)
```

IsoMap、LE、LLE 算法在流形学习领域具有划时代的意义，但这几种算法都是非线性特征提取方法，当从高维空间到低维空间没有明确的映射关系时，无法直接处理新样本。为解决该不足，He 等人分别提出邻域保持嵌入（Neighborhood Preserving Embedding，NPE）[5]和局部保持投影（Locality Preserving Projection，LPP）[6]来线性逼近 LLE 和 LE。此外，针对 LLE 也产生了一系列变种模型：Hessian LLE[7]不再考虑局部邻域的线性关系，而是通过保持局部邻域的 Hessian 矩阵二次型关系来获得低维表示；Modified LLE[8]修改了寻找 k 近邻的方案，在寻找 k 近邻时期望找到的近邻尽量分布在样本的各个方向，而不是集中在一侧；LTSA[9]（Local Tangent Space Alignment）通过切空间来表征每个领域的局部几何形状，并对齐这些局部切空间实现全局最优化，从而得到能够综合局部和全局性质的低维表示。

（5）SNE 和 t-SNE

SNE（Stochastic Neighbor Embedding）是由 Hinton 等人提出的一种降维算法，它将样本点与其他样本之间的距离表示为某种条件概率分布，并且提出两个基本假设，一是相似的样本点有更高的概率被视作邻居（或同一类），不相似的样本点有较低的概率被视作邻居（或同一类），二是在高维空间中构建的这种样本之间的相似度概率分布应该尽可能与低维空间中的概率分布相似。SNE 的一般步骤如下。

1）计算两个样本点 x_i 和 x_j 之间的概率分布：

$$p_{j|i} = \frac{\exp(-\|x_i - x_j\|^2)}{\sum_{k \neq i} \exp(-\|x_i - x_k\|^2)} \tag{2-24}$$

同时定义低维空间的概率分布：

$$q_{j|i} = \frac{\exp(-\|y_i - y_j\|^2)}{\sum_{k \neq i} \exp(-\|y_i - y_k\|^2)} \tag{2-25}$$

2）定义 SNE 的损失函数，即高维空间中概率分布 p_j 与低维空间的概率分布 q_j 之间的 KL 散度：

$$\sum_i \mathrm{KL}(p_j \| q_j) = \sum_i \sum_j p_{j|i} \log \frac{p_{j|i}}{q_{j|i}} \tag{2-26}$$

3）求解 SNE 损失函数，得到降维表示 y。

SNE 采用 KL 散度来衡量两个分布的相似性，KL 散度具有不对称性，这导致 SNE 更加关注局部结构，忽略了全局结构。此外，SNE 在高维和低维空间都使用高斯分布计算样本间的距离，将样本从高维空间投影到低维空间后,不同类别的簇容易挤在一起,无法较好地区分开。2008 年由 Maaten 提出的 t-SNE[10]对 SNE 方法进行了优化,它采用对称的条件概率分布以及 t 分布定义样本间的距离,从而可以更好地解决不对称问题和样本拥挤问题。目前可以提供相关工具⊖以便进行数据降维可视化(二维或三维),sklearn 中也提供了相关函数,可以直接调用:

```
# 加载数据
from sklearn.datasets import load_digits
X, _ = load_digits(return_X_y=True)

from sklearn.manifold import TSNE # t-SNE
X_embedded = TSNE(n_components=2, learning_rate='auto',init='random').fit_transform(X)
X_transformed = embedding.fit_transform(X) #拟合模型及变换
print(X_transformed.shape)
```

上述流形学习方法对比见表 2-1。

表 2-1 流形学习方法对比

方法	保留的几何属性	优点	缺点
MDS	样本在高维空间中的不相似性	1. 不需要先验知识,计算简单 2. 保留了数据在原始空间的相对关系,可视化效果比较好	1. 无法通过参数化等方法融入先验知识,以对嵌入过程进行干预 2. 认为各个维度对目标样本的贡献相同
IsoMap	点对测地线距离	1. 保持流形的全局几何结构 2. 适用于学习内部平坦的低维流形	1. 对于数据量较大的情况,计算效率较低 2. 不适合学习有较大曲率的流形
LE	局部邻域相似度	1. 计算简洁 2. 通过求解稀疏矩阵的特征值来求出整体最优解,计算效率非常高	1. 对算法参数和数据采样密度较敏感 2. 不能有效保持流形的全局几何结构
LLE	局部线性重构关系	1. 可以学习任意维的局部线性的低维流形 2. 算法归结为稀疏矩阵特征分解,计算复杂度相对较小 3. 可以处理非线性的数据,能进行非线性降维	1. 所学习的流形必须是不闭合的,且样本集在流形上是稠密的 2. 对样本中的噪声和邻域参数比较敏感,不同的最近邻数对最后的降维结果有很大影响
SNE/t-SNE	局部距离	非线性降维效果相较上述方法较好	1. 对于大规模高维数据,效率显著降低 2. 参数对不同数据集较为敏感

分别利用 MDS、IsoMap、LLE、Hessian LLE、Modified LLE、LTSA、LE、t-SNE 流形算法对 S 形曲线(S Curve)、瑞士卷(Swiss Roll)和切断球面(Severed Sphere)三种流形结构进行降维,降维后可视化的对比结果如图 2-9~图 2-11 所示(括号中标注了算法的运行时间,单位为 s)。

从图 2-9~图 2-11 可以得到以下结论。

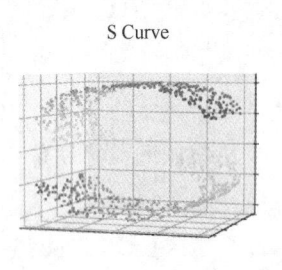

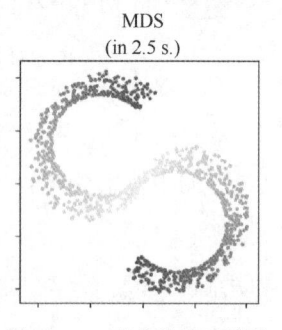

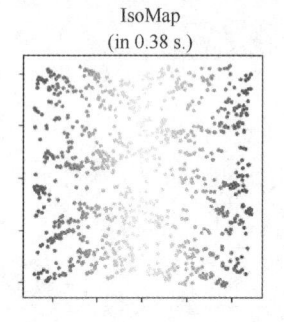

图 2-9 S 形曲线流形降维

⊖ https://lvdmaaten.github.io/tsne/

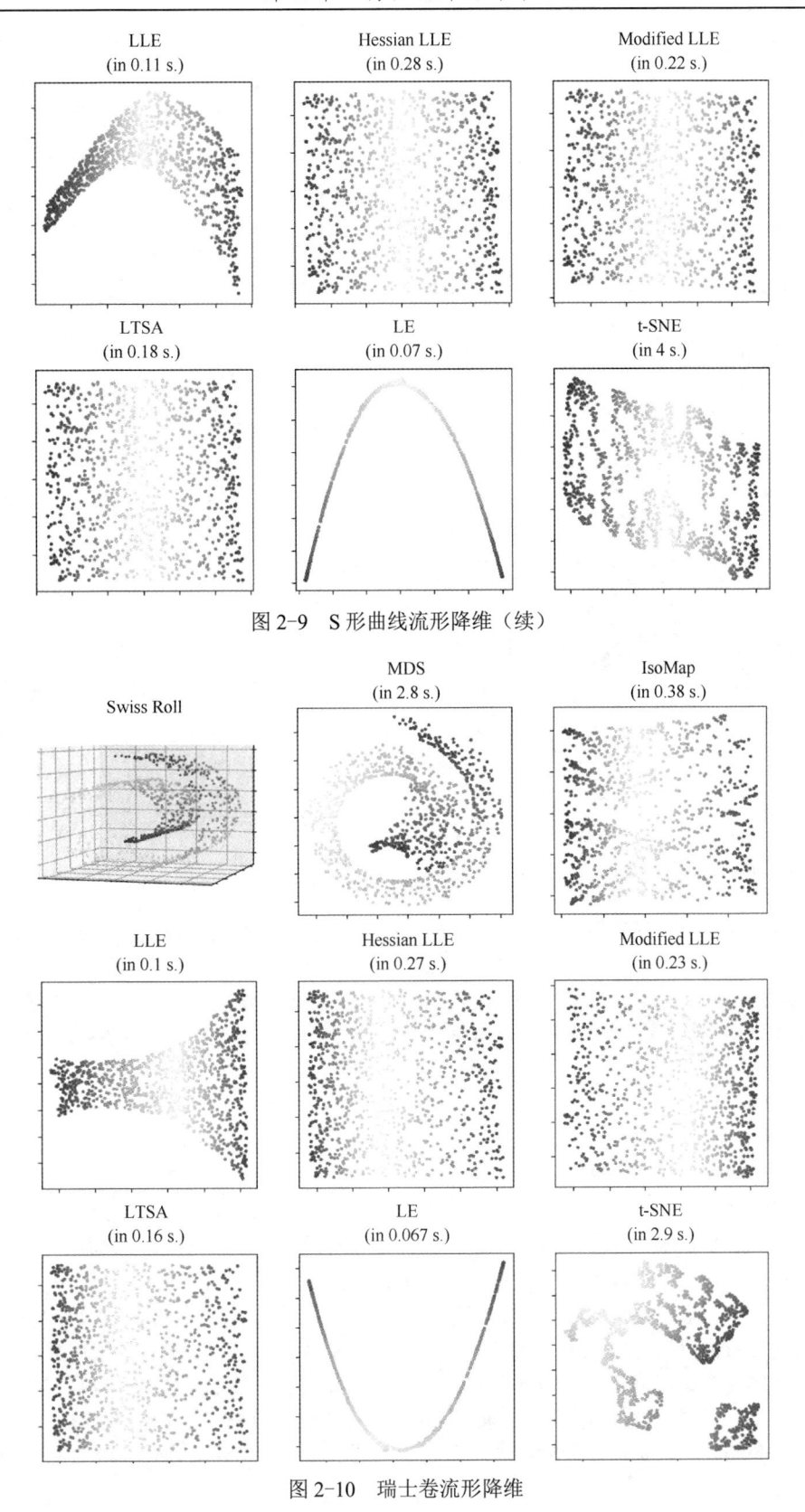

图 2-9　S 形曲线流形降维（续）

图 2-10　瑞士卷流形降维

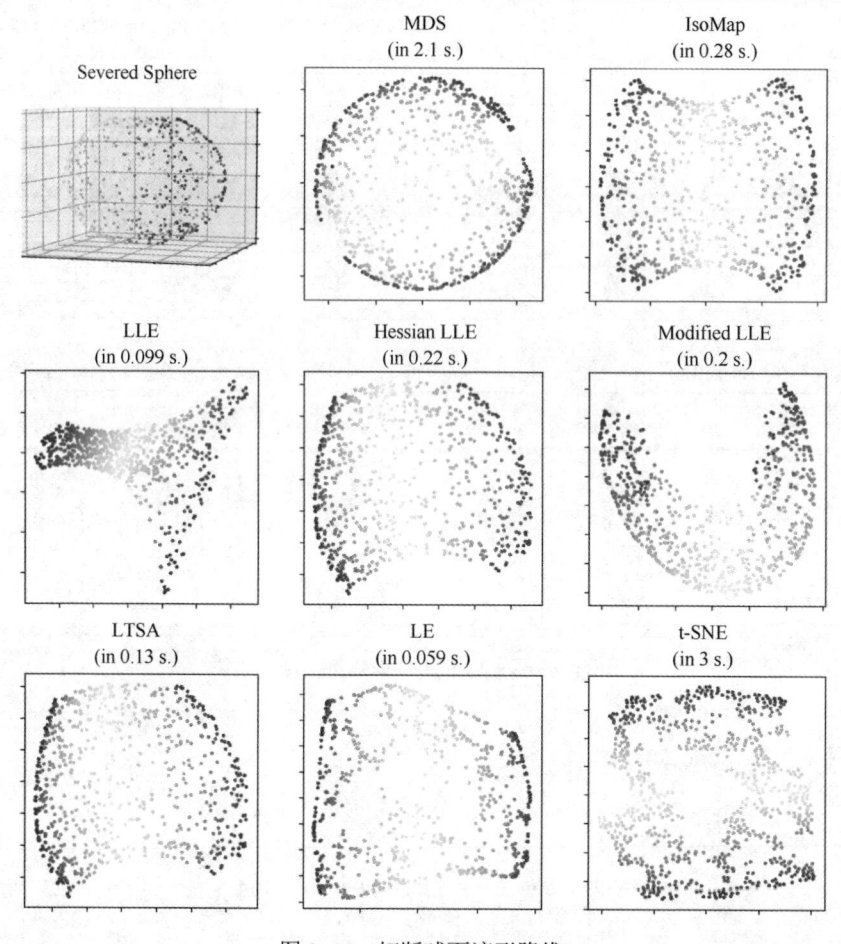

图 2-11　切断球面流形降维

1) MDS 和流形学习模型都达到了展开彩带的效果，展开效果尤以 IsoMap、Hessian LLE、Modified LLE、LTSA、t-SNE 为佳。

2) 从训练时间上看，MDS 算法和 t-SNE 算法相比其他方法耗时更多。因为需要计算所有样本的两两距离，MDS 计算效率较低。最慢的是 t-SNE，这是由每个样本都需要拟合独立概率分布所致。

3. 基于神经网络的方法

自编码器是一种用于高效编码的无监督学习人工神经网络，其目标是通过使用比输入变量更少维数的隐藏变量预测输入，并通过训练该网络，使其输出尽可能与输入相似，从而尽可能多地将信息编码到低维隐藏变量中。

在结构上，自编码器的简单形式是一个前馈非递归神经网络，它与多层感知机（MLP）非常相似，具有输入层、输出层以及连接它们的一个或多个隐藏层。然而自编码器和 MLP 之间的差异在于，在自编码器中，输出层具有与输入层相同数量的节点，并且不是训练预测给定的目标值，而是将它们自己作为目标值投入训练。因此自编码器属于无监督学习模型。自编码器主要由两个部分组成，编码器和解码器。在最简单的情况下，一个自编码器只有一个隐藏层，该隐藏层接收输入并将其映射到输出上。用自编码器损失函数（如 MSE）来训练网络上的模型参数。如图 2-12 所示，第一个网络是一个编码器，负责接收输入 x，并将输入通过函数 h（通常为线性函数 $wx+b$）变换为信号 y：

$$y = h(x)$$

第二个网络将编码的信号 y 作为输入，通过函数 f 得到重构的信号 r：

$$r = f(y) = f(h(x))$$

定义误差 l 为原始输入 x 与重构信号 r 之差，即 $l = x - r$，网络训练的目标是减少均方误差（MSE），通过最小化误差将信息反向传播给隐藏层，用于学习隐藏层的低维表示。

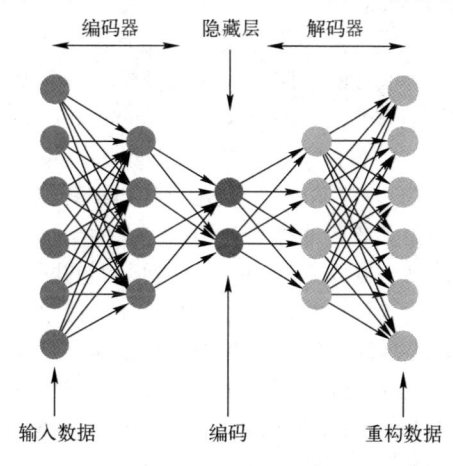

图 2-12　自编码器模型

如上所述，自编码器主要利用神经网络的压缩-解压的能力得到浓缩的中间数据（可以代替原始数据特征的基本特征），借此达到降维的目的。这类技术在文本、图像等的特征表示中应用广泛。现有的自编码器主要包含以下几类。

堆栈自编码器采用更深层的架构，本质上就是增加中间隐藏层的层数。

欠完备自编码器通过强制限制 y 的维度比 x 小，即隐藏层的编码维度小于输入维度，从而有效捕捉训练数据中最显著的特征。

去噪自编码器通过向输入中引入噪声注入策略，在训练模型时利用含噪声的腐坏样本重构不含噪声的干净输入，训练并预测原始未被损坏数据作为输出的自编码器。

稀疏自编码器在传统自编码器的基础上，通过对自编码器的隐藏层指定一个稀疏性参数来增加一些稀疏性约束，使自编码器在隐藏层神经元数量较多的情况下仍然可以发现输入数据中一些有意义的结构。

变分自编码器类似自编码器在隐藏层中添加了噪声。从数据增强的角度来说，增加噪声可以提高数据的多样性，所以变分自编码器也非常适用于数据增强的场景。变分自编码器的隐藏层为连续的分布，以便进行随机采样和插值，编码器输出两个 d 维向量，分别为均值向量 μ 以及标准差向量 σ；随后根据这两个向量采样得到随机变量，若干次采样后形成的 d 维采样结果作为编码输出被送入后续的解码器中。

4．基于图表示学习的方法

事实上，除了自编码器这种重构自身特征的基本思路，另一类技术通过重构关系也可以达到降维的目的，它就是面向网络结构的图表示学习，目标是发现高维图的低维向量表示。图表示学习需要依赖图的拓扑结构和节点自身的信息，其中节点自身的信息的特征表示可以通过 one-hot 向量或者特征工程的方法来构建，这种特征表示通常是高维且稀疏的。图的拓扑结构即代表图拓扑关系的邻接矩阵。图表示学习通过重构图的拓扑关系来得到其低维稠密的节点特征表示（Representation），这种低维表示又可称作嵌入（Embedding）。所得到的嵌入式特征表示不仅维持了原始的数据特征信息，同时还可以捕捉图的全局拓扑关系，并能有效应用于推荐、社群发现等下游任务中。比较经典的方法有：网络嵌入（Network Embedding）方法，主要以基于矩阵分解以及基于随机游走的非深度学习方法为代表；图神经网络（Graph Neural Network）方法，包括图自编码器、图递归神经网络、图卷积网络等。

图 2-13 所示为图自编码器的经典框架。其中 A 为拓扑关系图，X 为代表所有节点信息的特征矩阵。图自编码器是一种无监督的学习框架，其编码器（Encoder）使用图卷积层（Gconv）得到每个节点的网络嵌入 Z。解码器（Decoder）则计算两两节点的网络嵌入的距离。在应用非线性激活函数后，解码器重构图邻接矩阵。通过最小化真实邻接矩阵 A 与重构邻接矩阵 $\hat{A}$ 之间的差异来训练网络的低维嵌入表示。早期的图自编码器采用多层感知机构建编码器，然后解码器据此重构节点的邻域统计信息。例如图表示深度神经网络（Deep Neural Network for Graph Representation，NGR）[11] 采用堆叠去噪自编码器，通过多层感知机对 PPMI 矩阵进行编码和解码。结构深度网络嵌入（Structural Deep Network Embedding，SDNE）[12] 采用堆栈自编码器来共同保持节点的一阶邻近度和二阶邻近度。SDNE 对编码器输出和解码器输出分别提出了两个损失函数。第一个损失函数通过最小化节点的网络嵌入与其邻居的网络嵌入之间的距离使学习到的网络嵌入保持节点的一阶邻近性。第二个损失函数通过最小化节点输入和重构输入之间的距离，使学习到的网络嵌入保持节点的二阶邻近性。近期，也有研究在探索将图卷积神经网络（Graph Convolutional Network，GCN）或长短期记忆（Long Short Term Memory，LSTM）网络作为编码器用于同时捕捉图的结构化信息以及节点属性信息，或结合生成对抗网络（Generative Adversarial Network，GAN）学习低维嵌入表示。

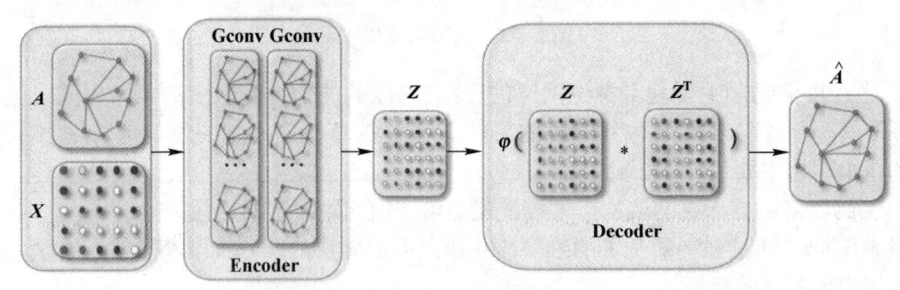

图 2-13　图自编码器的经典框架

在本书的第 4 章也会对神经网络以及图神经网络的相关原理和实现进行详细介绍。

2.4　主成分分析

接下来，将对非常经典的主成分分析（Principal Components Analysis，PCA）方法的原理和源码实现进行介绍。

主成分分析是实现数据降维、数据可视化最常用的方法之一，它通过线性变换的方式将原始变量重新组合成一组新的互相无关的新变量，同时根据实际需要从中取出少量的变量来尽可能多地反映原始变量的信息，这些不相关的低维变量称为主成分（Principal Components）。

如图 2-14a 所示，给定长度和宽度两个变量，这两个变量有近似相同的方差。为了更好地看清这些数据之间的关系，可以设置一个向量，使其穿过点云的长轴，以覆盖数据最大方差位置，同时让另一个向量与之成直角，两个向量都通过数据的质心。一旦生成这两个向量，就可以将所有数据点相对于这两个垂直向量的坐标重新绘制，如图 2-14b 所示（这两个数字都来自 Swan 和 Sandilands）[13]。在这个新的参考系中，点的空间关系是不变的，但是很明显，新的坐标轴可能会更具有可解释性。新的横轴可以被视为一个尺寸度量，左边的样本表示长度和宽度都比较小，右边的样本表示长度和宽度都很大。新的纵轴可以看作形状度量（原始横轴和纵轴的比值），即在新的横轴上任意位置（即给定大小）的样本具有不同的长宽比。通过这样的旋转，可以将数据坐标轴旋转至数据角度上那些最重要的方向，例如方差最大的方向，从而在最大程度上保留原有数据中所含的信息，更清楚地看清数据的本质。

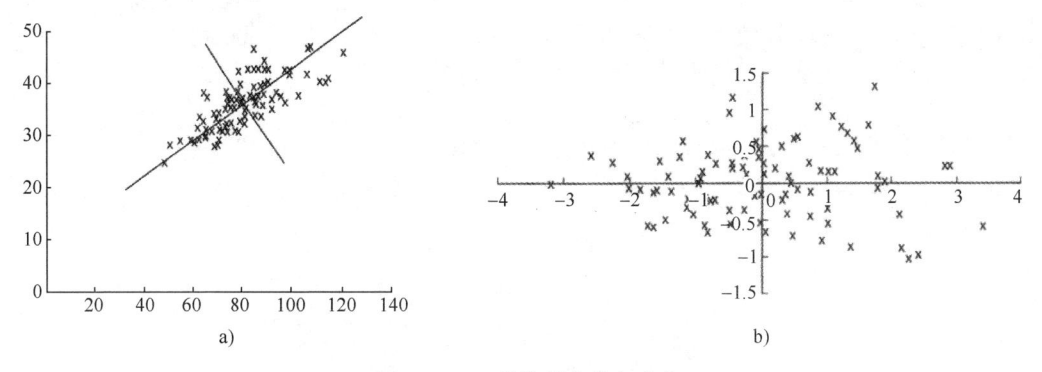

图 2-14 二维数据中的主成分

然而，旋转并没有减少数据的维度。如果为了节省存储成本，进一步要求仅用一个坐标轴上的特征来表达所有数据，那么你会选择哪个呢？显然，在新的坐标轴上，横轴的方差比纵轴上的方差更大，全部数据样本在该方向上的投影更分散，覆盖的差异性更大，意味着更多的信息被保留下来，另一个相对可以忽略。这一步就叫作降维。

PCA 的基本过程如下：给定一组数据，可以通过低维且不相关的变量（即主成分）对其进行表征，第一个主成分来自数据差异性最大（即方差最大）的方向，第二个主成分则来自数据差异性次大的方向，且该方向与第一个主成分方向正交（在二维平面中即垂直），如果是高维度数据，则可以以此类推，找到第三主成分、第四主成分等。从中可知，PCA 的关键在于找到主成分。提取主成分的方法有多种，最经典的 PCA 是通过数据集的协方差矩阵及其特征值分析来求得这些主成分向量，并且通过保留数据集当中对方差贡献最大的特征（即保留低阶主成分，忽略高阶主成分），达到降维的目的。

具体而言，给定 N 个样本的 m 维特征向量，构成数据矩阵 $\boldsymbol{X} \in \mathbb{R}^{N \times m} = \{\boldsymbol{x}_1, \boldsymbol{x}_2, \cdots, \boldsymbol{x}_N\}$，通过以下步骤获得主成分向量。

1）将 $\boldsymbol{X}$ 的每一行（代表一个属性字段）进行去中心化，即每一位特征减去这一行的均值。
2）求出协方差矩阵 $\boldsymbol{C} = \boldsymbol{X}^{\mathrm{T}} \boldsymbol{X}$，协方差矩阵的意义在于计算特征向量之间的相关性。
3）用特征分解方法求协方差矩阵 $\boldsymbol{C}$ 的特征值与特征向量（参见 2.3 小节）。
4）将特征向量按对应特征值大小从上到下按行排列成矩阵，取前 k 行组成矩阵 $\boldsymbol{P} = [\boldsymbol{p}_1, \boldsymbol{p}_2, \cdots, \boldsymbol{p}_k]$，即为主成分。

得到主成分 $\boldsymbol{P}$，就可以将数据转换到 k 个特征向量构建的新空间中，即 $\boldsymbol{Y} = \boldsymbol{P}\boldsymbol{X}$。主成分分析通过正交变换（线性变换的一种）将一组可能存在相关性的变量转换为一组线性不相关的变量，把多指标转化为少数几个综合指标，转换后的这组变量能够反映原始变量的大部分信息，且所含信息互不重复。

在实际代码实现中，为了得到最大差异性的主成分，可以通过对 $\boldsymbol{X}$ 进行奇异值分解（SVD）来代替协方差矩阵的特征值分解，从而减少计算量。sklearn 内嵌的 PCA 类函数提供了简单的寻找主成分的方法。接下来，通过简单的示例了解 PCA 方法的实现，代码如下。

1. 安装 sklearn 等包，引入 PCA 相关库函数，生成数据矩阵

```
import numpy as np
import matplotlib.pyplot as plt
```

```
import seaborn as sns
from sklearn.decomposition import PCA
sns.set()
rng = np.random.RandomState(1)
X = np.dot(rng.rand(2, 2), rng.randn(2, 200)).T #生成随机数据矩阵
plt.scatter(X[:, 0], X[:, 1]) #根据 X 绘制散点图
plt.axis('equal')
plt.show()
```

在空间中随机生成一个数据矩阵，包含 200 个样本，每个样本有两个维度，分别为 x 和 y，其坐标投影如图 2-15 所示[⊖]。

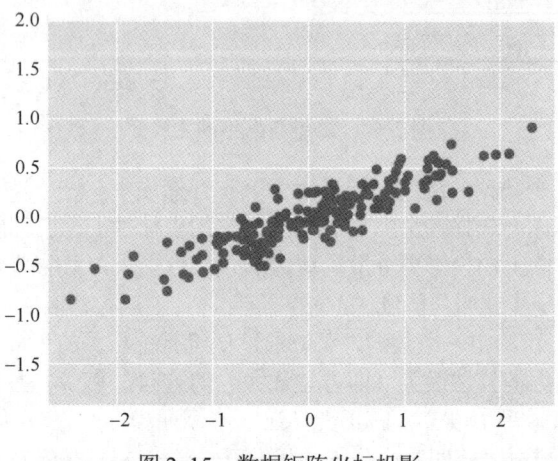

图 2-15 数据矩阵坐标投影

从图 2-15 中可以看出，变量 x 和 y 之间存在近似的线性关系。根据 PCA 的原理，可以只保留其中一维向量，以尽可能少的分量保留大部分数据的信息。

2．PCA 求解主成分向量以及降维

```
pca = PCA(n_components=1) #仅保留 1 个主成分向量
pca.fit(X) #求解主成分向量
X_pca = pca.transform(X) #降维
```

其中 PCA 函数的代码可以从 sklearn 中溯源得知，其核心代码为：

```
n_samples, n_features = X.shape
# 去平均值
self.mean_ = np.mean(X, axis=0)
X -= self.mean_
# 对 X 进行 SVD 分解
U, S, Vt = linalg.svd(X, full_matrices=False)
# 获取主成分向量
components_ = Vt
# 利用奇异值获取可解释的方差值
explained_variance_ = (S ** 2) / (n_samples - 1)
```

⊖ matplotlib 绘图使用 show()时，必须手动关掉图像才能继续执行后续代码。

sklearn 中的 PCA 类函数有两个重要变量，components_为主成分向量，explained_variance_为方差值，它代表降维后的各主成分的方差值，方差值越大，说明主成分越重要。

3．绘制降维后的数据

```
X_new = pca.inverse_transform(X_pca)
plt.scatter(X[:, 0], X[:, 1], alpha=0.2)
plt.scatter(X_new[:, 0], X_new[:, 1], alpha=0.8)
plt.axis('equal');
plt.show()
```

由于仅保留一个主成分，因此最终降维后数据投影在空间中将会形成一条直线。如图 2-16 所示，深灰色点为原始数据投影后的情况。这也充分解释了 PCA 的含义，即沿着最不重要的主轴的信息会被移除，而数据中方差最高的分量被留下。

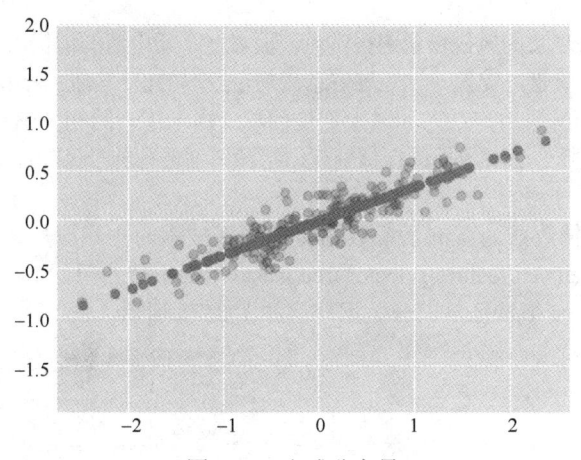

图 2-16 主成分向量

总而言之，PCA 比较适用于数值型数据分析，其方法主要具有以下优点：

1）仅需要以方差衡量信息，不需要考虑数据集以外的因素。

2）各主成分之间相互正交，可消除原始数据成分间相互影响的因素，降低数据的冗余度，识别更主要的特征。

3）通过 PCA 可以对高维度数据进行降维和可视化，从而看到数据本质。

4）计算方法简单，易于实现。

但同时它也有一些局限：

1）主成分的各个特征维度缺乏可解释性。

2）由于依靠忽略不重要、冗余特征达到降维，有一定的信息损失，因而有可能影响最终的学习器效果。

此外，PCA 是一种无监督学习方法，采用的是线性降维，然而在很多实际的分类任务中，一些数据无法通过线性分类器区分。对于线性不可分的数据，可能需要非线性映射才能找到其合适的低维嵌入。为了克服 PCA 的一些缺点，衍生出了一些 PCA 变体模型，其中最具代表性的是核主成分分析（KPCA），也将原始样本空间中的点映射到高维空间中，然后在高维空间中进行 PCA 得到低维嵌入。但在实际实现过程中，KPCA 并不需要显式地定义映射函数 ϕ，而是通过引入核函数 κ，用输入空间中的低维向量 x_1 和 x_2 来计算两个样本点在高维空间中的向量点积 $\kappa(x_1, x_2) = \phi(x_1)^T \phi(x_2)$。原样本在经过核映射后，在核空间基础上做 PCA 降维就更简单了。

在 Python 的 sklearn 包中，已经对 KPCA 进行了实现，只需要调用函数即可：

```
from sklearn.datasets import load_digits
X, _ = load_digits(return_X_y=True)

from sklearn.decomposition import KernelPCA
transformer = KernelPCA(n_components=7, kernel='linear')
X_transformed = transformer.fit_transform(X)
```

此外，为了适应其他不同类型数据的特点和应用需求，出现了包括 Functional PCA、Simplified PCA、Robust PCA、Symbolic PCA、Incremental PCA 以及 Sparse PCA 等衍生方法。在此不加赘述，详见参考文献[14]。

2.5 综合案例：基于 feature_selector 库的商业信贷特征选择

个人商业信贷问题在现实的风控场景中很常见，面对一个新申请的借贷用户，银行通常需要综合用户（即借款人）的身份、职业、贷款、收入等信息，判定用户的信用风险等级，从整体上评估用户的偿还能力与信用风险，从而解决用户准入和风险定价问题。由于用户的相关信息众多，在风险评估分析前，往往需要使用特征选择方法对数据进行预处理，帮助识别更有利于风险评估的特征。

1. 数据集

下面以个人商业信贷数据为案例了解数据特征选择技术的实际应用。个人商业信贷数据可从https://github.com/WillKoehrsen/feature-selector/tree/master/data下载，原始数据集总数据量为 10000 条数据样本，共包含 122 个变量特征，部分数据样例如图 2-17 所示。

SK_ID_CURR	NAME_CONTRACT_TYPE	CODE_GENDER	AMT_INCOME_TOTAL	AMT_CREDIT	NAME_INCOME_TYPE	NAME_EDUCATION_TYPE	NAME_FAMILY_STATUS
247408	Cash loans	F	108000	172512	Working	Secondary / secondary specia	Married
153916	Revolving loans	F	135000	180000	Working	Secondary / secondary specia	Civil marriage
229065	Cash loans	F	112500	463500	Pensioner	Secondary / secondary specia	Widow
282013	Cash loans	F	135000	549882	Pensioner	Secondary / secondary specia	Single / not married
142266	Cash loans	F	90000	518562	Working	Secondary / secondary specia	Married
330221	Cash loans	F	157500	550980	Commercial associate	Secondary / secondary specia	Married
171519	Cash loans	F	126000	770292	Working	Secondary / secondary specia	Married
385229	Cash loans	F	270000	532494	Working	Secondary / secondary specia	Civil marriage
273675	Cash loans	F	112500	458725.5	Pensioner	Secondary / secondary specia	Married
171005	Cash loans	M	135000	175896	Commercial associate	Higher education	Married
368904	Cash loans	F	72000	781920	State servant	Secondary / secondary specia	Married
338922	Cash loans	F	180000	675000	Working	Secondary / secondary specia	Married
266870	Revolving loans	M	94500	202500	Commercial associate	Higher education	Married
307881	Cash loans	F	225000	508495.5	Working	Secondary / secondary specia	Separated
267426	Cash loans	F	203400	294322.5	Commercial associate	Secondary / secondary specia	Married
301311	Cash loans	F	202500	1762110	Pensioner	Secondary / secondary specia	Married
385327	Cash loans	M	202500	640080	Working	Secondary / secondary specia	Married
167193	Cash loans	M	148500	380533.5	Working	Secondary / secondary specia	Civil marriage
383858	Cash loans	M	157500	225000	Working	Secondary / secondary specia	Single / not married
248242	Revolving loans	F	202500	675000	Working	Higher education	Married
187726	Cash loans	M	180000	296280	State servant	Secondary / secondary specia	Married
178210	Cash loans	F	112500	473760	Commercial associate	Secondary / secondary specia	Separated
314459	Cash loans	M	270000	438084	Working	Secondary / secondary specia	Single / not married
426212	Cash loans	F	247500	450000	Working	Higher education	Married
345809	Cash loans	M	157500	857169	Commercial associate	Secondary / secondary specia	Civil marriage
162088	Cash loans	F	225000	254700	Commercial associate	Higher education	Separated
105803	Cash loans	F	135000	225000	Working	Secondary / secondary specia	Married
104364	Cash loans	F	108000	526500	Working	Secondary / secondary specia	Civil marriage
436552	Cash loans	F	90000	288873	Working	Secondary / secondary specia	Separated

图 2-17 个人商业信贷部分数据样例

本节将以上述数据为基础，实现特征选择在信用分析场景下的应用，主要实现过程如下。

2. 导入特征选择库 feature_selector

特征选择库可从 https://github.com/WillKoehrsen/feature-selector 下载。下载后按照如下方式导入。

打开 cmd，转到 feature_selector 所在安装目录，输入以下命令：

```
python setup.py build
python setup.py install
```

3. 引入库函数并读入数据

```
from feature_selector import FeatureSelector # feature_selector 包定义了若干特征选择方法
import pandas as pd

train = pd.read_csv('data/credit_example.csv')
train_labels = train['TARGET']
train.head()
train = train.drop(columns = ['TARGET'])
fs = FeatureSelector(data = train, labels = train_labels)
```

4. 筛选特征

feature_selector 包中包含了以下五种特征选择方法，用于过滤无用或不重要的特征：
- 筛选缺失率大于指定阈值的特征。
- 筛选只有一个唯一值的特征。
- 筛选大于指定相关系数的线性相关特征。
- 筛选 0 重要度的特征：feature_selector 包利用机器学习算法计算特征的重要度，重要度即该特征对机器学习算法进行优化时的贡献程度（如分类正确率提升程度），0 重要度表示特征对机器学习算法的优化没有贡献。
- 筛选累计重要度低的特征。

上述方法均在 FeatureSelector 类函数中进行定义，开发者也可以根据自己的需求重新定义该类函数，以增加其他特征筛选标准。以下将根据上述方法分别对个人商业信贷数据进行特征选择。

（1）缺失值

图 2-18 显示了个人商业信贷数据中不同缺失率下特征的个数。

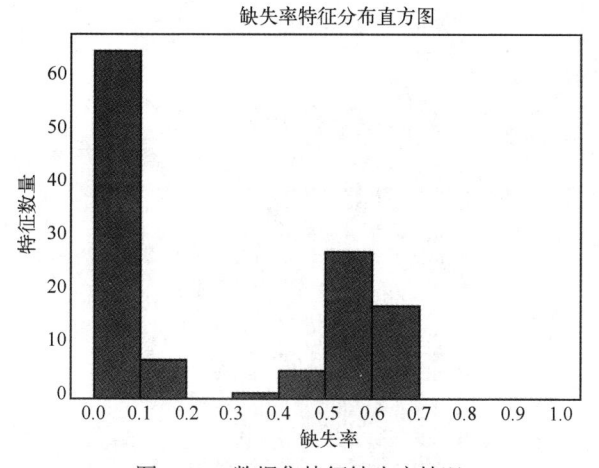

图 2-18　数据集特征缺失率情况

对其中缺失率大于 60% 的特征进行剔除，实现代码如下：

```
fs.identify_missing(missing_threshold=0.6)
missing_features = fs.ops['missing']
missing_features[:10]
fs.plot_missing()
```

（2）唯一值

图 2-19 显示了个人商业信贷数据中特征是唯一值的数量与其对应的特征个数之间的关系。

唯一值特征分布直方图

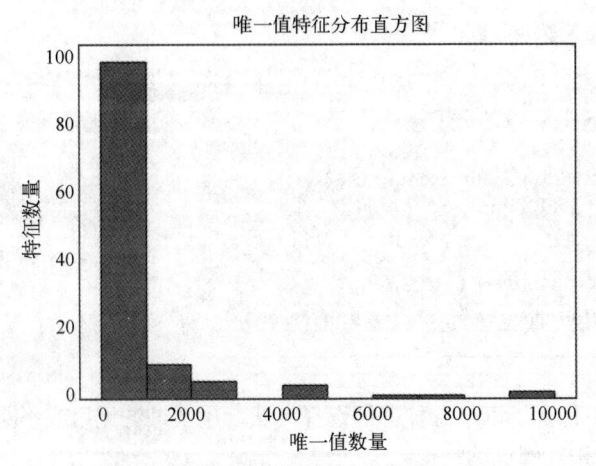

图 2-19　数据集特征与唯一值数量情况

对其中仅有一个唯一值的特征进行剔除，实现代码如下：

```
fs.identify_single_unique()
single_unique = fs.ops['single_unique']
single_unique
fs.plot_unique()
```

（3）高度线性相关的特征

图 2-20 展示两两特征之间的 Pearson 相关系数（参见 2.2.1 小节），横纵轴列出了特征队列。颜色越深代表两个特征之间相关度越高，表明两个特征是冗余关系，其中一个特征可以剔除。

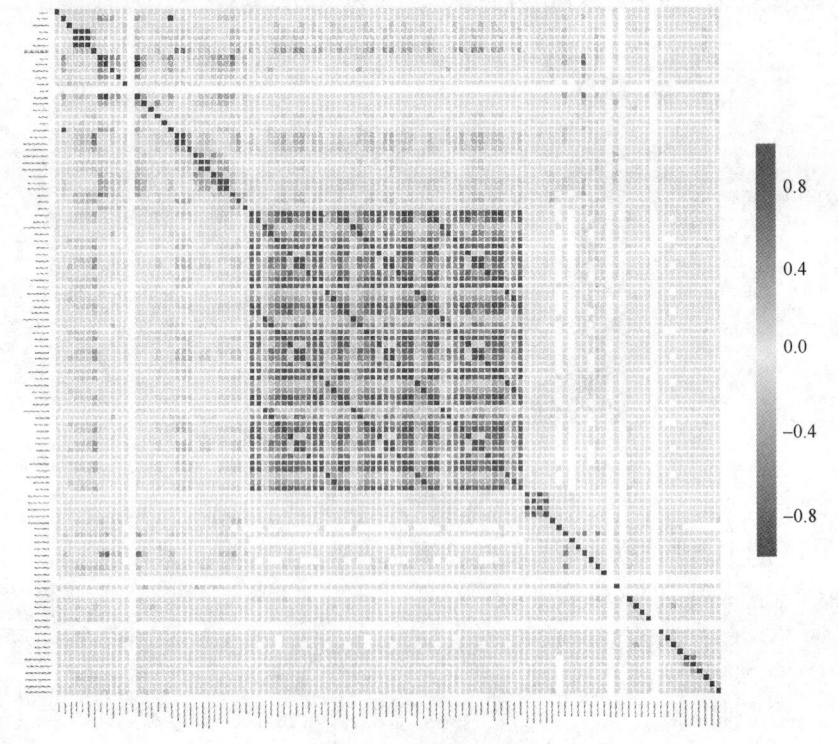

图 2-20　特征相关度

对 Pearson 相关系数大于 0.975 的特征对，删除特征队列中后出现的特征，实现代码如下：

```
fs.identify_collinear(correlation_threshold=0.975)
correlated_features = fs.ops['collinear']
correlated_features[:5]
fs.plot_collinear()
fs.plot_collinear(plot_all=True)
```

（4）0 重要度的特征

图 2-21 展示了特征归一化后的重要度，并列出了排在前 15 名的部分特征。

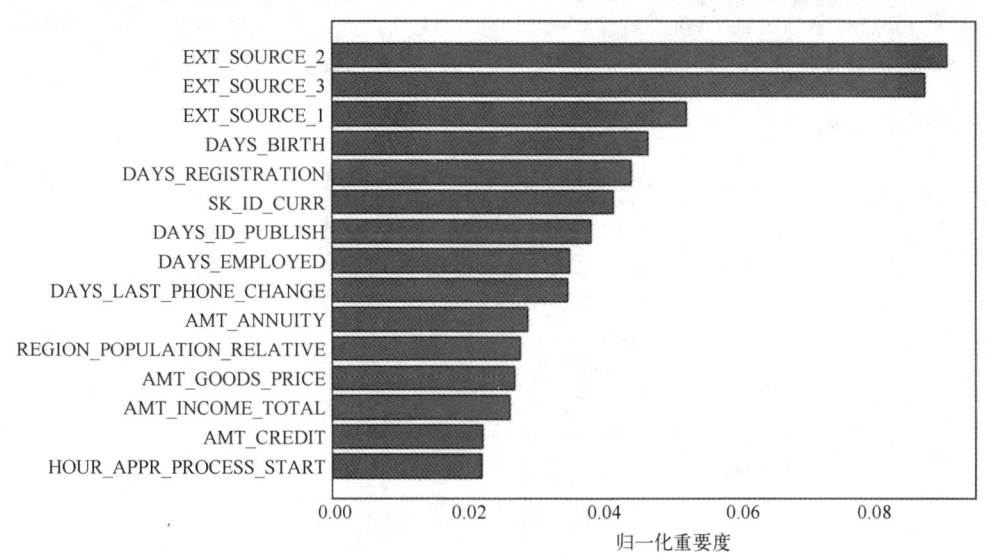

```
                    feature   importance
       EXT_SOURCE_2
       EXT_SOURCE_3
       EXT_SOURCE_1
       DAYS_BIRTH
       DAYS_REGISTRATION
       SK_ID_CURR
       DAYS_ID_PUBLISH
       DAYS_EMPLOYED
       DAYS_LAST_PHONE_CHANGE
       AMT_ANNUITY
       REGION_POPULATION_RELATIVE
       AMT_GOODS_PRICE
       AMT_INCOME_TOTAL
       AMT_CREDIT
       HOUR_APPR_PROCESS_START
            0.00     0.02    0.04     0.06    0.08
                         归一化重要度
```

图 2-21　0 重要度特征

对重要度为 0 的特征进行剔除，实现代码如下：

```
fs.identify_zero_importance(task = 'classification', eval_metric = 'auc',
            n_iterations = 10, early_stopping = True)
fs.plot_feature_importances(threshold = 0.99, plot_n = 15) #
```

（5）低重要度的特征

图 2-22 展示了按照重要度从高到低排名前 5 的特征（feature），以及其重要度（importance）、归一化重要度（normalized_importance）和累计重要度（cumulative_importance）。

	feature	importance	normalized_importance	cumulative_importance
0	EXT_SOURCE_2	129.4	0.096495	0.096495
1	EXT_SOURCE_3	116.6	0.086950	0.183445
2	EXT_SOURCE_1	82.2	0.061298	0.244743
3	DAYS_BIRTH	58.5	0.043624	0.288367
4	DAYS_REGISTRATION	56.7	0.042282	0.330649

图 2-22　重要度排名靠前的特征

剔除较低重要度的特征可以通过如下代码实现，该代码保留了累计重要度达到 99% 的特征：

```
fs.identify_low_importance(cumulative_importance = 0.99)
```

通过上述五种方法对个人商业信贷数据进行特征筛选，可以筛选出的特征数量为：

1）17 个特征缺失率超过 60%。
2）4 个特征仅出现 1 种特征值。

3）24 个特征对的 Pearson 相关系数高于 0.975。
4）74 个特征的重要度为 0。
5）119 个低重要度特征的累计重要度未达到 99%。

5．剔除特征

最后，剔除上述满足条件的冗余或者不重要的特征，实现代码如下：

```
train_no_missing = fs.remove(methods = ['missing']) #剔除缺失值的特征
train_no_missing_zero = fs.remove(methods = ['missing', 'zero_importance']) #剔除缺失值和 0 重要度的特征
all_to_remove = fs.check_removal() #删除前通过该函数可以查看所有将被剔除的特征
train_removed = fs.remove(methods = 'all') #剔除所有不重要的特征
```

最终剔除的特征总数为 149 个。被剔除的部分特征如图 2-23 所示。

```
['OCCUPATION_TYPE_Secretaries',
 'FLAG_DOCUMENT_2',
 'ORGANIZATION_TYPE_Industry: type 7',
 'ORGANIZATION_TYPE_Trade: type 7',
 'NAME_INCOME_TYPE_Pensioner',
 'ORGANIZATION_TYPE_Industry: type 2',
 'COMMONAREA_AVG',
 'NAME_TYPE_SUITE_Children',
 'ORGANIZATION_TYPE_Electricity',
 'FLOORSMAX_MODE',
 'WALLSMATERIAL_MODE_Wooden',
 'NONLIVINGAREA_MEDI',
 'OCCUPATION_TYPE_Low-skill Laborers',
 'ORGANIZATION_TYPE_Industry: type 13',
 'FLAG_DOCUMENT_10']
```

图 2-23　被剔除的部分特征

2.6　小结

特征选择是数据预处理的关键步骤，它通过选取原始特征集合的有效子集，使得基于该特征子集训练出来的模型性能尽可能更优。特征选择通常包含两个步骤，子集搜索根据评价结果获取候选特征，为评价环节提供特征子集；子集评价用于对特征子集进行评价。对于模型学习而言，特征选择在避免维数灾难问题、降低噪声和提取有效信息、降低过拟合风险等方面起到了重要作用。

根据特征选择模块与机器学习算法之间的关系，本章主要介绍了三大类特征选择方法：

1）过滤式方法：特征选择过程独立，与后续学习器的训练无关。

2）包裹式方法：特征选择过程与机器学习算法有关，特征选择将学习器的性能作为特征子集的评价准则。

3）嵌入式方法：特征选择过程与机器学习算法有关，特征选择与学习器训练过程融为一体，在学习器训练过程中自动进行特征选择。

不同于特征选择通过定义评估函数来筛选特征起到减少数据维度的作用，降维技术将特征从原始空间映射到新空间，从而进行特征压缩，不仅特征的维度减少，特征的值也会发生相应变化。降维技术包含线性降维方法和非线性降维方法，除了传统的包括流形学习等方法，近年来，基于神经网络的自编码技术以及图表示学习技术受到广泛关注。更多关于特征选择和降维技术的介绍请参考周志华的《机器学习》[15]。

本章着重介绍了一种经典的降维算法 PCA，它通过线性变换将原始数据变换为一组各维度线性无关的表示，使得在转换后的空间中数据的方差最大。

习题

1. 概念题
1）简述特征选择和降维的共同点与区别。
2）简述过滤式方法、包裹式方法以及嵌入式方法之间的主要区别，并描述其各自的算法框架。
3）简述降维技术的经典方法，及其常见应用场景。
4）简述不同流形学习方法的优缺点。
5）简述主成分分析为什么具有数据降噪能力。
6）调研 PCA 的变体算法，例如 KPCA 等，对其进行对比分析。

2. 操作题
1）请对任意高维稠密矩阵实现 PCA 降维。
2）请实现 2.5 节的特征选择案例。

参 考 文 献

[1] BATTITI R. Using mutual information for selecting features in supervised neural net learning [J]. IEEE Transactions on Neural Networks，1994，5：537-550.

[2] BENNASAR M，HICKS Y，SETCHI R. Feature selection using joint mutual information maximisation [J]. Expert Systems with Applications，2015，42（22）：8520-8532.

[3] QUINLAN J R. Induction of decision trees [J]. Machine Learning，1986，1（1）：81–106.

[4] QUINLAN J R. C4.5：programs for machine learning [M]. Burlington：Morgan Kaufmann，1993.

[5] HE X，CAI D，YAN S，et al. Neighborhood preserving embedding [C]// Tenth IEEE International Conference on Computer Vision. Beijing：IEEE，2005：1208-1213.

[6] HE X F，NIYOGI P. Locality preserving projections [C]// Proceedings of the 16th International Conference on Neural Information Processing Systems. Cambridge：MIT Press，2003：153-160.

[7] DONOHO D L，GRIMES C. Hessian eigenmaps：locally linear embedding techniques for high-dimensional data[J]. Proceedings of the National Academy of Sciences，2003，100（10）：5591-5596.

[8] ZHANG Z Y，WANG J. MLLE：modified locally linear embedding using multiple weights [C]// Advances in neural information processing systems. Cambridge：MIT Press，2007.

[9] ZHANG Z Y，ZHA H Y. Principal manifolds and nonlinear dimensionality reduction via tangent space alignment [J]. Journal of Shanghai University，2004，8：406-424.

[10] MAATEN L V D，HINTON G. Visualizing data using t-SNE [J]. Journal of Machine Learning Research，2008，9：2579-2605.

[11] CAO S S，LU W，XU Q K. Deep neural networks for learning graph representations[C]// Proceedings of AAAI Conference on Artificial Intelligence. Phoenix：AAAI Press，2016：1145-1152.

[12] WANG D X，CUI P，ZHU W W. Structural deep network embedding [C]// Proceedings of International Conference on Data Mining. New York：ACM，2016：1225-1234.

[13] SWAN A R H，SANDILANDS M H. Introduction to geological data analysis [M]. Hoboken：Wiley-Blackwell，1995.

[14] JOLLIFFE I T，CADIMA J. Principal component analysis：a review and recent developments[J]. Philosophical Transactions of the Royal Society A，2016：1-16.

[15] 周志华. 机器学习[M]. 北京：清华大学出版社，2016.

第 3 章　典型学习算法

学习目标：

本章主要讲解典型学习算法，包括回归、聚类、分类，然后对其中代表算法——支持向量机以及决策树进行详细介绍。同时对算法在房屋价格分析、用户社区聚类、新闻分类、空气质量监测等方面的应用场景进行了分析实现。通过本章的学习，读者应掌握以下知识点：

- ◇ 了解常用回归算法原理和回归评价标准。
- ◇ 熟悉常用聚类算法原理及其聚类评价标准。
- ◇ 熟悉常用分类算法原理以及分类评价标准。
- ◇ 掌握支持向量机和决策树的基本原理以及实现机制。
- ◇ 通过回归、聚类、分类等机器学习算法解决实际应用问题。

3.1　回归算法

本节将简要介绍回归算法的技术思路、常用的回归算法以及评价标准，并通过房屋价格回归分析进一步讲解回归算法的实现过程。

3.1.1　回归简介

回归是指确定两种或两种以上变量间相互依赖关系的一种分析方法。回归分析可以帮助理解在保持其他自变量不变的情况下，因变量是如何跟随自变量变化的。它能预测连续/真实的值，如温度、年龄、工资、价格等，通常用于预测分析，发现变量之间的因果关系。下面通过例子来理解回归分析的概念。

假设有一家营销公司，它每年投入广告，并从中获得销售额。图 3-1 是公司近 5 年所投入的广告费及相应的销售额。现在，公司想在下一年投入 200 万美元的广告，并期望预测下一年的销售额。为了解决这样的预测问题，需要回归分析建模广告费和销售额之间的关系，并利用这种关系以及下一年的广告费，预测下一年的销售额。

广告费	销售额
$90	$1000
$120	$1300
$150	$1800
$100	$1200
$130	$1380
$200	?

图 3-1　近 5 年广告费和销售额的关系（万美元）

在上述例子中，自变量是广告费，因变量是销售额。自变量和因变量之间的关系可以通过离散的数据点来绘制，如图 3-2 所示。给定这些离散的数据点，可以通过曲线来拟合，使得曲线到数据点的距离差异最小。曲线正是回归算法需要学习的模型，而数据点和线之间的距离可以告诉模型是否已经捕获了变量之间的关系。

图 3-2 回归中的数据拟合

在现实世界中有各种场景，需要对未来的情况进行预测，如天气状况、销售预测和市场趋势等，在这种情况下，回归分析往往是较适合的解决方法。通过回归模型来建模因变量和自变量之间的关系，最终能帮助回答以下问题：

1）发现自变量和因变量之间的关系：比如变量之间是否相关、相关的方向（正或反）。
2）确定多个自变量对一个因变量的影响强度：通过回归，可以确定最重要的因素、最不重要的因素，以及每个因素如何影响其他因素。
3）通过预测发现数据的趋势。

3.1.2 回归技术

如上所述，回归算法旨在建模因变量和自变量之间的关系。给定数据集 $D = \{(x_1, y_1), (x_2, y_2), \cdots, (x_m, y_m)\}$，其中 $x_i \in \mathbb{R}^d$ 为数据向量，对应自变量，而 $y_i \in \mathbb{R}$ 为数据标签，对应因变量。回归算法试图学习一个模型函数 $f_\theta(\cdot)$，使得预测值 $f_\theta(x_i)$ 尽可能接近 y_i，其中 θ 为模型的参数。根据自变量的个数、因变量的类型以及回归线的形状的不同，可以分为多种不同的回归技术。按照自变量的多少，分为一元回归和多元回归分析；按照因变量的类型，分为简单回归分析和多重回归分析；按照自变量和因变量之间的关系类型，分为线性回归分析和非线性回归分析。比较经典的回归技术包括：

1）线性回归（Linear Regression）：通过带系数的线性模型建模预测模型。
2）逻辑斯蒂回归（Logistic Regression）：通过非线性的 sigmoid 函数或 logistic 函数建模预测模型。
3）多项式回归（Polynomial Regression）：通过多项式函数建模预测模型。
4）支持向量回归（Support Vector Regression）：通过非线性变换转换到高维的特征空间，在高维空间中构造线性决策函数来实现线性回归。
5）决策树回归（Decision Tree Regression）：通过回归树将特征空间划分成若干单元，每一个划分单元有一个特定的输出，按照特征的值将其归到某个单元，便得到对应的输出值。
6）随机森林回归（Random Forest Regression）：随机森林由多棵决策树构成，且每一棵决策树之间没有关联，模型的最终输出由森林中的每一棵决策树共同决定。

上述每种回归技术在不同场景下的重要性不同，但所有回归技术的核心都是分析自变量对因变量的影响，即如何衡量两者的差别，其中的关键在于如何学习 $f_\theta(\cdot)$ 中的模型参数 θ。在回归任务中，根据回归算法的不同，可以采用不同的方法求解参数，均方误差是最常用的性能度量，可以通过最小化数据的观测值 y_i 与线性预测值 $f_\theta(x_i)$ 之间的残差平方和，求解参数 θ：

$$\arg\min_{\theta} \sum_i [y_i - f_\theta(\boldsymbol{x}_i)]^2 \tag{3-1}$$

均方误差的几何意义在于，它表示向量空间中的欧几里得距离。通过均方误差所构建的损失函数即是第 2 章中详述的平方损失函数。最小化该损失函数进行模型求解的方法也称为"最小二乘法"，求解模型参数 θ 的过程称为最小二乘"参数估计"。得到 θ 后，就可以根据任意的 $\boldsymbol{x}_i$ 值预测 y_i 值。对于上述目标函数，可以对参数 θ 施加 L_1 和 L_2 正则（详见第 2 章）以降低模型过拟合的风险，由此得到的线性回归模型可以分别称作套索回归（Lasso Regression）和岭回归（Ridge Regression）。

3.1.3 常用回归算法

下面将对线性回归、逻辑斯蒂回归、多项式回归、支持向量回归、决策树回归、随机森林回归 6 种常用回归算法的原理做简要介绍。

1. 线性回归

线性回归是一种用于预测分析的统计回归方法。它是一种非常简单易行的回归算法，通常用于表示自变量和因变量之间的线性关系，因而称为线性回归。如果只有一个输入变量，称为简单线性回归。如果有多个输入变量，称为多元线性回归（Multivariate Linear Regression）。

例如，工作年限（x 轴）与薪水之间的线性关系（y 轴）如图 3-3 所示。

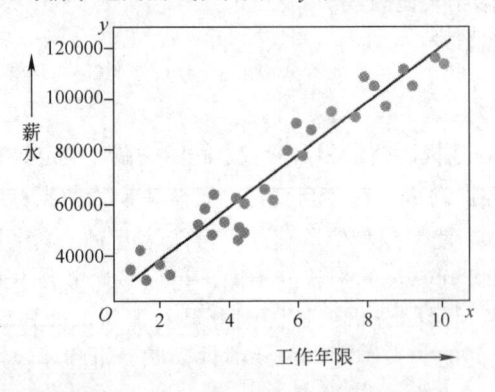

图 3-3 工作年限与薪水之间的线性关系

通过线性回归来表示两者之间的关系 $f_\theta(\cdot)$：

$$f_\theta(x_i) = wx_i + b \tag{3-2}$$

式中，$w \in \mathbb{R}$，$b \in \mathbb{R}$，均为线性模型的系数（即模型参数）。通过学习模型，即求解 w 和 b，就可以根据工作年限来预测其薪水。w 和 b 的求解通常采用最小化均方误差。

与上述相比，更一般的情形是数据集 D 中的样本由 d 维属性组成，那么线性回归算法将转化为：

$$f_\theta(\boldsymbol{x}_i) = \boldsymbol{w}^{\mathrm{T}} \boldsymbol{x}_i + b \tag{3-3}$$

也被称作"多元线性回归"线性回归算法的一般步骤为：

1）设定线性回归函数参数 w 和 b，根据输入 $\boldsymbol{x}_i$ 通过式（3-3）计算得到预测值 $f_\theta(\boldsymbol{x}_i)$。
2）将预测值代入损失函数，计算损失值。
3）模型训练：通过计算得到的损失值，利用梯度下降等凸优化方法不断调整参数 w 和 b，使得损失值最小。

上述过程可以通过 sklearn 提供的函数包实现。

```
#导入相关函数包
import numpy as np
from sklearn.linear_model import LinearRegression

# 生成两个数组：输入 x（回归变量）和输出 y（预测变量）
X = np.array([5, 15, 25, 35, 45, 55]).reshape((-1, 1))
y = np.array([5, 20, 14, 32, 22, 38])

# 创建一个类的实例 LinearRegression
model = LinearRegression()
model.fit(X, y) # 模型训练
r_sq = model.score(X, y) # 返回预测精度 R-Squared（见 3.1.4 小节）
```

线性回归依赖于因变量和自变量之间的线性关系，对异常值比较敏感，异常值会严重影响回归线，最终会对预测值产生影响。现实环境中，变量之间的关系不一定是线性关系，如果是非线性关系，线性回归将不再适用。

2. 逻辑斯蒂回归

逻辑斯蒂回归是另一种用于解决回归问题的监督学习算法，与线性回归算法有所不同，逻辑斯蒂回归使用 sigmoid 函数或 logistic 函数来建立数据模型。其中，sigmoid 函数可以表示为：

$$\text{sigmoid}(x) = \frac{1}{1+e^{-x}} \tag{3-4}$$

它将一个实数映射到(0,1)的区间，其函数图如图 3-4 所示。

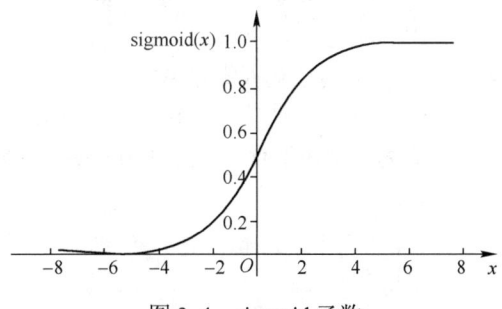

图 3-4　sigmoid 函数

当因变量的类型属于二元（1/0，真/假，是/否）变量时，就可以考虑使用逻辑斯蒂回归构建 $f_\theta(\cdot)$：

$$f_\theta(\boldsymbol{x}_i) = \frac{1}{1+e^{-(\boldsymbol{w}^T\boldsymbol{x}_i+b)}} \tag{3-5}$$

式中，$\boldsymbol{w} \in \mathbb{R}^d$，$b \in \mathbb{R}$，均为逻辑斯蒂回归模型的模型参数。

如果采用了 sigmoid 函数，求解 $\boldsymbol{w}$ 和 b 最常用的方法是极大似然估计，能使求导过程更加简单。因此，逻辑斯蒂回归通常采用对数损失构建损失函数，这与采用极大似然估计来求解参数是一致的。比如在二分类情况下，可使用交叉熵损失函数：

$$\arg\min_\theta -\sum_i y_i \log f_\theta(\boldsymbol{x}_i) + (1-y_i)\log[1-f_\theta(\boldsymbol{x}_i)] \tag{3-6}$$

逻辑斯蒂回归不要求自变量和因变量是线性关系。原则上，它可以处理各种类型的关系。但是它通常需要非常大的样本量，因为在样本量较少的情况下，极大似然估计的效果比普通的最小二乘法差。如果处理的因变量是多类，即 $\boldsymbol{y}_i \in \mathbb{R}^k$，那么可为每一类设置模型参数 θ_k，从而得到每个类

别上的预测值 $f_{\theta_k}(\boldsymbol{x}_i) \in \mathbb{R}$，此时可采用 softmax 函数得到 k 类别下的概率分布，然后再使用交叉熵损失函数：

$$\arg\min_{\theta} -\sum_i \sum_k y_{ik} \log p_{\theta_k}(\boldsymbol{x}_i) \tag{3-7}$$

式中，$p_{\theta_k}(\boldsymbol{x}_i)$ 是 $f_{\theta_k}(\boldsymbol{x}_i)$ 经过 softmax 后的概率值。逻辑斯蒂回归算法的一般步骤为：

1）设定逻辑斯蒂回归模型参数 w 和 b，根据输入 $\boldsymbol{x}_i$ 通过式（3-5）计算得到预测值 $f_\theta(\boldsymbol{x}_i)$。

2）将预测值代入损失函数，计算损失值。

3）模型训练：通过计算得到的损失值，利用梯度下降等凸优化方法不断调整参数 w，使得损失值最小。

上述过程可以通过 sklearn 提供的函数包实现，实现代码如下：

```
#导入相关函数包
from sklearn.datasets import load_iris
from sklearn.linear_model import LogisticRegression

#加载数据集
X, y = load_iris(return_X_y=True)

#模型训练
model = LogisticRegression(random_state=0).fit(X, y)
model.predict_proba(x[:2, :])
r_sq = model.score(X, y) # 返回预测精度 R-Squared（见 3.1.4 小节）
```

3. 多项式回归

多项式回归是一种使用线性模型对非线性数据集建模的回归类型。它类似于多元线性回归，不同的是它在 x_i 的值与其对应的 y_i 值之间用一条非线性曲线拟合，这对于以非线性方式呈现的数据点所组成的数据集是很适合的。图 3-5 为一个（二阶）一元多项式回归的例子。

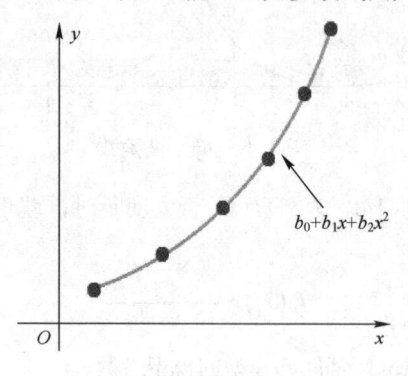

图 3-5 多项式回归模型

多项式回归可以形式化表示为：

$$f_\theta(x_i) = b_0 + b_1 x_i + b_2 x_i^2 + \cdots + b_k x_i^k \tag{3-8}$$

式中，$b_0, \cdots, b_k \in \mathbb{R}$ 为多项式回归模型的参数。需要注意区分的是，与多元线性回归的不同之处在于，在多项式回归中每一个样本 x_i 具有不同的阶数，而多元线性回归中 x_i 总是一阶的。

多项式回归算法的一般步骤为：

1）设定多项式回归模型参数（$b_0, \cdots, b_k$），根据输入 x_i 通过式（3-8）计算得到预测值 $f_\theta(x_i)$。

2）将预测值代入损失函数，计算损失值。

3）模型训练：通过计算得到损失值，利用梯度下降等凸优化方法不断调整参数 $b_0,\cdots,b_k$，使得损失值最小。

上述过程可以通过 sklearn 提供的函数包实现，实现代码如下：

```
#导入相关函数包
import numpy as np
from sklearn.linear_model import LinearRegression
from sklearn.preprocessing import PolynomialFeatures

#创建随机数据集
X = np.array([5, 15, 25, 35, 45, 55]).reshape((-1, 1))
y = np.array([15, 11, 2, 8, 25, 32])
#因为多项式回归模型包含 n 次方的变量，需要对数据进行转换
transformer = PolynomialFeatures(degree=2, include_bias=False)

#模型训练
model = LinearRegression().fit(X, y)
r_sq = model.score(X, y) # 返回预测精度 R-Squared（见 3.1.4 小节）
```

对于多项式回归，虽然可以通过增加多项式的阶数使其拟合任意的曲线，但这可能会导致过拟合。模型拟合的三种状态，如图 3-6 所示。高阶的多项式虽然对训练样本有很好的拟合，但会因为过拟合得到较差的泛化能力，即对于新的测试样本拟合效果很差，这时可以通过对模型参数进行正则化等方式解决过拟合的问题。

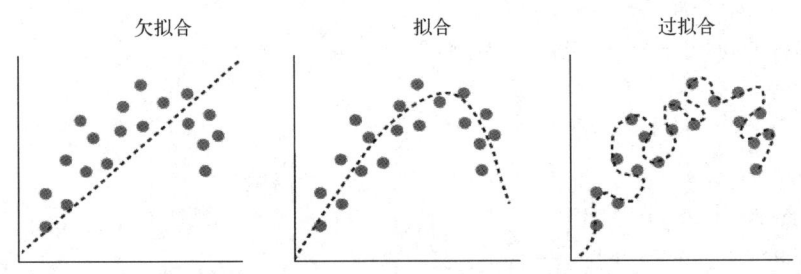

图 3-6 模型拟合的三种状态

4．支持向量回归

支持向量机（Support Vector Machine，SVM）[1]是一种有监督的学习算法，既可以用于回归问题，也可以用于分类问题。如果用它来解决回归问题，就可以称为支持向量回归（Support Vector Regression，SVR）。SVR 是一种适用于连续变量的回归算法。传统回归模型通常要求 $f_\theta(x_i)$ 尽可能接近 y_i，只要 $f_\theta(x_i)$ 和 y_i 不相等就会计算损失。与此不同，SVR 假设 $f_\theta(x_i)$ 与 y_i 之间最多有 ε 的偏差，即仅当 $f_\theta(x_i)$ 与 y_i 之间的差的绝对值大于 ε 时才计算损失。因此，SVR 模型可以表示为：

$$\min\left[\frac{1}{2}\|w\|^2 + C\sum \ell(f_\theta(x_i)-y_i)\right] \quad (3-9)$$

式中，ℓ 为 ε 不敏感损失函数，定义为：

$$\ell(z) = \begin{cases} 0 & |z| \leqslant \varepsilon \\ |z|-\varepsilon & \text{其他} \end{cases} \quad (3-10)$$

SVR 模型如图 3-7 所示，以 $f_\theta(x_i)$ 为中心构建的一个宽度为 2ε 的间隔带。

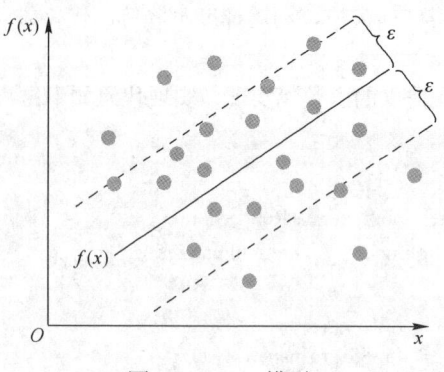

图 3-7 SVR 模型

图 3-7 中灰色实线为超平面，两条虚线称为边界线。在 SVR 中，通过训练模型确定一个超平面及其边界，使得该边界覆盖最大数量的正例训练数据样本，即落入间隔带内的训练样本被认为是预测正确的。

SVR 算法的一般步骤为：
1）设定 SVR 模型的参数 θ，根据输入 x_i 计算得到预测值 $f_\theta(x_i)$。
2）将预测值代入损失函数，计算损失值。
3）模型训练：通过最大化间隔带的宽度和最小化损失函数来优化模型。

SVR 算法可以使用 sklearn 的 SVR 类来实现，实现方式如下：

```python
# 导入相关函数包
from sklearn.svm import SVR
from sklearn.pipeline import make_pipeline
from sklearn.preprocessing import StandardScaler
import numpy as np

#创建随机数据集
n_samples, n_features = 20, 5
rng = np.random.RandomState(0)
y = rng.randn(n_samples)
X = rng.randn(n_samples, n_features)

#模型训练
model = make_pipeline(StandardScaler(), SVR(C=1.0, epsilon=0.2))
model.fit(X, y)

r_sq = model.score(X, y) # 返回预测精度 R-Squared （见 3.1.4 小节）
```

在 SVR 模型中，C 值增大，对误差分类的惩罚增大，C 值减小，对误差分类的惩罚减小。当 C 趋近无穷的时候，表示不允许偏差的存在，即 ε 变小，此时模型容易过拟合。当 C 趋于 0 时，表示不再关注回归预测是否正确，只要求 ε 尽可能大，此时模型容易欠拟合。

5．决策树回归

决策树是一种有监督的学习算法，既可以解决分类问题，也可以解决回归问题。解决回归问题时称为决策树回归。决策树回归主要在于构建一个树状结构，其中每个内部节点表示对样本中一个属性的"测试",每个分支表示测试的结果,每个叶节点表示最终的决策或结果。

决策树的构建过程是一个递归过程,在训练数据集所在的特征空间中,递归地将每个区域划分为两个子区域并决定每个子区域上的输出值。构建决策树,通常需要以下步骤:

1)特征选择:从训练数据中遍历所有特征,根据评估标准(通常是均方差最小)选择一个最优特征及其最佳阈值作为当前节点的划分依据。例如对第 j 维特征 $[\boldsymbol{x}_i]_j$ 和它的阈值 s,定义划分区域 $R_1 = \{\boldsymbol{x} \mid [\boldsymbol{x}]_j \leqslant s\}$ 和 $R_2 = \{\boldsymbol{x} \mid [\boldsymbol{x}]_j > s\}$,其集合大小分别为 N_1 和 N_2。通过最小二乘法求解:

$$\min_{j,s}\left[\sum_{\boldsymbol{x}_i \in R_1}(y_i - c_1)^2 + \sum_{\boldsymbol{x}_i \in R_2}(y_i - c_2)^2\right] \quad (3\text{-}11)$$

式中,$c_1 = \frac{1}{N_1}\sum_{\boldsymbol{x}_i \in R_1} y_i$,$c_2 = \frac{1}{N_2}\sum_{\boldsymbol{x}_i \in R_2} y_i$。遍历特征 j,对固定的切分变量 j 扫描切分点 s,选择使式(3-11)达到最小值的特征 j 和阈值 s。

2)树的生成:依据所选择的 j 和 s,从根节点开始,从上至下递归地生成子节点,并将数据集划分至相应的子节点中。

3)继续对两个数据子集调用步骤1~2,直到数据集不可分或达到预设条件(例如树的深度)。

4)对生成的决策回归树做预测时,用叶节点的均值作为预测的输出值。对于测试数据,只要按照特征将其归到某个单元,便可得到其对应的输出值。

sklearn 包中提供了决策树回归函数,实现方式如下:

```
# 导入相关函数包
import numpy as np
from sklearn.tree import DecisionTreeRegressor
import matplotlib.pyplot as plt

# 创建随机数据集
rng = np.random.RandomState(1)
X = np.sort(5 * rng.rand(80, 1), axis=0)
y = np.sin(X).ravel()
y[::5] += 3 * (0.5 - rng.rand(16))

# 模型训练
regr_1 = DecisionTreeRegressor(max_depth=2) #创建最大深度为 2 的决策树
regr_2 = DecisionTreeRegressor(max_depth=5) #创建最大深度为 5 的决策树
regr_1.fit(X, y)
regr_2.fit(X, y)

r_sq1 = regr_1.score(X, y) # 返回预测精度 R-Squared (见 3.1.4 小节)
r_sq2 = regr_2.score(X, y) # 返回预测精度 R-Squared (见 3.1.4 小节)
```

6. 随机森林回归

随机森林是非常强大的监督学习算法之一,它结合多棵决策树,能够执行回归和分类任务,如图 3-8 所示。随机森林回归[2]是一种集成学习方法,其步骤一般为:

1)通过对数据随机采样的方式,从原始数据集中构建 N 个子数据集。通常可以采用集成学习中的 Bagging 聚合技术,这是一种基于 Bootstrap 方法随机选择子样本的方法,即先随机取出一个样本放入采样集中,然后将该样本重新放回原始数据集后再进行下一次采样,是一种有放回的采样方式。

2)对每一个采样的子数据集构建决策树。

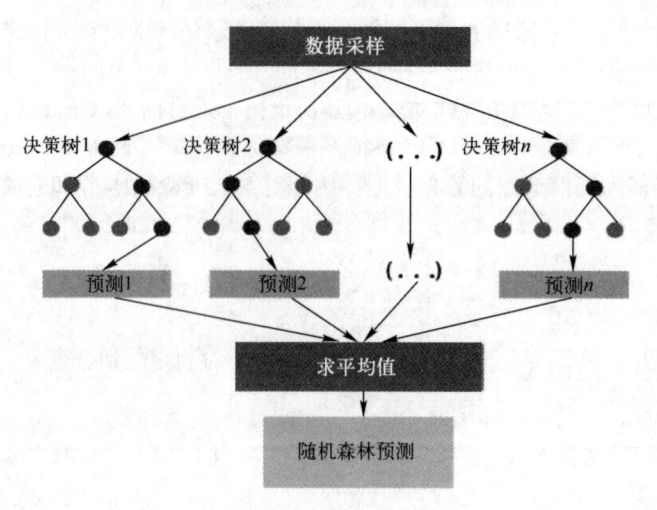

图 3-8 随机森林

3）根据每棵树输出的预测值的平均值作为最终的输出（默认每一棵树的权重相同）：

$$g(\boldsymbol{x}_i) = (f_{\theta_1}(\boldsymbol{x}_i) + f_{\theta_2}(\boldsymbol{x}_i) + \cdots + f_{\theta_N}(\boldsymbol{x}_i))/N \tag{3-12}$$

由于随机森林算法随机选择的样本不是全部样本，模型学习不容易出现过拟合的情况。它对训练集中的噪声不敏感，并且使用一组不相关的决策树，因此，随机森林算法比单个决策树更稳健。此外，它可以处理不同属性的样本，包括离散型和连续型。同时，随机森林对于高维数据集也具有很好的处理能力，可以处理成千上万的输入变量，并通过输出变量的重要性程度确定最重要的变量，因此也被用于降维。但是随机森林的主要缺点也在于其复杂性，需要大量决策树并行运算，因此需要更多的计算资源。

随机森林可以通过 sklearn 来实现，实现方式如下：

```
#导入相关函数包
from sklearn.ensemble import RandomForestRegressor
from sklearn.datasets import make_regression

#创建随机数据集
X, y = make_regression(n_features=4, n_informative=2,
...                    random_state=0, shuffle=False)
#模型训练
regr = RandomForestRegressor(max_depth=2, random_state=0)
regr.fit(X, y)
r_sq = regr.predict([[0, 0, 0, 0]]) # 预测 X 的标签值
```

3.1.4 回归评价标准

在回归模型中，常用的评价标准有均方误差（Mean Squared Error，MSE）、均方根误差（Root Mean Squared Error，RMSE）、平均绝对误差（Mean Absolute Error，MAE）和 R-Squared。

（1）均方误差

$$\text{MSE}(y, f(x)) = \frac{1}{N}\sum_{i=1}^{N}(y_i - f_\theta(\boldsymbol{x}_i))^2 \tag{3-13}$$

MSE 对应于平方（二次）误差的期望，通常也可以作为线性回归中的损失函数。MSE 可以评价数据的变化程度，MSE 值越小，说明预测模型描述实验数据具有越好的拟合程度。

（2）均方根误差

$$\text{RMSE}[y, f(x)] = \sqrt{\frac{1}{N} \sum_{i=1}^{N} [y_i - f_\theta(\boldsymbol{x}_i)]^2} \quad (3\text{-}14)$$

均方根误差也称为标准误差，是均方误差的算术平方根。MSE 通常用来衡量一组数据自身的离散程度，而 RMSE 则用来衡量观测值同真值之间的偏差。RMSE 对于异常值反应非常敏感，所以，RMSE 能够很好地反映出拟合的稳定性。

（3）平均绝对误差

$$\text{MAE}(y, f(x)) = \frac{1}{N} \sum_{i=1}^{N} |y_i - f_\theta(\boldsymbol{x}_i)| \quad (3\text{-}15)$$

平均绝对误差是绝对误差的平均值，可以更好地反映预测值误差的实际情况。

（4）R-Squared

R-Squared 又叫决定系数（Coefficient of Determination），从方差角度反映预测值对真实值的拟合：

$$R^2(y, f(x)) = 1 - \frac{\text{RSS}}{\text{TSS}} = 1 - \frac{\sum_{i=1}^{N}(y_i - f_\theta(\boldsymbol{x}_i))^2}{\sum_{i=1}^{N}(y_i - \bar{y})^2} \quad (3\text{-}16)$$

式中，$\bar{y} = \frac{1}{N}\sum_{i=1}^{N} y_i$。RSS 为残差平方和，度量的是模型预测值和真实值的残差；TSS 度量的是真实值的方差。如果 R-Squared 接近 0，说明预测值接近常数 $\bar{y}$，相当于盲猜的预测。如果 R-Squared 接近 1，说明预测值与标签值接近。R-Squared 越接近于 1，说明模型拟合得越好。

上述四种评价标准可以通过直接调用 sklearn 的指标库实现。

对于使用单个指标而言，MAE 基于绝对误差，如果看重真实值和预测值的绝对误差，则选用 MAE，但是 MAE 对极端值比较敏感。若看重真实值和预测值的差的平方，则选用 MSE 或 RMSE。若希望找到能够解释目标 y 变动的自变量，则选用 R-Squared 更合适。对于使用多个指标而言，MAE 和 RMSE 一起使用可以看出样本误差的离散程度，例如 RMSE 远大于 MAE 时，可以得知不同样例的误差差别很大。

3.1.5 案例：房屋价格回归分析

下面以房屋价格回归分析为例，介绍回归算法的具体实现。

1. 数据集

房屋价格数据包含两列变量，分别为面积和价格，数据示例见表 3-1。

表 3-1 房屋价格数据示例

面积	价格
1000	168
792	184
1260	197
1262	220
1240	228
1170	248

该数据集可在出版社网站中获取。以下将利用线性回归模型建模分析价格与面积之间的联系。

2. 导入相关函数包

```python
import matplotlib.pyplot as plt    # matplotlib 的 pyplot 子库，用于绘图
from sklearn import linear_model   # 导入线性回归模型
from sklearn.preprocessing import PolynomialFeatures  # 导入线性模型和多项式特征构造模块
import numpy as np
```

3. 加载训练数据集

```python
dataX = []    # 储存房屋面积数据
dataY = []    # 储存房屋房价数据
fread = open('priceData.txt', 'r')  # 以只读的方式读取数据集所在的文件
lines = fread.readlines()    # 一次性读取所有数据集，返回一个列表
for line in lines[1:]:    # 逐行遍历，第一行标题省去
    items = line.strip().split(',')    # 去除数据集中的不可见字符，并用逗号分隔数据
    dataX.append(int(items[0]))    # 将读取的数据转换为 int 型，并分别写入 data_X 和 data_Y
    dataY.append(int(items[1]))

length = len(dataX)    # 求数据集的总长度
dataX = np.array(dataX).reshape([length, 1])    # 将 dataX 转化为二维数组，以符合线性回归拟合函数
# 输入参数要求
dataY = np.array(dataY)
minX = min(dataX)
maxX = max(dataX)
X = np.arange(minX,maxX).reshape([-1,1])    # 以数据 dataX 的最大值和最小值为范围建立等差数
# 列，方便后续画图
```

4. 建立线性回归模型

```python
polyReg = PolynomialFeatures(degree = 2) # degree=2 表示建立 dataX 的二次多项式特征 Xpoly
Xpoly = polyReg.fit_transform(dataX) # 创建线性回归模型，使用线性模型学习二次项特征
# Xpoly 和 dataY 之间的映射关系
linReg2 = linear_model.LinearRegression()
linReg2.fit(Xpoly, dataY)
```

5. 可视化回归模型的拟合线

```python
plt.scatter(dataX, dataY, color = 'green')    # 标签数据散点图可视化
plt.plot(X, linReg2.predict(polyReg.fit_transform(X)),color = 'blue')    # 绘制回归拟合线
plt.rcParams['font.sans-serif']=['SimHei']
plt.rcParams['axes.unicode_minus']=False  # 用于正常显示中文标签
plt.xlabel('房屋面积')
plt.ylabel('房屋价格')
plt.show()
```

最终得到的线性回归模型如图 3-9 中灰色曲线所示。

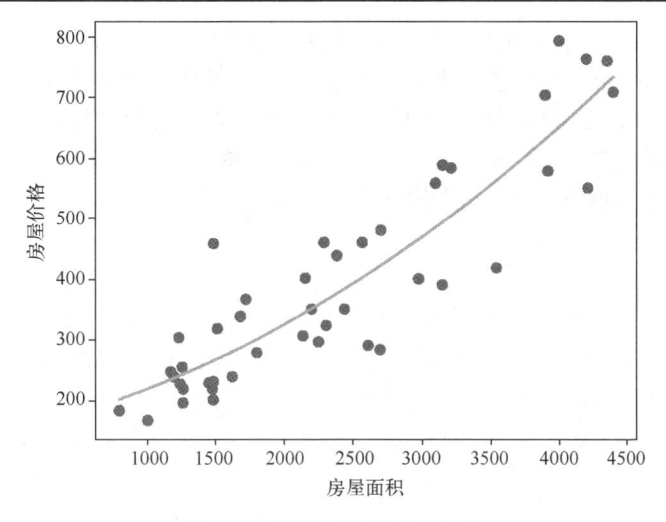

图 3-9 线性回归模型可视化

3.2 聚类算法

本节将简要介绍聚类的基本技术思路、常用的聚类算法以及评价标准，并且通过用户社区聚类分析进一步讲解聚类算法的实现过程。

3.2.1 聚类简介

在现实生活中，"物以类聚，人以群分"，人们往往可以根据物品或人之间的相似性将其进行划分，聚类正是源于这一思想的一种无监督的机器学习方法。不同于有监督学习方法，在无监督学习中，训练样本的标签是未知的。因此，聚类试图不依赖于标签，而是通过对无标注训练样本特征本身的学习发现其内在的联系。通常，给定一个数据集，聚类将数据集中的样本划分为多个不相交的子集，每个子集称为一个"簇"（或"类"），如图 3-10 所示。理论上，同一簇中的样本应该具有相似的属性和/或特征，而不同簇中的样本应该具有高度不同的属性和/或特征。通过这样的划分，每一个簇隐含地对应一个潜在的"类别"。

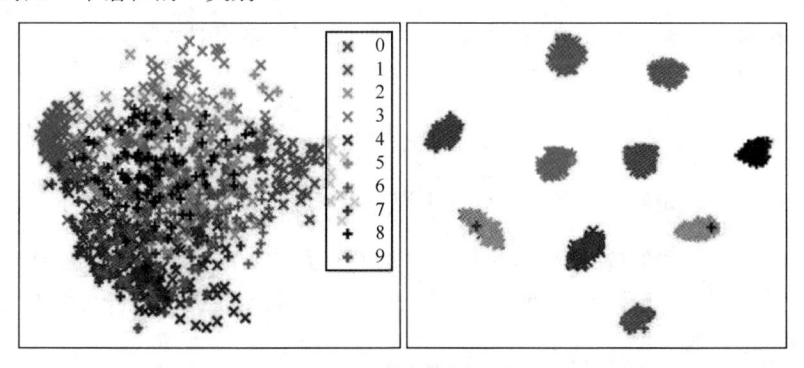

图 3-10 聚类示意图

聚类在图像分析、生物信息、商业选址、产品推荐、异常检测等许多领域都有广泛应用。例如，在推荐系统中，许多用户的购买意图是比较类似的，如果对用户的购买行为或背景信息（例如社交关系、人物简历等）进行聚类，一方面可以通过相似用户购买的商品进行相关商品推荐，另一方面有助于帮助新用户解决冷启动的购买问题。此外，聚类既可以单独作为一个步骤，以帮助发现数据内部的结构，也可以服务于分类或其他机器学习任务，例如，利用聚类可以减少分类任务中样本的人工标注数。同时，它可以帮助分类算法构建伪标签，即使用聚类算法对无标签数据进行分簇，然后寻找少量标注样本与各个簇的数据之间的关系，从而对无标注样本实现粗略分类。此外，使用聚类还可以发现异常或离群点，从而提升学习模型的稳定性。

3.2.2 聚类技术

给定一个包含 m 个无标注样本的数据集 $D=\{x_1,x_2,\cdots,x_m\}$，其中 $x_i \in \mathbb{R}^d$ 为 d 维数据向量。聚类算法试图根据样本本身的特征将数据划分为 k 个不相交的簇 $\{C_i\}_{i=1}^k$，其中 $C_i \bigcap_{i \ne j} C_j = \varnothing$ 且 $D = \bigcup_{i=1}^k C_i$。也就是说，聚类将为每一个样本 x_i 找到其簇标签 ℓ_i，使 $x_i \in C_{\ell_i}$，簇的确定相当于发现样本"聚类结构"。聚类的核心在于选择什么策略发现聚类结构，按照划分簇的策略，可以分为如下几种聚类技术：

1）基于原型的聚类：通过挑选样本空间中具有代表性的点作为原型，然后依据样本点到原型的距离进行簇的划分，如此迭代进行原型的更新以及簇的划分，原型产生的方式不同，产生的聚类算法也不同。

2）基于层次的聚类：根据样本的距离大小逐层进行聚类，根据层次分解的顺序分为自下向上和自上向下，即凝聚的层次聚类算法和分裂的层次聚类算法。

3）基于密度的聚类：根据样本分布的紧密程度来确定聚类结构。

4）基于模型的聚类：为每个簇假定一个模型，然后寻找最能拟合给定模型的数据，主要包括基于概率模型的方法和基于神经网络模型的方法。

5）基于网格的聚类：该方法将空间量化为有限数目的单元，可以形成一个网格结构，所有聚类都在网格上进行，例如基于网格多分辨率的方法 STING。

6）其他模型：模糊聚类、谱聚类、核聚类等。

3.2.3 常用聚类算法

下面将对 K-Means 聚类、基于密度的聚类方法、层次凝聚聚类、基于高斯混合模型的最大期望聚类算法 4 种经典聚类算法的原理进行介绍。

1. K-Means 聚类

K-Means（K 均值）是一种经典的原型聚类算法。给定样本集 $D=\{x_1,x_2,\cdots,x_m\}$，K-Means 算法致力于寻找一个簇划分 $\{C_i\}_{i=1}^k$ 使其平方误差最小：

$$\sum_{i=1}^k \sum_{x \in C_i} \| x - \mu_i \|_2^2 \tag{3-17}$$

式中，$\mu_i = \frac{1}{|C_i|} \sum_{x \in C_i} x$，是均值向量，即簇的中心。式（3-17）刻画了簇内样本与簇中心的紧密程度，值越小说明簇内样本相似度越高。然而，最小化式（3-17）需要求解样本集 D 所有可能的簇划分，这无疑增大了计算量。K-Means 对此采用了贪心策略，通过迭代优化来近似求解。假定聚类簇数为 k，K-Means 的一般步骤为：

1）从 D 中随机选取 k 个样本作为初始均值向量 $\{\mu_1,\mu_2,\cdots,\mu_k\}$；

2）计算各样本 x_j 与 k 个簇中心 μ_i 的距离 $d_{ji} = \| x_j - \mu_i \|_2^2$，并将 x_j 划分到距离最近的簇中心所在的簇，即 $C_{\ell_j} = C_{\ell_j} \bigcup \{x_j\}$，其中 $\ell_j = \underset{i=1,\cdots,k}{\arg\min}\, d_{ji}$。

3）重新计算均值向量，定义新的均值向量 $\boldsymbol{\mu}_i' = \frac{1}{|C_i|}\sum_{\boldsymbol{x}\in C_i}\boldsymbol{x}$，若 $\boldsymbol{\mu}_i' \neq \boldsymbol{\mu}_i$，将当前中心 $\boldsymbol{\mu}_i$ 更新为 $\boldsymbol{\mu}_i'$。

4）重复步骤2）和3），直至所有簇中心均未更新。

图 3-11 展示了 K-Means 算法的过程，训练数据样本用点表示，簇中心用叉表示。图 3-11a 为原始数据集，图 3-11b 中的"×"为随机初始簇中心，图 3-11c 至图 3-11f 是迭代运行两次 K-Means 算法的结果。在每次迭代中，将每个训练样本分配给最近的簇中心，然后根据新的分配重新计算每个簇的簇中心。

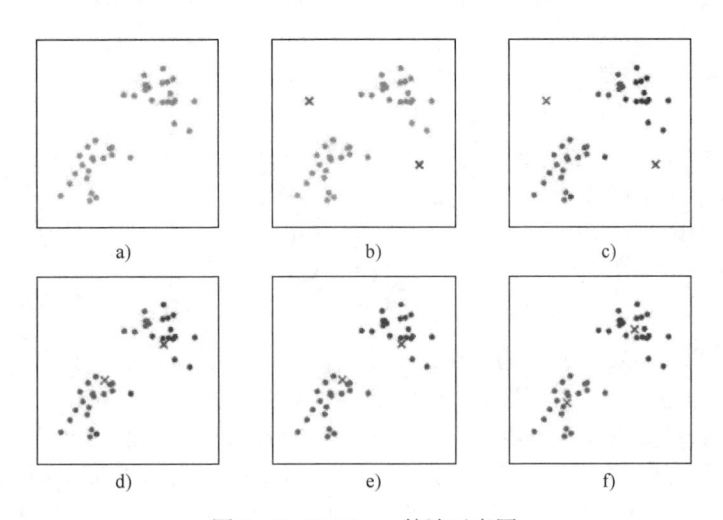

图 3-11　K-Means 算法示意图

K-Means 的优点是速度快，计算简便，但是该算法要求必须提前知道数据有多少类/组。在 K-Means 的基础上衍生了一种变体 K-Medians，K-Medians 是用数据集的中位数而不是均值来计算数据的中心点。K-Medians 的优点是使用中位数来计算中心点不受异常值的影响，缺点是计算中位数时需要对数据集中的数据进行排序，速度相对于 K-Means 较慢。

K-Means 可以通过 sklearn 实现：

```
from sklearn.cluster import KMeans
import numpy as np
X = np.array([[1, 2], [1, 4], [1, 0], [10, 2], [10, 4], [10, 0]])
kmeans = KMeans(n_clusters=2, random_state=0).fit(X)
kmeans.labels_
```

2. 基于密度的聚类方法

基于密度的聚类假设聚类结构能够通过样本分布的紧密程度确定。通常，该算法从样本密度的角度来考察样本之间的可连续性，并基于可连续性不断扩展簇已获得最终的聚类结果。

DBSCAN 算法[3]是一种典型的基于密度的聚类算法，该算法采用空间索引技术不断搜索对象的邻域来获得簇。在介绍原理前，先介绍一些相关概念。

给定样本集 $D = \{\boldsymbol{x}_1, \boldsymbol{x}_2, \cdots, \boldsymbol{x}_m\}$，对于任意一个样本 $\boldsymbol{x}_i \in D$，$\boldsymbol{x}_i$ 的邻域指与 $\boldsymbol{x}_i$ 的距离不大于 ε 的样本集合 $N_\varepsilon(\boldsymbol{x}_i)$。若该集合 $N_\varepsilon(\boldsymbol{x}_i)$ 中的样本数量大于某个阈值 MinP，则 $\boldsymbol{x}_i$ 为一个核心对象。那么，所有位于 $N_\varepsilon(\boldsymbol{x}_i)$ 中的样本称作由 $\boldsymbol{x}_i$ 密度直达。给定 D 中任意两个样本点 $\boldsymbol{x}_i$ 和 $\boldsymbol{x}_j$，若 $\boldsymbol{x}_j$ 可以从 $\boldsymbol{x}_i$ 开始通过密度直达的样本序列相连，则 $\boldsymbol{x}_j$ 由 $\boldsymbol{x}_i$ 密度可达；若存在 $\boldsymbol{x}_k$ 分别使得 $\boldsymbol{x}_i$ 和 $\boldsymbol{x}_j$ 均由其

密度可达，则称 x_i 和 x_j 之间密度相连。如图 3-12 所示，圆圈所限定的区域为邻域。设置 MinP=4，那么点 A 和其他深灰色点均是核心对象，因为这些点邻域至少包含 4 个点（包括点本身）。由于它们彼此之间都密度可达，所以它们形成了一个单一的集群（浅灰色区域）。点 B 和点 C 不是核心点，但可以通过其他核心点从 A 密度可达，因此也属于集群。点 N 既不是核心点，也不能直接到达，因此是一个噪声点。

基于以上概念，DBSCAN 从核心对象出发，定义所有密度可达的对象组成一个簇，其算法步骤描述如下：

1）根据给定的邻域半径 ε 和最小邻域样本数 MinPts，找出所有核心对象。
2）随机选择任意一个核心对象为出发点，找到由其密度可达的样本并生成簇。
3）重复步骤 2），直到所有核心对象均被访问过为止。

DBSCAN 可以通过 sklearn 实现，方式如下：

```
from sklearn.cluster import DBSCAN
import numpy as np
X = np.array([[1, 2], [2, 2], [2, 3], [8, 7], [8, 8], [25, 80]])
clustering = DBSCAN(eps=3, min_samples=2).fit(X)
clustering.labels_
```

与 K-Means 不同，DBSCAN 的优点是不需要事先知道簇的数量，它可以找到任意形状的集群。DBSCAN 能够设置噪声，对离群值具有鲁棒性。但 DBSCAN 也存在一些缺陷，首先它的结果不是完全确定的，根据数据处理的顺序不同，边界点是否能成为簇的结果也不一致。DBSCAN*是一种变体，它将边界点视为噪声，这种方式实现了完全确定的结果。DBSCAN 的结果依赖于距离函数的选择，最常用的距离度量是欧几里得距离，但对于高维数据，该度量几乎毫无用处。此外，由于需要事先确定半径 ε 和 MinPts，但是这两个值不一定对所有不同密度的数据都合适，因此 DBSCAN 不能很好地对密度差异很大的数据集进行聚类。

3．层次凝聚聚类

层次聚类算法试图在不同层次对数据集进行划分，从而形成树形的聚类结构，其划分方法分为两类：自上而下（分列式）和自下而上（凝聚式）。层次凝聚聚类（Hierarchical Agglomerative Clustering，HAC）是自下而上的一种聚类算法。层次凝聚聚类首先将每个数据点视为一个单一的簇，然后计算所有簇之间的距离来合并距离最近的两个簇，该步骤不断重复，直到达到预设的聚类簇数为止。图 3-13 为层次凝聚聚类的一个实例。

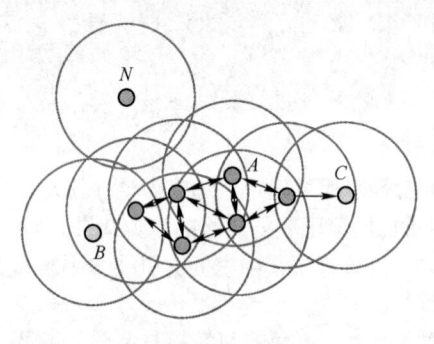

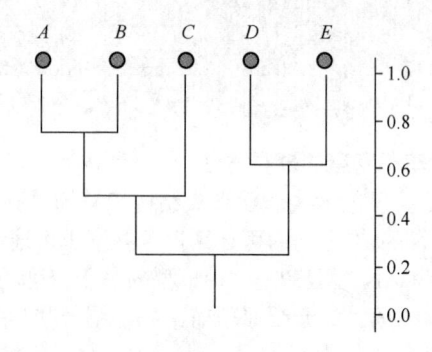

图 3-12 密度聚类　　　　图 3-13 层次凝聚聚类实例

显然，层次凝聚聚类的关键在于如何计算两个簇之间的距离。给定两个簇 C_i 和 C_j，两个簇之间的距离可以通过如下方式计算：

$$\begin{cases} \text{最小距离:} & D_{\min}(C_i, C_j) = \min_{\boldsymbol{x}_i \in C_i, \boldsymbol{x}_j \in C_j} d(\boldsymbol{x}_i, \boldsymbol{x}_j) \\ \text{最大距离:} & D_{\max}(C_i, C_j) = \max_{\boldsymbol{x}_i \in C_i, \boldsymbol{x}_j \in C_j} d(\boldsymbol{x}_i, \boldsymbol{x}_j) \\ \text{平均距离:} & D_{\text{avg}}(C_i, C_j) = \dfrac{1}{|C_i||C_j|} \sum_{\boldsymbol{x}_i \in C_i} \sum_{\boldsymbol{x}_j \in C_j} d(\boldsymbol{x}_i, \boldsymbol{x}_j) \end{cases} \quad (3\text{-}18)$$

式中，$d(\boldsymbol{x}_i, \boldsymbol{x}_j)$ 可以定义为欧几里得距离。当分别使用上述三种方法计算簇的距离时，HAC 也被相应地称为"单链接""全链接"或"均链接"算法。层次凝聚聚类算法步骤描述如下：

1）对每一个样本分别建立初始聚类簇和相应的距离矩阵。
2）不断合并距离最近的两个聚类簇，并对合并的聚类簇的距离矩阵进行更新，参见式（3-18）。
3）不断重复步骤 2，直至达到预设的聚类簇数。

层次聚类同样需要事先设置聚类簇数。而且不难看出，层次凝聚聚类的时间复杂度为 $O(n^3)$，因此计算效率较低。层次凝聚聚类可以通过 sklearn 实现：

```
from sklearn.cluster import AgglomerativeClustering
import numpy as np

X = np.array([[1, 2], [1, 4], [1, 0], [4, 2], [4, 4], [4, 0]])

clustering = AgglomerativeClustering().fit(X)
clustering
AgglomerativeClustering()
clustering.labels_  #输出分类标签
```

4. 基于高斯混合模型的最大期望聚类

K-Means 用均值向量刻画聚类结构，其缺点在于无法识别非扁平结构的数据。特别是对于流形结构的数据，即使数据距离相近，但有可能分布在不同的曲线上，如果使用 K-Means 则很难做出正确类的判断。而高斯混合模型（Gaussian Mixture Model，GMM）聚类采用概率模型来表达聚类结构，能够更好地处理非扁平结构的数据。

高斯混合分布可以定义为：

$$p_G(\boldsymbol{x}) = \sum_{i=1}^{k} \alpha_i \cdot p(\boldsymbol{x} \mid \boldsymbol{\mu}_i, \boldsymbol{\Sigma}_i) \quad (3\text{-}19)$$

它由 k 个不同的混合成分线性组合而成，每个混合成分对应一个高斯分布：

$$p(\boldsymbol{x} \mid \boldsymbol{\mu}_i, \boldsymbol{\Sigma}_i) = \dfrac{1}{(2\pi)^{\frac{n}{2}} |\boldsymbol{\Sigma}_i|^{\frac{1}{2}}} e^{-\frac{1}{2}(\boldsymbol{x}-\boldsymbol{\mu}_i)^{\mathrm{T}} \boldsymbol{\Sigma}_i (\boldsymbol{x}-\boldsymbol{\mu}_i)} \quad (3\text{-}20)$$

式中，$\boldsymbol{\mu}_i \in \mathbb{R}^d$ 是均值向量，$\boldsymbol{\Sigma}_i \in \mathbb{R}^{d \times d}$ 为协方差矩阵，两者均为高斯分布的模型参数；α_i 为权重，表示选择第 i 个高斯分布的先验概率。

通过融合不同的单高斯分布，可以使得模型更加复杂，从而使混合模型可以产生更复杂的样本。理论上，如果某个混合高斯模型融合的单分布足够多，权重设定得足够合理，这个混合模型可以拟合任意分布的样本。

基于高斯混合分布的特质，GMM 将样本划分簇的过程建模为通过高斯混合分布生成样本的过程，每个样本 $\boldsymbol{x}_i$ 属于某个簇 C_j（$j=1,\cdots,k$）的概率为样本 $\boldsymbol{x}_i$ 由第 j 个高斯混合成分生成的后验概率决定：

$$p_G(\ell_i = j \mid \boldsymbol{x}_i) = \frac{\alpha_i \cdot p_G(\boldsymbol{x}_i \mid \boldsymbol{\mu}_j, \boldsymbol{\Sigma}_j)}{p_G(\boldsymbol{x}_i)} \tag{3-21}$$

选择后验概率最大的分布即为 $\boldsymbol{x}_i$ 所划分的簇。为了能够得到上述概率,需要求解 GMM 中的模型参数 $\alpha_i, \boldsymbol{\mu}_i, \boldsymbol{\Sigma}_i$。通常可以采用极大似然估计,即对最大化 $p_G(\boldsymbol{x})$ 的对数似然,GMM 将通过 EM 算法对模型参数进行迭代优化求解。GMM 算法的一般过程如下:

1)初始化 K 个多元高斯分布以及其权重。
2)EM 方法中的 E 步:估计每个样本由每个成分生成的后验概率,见式(3-21)。
3)EM 方法的 M 步:根据均值、协方差的定义以及步骤 2)求出的后验概率,更新均值向量、协方差矩阵和权重。
4)重复步骤 2)~3),直到似然函数增加值已小于收敛阈值,或迭代次数达到最大。
5)对于每一个样本点,根据贝叶斯定理计算出其属于每一个簇的后验概率,并将样本划分到后验概率最大的簇中。

GMM 的优点是投影后样本点不是得到一个确定的分类标记,而是得到每个类的概率,这是一个重要信息。GMM 不仅可以用在聚类上,也可以用在概率密度估计上。但是,当每个混合模型没有足够多的点时,估算协方差变得困难起来,同时算法会发散并且找具有无穷大似然函数值的解,除非对协方差进行正则化。GMM 每一步迭代的计算量比较大,大于 K-Means。GMM 的求解方法基于 EM 算法,因此有可能陷入局部极值,这和初始值的选取十分相关。GMM 可以通过 sklearn 实现:

```
import numpy as np
from sklearn import mixture
np.random.seed(1)
g = mixture.GMM(n_components=2)
  # Generate random observations with two modes centered on 0
  # and 10 to use for training.
obs = np.concatenate((np.random.randn(100, 1), 10 + np.random.randn(300, 1)))
g.fit(obs)
GMM(covariance_type='diag', init_params='wmc', min_covar=0.001,
    n_components=2, n_init=1, n_iter=100, params='wmc',
    random_state=None, thresh=None, tol=0.001)
g.predict([[0], [2], [9], [10]])
```

3.2.4 聚类评价标准

聚类评价指标可以分为两类:
1)外部指标:将聚类结果与某个参考模型(或者人工标注)进行比较。
2)内部指标:不使用任何参考模型,直接评价聚类结果。

对于数据集 $D = \{\boldsymbol{x}_1, \boldsymbol{x}_2, \cdots, \boldsymbol{x}_m\}$,由参考模型或人工标注给出的正确聚类结果为 $C^+ = \{C_i^+\}_{i=1}^s$,由带评价算法给出的聚类结果为 $C = \{C_i\}_{i=1}^k$。将 D 中的样本两两进行匹配,并且定义:

$$a = |\text{SS}|, \quad \text{SS} = \{(\boldsymbol{x}_i, \boldsymbol{x}_j) \mid \ell_i = \ell_j, \ell_i^+ = \ell_j^+, i < j\}$$

$$b = |\text{SD}|, \quad \text{SS} = \{(\boldsymbol{x}_i, \boldsymbol{x}_j) \mid \ell_i = \ell_j, \ell_i^+ \neq \ell_j^+, i < j\}$$

$$c = |\text{DS}|, \quad \text{SS} = \{(\boldsymbol{x}_i, \boldsymbol{x}_j) \mid \ell_i \neq \ell_j, \ell_i^+ = \ell_j^+, i < j\}$$

$$d = |\text{DD}|, \quad \text{SS} = \{(\boldsymbol{x}_i, \boldsymbol{x}_j) \mid \ell_i \neq \ell_j, \ell_i^+ \neq \ell_j^+, i < j\}$$

式中，l_i 和 l_i^+ 分别为样本 x_i 在 C 和 C^+ 中的簇标签；$|\cdot|$ 代表集合的数量；SS 包含了在 C 和 C^+ 中均属于相同簇的样本对；SD 包含了在 C 中属于相同簇但在 C^+ 中属于不同簇的样本对；DS 包含了在 C^+ 中属于相同簇但在 C 中属于不同簇的样本对；DD 包含了在 C 和 C^+ 中均不属于相同簇的样本对。基于上述值，常用的聚类外部指标如下：

（1）Jaccard 系数（JC）

$$JC = \frac{a}{a+b+c} \tag{3-22}$$

（2）FM 指数（FMI）

$$FMI = \sqrt{\frac{a}{a+b} \cdot \frac{a}{a+c}} \tag{3-23}$$

（3）Rand 指数（RI）

$$RI = \frac{2(a+d)}{m(m-1)} \tag{3-24}$$

上述指标值越大，说明聚类效果越好。

对于内部指标，仅需要考虑 $C = \{C_i\}_{i=1}^k$ 的聚类效果，这可以通过簇内以及簇之间样本的距离来衡量。定义四种距离度量如下：

两簇之间的最小距离：
$$D_{\min}(C_i, C_j) = \min_{x_i \in C_i, x_j \in C_j} d(x_i, x_j) \tag{3-25}$$

两簇之间的中心距离：
$$D_{\text{cent}}(C_i, C_j) = d(\mu_i, \mu_j) \tag{3-26}$$

簇内样本最大距离：
$$D_{\max}(C) = \max_{x_i, x_j \in C; i<j} d(x_i, x_j) \tag{3-27}$$

簇内样本平均距离：
$$D_{\text{avg}}(C) = \frac{1}{|C|(|C|-1)} \sum_{x_i, x_j \in C; i<j} d(x_i, x_j) \tag{3-28}$$

那么，聚类的内部指标如下：

（4）DB 指数（DBI）

$$DBI = \frac{1}{k} \sum_{i=1}^k \max_{j \neq i} \frac{D_{\text{avg}}(C_i) + D_{\text{avg}}(C_j)}{D_{\text{cent}}(C_i, C_j)} \tag{3-29}$$

DBI 值越小，说明聚类效果越好。

（5）Dunn 指数（DI）

$$DI = \min_{1 \leq i \leq k} \min_{j \neq i} \frac{D_{\min}(C_i, C_j)}{\max_{1 \leq r \leq k} D_{\max}(C_r)} \tag{3-30}$$

DI 值越大，说明聚类效果越好。

3.2.5 案例：用户社区聚类分析

下面以用户社区聚类分析为例，介绍聚类算法应用的具体实现。

1. 数据集

某商场用户消费数据如图 3-14 所示，每一个用户包含用户 ID（CustomerID）、性别（Gender）、年龄（Age）、年薪（Annual Income）以及消费积分（Spending Score）等信息。该数据集可在本书附带材料中获取。

	CustomerID	Gender	Age	Annual Income(k$)	Spending Score(1-100)
0	1	Male	19	15	39
1	2	Male	21	15	81
2	3	Female	20	16	6
3	4	Female	23	16	77
4	5	Female	31	17	40

图 3-14 某商场用户消费数据

以下将利用 K-Means 聚类算法对这些用户进行集群划分，从而使得商场根据不同用户群体特征制定相应的销售策略。

2．导入相关函数包

```python
import pandas as pd
import numpy as np
import sklearn
import matplotlib.pyplot as plt
from sklearn.cluster import KMeans  # 导入 K-Means 聚类算法包
from sklearn.decomposition import PCA
```

3．加载训练数据

```python
users = pd.read_csv("userdatasets.csv") #利用 pandas 加载 CSV 格式的训练数据集
users["Male"] = users.Gender.apply(lambda x: 0 if x == "Male" else 1) # 对离散变量数值化处理
users["Female"] = users.Gender.apply(lambda x: 0 if x == "Female" else 1) # 对离散变量数值化处理
dataX = users.iloc[:, 2:]
```

4．加载 K-Means 模型

```python
# n_clusters:簇的数量，本例中设为 5
# max_iter:K-Means 算法的最大迭代次数
# n_init: 初始化簇中心的最大次数，不同的初始簇中心将产生不同的聚类效果，选取其中聚类效果
# 最好的一次
# random_state:用于初始化簇中心的随机数
kmeans = KMeans(n_clusters=5, init='k-means++', max_iter=15, n_init=10, random_state=0)

# 预测数据的簇标签
labelY = kmeans.fit_predict(dataX)
```

5．聚类可视化

```python
fig, ax = plt.subplots(figsize=(8, 6))
# 利用 PCA 对数据进行降维，使其能在二维空间中进行可视化
pca = PCA(n_components=2).fit(dataX)
pca2d = pca.transform(dataX) # 将数据样本的特征向量转化为 2 维向量
plt.scatter(pca2d[:, 0], pca2d[:, 1],
        c=labelY,
        edgecolor="none",
        cmap=plt.cm.get_cmap("Spectral_r", 5),
        alpha=0.5)
```

```
plt.gca().spines["top"].set_visible(False)
plt.gca().spines["right"].set_visible(False)
plt.gca().spines["bottom"].set_visible(False)
plt.gca().spines["left"].set_visible(False)

plt.xticks(size=12)
plt.yticks(size=12)
plt.rcParams['font.sans-serif']=['SimHei']
plt.rcParams['axes.unicode_minus']=False  # 用于正常显示中文标签
plt.xlabel("主成分 1", size=14, labelpad=10)
plt.ylabel("主成分 2", size=14, labelpad=10)

plt.colorbar(ticks=[0, 1, 2, 3, 4])
plt.show()
```

聚类可视化结果如图 3-15 所示，每一类用户聚集在同一个簇中，不同类用户之间相距较远。

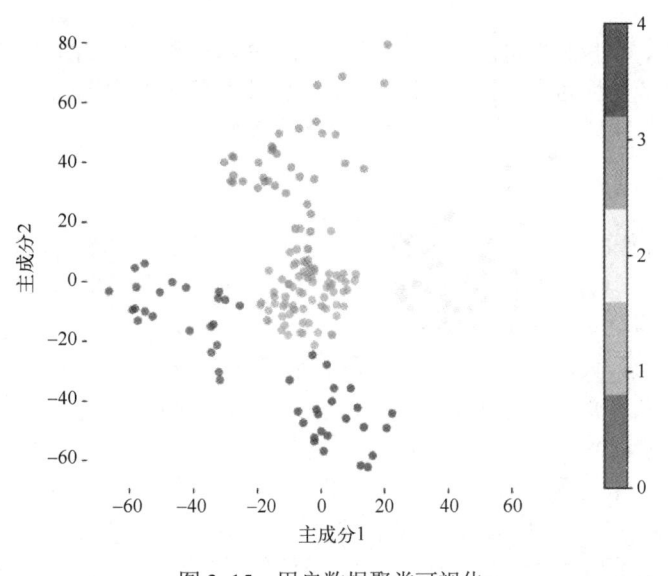

图 3-15 用户数据聚类可视化

```
# 预测新用户的类簇
newX = np.array([[36, 30, 75, 1, 0]])
newUser = kmeans.predict(newX)
print(f"新用户属于 cluster {newUser[0]}")
```

预测结果为：新用户属于 cluster 4。

3.3 分类算法

本节将简要介绍分类的主要技术思路、常用的分类算法以及评价标准，并且通过新闻分类应用进一步讲解分类算法的实现过程。

3.3.1 分类简介

分类算法是一种监督学习技术,从给定的数据集中学习已标注的数据,然后为新观测数据分配类标签的过程。类标签是一些离散的变量,例如,是或否、0 或 1、垃圾邮件或非垃圾邮件,猫或狗等。如图 3-16 所示是一个二分类的可视化实例,圆圈数据点的类标签为 Class A,三角数据点的类标签为 Class B。

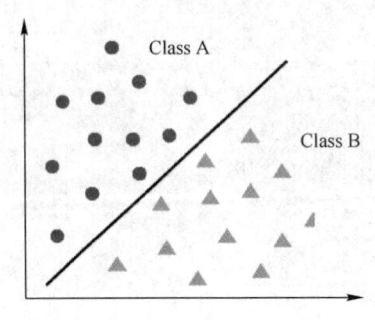

图 3-16 二分类可视化实例

分类在情感分析、垃圾邮件检测、客户流失预测、文本分类等领域都有广泛应用。例如,情感分析中以积极、消极或中性为情感极性,将文本分配给其中某种情感极性;电子邮件垃圾分类让用户免去了单调乏味的邮件删除任务,还可以避免网络钓鱼诈骗。

3.3.2 分类技术

分类算法是有监督的学习算法,其输入是带有标注信息的数据。假定一个数据集定义为 $D=\{(x_1,y_1),(x_2,y_2),\cdots,(x_m,y_m)\}$,其中 $x_i \in \mathbb{R}^d$ 为数据向量,y_i 为数据标签。如果是二分类,则 $y_i \in \{-1,1\}$,如果是多分类,$y_i \in \{1,\cdots,K\}$。分类算法根据 D 学习分类模型 $f_\theta(\cdot)$,使得预测值 $f_\theta(x_i)$ 在 y_i 上的概率值最大,然后通过损失函数评估预测函数 $f_\theta(\cdot)$ 的好坏以求解模型的参数 θ,损失函数可以采用第 2 章所介绍的折页损失、平方损失等方法。最终给定一个新的数据样本 x_k,模型可以为其分配一个标签值 y_i。

按照分类模型 $f_\theta(\cdot)$ 设计形式的不同,可以将分类算法大致分为两类:

1)线性模型:采用线性函数构建分类器,适合一些线性可分的数据集,例如图 3-16,可以通过线性函数将不同类的数据完全地进行划分。代表算法包括逻辑斯蒂回归、支持向量机等。

2)非线性模型:采用非线性函数构建分类器,这对于非线性可分的数据集是非常有益的。代表算法包括核支持向量机、决策树算法、随机森林分类。

3.3.3 常用分类算法

下面将针对朴素贝叶斯、逻辑斯蒂回归、决策树分类、随机森林分类、支持向量机、神经网络算法 6 种经典分类算法的原理进行介绍。

1. 朴素贝叶斯

朴素贝叶斯[4]是非常简单的一种分类算法,常用于文本分类、垃圾邮件处理,属于监督学习。利用朴素贝叶斯进行分类的一般步骤为:

1)对于给定的输入 x_i,通过模型学习计算样本在某类别下的后验概率,后验概率计算基于贝叶斯定理进行:

$$P(y_k|\boldsymbol{x}_i) = \frac{P(\boldsymbol{x}_i|y_k)P(y_k)}{P(\boldsymbol{x}_i)} \tag{3-31}$$

朴素贝叶斯方法对条件概率分布做了条件独立性的假设，因此 $P(\boldsymbol{x}_i|y_k)$ 等价于：

$$P(\boldsymbol{x}_i|y_k) = \prod_{j=1}^{d} P([\boldsymbol{x}_i]_j|y_k) \tag{3-32}$$

式中，$[\boldsymbol{x}_i]_j$ 表示 $\boldsymbol{x}_i$ 的第 j 个分量。对于某个数据样本，由于式（3-31）的分母对于所有类别是相同的，因此式（3-31）等价于通过以下方式求解：

$$P(y_k|\boldsymbol{x}_i) \propto P(y_k) \prod_{j=1}^{d} P([\boldsymbol{x}_i]_j|y_k) \tag{3-33}$$

由此可见，朴素贝叶斯分类模型的输入为某个类别发生的概率（即先验概率）和某类别下出现某个样本的概率，输出为该样本划分为某个类别的概率（即后验概率）。

2）将后验概率最大的类作为 $\boldsymbol{x}_i$ 的类标签：

$$y = \arg\min_{k} P(y_k) \prod_{j=1}^{d} P([\boldsymbol{x}_i]_j|y_k) \tag{3-34}$$

上述模型可以通过极大似然估计求解，但是也有可能出现要估计的概率值为 0 的情况，此时可以使用拉普拉斯平滑的方法来解决。

朴素贝叶斯方法易于实现且计算简单，对小规模数据表现很好，但对于大规模数据表现可能欠佳。此外，由于算法认为各特征之间相互独立，因此在处理相关性较大的特征时，表现不好。对 $P(\boldsymbol{x}_i|y_k)$ 不同的计算方式可以衍生不同朴素贝叶斯方法，包括多项式朴素贝叶斯、高斯朴素贝叶斯、伯努利朴素贝叶斯等，其中多项式朴素贝叶斯通过 sklearn 的实现方式如下。

```
#导入相关函数包
import numpy as np
from sklearn.naive_bayes import MultinomialNB

#创建数据集
rng = np.random.RandomState(1)
X = rng.randint(5, size=(6, 100))
y = np.array([1, 2, 3, 4, 5, 6])

#模型训练
clf = MultinomialNB()
clf.fit(X, y)

#模型预测
print(clf.predict(X[2:3]))
```

2. 逻辑斯蒂回归

在 3.1.3 小节中介绍了用于回归的逻辑斯蒂回归算法，事实上逻辑斯蒂回归也可以用于分类任务。单独的逻辑斯蒂回归只能进行二分类回归，通过定义一个 sigmoid 预测函数得到一个(0,1)之间的概率值，通常默认阈值 0.5，大于 0.5 则属于分类 1，小于 0.5 则属于分类 2，具体计算方式可以参见 3.1 小节。逻辑斯蒂回归不存在条件独立性假设，因此无论各特征之间是否有联系，都可以直接将特征输入给模型。相比于朴素贝叶斯，逻辑斯蒂回归处理大规模数据时更有优势。但是逻辑斯蒂回归也容易过拟合，解决的方法包括特征选择或者正则化。逻辑斯蒂回归通过 sklearn 进行分类的

实现方式如下:

```
#导入相关函数包
from sklearn.datasets import load_iris
from sklearn.linear_model import LogisticRegression

#加载数据集
X, y = load_iris(return_X_y=True)

#模型训练
model = LogisticRegression(random_state=0).fit(X, y)

#模型预测
clf.predict(X[:2, :]) #输出分类标签
```

3. 决策树分类

决策树是一种有监督的分类算法。同决策树回归类似,决策树分类主要在于构建一个树状结构,其中每个内部节点表示样本中一个特征或属性,每个分支表示对特征测试的结果,每个叶节点表示最终分类。决策树分类示例如图 3-17 所示,模型试图预测一个人选择跑车还是豪华车。

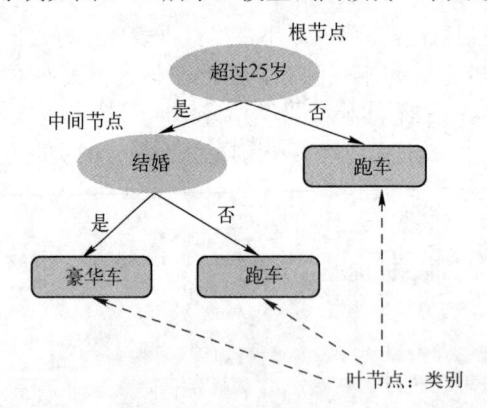

图 3-17 决策树分类示例

决策树通过特征选择、树生成以及剪枝三大步骤递归地构建模型,树中每一个节点需要根据一定的划分依据选择合适的特征,通常需要用到信息熵和信息纯度。信息熵是对信息量的一种度量方式,代表了信息的不确定性,越不确定的事物,它的熵就越大。而纯度与信息熵成反比,信息熵越大,信息量越大,信息越杂乱,纯度越低。由于生成决策树规模过大存在过拟合的问题,一般需要剪枝缩小树结构规模(模型更简单),以解决过拟合的问题。剪枝技术有预剪枝和后剪枝两种,预剪枝是在构建决策树时抑制它的生长,后剪枝是决策树生长完全后再对叶子节点进行修剪。

根据不同划分依据可以衍生出不同的决策树算法,最为经典的算法分别是 ID3、C4.5 和 CART:

1) ID3 算法[5]:选择信息增益最大的特征来作为划分依据。信息增益偏向于选择取值更多的特征,但这在部分情况下并不适用。ID3 不能处理连续分布的数据特征。

2) C4.5 算法[6]:该算法是 Ross Quinlan 在 ID3 的基础上扩展的,利用信息增益率来选择特征,通过在构造树过程中进行剪枝克服了用信息增益偏向选择取值多的特征的不足。它能够完成对连续特征的离散化处理,且能够对不完整数据进行处理。但 C4.5 算法因树构造过程中需要对数据集

进行多次的顺序扫描和排序，因而比较低效。

3）CART 算法[7]：即分类与回归树（Classification and Regression Trees, CART），采用 Gini 指数作为划分依据，并利用后剪枝操作简化决策树的规模，提高生成决策树的效率，而且 Gini 指数相较于熵而言其计算速度更快。CART 算法同样可以对离散值、连续值甚至缺失值进行，而且还可以处理回归问题。

对上述算法总结对比见表 3-2。

表 3-2 决策树算法对比

	支持场景	树结构	特征选择	连续值处理	缺失值处理	剪枝
ID3	分类	多叉树	信息增益	×	×	×
C4.5	分类	多叉树	信息增益比	√	√	√
CART	分类/回归	二叉树	基尼指数/均方差	√	√	√

4. 随机森林分类

随机森林分类算法是将决策树进行 Bagging 的集成算法，即使用多棵决策树进行单独预测，将这些预测结果组合得到最后预测值。不同于回归算法将所有决策树输出结果的平均值作为预测值，分类算法将决策树预测最多的类作为预测结果。随机森林分类算法的一般步骤如下：

1）通过对数据随机采样的方式，从原始数据集中构建 N 个子数据集。
2）对每一个采样的子数据集构建决策树。
3）根据每棵树的预测结果，将输出最多的分类标签作为预测值。

随机森林分类算法中，每棵决策树之间相互独立，因此可以并行地学习，从而具备处理大规模数据的能力。由于最终的决策结果由众多决策树共同决定，因此预测精度比单个决策树更好。但是随机森林模型过大，存储空间大，模型加载时间长。随机森林分类算法可以通过 sklearn 实现：

```
#导入相关函数包
from sklearn.ensemble import RandomForestClassifier
from sklearn.datasets import make_classification

#加载数据集
X, y = make_classification(n_samples=1000, n_features=4,
            n_informative=2, n_redundant=0,
            random_state=0, shuffle=False)

#模型训练
clf = RandomForestClassifier(max_depth=2, random_state=0)
clf.fit(X, y)

#模型预测
clf.predict([[0, 0, 0, 0]]) #输出分类标签
```

5. 支持向量机

支持向量机是一种二分类模型，其目的在于寻找一个最佳超平面，该超平面可以将训练集中的数据分开，且与类域边界的沿垂直于该超平面方向的距离最大，因此也被称为最大边缘算法。支持向量机二分类示意图如图 3-18 所示，圆圈和正方形分别代表不同类的数据样本 $x \in \mathbb{R}^2$，超平面

$w^T x+b=0$，它由法向量 w 和截距 b 决定。超平面把特征空间分为两部分，对应不同的两个类。距离超平面最近的数据点为支持向量（实心点），支持向量到超平面的垂直距离为间隔值。支持向量机的学习策略就是学习一个最佳超平面 $w^{*T}x+b^*$ 使得间隔值最大化。

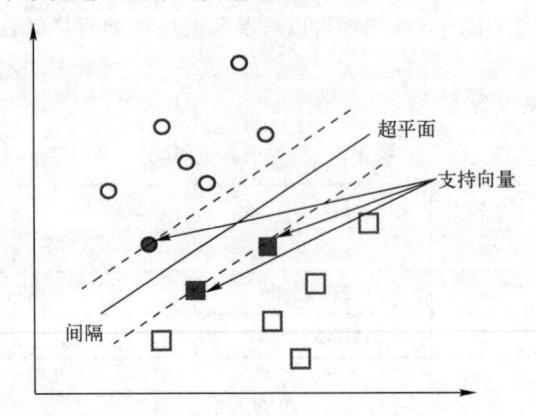

图 3-18　支持向量机二分类示意图

图 3-18 中，支持向量机面向的是线性可分的数据（即可以通过一个线性函数作为超平面对数据进行区分），此时可以称作线性支持向量机。当用于处理非线性可分的数据时，支持向量机通过使用核函数以及软间隔最大化进行学习，此时称作非线性支持向量机，将在 3.4 节详细介绍其原理和实现。

6. 神经网络算法

除了上述经典的机器学习算法，基于神经网络的算法也在分类领域被广泛应用，受到了极大的关注，例如多层感知机 MLP，深度学习中的卷积神经网络（CNN）。CNN 通过不同的卷积层（不同的滤波器）提取样本低维稠密的特征，然后利用池化层对数据进行降维，最后利用全连接层和 softmax 函数得到样本在不同类上的概率值。用 CNN 算法进行文本分类如图 3-19 所示。

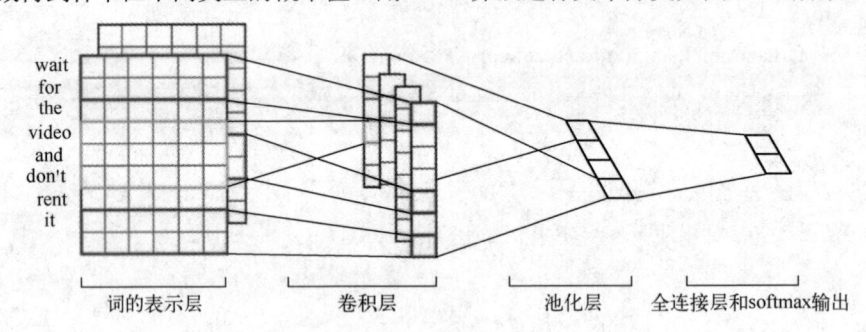

图 3-19　用 CNN 算法进行文本分类

关于神经网络算法更详细的介绍和实现细节，会在第 4 章中展开。

3.3.4　分类评价标准

在介绍分类评价标准前，先介绍几个基本概念。

（1）混淆矩阵

混淆矩阵是一张表，这张表通过对比预测的分类结果和真实的分类结果来描述衡量分类器的性能。以二分类为例，混淆矩阵是展示预测分类和真实分类四种不同结果组合的表，见表 3-3。

表 3-3 混淆矩阵

预测分类	真实分类	
	No	Yes
No	TN	FN
Yes	FP	TP

真正例（True Positive，TP）：模型正确地将正例预测为正例。
假正例（False Positive，FP）：模型错误地将负例预测为正例。
假负例（False Negative，FN）：模型错误地将正例预测为负例。
真负例（True Negative，TN）： 模型正确地将负例预测为负例。
如果混淆矩阵主对角线的值越大（主对角线为真正例和真负例），表明模型越好。基于混淆矩阵，可以通过一系列指标来计算分类的性能。

（2）准确率

对于给定的测试数据集，准确率（Accuracy）分类器正确分类的样本数与总样本数之比：

$$\text{Accuracy} = \frac{TP+TN}{TP+TN+FP+FN} \tag{3-35}$$

准确率反映了分类器对整个样本的判定能力。当数据集不平衡，也就是正样本和负样本的数量存在显著差异时，单独依靠准确率不能评价模型的性能。精确率和召回率是衡量不平衡数据集更好指标。

（3）精确率

精确率（Precision）指所有预测为正例的分类中，预测正确的比例：

$$\text{Precision} = \frac{TP}{TP+FP} \tag{3-36}$$

（4）召回率

召回率（Recall）是指在所有预测为正例（被正确预测为真的和没被正确预测但为真的）的分类样本中，预测正确的比例。

$$\text{Recall} = \frac{TP}{TP+FN} \tag{3-37}$$

召回率适用于度量分类器发现真正正确实例的能力。

（5）F1 值

F1 值为精确率和召回率的调和平均，是综合两种评价指标的常用方法。

$$F1 = \frac{2 \times \text{Precision} \times \text{Recall}}{\text{Precision} + \text{Recall}} \tag{3-38}$$

对于正负例样本比例不是很平衡的情况，F1 值并非很适合。比如对于正样本非常多的情况，假设分类器什么都不做，把所有样本都认为是正样本，那么，F1 值肯定很高，但这个分类器显然没有任何意义。对于这种情况，通常使用 AUC（Area Under Curve）指标对分类器进行评价。

（6）ROC-AUC 指标

ROC 是分类器采用不同分类阈值时，真正例比率（True Positive Rate，TPR）和假正例比率（False Positive Rate，FPR）的比值所展现出的曲线。如图 3-20 所示，ROC 曲线下的面积（即AUC）越大，表明分类器效果越好。

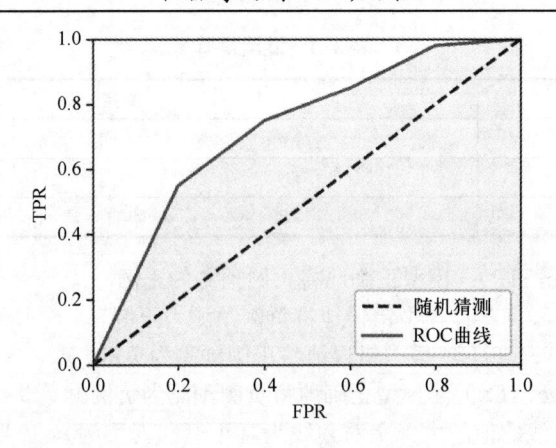

图 3-20　ROC-AUC 指标

FPR 反映所有负例里面判断为正例的比例。TPR 反映所有正例里面判断正确的比例。ROC 曲线下的面积大，即 TPR 比 FPR 大，表示分类器把正例判为正的概率比把负例判为正的大。由于这两个比例的分母只与本类别样本相关，所以，ROC-AUC 指标不受样本分布的影响。

（7）PR-AUC

不用于 ROC 同时兼顾正例和负例，Precision 和 Recall 都是关于正例的评价度量指标，因此当样本分布不平衡时如果主要关心正例的情况，PR 曲线更合适。PR 曲线的纵轴是 Precision，横轴是 Recall，如图 3-21 所示。

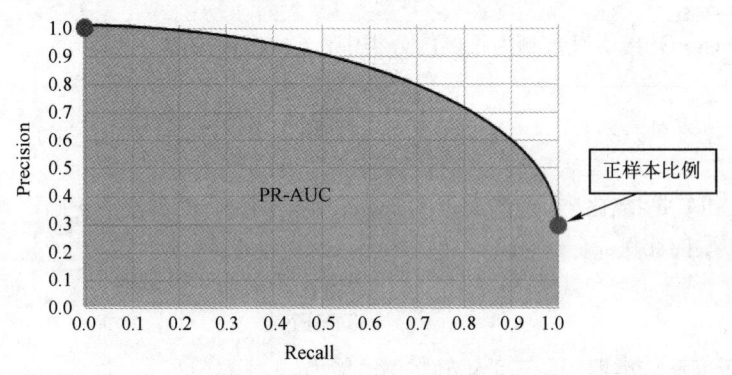

图 3-21　PR-AUC 指标

3.3.5　案例：新闻分类

下面以新闻分类为例，介绍分类算法应用的具体实现过程。

1．数据集

某新闻数据示例如图 3-22 所示，每一条新闻包含标题（title）、作者（author）、类别（category）、发布时间（published_date）、更新时间（updated_on）、网址（slug）、摘要（blurb）、新闻正文（body）等信息。类别包含了"Business & Finance""Health Care""Science & Health""Politics & Policy""Criminal Justice"这五个分类，每一条新闻仅属于其中一个分类。该数据集可在本书附带材料中获取。

	title	author	category	published_date	updated_on	slug	blurb	body
1	title	author	category	published_date	updated_on	slug	blurb	body
2	Bitcoin is d	Timothy B.	Business &	2014/3/31 14:01	2014/12/16 16:37	http://www.vox.com/	Bitcoins have lost mor	<p>The markets haven't been kind to
3	6 health pr	German Lc	War on Dr	2014/3/31 15:44	2014/11/17 0:20	http://www.vox.com/	Medical marijuana cou	<p>Twenty states have so far legalized the medical use
4	9 charts th	Matthew Y	Business &	2014/4/10 13:30	2014/12/16 2:09	http://www.vox.com/	These nine charts from	<p>Thomas Piketty's book <i>Capital in the 21st Centu
5	Remembe	German Lc	Criminal Ju	2014/4/3 23:25	2014/5/6 21:58	http://www.vox.com/	Three months after leg	<p>When Colorado legalized recreational mari
6	Obamacar	Sarah Kliff	Health Car	2014/4/1 20:26	2014/11/18 15:09	http://www.vox.com/	After a catastrophic la	<p>There's a very simple reason that Obamacare hit 8
7	The best C	Sarah Kliff	Health Car	2014/4/4 14:00	2014/9/17 17:46	http://www.vox.com/	How'd Charles Gaba b	<p>For the past six months, the best Obamacare sign-
8	The Repub	Sarah Kliff	Health Car	2014/4/6 1:52	2015/3/16 17:53	http://www.vox.com/	There's much in health	<p>There's much in health-care policy that divides Rep
9	Obama is	Dara Lind	Explainers	2014/4/9 11:00	2015/7/29 20:53	http://www.vox.com/	Obama's deporting m	<p>President Obama is going to leave the Whi
10	9 things yc	Danielle K	Life	2014/4/3 13:24	2015/4/13 14:29	http://www.vox.com/	You're going to have t	<p>By <a href="http://www.nytimes.com/2013/01/09/
11	Why are so	Susannah	Science &	2014/4/3 16:20	2014/12/22 15:18	http://www.vox.com/	There are 85 billion ne	<p>Researchers around the world are engaged in a m
12	How many	German Lc	Health Car	2014/4/10 15:30	2014/6/18 2:08	http://www.vox.com/	There have been a lot	<p>Trying to count the number of people who have si
13	More evid	Sarah Kliff	Health Car	2014/4/7 13:48	2014/12/16 2:09	http://www.vox.com/	The number of uninsu	<p>The number of uninsured Americans plummeted tc
14	Maryland	German Lc	Criminal Ju	2014/4/7 21:23	2014/5/6 21:58	http://www.vox.com/	Maryland Gov. Martin	<p>Maryland Gov. Martin O'Malley will sign legislation
15	Jails, priso	Sarah Kliff	Health Car	2014/4/8 20:40	2015/4/29 14:58	http://www.vox.com/	In the vast majority of	<p><img src="http://cdn2.vox-cdn.com/assets/426060
16	How Oban	German Lc	Health Car	2014/4/9 4:12	2014/6/18 2:04	http://www.vox.com/	Two-thousand pages	<p>Obamacare's reach isn't limited to the health-care

图 3-22 某新闻数据示例

以下将利用随机森林和多项式朴素贝叶斯算法对新闻进行分类。

2．导入相关函数包

```
import copy
import nltk
import re
from sklearn.model_selection import train_test_split
from sklearn.feature_extraction.text import CountVectorizer
from sklearn.preprocessing import LabelEncoder
from sklearn.feature_selection import VarianceThreshold
from imblearn.over_sampling import SMOTE
from sklearn.naive_bayes import MultinomialNB
from sklearn.ensemble import RandomForestClassifier
from sklearn.metrics import classification_report
```

3．加载标注数据集

```
lTitles = []
lCategories = []
with open('NewsData.tsv','r',encoding='gbk',errors='ignore') as tsv:
    count = 0
    for line in tsv:
        a = line.strip().split('\t')[:3]
        if a[2] in ['Business & Finance', 'Health Care', 'Science & Health', 'Politics & Policy', 'Criminal Justice']:
            title = a[0].lower()
            title = re.sub('\s\W',' ',title)
            title = re.sub('\W\s',' ',title)
            lTitles.append(title)
            lCategories.append(a[2])
```

4．训练数据和测试数据划分

```
# 默认按照 3:1 划分
title_train, title_test, category_train, category_test = train_test_split(lTitles,lCategories)
title_train, title_valid, category_train, category_valid = train_test_split(title_train,category_train)
```

5. 数据向量化、特征选择、采样等预处理

```python
# 利用词袋模型（Bag of Words，BOW）对文本进行向量化
tokenizer = nltk.tokenize.RegexpTokenizer(r"\w+")
vectorizer = CountVectorizer(tokenizer=tokenizer.tokenize)
vectorizer.fit(iter(title_train))# 学习原始文档中所有词的词汇字典
X_train = vectorizer.transform(iter(title_train))
X_valid = vectorizer.transform(iter(title_valid))
X_test = vectorizer.transform(iter(title_test))

encoder = LabelEncoder()
encoder.fit(category_train)# 存储所有类别标签
y_train = encoder.transform(category_train)
y_valid = encoder.transform(category_valid)
y_test = encoder.transform(category_test)

# 特征选择
# 根据特征方差，通过设定阈值删除无用的特征
print("降维前的特征数量: ", X_train.shape[1])
selection = VarianceThreshold(threshold=0.001)
Xtr_whole = copy.deepcopy(X_train)
Ytr_whole = copy.deepcopy(y_train)
selection.fit(X_train)
X_train = selection.transform(X_train)
X_valid = selection.transform(X_valid)
X_test = selection.transform(X_test)
print("降维后的特征数量: ", X_train.shape[1])

#数据采样
sm = SMOTE(random_state=42)# 由于不同类标签下的数据量不是均匀分布的，因此使用
# SMOTE 对数量较少的类进行上采样，以便类的分布是均匀的
X_train, y_train = sm.fit_resample(X_train, y_train)
```

6. 分类模型训练

借助随机森林和多项式朴素贝叶斯算法训练分类模型。

```python
# 随机森林算法（Random Forest）
rf = RandomForestClassifier(n_estimators=40)
rf.fit(X_train, y_train)
pred = rf.predict(X_valid)
print(classification_report(y_valid, pred, target_names=encoder.classes_))

# 多项式朴素贝叶斯（Multinomial Naive Bayesian）
nb = MultinomialNB()
nb.fit(X_train, y_train)
pred_nb = nb.predict(X_valid)
print(classification_report(y_valid, pred_nb, target_names=encoder.classes_))
```

两种模型在新闻验证数据集上的分类效果如图 3-23 所示，对于本例的数据，朴素贝叶斯的 F1

值更高，分类效果更好。

```
              precision    recall  f1-score   support              precision    recall  f1-score   support

Business & Finance  0.25      0.31      0.28        80   Business & Finance  0.47      0.50      0.48        80
  Criminal Justice  0.39      0.58      0.47        69     Criminal Justice  0.61      0.71      0.66        69
       Health Care  0.37      0.58      0.45        59          Health Care  0.56      0.63      0.59        59
  Politics & Policy 0.76      0.45      0.56       269    Politics & Policy 0.76      0.62      0.69       269
    Science & Health 0.42     0.50      0.46       117     Science & Health 0.64      0.77      0.70       117

          accuracy                      0.47       594             accuracy                      0.65       594
         macro avg  0.44      0.48      0.44       594            macro avg  0.61      0.65      0.62       594
      weighted avg  0.54      0.47      0.48       594         weighted avg  0.66      0.65      0.65       594
```

图 3-23　随机森林和多项式朴素贝叶斯模型在新闻验证数据集上的分类效果

7．模型预测

利用表现更好的多项式朴素贝叶斯模型对测试数据集进行预测，并对预测效果进行评价。

```
pred_final = nb.predict(X_test)
print(classification_report(y_test, pred_final, target_names=encoder.classes_))
```

最终，多项式朴素贝叶斯模型在新闻测试数据集上的分类效果如图 3-24 所示。

```
                   precision    recall  f1-score   support

Business & Finance     0.50      0.46      0.48       108
  Criminal Justice     0.59      0.53      0.56       110
       Health Care     0.57      0.66      0.61        80
 Politics & Policy     0.76      0.66      0.71       361
  Science & Health     0.53      0.74      0.62       133

          accuracy                          0.63       792
         macro avg     0.59      0.61      0.60       792
      weighted avg     0.64      0.63      0.63       792
```

图 3-24　多项式朴素贝叶斯模型在新闻测试数据集上的分类效果

3.4　支持向量机

本节将简要介绍支持向量机的原理及其核心技术，并通过垃圾邮件过滤应用进一步讲解支持向量机的实现过程。

3.4.1　支持向量机简介

支持向量机最早是在 20 世纪 90 年代由 Cortes 与 Vapnik 提出，它基于统计学习理论，具有很好的数学基础支撑。支持向量机可以处理分类问题和回归问题，处理分类的支持向量机称为支持向量分类机，处理回归的支持向量机称为支持向量回归机。

对于分类而言，支持向量机本质上就是一种二分类模型，其基本模型定义为特征空间上间隔最大化的线性分类器，学习策略则是寻找以最大间隔把两个类分开的超平面，这可以形式化一个求解凸二次规划问题。在线性可分的情况下，训练数据集的样本点中与分离超平面距离最近的数据点称为支持向量。在决定最佳超平面时只有支持向量起作用，而其他数据点并不起作用，移动甚至删除非支持向量都不会对最优超平面产生任何影响，即支持向量对模型起着决定性的作用，这也是"支持向量机"名称的由来。

3.4.2 间隔

考虑一个二分类问题,将训练数据集定义为 $D = \{(x_1,y_1),(x_2,y_2),\cdots,(x_m,y_m)\}$,其中 $x_i \in \mathbb{R}^d$ 为特征向量,$y_i \in \{-1,1\}$ 为其数据标签,$y_i = 1$ 表示该数据为正例,$y_i = -1$ 表示该数据为负例。分类学习的基本思想就是找到一个超平面将数据进行划分。由于特征空间是连续的,因此会存在无数个超平面将数据划分为两类,如图 3-25 所示。

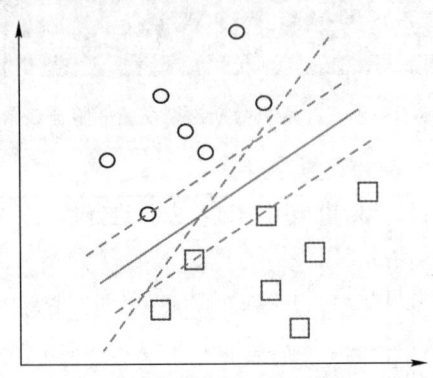

图 3-25 无数个超平面对数据进行划分

针对图 3-25 中的多个超平面,选择哪个超平面作为分类模型比较适合?支持向量机的解决思路是通过寻找所谓"正中间"的超平面,如图 3-25 中间实线所示。这个超平面与两侧不同类的样本的距离均比较远,对训练样本局部扰动的容忍性会更好,也就是说此时的分类模型更具有鲁棒性。那么怎么判断超平面与两边样本距离均比较远呢?此时需要引入间隔的概念。

在样本空间中,超平面可以通过一个线性方程来表示:

$$w^T x + b = 0 \tag{3-39}$$

式中,$w \in \mathbb{R}^d$ 为法向量,决定了超平面的方向;$b \in \mathbb{R}$ 为截距,决定了超平面到原点之间的距离。在超平面确定的情况下,对于任意一个 x,其到超平面 $w^T x + b = 0$ 的距离可以定义为:

$$r = |w^T x + b| \tag{3-40}$$

对于二分类问题来说,如果 $w^T x + b > 0$,则认为 x 为正例,否则为负例。式(3-40)称为函数间隔。对式(3-40)进行归一化则可以得到几何距离:

$$r = \frac{|w^T x + b|}{\|w\|} \tag{3-41}$$

式中,$\|w\| = \sqrt{\sum [w]_i^2}$ 为向量 w 的 2 范数,表示向量的长度。为了找到一个"正中间"的超平面,得先找到距离平面最近的样本点,这些样本点即称为"支持向量",两个异类支持向量到超平面的距离就是间隔,当寻找到的超平面不仅使正负样本在超平面的两侧,且使得样本到超平面的几何间隔最大时,即为"正中间"的超平面,这也是支持向量机分类建模的核心思想。

通常,支持向量机学习方法按照建模形式从简单到复杂可以分为:线性可分支持向量机、线性支持向量机、非线性支持向量机。线性可分支持向量机面向数据线性可分的情况,通过硬间隔最大化学习一个线性分类器,该分类器又称作硬间隔支持向量机。线性支持向量机面向数据近似线性可分的情况,通过软间隔最大化学习一个线性分类器,该分类器又称作软间隔支持向量机。非线性支持向量机面向数据线性不可分的情况,通过使用核技巧以及软间隔最大化学习分类器。

(1) 线性可分支持向量机

当数据集 D 中的数据线性可分时,线性支持向量机的学习目标是在特征空间中找到一个超平面,可以将数据样本划分到不同的空间中。这里的超平面即为一个线性函数 $\boldsymbol{w}^T\boldsymbol{x}+b=0$,它由法向量 $\boldsymbol{w}$ 和截距 b 决定。超平面将特征空间分为两部分,法向量所指向的一侧对应正例,另一侧对应负例。给定某个分离超平面 $\boldsymbol{w}^T\boldsymbol{x}+b=0$,对于任意一个样本 $(\boldsymbol{x}_i, y_i)$,可以令:

$$\begin{cases} \boldsymbol{w}^T\boldsymbol{x}_i+b \geqslant y_i & y_i=+1 \\ \boldsymbol{w}^T\boldsymbol{x}_i+b \leqslant y_i & y_i=-1 \end{cases} \tag{3-42}$$

所有满足等式 $\boldsymbol{w}^T\boldsymbol{x}_i+b=\pm 1$ 上的样本即为"支持向量",它们是与超平面 $\boldsymbol{w}^T\boldsymbol{x}+b=0$ 距离最近的点,而两类支持向量到超平面的距离之和为 $\dfrac{2}{\|\boldsymbol{w}\|}$,即为间隔。超平面 $\boldsymbol{w}^T\boldsymbol{x}+b=0$ 与间隔共同构成了一个间隔带,如图 3-26 所示。

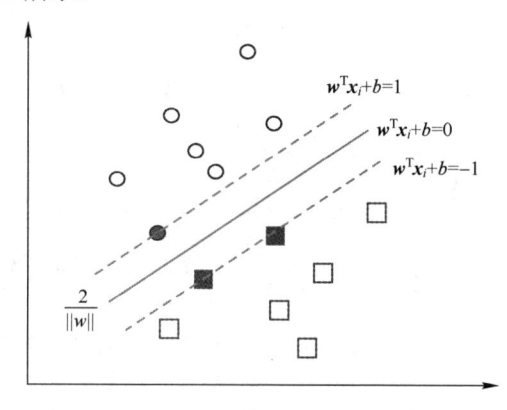

图 3-26 用于二分类的线性可分支持向量机

线性可分支持向量机利用间隔最大化求最佳超平面,即找到满足式(3-42)的参数 $\boldsymbol{w}$ 和 b,使得间隔值 $\dfrac{2}{\|\boldsymbol{w}\|}$ 最大,形式化描述为:

$$\min_{\boldsymbol{w},b} \frac{1}{2}\|\boldsymbol{w}\|, \quad \text{s.t.} \quad y_i(\boldsymbol{w}^T\boldsymbol{x}_i+b) \geqslant 1 \tag{3-43}$$

此时所求的解是唯一的,即存在唯一的超平面 $\boldsymbol{w}^{*T}\boldsymbol{x}+b^*=0$,将所有样本都划分准确。那么最终分类决策函数可以表示为:

$$f(\boldsymbol{x})=\text{sign}(\boldsymbol{w}^{*T}\boldsymbol{x}+b^*) \tag{3-44}$$

式中,$\text{sign}(\cdot)$ 为符号函数,大于 0 时为 1,否则为-1。

(2) 线性支持向量机

对于数据不能完全线性可分的情况,线性可分支持向量机并不适用。为了能扩展到线性不可分的问题,线性支持向量机修改硬间隔最大化为软间隔最大化,从而使得完全不可分的要求弱化,只需要近似可分即可。此时 D 中可能存在一些异常点使得不存在一个线性超平面将数据完全分隔开,而将这些异常点去除后,剩下大部分的数据样本是线性可分的。如图 3-27 所示,阴影的样本点为不满足约束的样本。

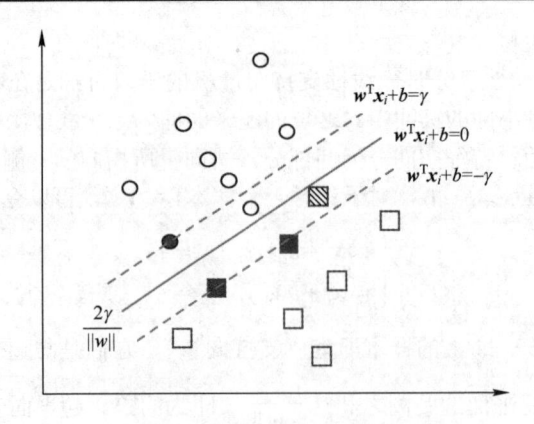

图 3-27 线性支持向量机

对于上述问题，可以通过优化如下目标函数实现：

$$\min_{w,b} \frac{1}{2}\|w\|^2 + C\sum_1^m \max(0, 1 - y_i(w^T x_i + b)) \tag{3-45}$$

引入松弛变量 $\xi_i \geq 0$，可将式（3-45）重写为：

$$\min_{w,b,\xi_i} \frac{1}{2}\|w\| + C\sum \xi_i, \quad \text{s.t.} \quad y_i(w^T x_i + b) \geq 1 - \xi_i \tag{3-46}$$

引入松弛变量实际上放松了对分离超平面准确性的要求，这就是"软间隔支持向量机"。

（3）非线性支持向量机

无论是线性可分支持向量还是线性支持向量机，均假设训练样本是线性可分的，即存在一个超平面将训练数据进行分类。然而在现实任务中，数据可能无法通过一个超平面对其进行区分。如图 3-28a 所示，圆圈样本和方块样本交叉，无法通过一条直线将两者分开，而是通过一个曲线模型将其分离开。

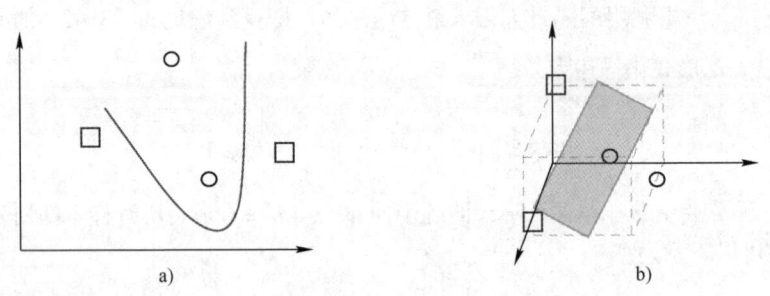

图 3-28 非线性可分问题到高维空间中的映射

支持向量机通过引入核技巧用以解决上述问题，也就是说将样本从原始空间中映射到更高维的空间中，使得数据在高维空间中线性可分，如上图 3-28b 所示，原本无法通过直线分离的样本可以通过平面分隔开来。令 $\phi(x_i)$ 表示 x_i 投影后的向量表示，那么在新的特征空间中，超平面可以表示为 $w^T\phi(x_i) + b$，此时的法向量 w 和截距 b 为在新空间下的模型参数。在新的特征空间中，类似线性支持向量机，非线性支持向量机采用软间隔最大化进行建模：

$$\min_{w,b} \frac{1}{2}\|w\|^2 + C\sum_1^m \max(0, 1 - y_i(w^T\phi(x_i) + b)) \tag{3-47}$$

然而定义一个能使得样本在新的特征空间中线性可分的映射函数 $\phi(x_i)$ 并不容易，非线性支持向量机通过核函数来解决该问题，将在下一节详细介绍非线性支持向量机利用核函数求解的方法。

支持向量机的学习问题均可转为凸二次规划问题。这样的问题具有全局最优解，并且有很多最优化算法对其进行求解，例如 Platt 提出的序列最小最优化（Sequential Minimal Optimization，SMO）算法，也可以使用梯度下降法来进行优化。

3.4.3 核函数与方法

对于求解线性分类问题，线性支持向量机是一种非常有效的方法。然而，现实中存在很多非线性可分问题无法直接通过线性分类器进行区分。解决这类问题的一种方法就是将非线性问题变换为线性问题，通过求解变换后的线性问题来求解原来的非线性问题。核技巧（Kernel Trick）就属于这样的方法。核技巧应用到支持向量机的基本思想正是通过一个非线性变换将输入特征空间对应到一个新的特征空间，使得输入空间中的超曲面模型对应新特征空间中的超平面模型。这样，分类问题可以通过在新特征空间中求解线性问题来完成。非线性支持向量机正是基于核技巧来设计模型。

如上所述，给定式（3-47）定义的非线性支持向量机模型，可以使用拉格朗日乘子方法转化为对偶问题，即：

$$L(\boldsymbol{w}, b, \alpha_i) = \frac{1}{2}\|\boldsymbol{w}\|^2 + \sum_{i=1}^m \alpha_i(1 - y_i(\boldsymbol{w}^\mathrm{T}\boldsymbol{\phi}(\boldsymbol{x}_i) + b)) \tag{3-48}$$

令 $L(\boldsymbol{w}, b, \alpha_i)$ 中的变量 $\boldsymbol{w}$ 和 b 偏导为零即可得：

$$\boldsymbol{w} = \sum_{j=1}^m \alpha_i y_i \boldsymbol{\phi}(\boldsymbol{x}_i) \tag{3-49}$$

$$\sum_{j=1}^m \alpha_i y_i = 0 \tag{3-50}$$

将式（3-49）、式（3-50）代入式（3-48），即可得到式（3-48）的对偶问题：

$$\max_{\alpha_i} \sum_{i=1}^m \alpha_i - \frac{1}{2}\sum_{i=1}^m\sum_{j=1}^m \alpha_i \alpha_j y_i y_j \boldsymbol{\phi}(\boldsymbol{x}_i)^\mathrm{T}\boldsymbol{\phi}(\boldsymbol{x}_j),$$
$$\text{s.t.} \sum_{j=1}^m \alpha_i y_i = 0, \alpha_i \geqslant 0 \tag{3-51}$$

相应地，分类决策函数成为：

$$f(\boldsymbol{x}_i) = \boldsymbol{w}^\mathrm{T}\boldsymbol{\phi}(\boldsymbol{x}_i) + b = \mathrm{sign}\left(\sum_{i=1}^m \alpha_i^* y_i \boldsymbol{\phi}(\boldsymbol{x}_i)^\mathrm{T}\boldsymbol{\phi}(\boldsymbol{x}) + b^*\right) \tag{3-52}$$

不难看出，对偶问题涉及计算 $\boldsymbol{\phi}(\boldsymbol{x}_i)^\mathrm{T}\boldsymbol{\phi}(\boldsymbol{x}_j)$，即样本 $\boldsymbol{x}_i$ 和 $\boldsymbol{x}_j$ 映射到高维空间中的内积。显然，如果已知映射函数 $\boldsymbol{\phi}(\boldsymbol{x}_i)$ 的具体形式，则可以得到其内积。但实际情况是通常很难得到 $\boldsymbol{\phi}(\boldsymbol{x}_i)$ 的具体形式，也很难知道映射后的新空间需要多少维数。为了避开这个障碍，非线性支持向量机通过核技巧来解决。核技巧不显式地定义映射函数 $\boldsymbol{\phi}(\boldsymbol{x}_i)$，而是在学习中定义如下一个内积函数：

$$\kappa(\boldsymbol{x}_i, \boldsymbol{x}_j) = \boldsymbol{\phi}(\boldsymbol{x}_i)^\mathrm{T}\boldsymbol{\phi}(\boldsymbol{x}_j) \tag{3-53}$$

也就是说，并不需要提前知道映射函数和新特征空间的维度大小，只需要构建函数 $\kappa(\cdot,\cdot)$ 定义两个样本点在高维空间中的内积即可，这个操作比通过映射函数来计算 $\kappa(\cdot,\cdot)$ 更为直接。函数 $\kappa(\cdot,\cdot)$ 就是核函数（Kernel Function）。

核函数的构造，或者说如何判定一个函数是不是核函数，可以通过定理 3-1 进行确定。

定理 3-1 令 $\mathcal{X}$ 为输入空间，$\kappa(\cdot,\cdot)$ 为定义在 $\mathcal{X}\times\mathcal{X}$ 上的对称函数，则 κ 为核函数当且仅当对于任意数据集 $D = \{\boldsymbol{x}_1, \boldsymbol{x}_2 \cdots, \boldsymbol{x}_m\}$，对应的核定阵 $\boldsymbol{K}$ 总是半正定的：

$$\boldsymbol{K} = \begin{bmatrix} \kappa(\boldsymbol{x}_1, \boldsymbol{x}_1) & \cdots & \kappa(\boldsymbol{x}_1, \boldsymbol{x}_m) \\ \vdots & & \vdots \\ \kappa(\boldsymbol{x}_m, \boldsymbol{x}_1) & \cdots & \kappa(\boldsymbol{x}_m, \boldsymbol{x}_m) \end{bmatrix} \tag{3-54}$$

定理 3-1 表明，只要一个对称函数所对应的核定阵是半正定的，那么该函数就可以作为核函数。

满足定理 3-1 的常用核函数见表 3-4。在实际应用中，往往依赖领域知识选择合适的核函数，并通过实验验证核函数的有效性。

表 3-4 常用核函数

核函数	$\kappa(x_i, x_j)$ 建模
线性核	$x_i^T x_j$
多项式核	$(x_i^T x_j)^p$，$p \geq 1$ 为多项式次数
高斯核	$\exp\left(-\dfrac{\|x_i - x_j\|^2}{2\sigma^2}\right)$，$\sigma > 0$
拉普拉斯核	$\exp\left(-\dfrac{\|x_i - x_j\|}{\sigma}\right)$，$\sigma > 0$
sigmoid 核	$\tanh(\beta x_i^T x_j + \theta)$，$\tanh$ 为正切函数，$\beta > 0$，$\theta < 0$

在非线性支持向量机的对偶问题，即式（3-51）中，目标函数只涉及两个样本之间的在高维空间的内积，该内积可以通过核函数 $\kappa(x_i, x_j)$ 替代。将核函数应用到支持向量机中，得到目标函数：

$$\max_{\alpha_i} \sum_{i=1}^{m} \alpha_i - \frac{1}{2} \sum_{i=1}^{m} \sum_{j=1}^{m} \alpha_i \alpha_j y_i y_j \kappa(x_i, x_j), \tag{3-55}$$

$$\text{s.t.} \quad \sum_{j=1}^{m} \alpha_i y_i = 0, \quad \alpha_i \geq 0$$

对式（3-55）求解可得 $\alpha^* = (\alpha_1^*, \cdots, \alpha_m^*)^T$。选择其中一个分量 α_j^*，计算

$$b^* = y_j - \sum_{i=1}^{m} \alpha_i^* y_i \kappa(x_i, x_j) \tag{3-56}$$

同样，分类决策函数中的内积也可以通过核函数替代，从而得到：

$$f(x_i) = \text{sign}\left(\sum_{i=1}^{m} \alpha_i^* y_i \phi(x_i)^T \phi(x) + b^*\right) = \text{sign}\left(\sum_{i=1}^{m} \alpha_i^* y_i \kappa(x_i, x) + b^*\right) \tag{3-57}$$

式（3-57）表明模型学习和预测均可以通过核函数的展开式求得。这等价于经过映射函数 $\phi(\cdot)$ 将原来的输入空间变换到新的特征空间，无须显式定义新的特征空间和映射函数，仅需要将原始空间中的内积变换为新空间中的内积 $\kappa(\cdot, \cdot)$，就可以直接在新的空间中进行线性支持向量机的学习和预测。

对核函数的深入了解可参考《Learning with Kernels:Support Vector Machines, Regularization, Optimization, and Beyond》[8]。

3.4.4 案例：垃圾邮件过滤

本小节以垃圾邮件过滤为例，介绍支持向量机分类算法应用的具体实现过程。

1. 数据集

邮件数据如图 3-29 所示，每一行数据包含两个字段，第一列为类别标签，表明该邮件是否是垃圾邮件，ham 表示非垃圾邮件，spam 表示是垃圾邮件；第二列为该邮件的主题内容。该数据集可在本书附带材料中获取。

1	v1	v2
2	ham	Go until jurong point, crazy.. Available only in bugis n great world la e buffet... Cine the
3	ham	Ok lar... Joking wif u oni...
4	spam	Free entry in 2 a wkly comp to win FA Cup final tkts 21st May 2005. Text FA to 87121 tc
5	ham	U dun say so early hor... U c already then say...
6	ham	Nah I don't think he goes to usf, he lives around here though
7	spam	FreeMsg Hey there darling it's been 3 week's now and no word back! I'd like some fun
8	ham	Even my brother is not like to speak with me. They treat me like aids patent.
9	ham	As per your request 'Melle Melle (Oru Minnaminunginte Nurungu Vettam)' has been se
10	spam	WINNER!! As a valued network customer you have been selected to receivea $900 priz
11	spam	Had your mobile 11 months or more? U R entitled to Update to the latest colour mobil
12	ham	I'm gonna be home soon and i don't want to talk about this stuff anymore tonight, k?
13	spam	SIX chances to win CASH! From 100 to 20,000 pounds txt> CSH11 and send to 87575.

图 3-29　邮件数据

2. 导入相关函数包

```
import pandas as pd
import re
from sklearn import svm
from sklearn.model_selection import train_test_split
import numpy as np
from sklearn.feature_extraction.text import CountVectorizer
```

3. 加载邮件训练数据集

```
emails = pd.read_csv("spam.csv",encoding='latin-1')
emails = emails.rename(columns = {'v1':'label','v2':'message'})
cols = ['label','message']
emails = emails[cols]
emails = emails.dropna(axis=0, how='any')

#邮件数据预处理
num_emails = emails["message"].size
def emailPreprocess(rawEmail):
    letters = re.sub("[^a-zA-Z]","",rawEmail)# 删除非英文的字符
    words = letters.lower().split()
    return ("".join(words))

processedEmail = []
for i in range(0,num_emails):
    processedEmail.append(emailPreprocess(emails["message"][i]))

#创建新的 dataframe
emails["Processed_Msg"] = processedEmail#处理后的邮件消息
cols2 = ["Processed_Msg", "label"]
emails = emails[cols2]
```

4. 数据划分以及数据预处理

```
# 创建训练集和测试集
X_train, X_test, Y_train, Y_test = train_test_split(emails["Processed_Msg"],emails["label"])

# 数据向量化
```

```
vectorizer = CountVectorizer(analyzer="word", tokenizer=None, preprocessor=None, stop_words=None,
max_features=5000) #定义向量化变量
    train_features = vectorizer.fit_transform(X_train)#对训练数据样本进行向量化
    train_features = train_features.toarray()

    test_features = vectorizer.transform(X_test)#对测试数据样本进行向量化
    test_features = test_features.toarray()
```

5. 加载支持向量机模型（线性核）

```
    clf=svm.SVC(kernel='linear', C=1.0) # 使用线性核
    clf.fit(train_features, Y_train)# 训练
    predicted = clf.predict(test_features)# 测试
    accuracy = np.mean(predicted == Y_test)
    print("Accuracy: ", accuracy)
```

最终测试结果显示的正确率为：

Accuracy: 0.9892318736539842

3.5 决策树

本节将简要介绍决策树的原理及其核心技术，并通过鸢尾花预测应用进一步讲解决策树的实现过程。

3.5.1 决策树简介

决策树是一种用于回归和分类的基本算法。本节主要讨论用于分类的决策树。分类决策树主要在于构建一个树状结构，其中每个内部节点表示样本中的一个特征或属性，每个分支表示对特征测试的结果，每个叶节点表示最终分类。图 3-30 是决策树对于某一个样本实例进行分类的过程，圆和方框分别代表内部节点和叶节点。分类决策树从根节点开始，对数据样本选择某一特征依据某个条件进行测试，根据测试结果，将样本分配到其子节点，此时每一个子节点对应该特征的一个取值。如此递归地对数据样本进行测试以及分配，直至到达叶节点。最后该数据样本也被分在该叶节点所对应的分类中。

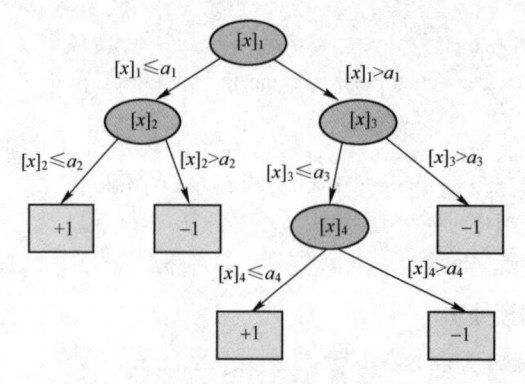

图 3-30 决策树分类

对于一个训练数据集，决策树算法通常包含特征选择、树的生成与剪枝三大步骤：

1）特征选择：从训练数据中所有特征中，根据某种评估标准选择一个特征作为当前最优特征，并根据该特征的取值对训练数据进行分割，使得各个子数据集能够在当前条件下进行最好的分类。

2）树的生成：依据所选择的特征评估标准，从根节点开始，从上至下递归地生成子节点。如果所分割的子数据集能够被正确分类，那么构建叶节点，并将这些子数据集分到所对应的叶节点中；如果子数据集不能被正确分类，则继续选择新的最优特征，继续对其进行分割，并构建相应的节点。

3）剪枝：生成的决策树可能对训练数据具有好的分类能力，但对未知的数据不一定具有好的分类效果，也就是过拟合问题。对此，决策树采用剪枝方法对树结构进行简化，从而使其具有更好的泛化能力。

决策树学习从根节点开始，将所有训练数据都放在根节点，然后递归地选择最优特征，并根据该特征对训练数据进行分割，直至所有训练数据子集均被正确分类或者没有合适的特征进行选择为止。最后每个子数据集都被分到叶节点上，即对其进行了分类。

下面将结合具体的决策树算法详细介绍决策树的构建和剪枝过程。

3.5.2 构造及基本流程

给定一个训练数据集 $D = \{(\boldsymbol{x}_1, y_1), (\boldsymbol{x}_2, y_2), \cdots, (\boldsymbol{x}_m, y_m)\}$，其中 $\boldsymbol{x}_i \in \mathbb{R}^d$ 为特征向量，$y_i \in \{-1, 1\}$ 为其数据标签，$y_i = 1$ 表示该数据为正例，$y_i = -1$ 表示该数据为负例。在构造决策树之前，需要确定树中每一个节点是什么，这就依赖于特征选择（即选择构建结点的特征）。

特征选择旨在选择对 D 具有分类能力的特征，这样有助于提高决策树学习的效率。如果选择某一个特征进行分类的结果与随机分类的结果无差异，那么这个特征没有分类能力。决策树通常利用信息增益或信息增益率作为特征选择的准则。

在介绍信息增益之前，再次回顾熵和条件熵的定义。熵是度量随机变量不确定性的一种方法。假设一个离散变量 X 的取值是有限的，其取值的概率分布定义为：

$$P(X = a_i) = p_i, \quad i = 1, 2, \cdots, N \tag{3-58}$$

那么 X 的熵定义为：

$$H(X) = -\sum_{i=1}^{N} p_i \log p_i \tag{3-59}$$

式中，若 $p_i = 0$，定义 $0 \log 0 = 0$。设 $N = 2$，变量 X 为 a_1 或 a_2，那么 X 的分布为 $P(X = a_1) = p$，$P(X = a_2) = 1 - p$。当 $p = 0$ 或 1 时，X 的取值是确定的（要么是 a_1，要么是 a_2），此时 $H(X)$ 的值为 0；而当 $p = 0.5$ 时，X 的不确定性最高，此时 $H(X)$ 的值也是最大（假设对数的底为 2，则 $H(X) = 1$）。也就是说，随机变量的不确定性越大，熵的值越大。条件熵 $H(Y|X)$ 表示在已知随机变量 X 的条件下，随机变量 Y 的不确定性，即

$$H(Y|X) = -\sum_{i=1}^{N} p_i H(Y|X = a_i) \tag{3-60}$$

式中，$p_i = P(X = a_i)$。

信息增益代表一个随机变量由于另一个随机变量而减少的不确定性程度。给定数据集 D 和特征 X，特征 X 的信息增益 $\mathrm{IG}(D, X)$ 定义为集合 D 的熵 $H(D)$ 与给定特征 X 条件下 D 的条件熵 $H(D|X)$ 之差：

$$\mathrm{IG}(D, X) = H(D) - H(D|X) \tag{3-61}$$

上述熵与条件熵之差又可以称作互信息。$H(D)$ 代表了对数据集 D 进行分类的不确定性。条件熵 $H(D|X)$ 代表了在特征 X 给定的条件下对数据集 D 进行分类的不确定性，两者之差（即信息增

益）代表了已知特征 X，对数据集 D 进行分类的不确定性减少的程度。对于 D，不同的特征对应的信息增益不同，信息增益越大，特征对数据集 D 进行分类的不确定性减少程度越多，说明该特征越能帮助数据集 D 确定分类，也就是说该特征具有越强的分类能力。决策树算法 ID3 正是以信息增益为准则进行特征选择。

假设训练数据集 $D = \{(x_1, y_1),(x_2, y_2),\cdots,(x_m, y_m)\}$，$y_i \in \{1,\cdots,K\}$，$C_k$ 为属于第 k 类的样本集合。对于 x 中的某一维特征 X，考虑离散取值的情况，设 X 有 N 个不同的取值。根据特征 X 的取值可以将数据集 D 划分为 N 个不相交的子集 $D_1, D_2, \cdots, D_N$，并且记 D_i 中属于类 k 的样本集合为 D_{ik}，那么 ID3 利用信息增益进行特征选择的步骤如下：

1）计算数据集 D 的熵 $H(D) = -\sum_{k=1}^{K} \frac{|C_k|}{|D|} \log \frac{|C_k|}{|D|}$，其中 $|\cdot|$ 为集合的大小。

2）计算给定特征 X 条件下数据集 D 的条件熵：

$$H(D|X) = \sum_{i=1}^{N} \frac{|D_i|}{|D|} H(D_i) = -\sum_{i=1}^{N} \frac{|D_i|}{|D|} \sum_{k=1}^{K} \frac{|D_{ik}|}{|D|} \log \frac{|D_{ik}|}{|D|} \tag{3-62}$$

3）计算信息增益 $\text{IG}(D, X) = H(D) - H(D|X)$。

信息增益会偏向取值较多的特征，当特征的取值情况较多时，根据此特征划分更容易得到纯度较高的子集。极限情况下，特征 X 将每一个样本都分到一个节点当中，此时划分之后的条件熵为 0，因此使用该特征来划分训练数据集的信息增益最大。然而，从预测的角度来看，这样的划分是毫无用处的。信息增益率通过归一化来纠正这种固有的偏置，其本质是在信息增益的基础上乘以一个惩罚参数 $1/H_X(D)$：

$$\text{IGRatio} = \frac{\text{IG}(D, X)}{H_X(D)} = \frac{\text{IG}(D, X)}{-\sum_{k=1}^{N} \frac{|D_i|}{|D|} \log \frac{|D_i|}{|D|}} \tag{3-63}$$

$H_X(D)$ 为数据集 D 以特征 X 作为随机变量的熵，特征 X 的取值数量越多，$H_X(D)$ 的值越大，惩罚参数越小。决策树算法 C4.5 使用信息增益率来进行特征选择。

此外，还有基尼指数可以用于特征选择，基尼指数基于基尼值而定义，CART 决策树算法正是基于该准则进行特征选择。基尼值度量的是数据集的纯度，反映了从数据集中任意抽取两个样本其类别标记不一致的概率，定义为：

$$\text{Gini}(D) = \sum_{k=1}^{K} \sum_{k' \neq k} p_k p_{k'} = \sum_{k=1}^{K} \sum_{k' \neq k} \frac{|C_k|}{|D|} \frac{|C_k|}{|D|} \tag{3-64}$$

$\text{Gini}(D)$ 越小，表明数据集的纯度越高。关于特征 X 的基尼指数定义为：

$$\text{GiniIndex}(D, X) = \sum_{i=1}^{N} \frac{|D_i|}{|D|} \text{Gini}(D_i) \tag{3-65}$$

下面以经典的决策树算法 ID3 为例，阐述如何依据特征选择准则递归地构建决策树。使用 ID3 构建决策树的一般步骤为：

1）从根节点出发，计算所有特征的信息增益，选择信息增益最大的特征作为该节点的划分特征。

2）根据划分特征的取值建立子节点，并将数据集根据该特征上的值划分到各个子节点中。

3）对子节点递归地调用上述流程，直到满足下述三种条件之一，即可返回一棵完整的决策树，包括：当前节点包含的数据样本全部属于同一个类别；当前特征集为空，或当前节点包含的数据样本在特征集上取值相同，则设置该节点为叶节点，其类别标记为其对应数据样本中出现最多的类；信息增益最大的特征其信息增益值小于一定的阈值，则将当前节点包含的数据样本中出现最多的类作为该节点的类标记。

使用 ID3 的前提是特征 X 是离散型的。对于特征连续取值的情况，由于连续属性的取值是无限的，可以采用二分法对连续属性离散化，这也是决策树算法 C4.5 中采用的机制。

给定数据集 D 和连续特征 X，X 在 D 上出现了 N 个不同的值，将这些值从小到大排序即可得到 $\{X^1, X^2, \cdots, X^N\}$。给定一个划分点 t，根据 X 在 D 上的取值可以将 D 分为两个部分，D^{-t} 代表 X 上的取值不大于 t 的数据集合，D^{+t} 表 X 上的取值大于 t 的数据集合。给定某个区间 $[X^i, X^{i+1}]$，t 在该区间内取任意值都不会影响最终的划分结果。因此，对于连续型特征 X，可以考虑以不同区间的中位点作为划分点，即得到如下包含 $N-1$ 个划分点的集合：

$$T = \left\{ \frac{X^i + X^{i+1}}{2} \mid 1 \leqslant i \leqslant N-1 \right\} \tag{3-66}$$

给定上述划分点，就可以像处理离散值一样处理划分点，根据特征选择的准则，例如信息增益 $IG(D, X)$ 在不同划分点下的得分，选取使其取值最大的划分点对样本集合进行划分。需要注意的是，离散型特征 X 在当前节点被选择作为划分特征（即 X_g）后，不会作为其子节点的划分特征，而连续型特征则可以继续作为其后代节点的划分特征，例如在父节点使用 X 是否不大于 0.5 作为划分依据，在子节点仍可以使用 X 是否不大于 0.3 作为划分依据。

3.5.3 剪枝方法

当数据特征数量较多时，决策树的分支十分庞大，这样很容易造成最终生成的完整决策树过于复杂，从而对训练数据有很好的分类能力，但是对未知数据分类不那么准确，即过拟合问题。为了解决该问题，决策树采用剪枝的方式对决策树进行简化，降低模型复杂度。

决策树剪枝的策略包括"预剪枝"和"后剪枝"。预剪枝即对每个节点在继续生成子节点之前进行评估，若对当前节点进行分割不能带来决策树分类能力的提高，则停止生成，并将该节点设为叶节点。后剪枝先根据训练数据生成完整的决策树，然后自底向上对非叶节点进行评估，若将该节点替换为叶节点后决策树模型能提高分类能力，则减去该节点下所有分支。

那么如何评估决策的分类能力呢？决策树往往通过极小化决策树整体的损失函数进行剪枝的评估操作。设决策树 T 的叶节点个数为 L，l 是树 T 的叶节点，该叶节点有 N_l 个数据样本，属于第 k 类的样本个数记作 N_{lk}。那么决策树学习的损失函数定义为：

$$\mathcal{T}(T) = \sum_{l=1}^{L} N_l H_l(T) + \lambda \Theta(T) \tag{3-67}$$

式中，$H_l(T) = -\sum_{k=1}^{K} \frac{N_{lk}}{|D|} \log \frac{N_{lk}}{|D|}$，损失函数第一项为模型对训练数据的预测误差，表示模型的拟合程度；$\Theta(T)$ 为模型复杂度的度量；参数 λ 为平衡两者的权重。λ 值较大时，将促使生成简单的决策树，反之则生成较复杂的决策树。当 λ 确定时，剪枝通过选择损失函数最小的模型。通过最小化损失函数，将尽可能得到与训练数据拟合程度好，同时模型复杂度尽可能低的模型。给定一棵决策树 T，剪枝算法的一般步骤如下：

1）计算每个节点的熵。

2）递归地从树 T 的叶节点向上剪枝：设叶节点裁剪之前与之后的整体树为 T_b 和 T_a，若 $\mathcal{T}(T_a) \leqslant \mathcal{T}(T_b)$，则裁剪该叶节点，且该节点的父节点称为新的叶节点。

3）对所有叶节点执行步骤 2），直至不能继续裁剪为止，即可得到损失函数最小的树 T'。

可见，决策树的构建仅考虑了通过提高信息增益对训练数据进行更好的分类，而决策树剪枝则是利用损失函数最小原则进行模型选择。因此，决策树构建学习的是局部模型，而决策树剪枝学习的是整体模型。决策树的剪枝算法可以通过动态规划的方式实现。

3.5.4 案例：鸢尾花预测应用

下面以鸢尾花预测为例，介绍决策树分类算法应用的具体实现过程。

1. 数据集

鸢尾花数据示例如图 3-31 所示，每一行样本包含四种特征，分别为花萼长度（Sepal. Length）、花萼宽度（Sepal.Width）、花瓣长度（Petal. Length）、花瓣宽度（Petal. Width），花的种类（Species）分为"setosa""versicolor"和"virginica"三种。根据鸢尾花的花萼和花瓣的长宽度特征，利用决策树模型对其分类。该数据集可在本书附带资源中获取。

	Sepal.Length	Sepal.Width	Petal.Length	Petal.Width	Species
1	5.1	3.5	1.4	0.2	setosa
2	4.9	3	1.4	0.2	setosa
3	4.7	3.2	1.3	0.2	setosa
4	4.6	3.1	1.5	0.2	setosa
5	5	3.6	1.4	0.2	setosa
6	5.4	3.9	1.7	0.4	setosa
7	4.6	3.4	1.4	0.3	setosa
8	5	3.4	1.5	0.2	setosa
9	4.4	2.9	1.4	0.2	setosa
10	4.9	3.1	1.5	0.1	setosa
11	5.4	3.7	1.5	0.2	setosa
12	4.8	3.4	1.6	0.2	setosa
13	4.8	3	1.4	0.1	setosa
14	4.3	3	1.1	0.1	setosa
15	5.8	4	1.2	0.2	setosa
16	5.7	4.4	1.5	0.4	setosa

图 3-31　鸢尾花数据示例

2. 导入相关函数包

```
import pandas as pd
import numpy as np
import seaborn as sns
import matplotlib.pyplot as plt
from sklearn.model_selection import train_test_split
from sklearn import metrics
from sklearn.tree import DecisionTreeClassifier
from sklearn.metrics import accuracy_score
```

3. 加载数据集并训练模型

```
iris=pd.read_csv("iris.csv")
train, test = train_test_split(iris, test_size = 0.25) # 训练和测试数据划分，测试集占据 25%

X_train = train[['Sepal.Length', 'Sepal.Width', 'Petal.Length','Petal.Width']] # 提取有关特征生成训
#练数据样本
y_train = train.Species # 提取训练数据类别标签
print(np.unique(y_train))

X_test = test[['Sepal.Length', 'Sepal.Width', 'Petal.Length',
         'Petal.Width']] # 提取有关特征生成测试数据样本
y_test = test.Species #提取测试数据类别标签

# 加载训练模型
deTree = DecisionTreeClassifier(criterion='entropy',random_state=7)
deTree.fit(X_train,y_train) # 模型训练
```

```
y_pred = deTree.predict(X_test) # 模型预测
print("Accuracy:",accuracy_score(y_test,y_pred))
```

鸢尾花数据最终的预测结果为：

Accuracy: 0.9210526315789473

3.6 综合案例：基于随机森林回归的空气质量预测

在综合案例分析中，将以空气质量预测任务为例，借助机器学习算法解决空气质量预测问题。该任务可以定义为一个回归问题，已知一个城市的历史空气质量指标（Air Quality Index，AQI）数据及其空气中主要污染物浓度数据，需要建立空气污染物浓度（自变量）和 AQI（因变量）两者之间关系的模型。借助该模型，对于给定的任意一个城市的空气污染物浓度，可以预测其 AQI 值。

1. 数据集

空气质量数据示例如图 3-32 所示，第一列为时间，第二列为对应空气质量。

1	2018/1/1	良	55	42	35	65	11	46	1.23	23
2	2018/1/2	优	46	44	27	48	6	35	0.94	28
3	2018/1/3	优	29	21	10	26	4	20	0.44	44
4	2018/1/4	优	28	56	14	27	4	31	0.51	32
5	2018/1/5	良	51	127	30	52	8	51	0.95	20
6	2018/1/6	良	29	44	14	27	5	38	0.57	35
7	2018/1/7	良	56	170	37	57	10	46	0.92	27
8	2018/1/8	良	51	111	12	56	3	10	0.34	60
9	2018/1/9	优	37	28	6	32	2	12	0.35	58
10	2018/1/10	优	32	14	5	20	2	8	0.3	62
11	2018/1/11	优	30	5	10	21	4	22	0.47	46
12	2018/1/12	良	77	222	55	77	12	72	1.32	11
13	2018/1/13	轻度污染	130	291	98	122	17	85	1.83	8
14	2018/1/14	中度污染	177	327	136	151	13	77	1.91	23
15	2018/1/15	优	48	23	29	52	7	48	0.94	29
16	2018/1/16	轻度污染	114	205	45	175	5	43	0.79	37
17	2018/1/17	良	77	80	43	106	9	51	1.09	31
18	2018/1/18	良	87	119	56	96	11	74	1.19	14
19	2018/1/19	轻度污染	108	174	80	119	14	78	1.56	19
20	2018/1/20	良	61	84	30	73	9	51	0.88	24
21	2018/1/21	良	63	106	35	74	20	47	1.3	21
22	2018/1/22	优	45	53	23	47	4	28	0.7	45
23	2018/1/23	优	35	12	8	29	3	14	0.44	58
24	2018/1/24	优	36	18	15	30	4	28	0.48	52

图 3-32 空气质量数据示例

该数据集在本书附带材料中已提供。

2. 导入相关函数包

```
import pandas as pd
import numpy as np
from sklearn.ensemble import RandomForestRegressor
import matplotlib.pyplot as plt
from sklearn.model_selection import train_test_split
from sklearn.model_selection import RandomizedSearchCV
from sklearn.metrics import mean_squared_error,explained_variance_score,mean_absolute_error
```

3. 加载数据集

```
# 查看数据集
print(data_src.head())
```

```python
print(data_src.shape)
index = data_src.index
col = data_src.columns
class_names = np.unique(data_src.iloc[:, -1])
# print (type(data_src))
# print (class_names)
# print (data_src.describe())

#划分训练集和验证集
data_train, data_test= train_test_split(data_src, test_size=0.1, random_state=0)# 训练集和测试集划分比例为9:1
# print("训练集统计信息：\n", data_train.describe().round(2))
# print("验证集统计信息：\n", data_test.describe().round(2))
# print("训练集信息：\n", data_train.iloc[:, -1].value_counts())
# print("验证集信息：\n", data_test.iloc[:, -1].value_counts())

X_train = data_train.iloc[:, 2:]   # 取数据集后6列作为特征（即自变量）
X_test = data_test.iloc[:, 2:]
feature = data_train.iloc[:, 2:].columns

y_train = data_train.iloc[:, 0]# 第一列空气质量指数（AQI）作为因变量
y_test = data_test.iloc[:, 0]
```

4. 加载模型

```python
#参数选择
criterion=['mae', 'mse'] #回归树衡量分枝质量的指标，MAE 和 MSE 作为备选
n_estimators = [int(x) for x in np.linspace(start = 200, stop = 2000, num = 10)]
max_features = ['auto', 'sqrt']
max_depth = [int(x) for x in np.linspace(10, 100, num = 10)]
max_depth.append(None)
min_samples_split = [2, 5, 10]
min_samples_leaf = [1, 2, 4]
bootstrap = [True, False]
random_grid = {'criterion':criterion,
               'n_estimators': n_estimators,
               'max_features': max_features,
               'max_depth': max_depth,
               'min_samples_split': min_samples_split,
               'min_samples_leaf': min_samples_leaf,
               'bootstrap': bootstrap}

# 构建随机森林回归模型
clf= RandomForestRegressor()
clf_random = RandomizedSearchCV(estimator=clf, param_distributions=random_grid,
        n_iter=15, cv=3, verbose=2, random_state=42, n_jobs=1) #随机搜索最佳参数

clf_random.fit(X_train, y_train)
print(clf_random.best_params_) # 输出最优参数
```

5．模型训练、验证

```
rfr=RandomForestRegressor(criterion='mse', bootstrap=False,max_features='sqrt', max_depth=10,min_samples_split=5, n_estimators=120,min_samples_leaf=2)

rfr.fit(X_train, y_train)
y_train_pred= rfr.predict(X_train)
y_test_pred= rfr.predict(X_test)

#可视化各特征的重要性（Gini importance）
plt.barh(range(len(rfr.feature_importances_)), rfr.feature_importances_, tick_label = ['PM','PM10','So2','No2','Co','O3'])
plt.rcParams['font.sans-serif']=['SimHei']
plt.rcParams['axes.unicode_minus']=False #  用于正常显示中文标签
plt.title('各特征的重要性')
plt.savefig("./Figure1.png")
plt.show()

print("决策树模型评估--训练集：")
print('训练 r^2:', rfr.score(X_train, y_train))
print('均方差', mean_squared_error(y_train, y_train_pred))
print('绝对差', mean_absolute_error(y_train, y_train_pred))
print('解释度', explained_variance_score(y_train, y_train_pred))

print("决策树模型评估--验证集：")
print('验证 r^2:', rfr.score(X_test, y_test))
print('均方差', mean_squared_error(y_test, y_test_pred))
print('绝对差', mean_absolute_error(y_test, y_test_pred))
print('解释度', explained_variance_score(y_test, y_test_pred))
```

图 3-33 显示了决策树模型中各特征的重要性。

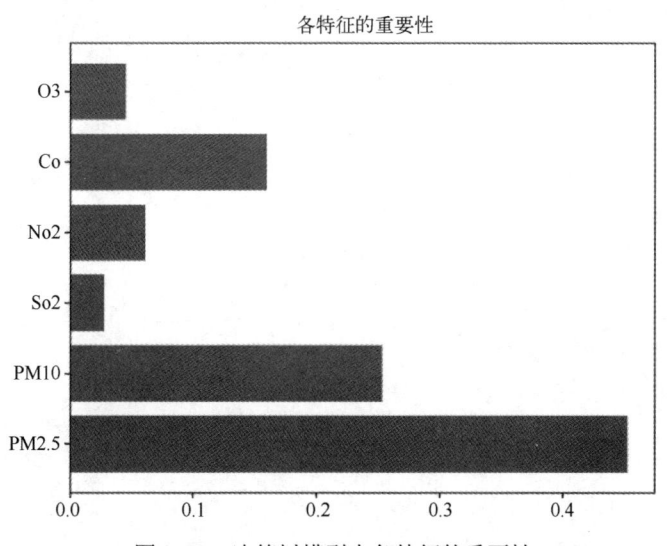

图 3-33　决策树模型中各特征的重要性

6. 模型预测

```
#预测绵阳2018年AQI
data_pred=pd.read_csv('mianyang2018.csv', index_col=0, encoding='utf-8-sig')
data_pred.drop(data_pred.columns[0], axis=1, inplace=True)
index2 = data_pred.index
y_pred = rfr.predict(data_pred.values[:, 2:])
print(y_pred.round(2))

# 将预测结果保存到文件中
result = pd.DataFrame(index2)
result['predict_AQI'] = y_pred
result['src_AQI'] = data_pred.values[:, 0]
plt.figure(figsize=(20, 20))
plt.plot(index2[:20], y_pred[:20], "k--", color='green', marker='*', label='y_pred')
plt.plot(index2[:20], data_pred.values[:,0][:20], "k-", color='red', label='y')
plt.xticks(rotation=70)
plt.ylabel('空气质量指标')
result.to_csv('./result_city.txt', encoding='utf-8')
plt.savefig("./Figure2.png")
plt.show()
```

测试数据中某 20 天内的空气质量指标预测如图 3-34 所示，实线为实际情况，虚线为预测情况。从两条曲线的拟合程度来看模型预测效果较好。

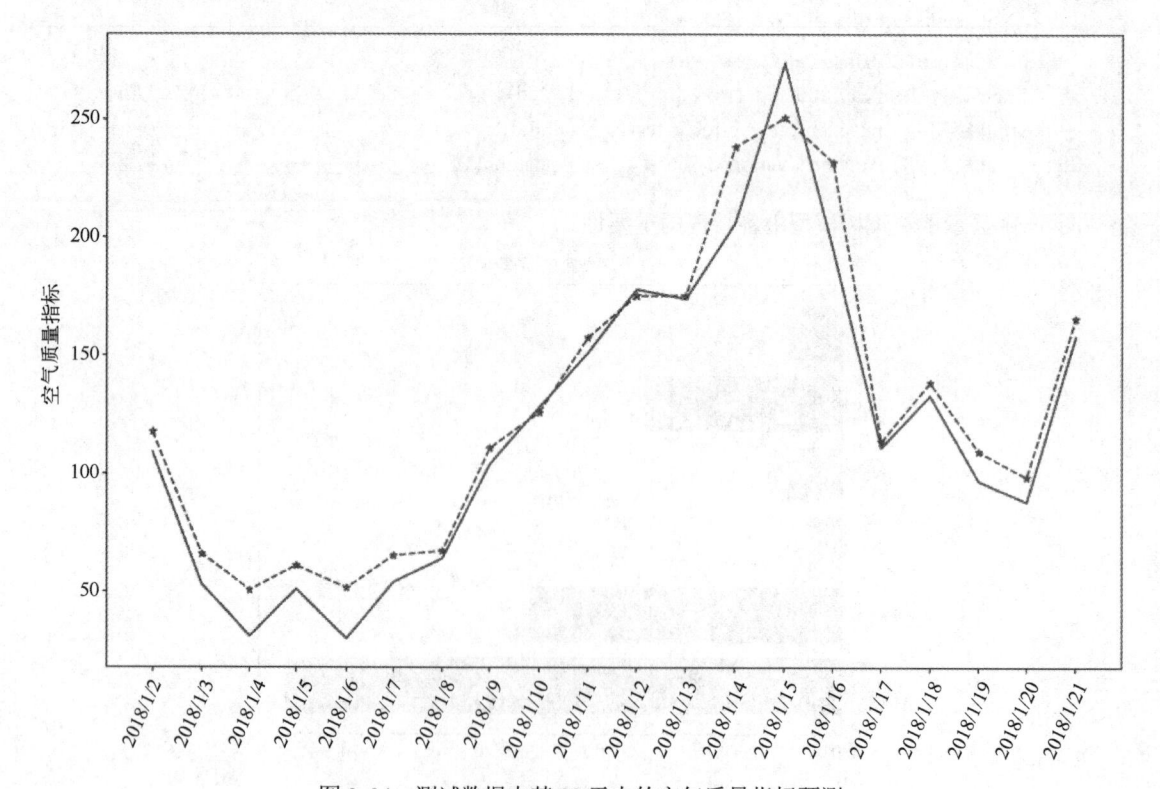

图 3-34 测试数据中某 20 天内的空气质量指标预测

3.7 小结

  回归算法与分类算法均属于监督学习算法，不同之处在于，回归算法的目标标签是连续值，需要训练得到样本特征到连续标签值之间的映射，分类算法的标签通常是离散值，代表不同的分类。常见回归算法包括线性回归、逻辑斯蒂回归、多项式回归、支持向量回归、决策树回归以及随机森林回归。常见分类算法包括朴素贝叶斯、逻辑斯蒂回归、决策树、支持向量机、随机森林以及神经网络算法。近年来，随着深度神经网络在语音识别、文本分类、图像分类等任务上的巨大成功，以神经网络为基础的深度学习迅速崛起并得到广泛应用。

  聚类算法则是采用无监督的学习方式，按照某个特定标准（如距离或相似度）把一个数据集分割成不同的类或簇，使得同一个簇内的数据对象的相似性尽可能大，不在同一个簇中的数据对象的差异性尽可能大。K-Means、DBSCAN、凝聚层次聚类、高斯混合聚类是其代表性方法。

  机器学习中最主流的一类方法是统计机器学习方法。支持向量机和决策树是统计机器学习兴起时的代表性方法，理论基础清晰、可解释性强。在计算机性能和数据规模不足以支撑训练大规模神经网络的时期，它们曾是十分主流的方法，直至现在也是极具实用性的方法，同时也是步入深度学习领域之前的必修课程。原始的支持向量机是二分类模型，后又被推广到多分类问题。Platt 曾提出了支持向量机的快速学习算法 SMO。Joachims 实现的 SVM[light]① 以及 Chang 与 Lin 实现的 LIBSVM② 都是目前广泛使用的 SVM 软件。dtreeviz③ 是一款当前非常好用的决策树可视化和模型可解释性工具。

习题

1. **概念题**
1）简述回归算法包括哪些典型方法。
2）简述聚类算法包括哪些典型方法。
3）简述分类算法包括哪些典型方法。
4）简述回归算法、聚类算法以及分类算法常见的评价标准。
5）支持向量机为何采用间隔最大化，其目的是什么？
6）支持向量机引入核函数的目的是什么？常见的核函数有哪些？列出它们之间的区别。
7）为什么将求解支持向量机的原始问题转换为其对偶问题？
8）简述决策树出现过拟合的原因以及解决办法。
9）决策树的剪枝策略有哪些？请简述其区别。
10）简述 ID3、C4.5 和 CART 之间的区别。
2. **操作题**
请实现第 3.1.5、3.2.5、3.3.5 以及 3.6 节的案例。

参 考 文 献

[1] CHANG C C, LIN C J. LIBSVM：a library for support vector machines [J]. ACM Transactions on Intelligent

---

 ① https://www.cs.cornell.edu/people/tj/svm_light/

 ② https://www.csie.ntu.edu.tw/~cjlin/libsvm/

 ③ https://github.com/parrt/dtreeviz

Systems and Technology, 2011, 2 (3): 1-27.

[2] BREIMAN L. Random forests[J]. Machine Learning, 2001, 45 (1), 5-32.

[3] ESTER M, KRIEGEL H P, SANDER J, et al. A density-based algorithm for discovering clusters in large spatial databases with noise [C]// Proceedings of the 2nd International Conference on Knowledge Discovery and Data Mining. Portland: AAAI Press, 1996: 226-231.

[4] RENNIE J D M, SHIH L, TEEVAN J, et al. Tackling the poor assumptions of naive bayes text classifiers [C]// Proceedings of International Conference on Machine Learning. Washington: AAAI Press, 2003, 3: 616-623.

[5] QUINLAN J R. Induction of decision trees [J]. Machine learning, 1986, 1 (1): 81-106.

[6] QUINLAN J R. C4.5: programs for machine learning [M]. Burlington: Morgan Kaufmann, 1993.

[7] BREIMAN L, FRIEDMAN J, OLSHEN R A, et al. Classification and regression trees[M]. New York: Chapman and Hall/CRC, 1984.

[8] SCHOLKOPF B, SMOLA A J. Learning with kernels: support vector machines, regularization, optimization, and beyond[M]. Cambridge: MIT Press, 2001.

第4章 深度学习与神经网络

学习目标：

本章主要讲解深度学习与神经网络的基础知识，包括深度学习的概念、模型框架及所涉及的关键技术，并对经典的神经网络算法进行了介绍。本章同时给出了神经网络应用案例，包括手写数字识别、猫狗分类、文本分类、验证码识别等，这些实际案例为读者开展深度学习、搭建实际业务所需的神经网络系统提供了指引和帮助。

通过本章的学习，读者可以掌握以下知识点：
- ◇ 了解深度学习的基本概念及主要流程。
- ◇ 掌握神经网络的组成框架及关键技术。
- ◇ 熟悉神经网络处理技术的一些常用技巧。
- ◇ 熟练掌握 CNN、RNN、LSTM 等经典的神经网络算法的基本原理。
- ◇ 熟练使用神经网络算法对手写数字识别和文本分类的应用。

在学习完本章后，读者将更加深入地理解深度学习和神经网络的基本理论和关键技术，并将深度学习应用在实际的数据分析中。

4.1 深度学习

本节将介绍深度学习的定义及发展历程，然后介绍深度学习在不同领域的应用，最后介绍当前主流的深度学习和神经网络的学习框架和工具。

4.1.1 深度学习简介

深度学习（Deep Learning）是基于人工神经网络（Artificial Neural Network，ANN）的机器学习的一个重要分支。深度学习的核心是特征学习，即通过模拟生物系统中的信息处理和分布式通信节点连接方式，在网络中经过有限次的运算获取分层次的特征信息，从而解决以往需要人工设计特征的重要难题。因此，深度学习被视为一种更接近人工智能（Artificial Intelligence，AI）的机器学习方法，三者关系如图 4-1 所示。

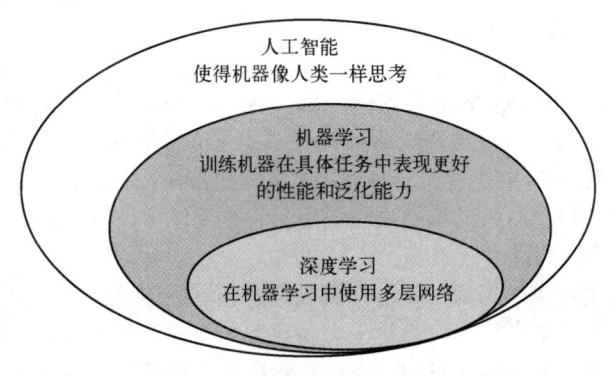

图 4-1 人工智能、机器学习与深度学习三者关系

近年来，深度学习的兴起和发展为全球各个行业带来了一场颠覆性的人工智能革命。深度学习现在已经成为一个流行术语，然而其发展历史可以追溯到 20 世纪 40 年代。目前为止，深度学习已经经历了三次发展浪潮。1943 年，Walter Pitts 和 Warren McCulloch 建立了一个基于人脑神经网络的计算机模型。Henry J. Kelley 在 1960 年开发了连续反向传播模型的基础知识。20 世纪 70 年代，由于资金缺乏，导致人工智能进入了寒冬时期。1980 年，福岛邦彦首次提出具有多个池和卷积层的卷积神经网络（Convolutional Neural Network，CNN）的认知机。1989 年，Yann LeCun 第一个将卷积神经网络和反向传播（Back-propagation）相结合读取手写的数字图片。由于人工智能的"即时"潜力被夸大，打破了人们的预期，在 20 世纪 90 年代人工智能第二次进入冬天。随后，Sepp Hochreiter 和 Juergen Schmidhuber 于 1997 年开发了一种用于递归神经网络的长-短期记忆（Long Short-Term Memory，LSTM）方法。深度学习的下一个重要发展阶段发生在 1999 年，随着计算机处理数据的速度开始加快，图形处理单元（Graphics Processing Unit，GPU）被开发出来，神经网络逐渐显现出独有的优势。随着数据来源和数据类型范围的扩大，数据量不断增加，数据处理速度不断加快。2006 年，Geoffrey Hinton 将多个受限玻尔兹曼机（Restricted Boltzmann Machine，RBM）层层叠加在一起得到深度信念网络（Deep Belief Network，DBN）。2009 年，斯坦福大学的人工智能教授李菲菲推出了 ImageNet，组装了一个包含 1400 多万张标签图片的免费数据库，供深度学习研究人员进行基准测试。2011 年，Yoshua Bengio 提出深度稀疏整流神经网络，避免了消失梯度问题。随后，AlexNet 在 2011 年和 2012 年国际图像分类比赛中获胜。2014 年，Ian Goodfellow 创建了生成对抗网络（Generative Adversarial Network，GAN），凭借其合成真实数据的能力，在时尚、艺术、科学等领域开启了一扇全新的深度学习应用之门。2016 年，谷歌旗下 DeepMind 公司开发的围棋机器人 AlphaGo 击败世界围棋冠军李世石。2019 年，Yoshua Bengio、Geoffrey Hinton 和 Yann LeCun 因其在深度学习和人工智能领域的巨大贡献获得图灵奖。

深度学习模型可以按照不同的标准来进行分类。比如，按输入数据是否有标签可划分为有监督的神经网络和无监督的神经网络。常见的有监督神经网络学习算法包括卷积神经网络、循环神经网络（Recurrent Neural Network，RNN）。常见的无监督神经网络学习算法包括自动编码器、玻尔兹曼机、深度信念网络、生成对抗网络。

当前，深度学习已经成为业界标准技术，广泛用于计算机视觉、机器视觉、语音识别、自然语言处理、音频识别、社会网络滤波、机器翻译、自动驾驶、生物医药设计、医学图像分析等领域，解决了很多复杂的模式识别难题。它们产生的结果与人类专家的表现相当，有时甚至超过了人类专家的表现。

图像处理：运用深度学习网络学习自然存在于照片中的某些模式——比如，天通常是蓝的，云是白的或者灰的，草是绿的。通过这类规则，不需要人类的介入就能对照片和视频进行重新上色。虽然有时它也会犯错，但这种错误很难被发现。

语音识别：在语音识别和智能语音助手领域，苹果公司 Siri、微软公司小娜、小米公司小爱等语音助手均利用深度神经网络（Deep Neural Network，DNN）开发出更准确的声学模型。这些系统通过学习新特征，或者根据用户需求进行调整，从而通过事先预测所有可能性为用户提供更好的帮助。

机器翻译：谷歌支持 100 种语言的即时翻译，速度非常快。谷歌翻译的背后，就是机器学习，尤其是近年来将大型递归神经网络的堆叠网络应用到谷歌翻译中。这些机器学习的翻译结果，甚至能够打败世界上最好的语言翻译专家系统。

自动驾驶：谷歌利用深度学习算法使自动驾驶汽车领域到达了一个全新的水平。自动驾驶系统通过不同传感器提供的数据来自行学习。对于大多数感知型任务和多数低端控制型任务，深度学习是最好的方法。因此，即使是不会开车的人，或是残疾人，都可以在不依赖于其他人的情况下自己出门。

4.1.2 深度学习框架

机器学习和人工智能的发展使企业能够为客户提供智能解决方案和预测性个性化。因此，越来越多的企业和组织正转向各种机器学习框架的服务开发，尤其是高效的深度学习框架更加受到青睐。本节将介绍深度学习和神经网络常用的学习框架，包括：TensorFlow、PyTorch、Keras、MXNet、Theano、Caffe、Deeplearning4j、CNTK。

1．TensorFlow

TensorFlow 是由 Google Brain 团队开发的一个端到端的深度学习框架，支持 Python、C++、Java、Go 和 R 等多种编程语言来创建深度学习模型以及包装库，并使用数据流图来处理数据，便于观察数据在神经网络中的流动过程。TensorFlow 的机器学习模型易于构建，可用于健壮的机器学习产品，支持在桌面和手机上使用，支持多 GPU、分布式训练，跨平台运行能力强。TensorFlow 同时提供了一个数据可视化软件包 TensorBoard，为网络建模和性能提供了有效的数据可视化，实现与 R 和 Python 可视化软件包无缝衔接。TensorFlow 的另一个工具 TensorFlow Serving 用于快速部署新的算法实验，同时保留相同的服务器体系结构和 API。TensorFlow 支持 AWS、Google 和 Azure 等几乎所有的云服务，拥有大量的开发者和详细的说明文档，已成为当前最受欢迎的深度学习框架之一。有关 TensorFlow 的更多介绍可参考官方网站https://www.tensorflow.org/。

2．PyTorch

PyTorch 是 Torch 的 Python 版本，是由 Facebook（脸书，已更名为 Meta）的人工智能研究实验室（FAIR）开发的一个深度学习框架。它建立在基于 Lua 的机器学习和深度学习算法的科学计算框架之上，采用 Python、CUDA、C/C++库进行处理，主要用于构建深度神经网络和执行复杂度很高的张量计算，并具有模型扩展和部署灵活性的双重特性。PyTorch 目前已广泛应用于 Meta、X（推特）等大型公司。PyTorch 通过混合前端、分布式训练以及工具库生态系统实现快速、灵活的实验和高效生产。PyTorch 不仅提供 GPU 加速训练，同时还支持动态神经网络。有关 PyTorch 的更多介绍可参考官方网站 https://pytorch.org/。

3．Keras

Keras 是一个由 Python 编写的轻量级、易于使用的深度学习框架。它提供了简单的 API，可以作为 TensorFlow、Microsoft-CNTK 和 Theano 的高阶应用程序接口，以序列或独立的、完全可配置的模块图的形式提供模块化，并在用户出错时提供清晰和可操作的反馈信息。Keras 能够与 TensorFlow 工作流无缝集成，支持多个深度学习后端，支持分布式训练和多 GPU 并行。Keras 主要用于分类、文本生成、摘要、标记、翻译以及语音识别等领域，被微软研究院、NASA、Netflix 和 Cern 等研究机构和公司所使用。有关 Keras 的更多介绍可参考官方网站 https://keras.io/。

4．MXNet

MXNet 是由分布式深度机器学习社区打造，用来训练部署深层神经网络的深度学习框架。它专注于高效率、生产力和灵活性的设计理念，支持 C++、Python、R、Scala 和 Julia 等多种语言的开发，支持 CNN 和 LSTM 等多种深度学习模型。MXNet 具有良好的可扩展性，支持分布式部署到动态的云架构上，通过多个 GPU/CPU 实现几乎线性的规模。MXNet 以其在成像、手写/语音识别、预测以及自然语言处理方面的能力而闻名，已被亚马逊集成到 AWS 的深度学习框架。有关 MXNet 的更多介绍可参考官方网站https://mxnet.apache.org/。

5．Theano

Theano 是由蒙特利尔大学开发的一个基于 Python 的深度学习库，专门用于定义、优化、计算数学表达式，效率高，适用于多维数组处理。它为深度学习中大规模人工神经网络算法的运算所设计，利用符号化式语言定义结果，对程序进行编译，使其高效运行于 GPU 或 CPU。Theano 具有良好的底层框架，支持 Keras 和 Lasagne 等高级库，但不支持训练模型的分布式并行计算。有关

Theano 的更多介绍可参考官方网站http://deeplearning.net/software/theano/。

6．Caffe

Caffe 是由加利福尼亚大学伯克利分校所开发的一个视觉识别深度学习框架，全称是 Convolutional Architecture for Fast Feature Embedding。它使用 C++编写，支持 C、C++、Python、MATLAB 和命令行等多种编程接口，具有速度快、模块化和开放性等特点。Caffe 支持基于 GPU 和 CPU 的加速计算内核库，如 NVIDIA、cuDNN 和 IntelMLK，提供在 CPU 和 GPU 模式之间的无缝切换。Caffe 通常用于图像检测和分类，现已获得在视觉、语音和多媒体等领域的大规模工业应用。有关 Caffe 的更多介绍可参考官方网站http://caffe.berkeleyvision.org。

7．Deeplearning4j

Deeplearning4j 是为 Java 和 Java 虚拟机编写的开源深度学习库，支持 Scala、Clojure 和 Kotlin 等 JVM 语言。Deeplearning4j 在分布式 CPU 或 GPU 的基础上与 Hadoop 和 Spark 协同工作，是一个被广泛采用的商业分布式深度学习平台，通过 RBM、DBN、CNN、RNN、递归神经张量网络（RNTN）和 LTSM 提供了深度网络支持。Deeplearning4j 运行效率快于基于 Python 编写的深度学习框架，在图像识别、欺诈检测、文本挖掘、词性标注和自然语言处理等方面显示出无可比拟的潜力。Deeplearning4j 同时集成了 word2vec、doc2vec 和 GloVe 等算法及对应分布式并行版本，用于处理大型文本集和执行自然语言处理。有关 Deeplearning4j 的更多介绍可参考官方网站http://deeplearning4j.org。

8．CNTK

CNTK 是一个由微软研究院开发的深度学习框架，全称是 Microsoft Cognitive Toolkit，具有速度快、训练简单和可扩展等特点。CNTK 支持 Python 和 C++等接口，支持 RNN 和 CNN 等神经网络模型，主要应用在语音识别、机器翻译、图像识别、图像字幕、文本处理、语言理解和语言建模等领域。有关 CNTK 的更多介绍可参考官方网站https://www.cntk.ai。

4.2 神经网络

本节将介绍神经网络的定义、网络结构及常用激活函数，然后分别介绍前馈神经网络、图神经网络和图卷积神经网络的模型结构和学习算法。

4.2.1 神经网络简介

人工神经网络简称神经网络（Neural Network，NN），是一种模仿生物神经网络的结构和功能的数学模型或计算模型，用于对函数进行估计或近似[1]。神经网络由大量的人工神经元联结进行计算，通常在外界信息的基础上进行内部结构的改变，是一种具备学习功能的自适应系统。

如图 4-2 所示，神经网络通常由输入层、隐藏层、输出层所构成。其中，第 0 层叫输入层，最后一层叫输出层，其他中间层叫作隐藏层（或隐含层、隐层），可以根据模型的大小和复杂程度设计任意数量的隐藏层。各层之间的连接一般表示特征的权重。神经网络模型的层数越多，深度就越大，模型也越复杂。

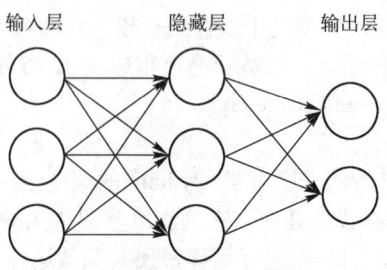

图 4-2　一个基本的三层神经网络

神经网络是一个由神经元、连接权重和偏置项组成的非线性模型。其中，神经元是一个包含权重和偏置项的非线性激活函数；连接权重是需要学习的参数，可通过梯度下降方法求解。如图 4-3 所示，当只有输入层与输出层，且输出层只有一个神经元时，线性变换与非线性变换被集成在一个神经元中，神经网络等同于逻辑斯蒂回归。因此，对于具有多层或多个输出神经元的神经网络，其每个隐藏层神经元/输出层神经元的值，都是由上一层神经元，经过加权求和与非线性变换而得到的。

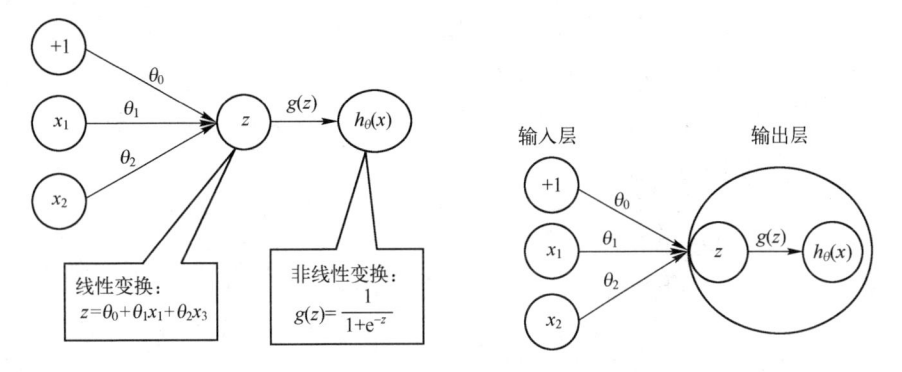

图 4-3 从逻辑斯蒂回归到神经元变换

神经网络的非线性变换函数，也称为激活函数（Activation Function）或者映射函数（Mapping Function），是将一个较大的输入数据，通过一定变换输出为一个在有限范围内的值。大多数情况下，激活函数的选择可以大幅提高或降低神经网络的性能。常用的激活函数有 sigmoid、tanh、ReLU、Leaky ReLU 等。

1. sigmoid 函数

sigmoid 函数也叫 logistic 函数，是深度学习领域使用频率最高的激活函数，用于隐藏层神经元输出，定义为：

$$\text{sigmoid}(x) = \frac{1}{1+e^{-x}}$$

取值范围为(0,1)，用来做二分类。sigmoid 函数是便于求导的平滑函数，记 $\sigma(x) = \text{sigmoid}(x)$，导数表达式为：

$$\sigma'(x) = \sigma(x)(1-\sigma(x))$$

然而，sigmoid 函数存在计算量大、容易出现梯度消失、收敛缓慢等问题。图 4-4 给出了 sigmoid 函数及其导数的形状。

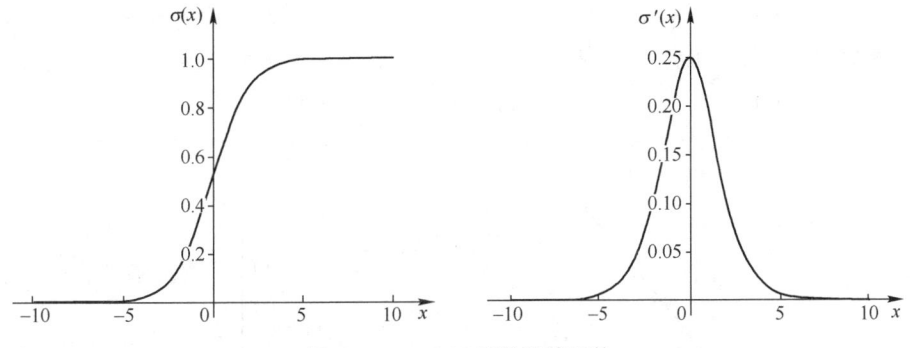

图 4-4 sigmoid 函数及其导数

2. tanh 函数

tanh 函数也叫双曲正切函数,也是一种 sigmoid 型函数,定义为:

$$\tanh(x) = \frac{e^x - e^{-x}}{e^x + e^{-x}}$$

取值范围为(-1,1)。tanh 在特征相差明显时的效果会很好,在循环过程中会不断扩大特征效果。与 sigmoid 函数的区别是,tanh 是 0 均值的,因此实际应用中 tanh 函数会比 sigmoid 函数更好,能够比较"平滑"地解决问题。tanh 函数的导数表达式为:

$$\tanh'(x) = 1 - \sigma(x)^2$$

同样,tanh 函数也存在梯度消失、收敛缓慢等问题。图 4-5 给出了 tanh 函数及其导数的形状。

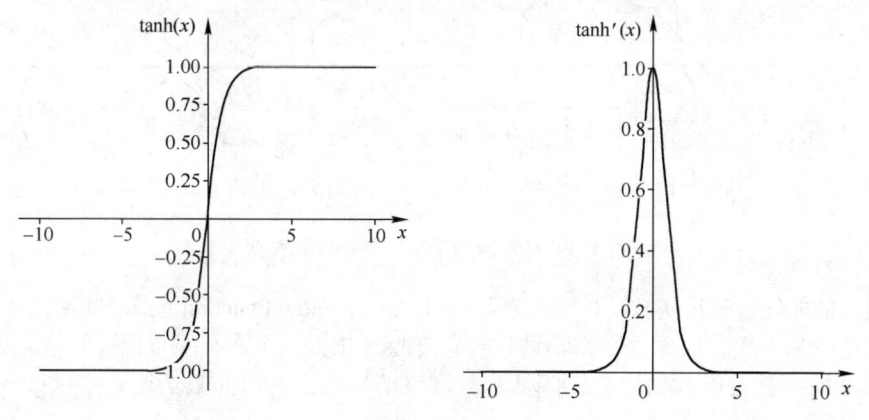

图 4-5 tanh 函数及其导数

3. ReLU 函数

整流线性(Rectified Linear Unit,ReLU)函数是一个取最大值的激活函数,是具有两个线性部分的分段线性函数,保留了许多使得线性模型能够良好泛化的属性,常被推荐用于大多数前馈神经网络的默认激活函数,定义为:

$$\text{ReLU}(x) = \max(0, x)$$

取值范围为[0,∞)。ReLU 函数的导数表达式为:

$$\text{ReLU}'(x) = \begin{cases} 0 & x < 0 \\ 1 & x > 0 \end{cases}$$

ReLU 函数解决了梯度消失的问题,具有收敛速度快等优点,但存在某些神经元可能永远不会被激活,导致相应的参数永远不能被更新的 Dead ReLU 问题(即某些神经元可能永远不会被激活,导致相应的参数永远不能被更新)。图 4-6 给出了 ReLU 函数及其导数的形状。

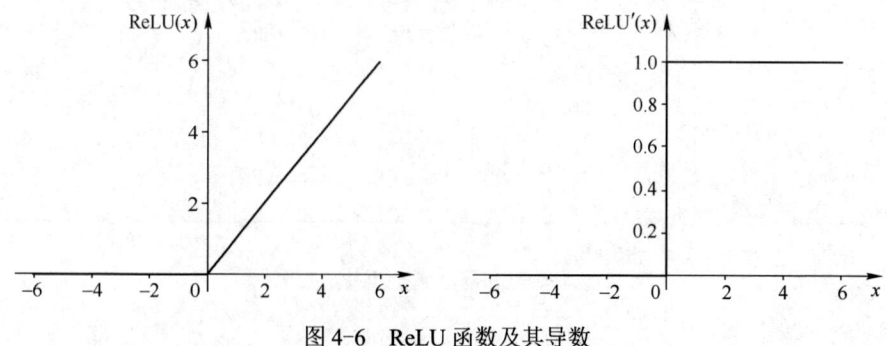

图 4-6 ReLU 函数及其导数

4. Leaky ReLU 函数

渗漏整流线性单元（Leaky ReLU）函数是为了解决 Dead ReLU 问题而提出的，Leaky ReLU 函数将 ReLU 函数的前半段设为 $0.01x$ 而非 0，定义为：

$$f(x) = \max(0.01x, x)$$

取值范围为$(-\infty, \infty)$。Leaky ReLU 函数的导数表达式为：

$$f'(x) = \begin{cases} 0.01 & x < 0 \\ 1 & x \geq 0 \end{cases}$$

理论上来讲，Leaky ReLU 具有 ReLU 的所有优点，同时不存在 Dead ReLU 问题。但在实际情况下，并没有完全证明 Leaky ReLU 总是好于 ReLU。图 4-7 给出了 Leaky ReLU 函数及其导数的形状。

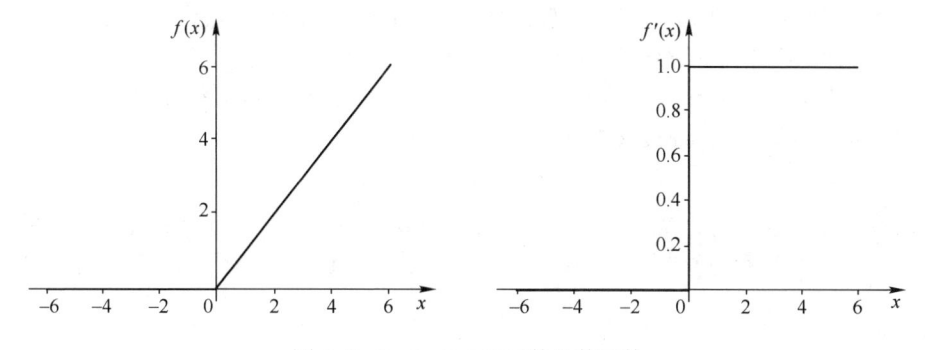

图 4-7　Leaky ReLU 函数及其导数

激活函数对于提高模型鲁棒性、提升非线性表达能力、缓解梯度消失、加速模型训练等问题，具有很好的帮助作用。然而，在神经网络实际训练中，激活函数的选择需要根据输入、输出以及数据变化的实际场景，并没有统一标准。

神经网络根据不同分类标准，可以分为不同的网络类型。例如，依据学习策略划分主要有：监督式学习网络（Supervised Learning Network）、无监督式学习网络（Unsupervised Learning Network）、混合式学习网络（Hybrid Learning Network）、联想式学习网络（Associate Learning Network）、最适化学习网络（Optimization Application Network）等。依据网络架构划分主要有：前馈神经网络（Feedforward Neural Network，FNN）、RNN、强化式架构（Reinforcement Network）等。

4.2.2　前馈神经网络

前馈神经网络也叫作深度前馈网络（Deep Feedforward Network，DFN）或者多层感知器（Multilayer Perceptron，MLP），是目前应用最广泛、发展最迅速的人工神经网络之一[2]。在前馈神经网络内部，参数从输入层向输出层单向传播，各层间没有反馈，每一层中每个神经元只接收前一层神经元的信号，并产生输出到下一层，内部节点之间的连接不会形成循环。常见的前馈神经网络包括多层感知器、自编码器、限制玻尔兹曼机、卷积神经网络等。

前馈神经网络主要用于有监督的学习，要学习的数据既不是连续的，也不是时间相关的，即前馈神经网络将固定大小的输入 x 映射到一个类别 y，使得 $y = f(x)$，使它能够得到最佳的函数近似。最简单的前馈神经网络是单层感知器，一种没有隐藏层的前馈神经网络。如图 4-8 所示，在单层感知器网络中，一系列输入 $x = \{x_1, x_2, \cdots, x_n\}$ 进入神经元并乘以连接权重 $\omega = \{w_1, w_2, \cdots, w_n\}$，然后将每个值相加,得到加权输入值的和 $\sum_{i=1}^{n} w_i x_i + b$。如果和高于设定阈值 θ,则输出值为 1;反之,则输出值为 0。

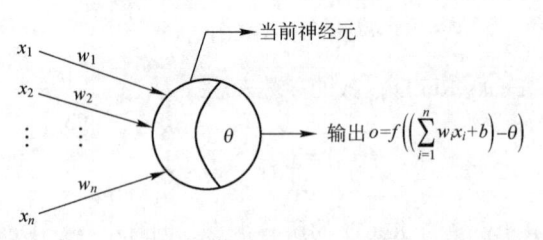

图 4-8 单层感知器示例

单层感知器根据权重和偏置 b 的值将输入空间分为 0 和 1 两类,因此它被称为线性分类器。这里,将两个类分开的线称为分类边界或决策边界。在二维输入的情况下,分类边界是一条线,而在高维中,这个边界是一个超平面。在单层感知器中,神经元的激活函数 $g(x)$ 通常是线性函数、sigmoid 函数、tanh 函数等,其表达式如下:

$$o = g(\boldsymbol{w} \cdot \boldsymbol{x} + b)$$

通常,单层感知器学习过程需要定义一个误差函数 $E(x)$,该误差函数量化感知器的计算输出和一组多个输入-输出对 (x,y) 上的输入真值 y 之间的差值。此误差函数 $E(x)$ 通常使用均方误差进行计算:

$$E(\boldsymbol{x}) = \frac{1}{2n}\sum_{i=1}^{N}(o_i - y_i)^2 = \frac{1}{2n}\sum_{i=1}^{N}(g(\boldsymbol{w} \cdot \boldsymbol{x}_i + b) - y_i)^2$$

式中,o_i 表示在激活函数 g 下输入 $\boldsymbol{x}_i$ 时感知器的输出;因子 $\frac{1}{2}$ 是为了简化后期导数的计算。

对于所有输入数据 (x_i, y_i),当 $o_i = y_i$ 时,$E(\boldsymbol{x}) = 0$。因此,感知器尝试不同 $\boldsymbol{w}$ 和 b 的值,使得误差函数 $E(\boldsymbol{x})$ 尽可能接近于 0,得到一个好的分类边界。

前馈神经网络最常见的形式是由多个感知器组成的神经网络框架。与单层感知器不同,多层感知器具有学习计算非线性可分函数的能力,常用于监督学习中回归和分类的任务。如图 4-9 所示,多层感知器至少有一个隐藏层,每个隐藏层由多个感知器组成,每一层神经元都有激活函数。实际上,多层感知器可以使用任何形式的激活函数,如 sigmoid 函数,但为了使用反向传播算法进行有效学习,激活函数必须限制为可微函数。由于具有良好可微性,很多 S 形函数,尤其是双曲正切函数及逻辑斯蒂函数,常被作为激活函数使用。

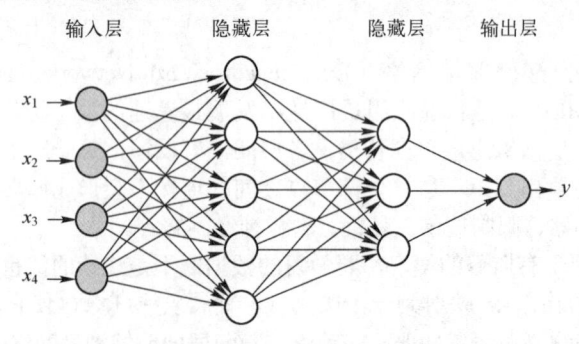

图 4-9 多层感知器示例

通常，对于 m 层感知器，定义从 l_{k-1} 层到 l_k 层的输入节点 i 的权重是 w_{ij}^k，l_k 层节点 i 的偏置是 b_i^k，l_k 层节点 i 的乘积和是 h_i^k，l_k 层节点 i 对于输出是 o_i^k，l_k 层节点数是 r_k，l_k 层节点 i 的特征向量是 $\boldsymbol{w}_i^k$，l_k 层输出向量是 o^k。多层感知器从 l_1 层到 l_{m-1} 层将按照如下顺序计算每个隐藏层的乘积和输出：

$$h_i^k = \boldsymbol{w}_i^k \cdot o^{k-1} + b_i^k = \sum_{j=1}^{r_{k-1}} w_{ji}^k o_j^{k-1} + b_i^k$$

$$o_i^k = g(h_i^k)$$

然后，计算输出层 l_m 的输出值 y：

$$h_1^m = \boldsymbol{w}_1^m \cdot o^{m-1} + b_1^m = \sum_{j=1}^{r_{m-1}} w_{j1}^k o_j^{k-1} + b_1^m$$

$$y = o_1^m = g_o(h_1^m)$$

与单层感知器求解过程相同，多层感知器同样使用均方误差进行计算，并使用梯度下降方法调整参数 w_{ij}^k 和 b_i^k，每次迭代更新的函数如下：

$$\Delta w_{ij}^k = -\alpha \frac{\partial E(\boldsymbol{x})}{\partial w_{ij}^k}$$

$$\Delta b_i^k = -\alpha \frac{\partial E(\boldsymbol{x})}{\partial b_i^k}$$

因为梯度信息在网络中向后流动，即方向与输出计算流相反，因此更新参数时可以使用反向传播算法进行右侧的扩展。这个梯度流起源于最后一层 l_m，与目标输出 y 和实际输出 o 之间的差成比例。

4.2.3 图神经网络

深度学习模型能够很好地处理文本、图像、语音、视频等结构化的序列数据或者网格数据，在目标检测、机器翻译、语音识别、视频分割等领域取得了巨大的成功。然而，现实世界中更多事物是以图结构的形式进行连接，例如社交网络、网页链接、分子结构、交通路网等。不同于文本和图像，这类图结构数据具有结构不规则、节点彼此依赖、关系动态可变等复杂的特性，传统的深度学习方法在处理这些非欧氏空间数据时难以提取有效的潜在特征，模型性能无法使人满意。为了解决此类问题，Scarselli 等人[3]借鉴了卷积网络、循环网络和深度自动编码器的思想，定义和设计了用于处理图数据结构的图神经网络（Graph Neural Networks，GNN）。

与图神经网络密切相关的是图嵌入或网络嵌入。图嵌入是通过保留图的网络拓扑结构和节点内容信息，将图中节点表示为低维向量，以便在后续分析任务中能够直接使用朴素贝叶斯、支持向量机、决策树等现有的机器学习算法。具有代表性的图嵌入算法包括矩阵分解、随机游走和深度学习方法等无监督模型。同时，一些基于深度学习的图嵌入算法也属于图神经网络，包括图自动编码器（Graph Auto-encoder）、图注意力网络（Graph Attention Networks）、图生成网络（Graph Generative Networks）、图时空网络（Graph Spatial-temporal Networks）和图卷积网络（Graph Convolution Networks）等。图嵌入和图神经网络之间的关系如图 4-10 所示。

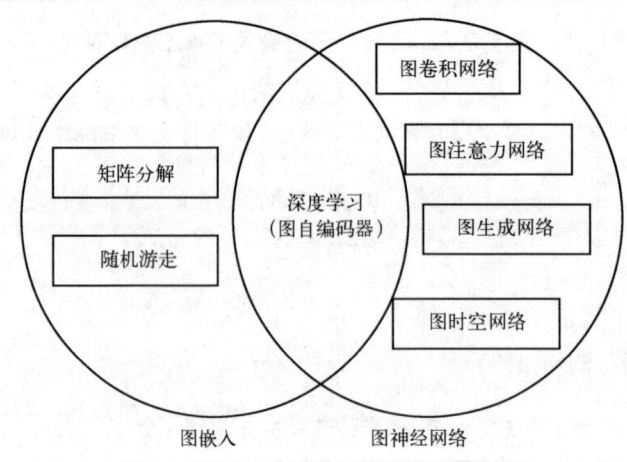

图 4-10 图嵌入和图神经网络之间的关系

图神经网络中的每个节点可以通过其特征和相关节点进行定义,其目标是学习一个状态嵌入 $x_v \in \mathbb{R}^s$ 用于表示每个节点的邻居信息,状态嵌入 x_v 可以生成输出向量 o_v 用于预测节点标签的分布等。定义一个图 $G(V, E)$,其中 V 表示节点集合,E 表示边的集合,$ne[v]$ 表示节点 v 的邻居集合,$co[v]$ 表示连接到节点 v 的边集合,节点和边可以具有向量表示的标签。l 表示通过将图的所有标签叠加在一起而获得的向量,$l_v \in \mathbb{R}^{l_V}$ 和 $l_{(n_1, n_2)} \in \mathbb{R}^{l_E}$ 分别表示节点 v 和边 (n_1, n_2) 的标签向量。图神经网络定义了一个局部转移函数(Local Transition Function)f 用于表示节点 v 的邻居状态,定义了一个局部输出函数(Local Output Function)g 用于表示生成节点的输出。状态嵌入向量 x_v 和生成输出向量 o_v 定义如下:

$$x_v = f(l_v, l_{co[v]}, x_{ne[v]}, l_{ne[v]})$$
$$o_v = g(x_v, l_v)$$

式中,$l_v, l_{co[v]}, x_{ne[v]}, l_{ne[v]}$ 分别表示节点 v 的标签向量、连接到节点 v 的边集合标签向量、连接到节点 v 的状态标签向量、与节点 v 相连接的邻居节点的标签向量。

如图 4-11 所示,x_1 表示 l_1 的输入特征向量,$co[l_1]$ 包含了边 $l_{(1,4)}, l_{(6,1)}, l_{(1,2)}$ 和 $l_{(3,1)}$,$ne[l_1]$ 包含了节点 l_2, l_3, l_4 和 l_6。

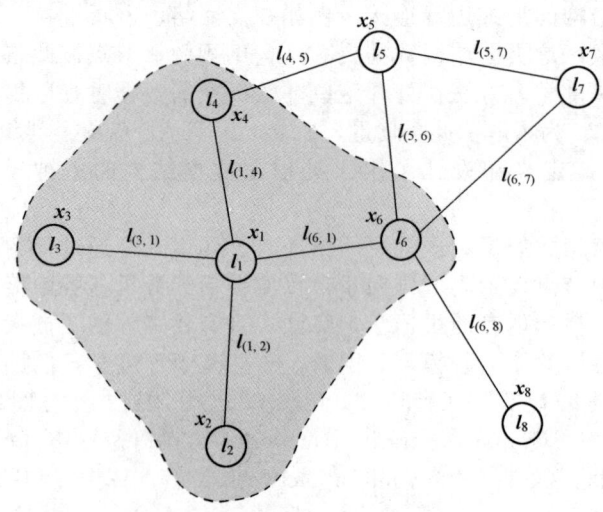

图 4-11 图结构与节点连接邻居关系

令 x, o, l 和 X_N 分别表示所有状态、输出、特征和所有节点特征的向量,有:

$$x = F(x, l)$$
$$o = G(x, l_v)$$

式中，F 表示全局转移函数（Global Transition Function），G 表示全局输出函数（Global Output Function）。分别为图中所有节点的局部转移函数 f 和局部输出函数 g 的堆叠版本。

GNN 可以使用 Banach 不动点定理[4]，进行状态的更新迭代计算：

$$x(t+1) = F(x(t), l) \tag{4-1}$$

式中，$x(t)$ 表示第 t 轮循环 x 的值。式（4-1）同时可以使用非线性方程的雅可比迭代法进行求解。因此，$t+1$ 时刻的状态和输出的更新迭代计算如下：

$$x_v(t+1) = f(l_v, l_{co[v]}, x_{ne[v]}, l_{ne[v]})$$
$$o_v(t) = g(x_v, l_v), v \in V$$

图神经网络模型训练过程等价于在训练数据上求解参数 w 的近似评估 φ_w，计算方程如下：

$$L = \{(G_i, v_{i,j}, t_{i,j}), G_i = (N_i, E_i) \in \mathcal{G}; v_{ij} \in V_i, t_{ij} \in \mathbb{R}^m, 1 \leqslant i \leqslant p, 1 \leqslant j \leqslant q_i\}$$

式中，G_i 表示第 i 个子图的集合；$v_{i,j} \in V_i$ 表示集合 $V_i \in V$ 中的第 j 个节点，V 表示节点集合；$t_{i,j}$ 表示节点 $v_{i,j}$ 的期望目标（即标签）；q_i 为用于监督学习的节点数量。GNN 学习任务可以转化为求解二次成本函数的最小化问题：

$$e_w = \sum_{i=1}^{p} \sum_{j=1}^{q_i} (t_{i,j} - \varphi_w(G_i, n_{i,j}))^2 \tag{4-2}$$

通过梯度下降的学习方法对式（4-2）进行模型优化后，能够得到针对特定任务的训练模型和图中节点的隐含状态。

图神经网络是一个用于建模结构数据的强大模型，在社交网络挖掘、知识图谱推理、商品推荐系统甚至生命科学等领域得到了越来越广泛的应用。但图神经网络模型仍存在隐状态更新低效、边信息特征未被充分利用、节点信息未区分等方面的缺陷。

4.2.4 图卷积神经网络

传统的卷积神经网络得益于文本和图像等欧氏空间数据的平移不变特性，使得其在自然语言处理、图像识别等领域获得成功应用。然而，社交网络、合作网络等图结构的数据局部特征均不相同，无法满足卷积神经网络的平移不变性假设。近年来，图卷积神经网络（Graph Convolution Network，GCN）将卷积神经网络的卷积运算推广到图结构的数据中，通过定义一个函数映射学习聚合给定节点的自身特征与该节点的邻居特征来生成给定节点的新表示[5]。图卷积神经网络从图中学习到的节点特征，可用于节点分类（Node Classification）、连接预测（Link Prediction）、图分类（Graph Classification）、图嵌入表示（Graph Embedding）等。图 4-12 直观地展示了图卷积神经网络学习节点表示的步骤。

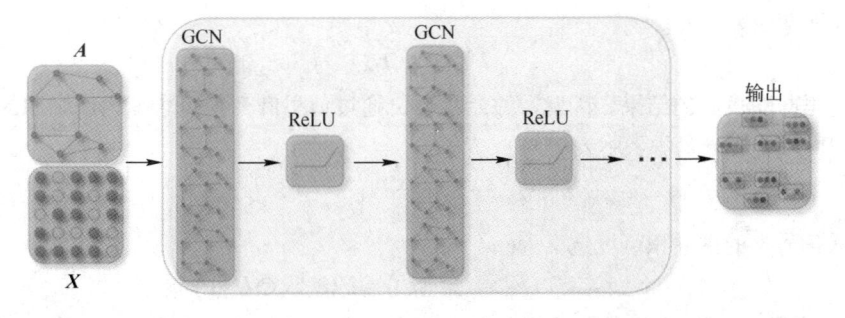

图 4-12 图卷积神经网络学习节点表示的步骤

在一个给定的图 $G(V,E)$ 上学习一个特征函数，其中 V 是节点集合，E 是边集合，A 是以矩阵形式描述图中节点的邻接矩阵，$x_i \in \mathbb{R}^{N \times D}$ 是节点 i 的向量表示，N 是节点个数，D 是特征维度，$Z \in \mathbb{R}^{N \times F}$ 是图中节点的特征输出矩阵，F 是每个节点输出特征的维度。图卷积神经网络的第 $l+1$ 层能被重写计算：

$$H^{l+1} = f(H^l, A)$$

式中，$H^{(0)} = X$；$H^{(l)} = Z$；$z \in Z$ 是图的输出；L 是层的个数。

图卷积神经网络逐层传播的规则如下：

$$f(H^{(l)}, A) = \sigma(AH^{(l)}W^{(l)}) \qquad (4\text{-}3)$$

式中，$W^{(l)}$ 是神经网络第 l 层的权重矩阵，$\sigma(\cdot)$ 是非线性激活函数。

上述层级传播方程（4-3）中，对邻接矩阵 A 做乘法意味着每个节点都将与所有相邻节点的所有特征向量相加，而不是节点本身，此问题可以通过在图中引入自循环来处理，即：将单位矩阵添加到 A。另一方面，矩阵 A 初始时未归一化，与 A 的乘法将完全改变特征向量的比例。引入对角节点度矩阵 D，通过 $D^{-1}A$ 将矩阵 A 归一化。基于上述两点，重新定义图卷积神经网络的传播规则如下：

$$f(H^{(l)}, A) = \sigma(\hat{D}^{-\frac{1}{2}} \hat{A} \hat{D}^{-\frac{1}{2}} H^{(l)} W^{(l)})$$

式中，$\hat{A} = A + I$；I 是单位矩阵；$\hat{D}$ 是 $\hat{A}$ 的对角节点度矩阵。

图卷积神经网络主要包括卷积操作和池化操作，其中卷积操作用于描述节点的局部结构，池化操作用于学习网络的层级化表示。因此，根据卷积操作定义的不同，图卷积神经网络可以分为两大类：基于频谱的方法（Spectral Methods）和基于空间的方法（Spatial Methods）。

1. 基于频谱的图卷积神经网络方法

基于频谱的图卷积神经网络方法是将图从空域转到一组傅里叶变换的基所表示的频域空间，卷积操作对此频域空间上的信号做乘积，最后通过傅里叶逆变换将节点映射到原来的空域空间，从而解决图数据平移不变性缺失问题造成的卷积操作困难。

傅里叶变换的基是通过图的拉普拉斯矩阵的特征向量进行求解：

$$L = I_n - D^{-\frac{1}{2}} A D^{-\frac{1}{2}}$$

式中，A 为图的邻接矩阵；D 为节点度的对角矩阵，对角线上的元素 $D_{ii} = \sum_j (A_{i,j})$。对于图信号在空域上的原始特征向量 x，图上的傅里叶变换可以定义为：

$$F(x) = U^T x$$

式中，$F(x)$ 是信号 x 变换到谱域后的表示；$U^T = [u_0, u_1, \cdots, u_{n-1}] \in R^{N \times N}$ 是特征向量矩阵的转置。信号 x 的傅里叶逆变换定义为：

$$F^{-1}(\hat{x}) = U\hat{x}$$

式中，$\hat{x}$ 为傅里叶变换后的结果。因此，原始信号 x 通过傅里叶变换可转变为新空间的信号 $\hat{x}$ 的元素坐标，原始信号 x 可进一步表示为：

$$x = \sum_i \hat{x}_i u_i$$

对于输入信号 x 的图卷积可以定义为：

$$x_{G^*} g = F^{-1}(F(x) \odot F(g)) = U(U^T x \odot U^T g)$$

式中，G^* 表示图卷积操作，$g \in \mathbb{R}^N$ 是滤波器，$\odot$ 表示两个向量对应元素相乘。假设使用一个对角

矩阵 g_θ 表示 $U^T g$,则图卷积可以表示成如下形式:

$$x_{G*}g_\theta = U_{g_\theta}U^T x$$

2. 基于空间的图卷积神经网络方法

基于空间的图卷积神经网络方法是从图中节点的空间关系出发,通过定义聚合函数对中心节点和邻居节点进行聚合得到节点新的表示,达成层级结构,并进行卷积操作。

在基于空间的图卷积神经网络方法中,聚合函数通常使用信息传播网络进行图卷积网络框架的设计。具体地,消息传播网络可分为两个步骤:在每个节点及其邻居节点上进行聚合操作,得到节点的局部结构表示;然后对节点自身和局部结构进行更新表示,得到当前节点新的表示:

$$l_s^{t+1} = \sum_{r \in N(s)} M_t(h_s^t, h_r^t, f_{s,r})$$

$$h_s^{t+1} = U_t(h_s^t, l_s^{t+1})$$

式中,h_s^t 是第 t 步节点 s 的隐藏层表示向量;$f_{s,r}$ 是节点 s,r 的连接特征向量;M_t 是第 t 步的聚合函数;l_s^{t+1} 是节点 s 通过聚合函数后得到的局部结构表示向量;U_t 是第 t 步的更新函数。

GraphSAGE(Graph SAmple and aggreGatE)是基于空间的图卷积神经网络的重要方法之一[6]。GraphSAGE 主要包括三个重要步骤:

① 对图中每个节点的邻居节点进行采样;
② 根据聚合函数聚合邻居节点蕴含的信息;
③ 得到图中各节点的向量表示供下游任务使用。GraphSAGE 采用聚合函数对网络结构进行表示和学习的过程如图 4-13 所示。

① 邻居节点采样　　② 聚合邻居节点信息　　③ 预测图上下文和标签

图 4-13　图采用聚合的网络结构

GraphSAGE 对每个节点采样一定数量的邻居节点作为待聚合信息的节点。设采样数量为 k,若节点邻居数少于 k,采用有放回的抽样方法,直到采样出 k 个节点;反之,采用无放回的抽样。GraphSAGE 对于每一层循环 k,对每个节点 v 使用它的邻接点的 $k-1$ 层的嵌入表示向量 h_u^{k-1} 来产生其邻居节点的第 k 层聚合表示向量 $h_{N(v)}^k$,之后将 $h_{N(v)}^k$ 和节点 v 的第 $k-1$ 层表示向量 h_u^{k-1} 进行拼接,经过一个非线性变换产生节点 v 的第 k 层嵌入表示向量 h_v^k。

GraphSAGE 的聚合函数包括 MEAN 聚合、Pooling 聚合、LSTM 聚合。其中,MEAN 聚合将连接目标节点向量和邻居节点的第 $k-1$ 层向量,然后计算拼接向量的每一维的求均值,将得到的结果进行非线性变换产生目标节点的第 k 层表示向量 h_v^k:

$$h_v^k \leftarrow \sigma(W \cdot \text{MEAN}(\{h_v^{k-1}\} \cup \{h_u^{k-1}, \forall u \in N(v)\}))$$

式中,W 为权重矩阵。

Pooling 聚合首先对目标节点的邻接节点向量进行一次非线性变换,然后进行 Pooling 操作,将

得到结果与目标节点向量拼接,最后经过非线性变换得到目标节点的第 k 层表示向量:

$$\text{AGGREGATE}_k^{pool} = \max(\{\sigma(W_{pool} h_{u_i}^k + b), \forall u_i \in N(v)\})$$

式中,W_{pool} 为权重矩阵。

LSTM 聚合具有更强的表达能力,由于 LSTM 函数不是关于输入对称的,在使用时需要对节点的邻居进行一次乱序操作。

GraphSAGE 对函数中的参数的学习可以采用无监督学习和监督学习两种方式。其中,GraphSAGE 的无监督学习方式是基于图的损失函数将相邻的节点表示成相似的向量 z_u,同时让分离的节点表示尽可能区分。目标函数如下:

$$J_G(z_u) = -\log(\sigma(z_u^T z_v)) - Q \cdot \mathbb{E}_{v_n \sim P_n(v)} \log(\sigma(z_u^T z_{v_n}))$$

式中,v 是 u 定长随机游走的邻接节点;P_n 是负采样的概率分布;Q 是负样本的数量。GraphSAGE 的监督学习方式可直接使用交叉熵损失函数。

4.3 深度神经网络

本节将介绍深度神经网络的定义、网络结构及训练方法,然后介绍深度神经网络中最常用的模型结构,最后介绍深度神经网络在手写数字识别中的应用。

4.3.1 深度神经网络简介

深度神经网络(Deep Neural Network,DNN)是一种具有多个隐藏层的前馈神经网络[7]。类似于人工神经网络,深度神经网络使用复杂的数学模型以复杂的方式处理数据,多层框架提供了更高的抽象层次,提升了模型的学习能力。深度神经网络各层之间采用全连接的方式,即前一层的任意一个神经元一定与后一层的任意一个神经元相连,神经元连接的所有权重可以通过监督学习或无监督学习进行初始化。深度神经网络作为人工智能领域最基础的模型,已广泛应用于语音识别、图像识别、自动驾驶、游戏模拟、癌症检测等领域。

如图 4-14 所示,深度神经网络按不同层的位置可划分为输入层、隐藏层和输出层。通常第一层是输入层,最后一层是输出层,中间层都是隐藏层。一系列输入 $X = \{x_1, x_2, \cdots x_n\}$ 进入神经元 $a_j^{[i]}$,并乘以连接权重 $w_1, w_2, \cdots w_n$,然后将每个值相加并逐层计算,最后输出结果向量 $\hat{Y}$。

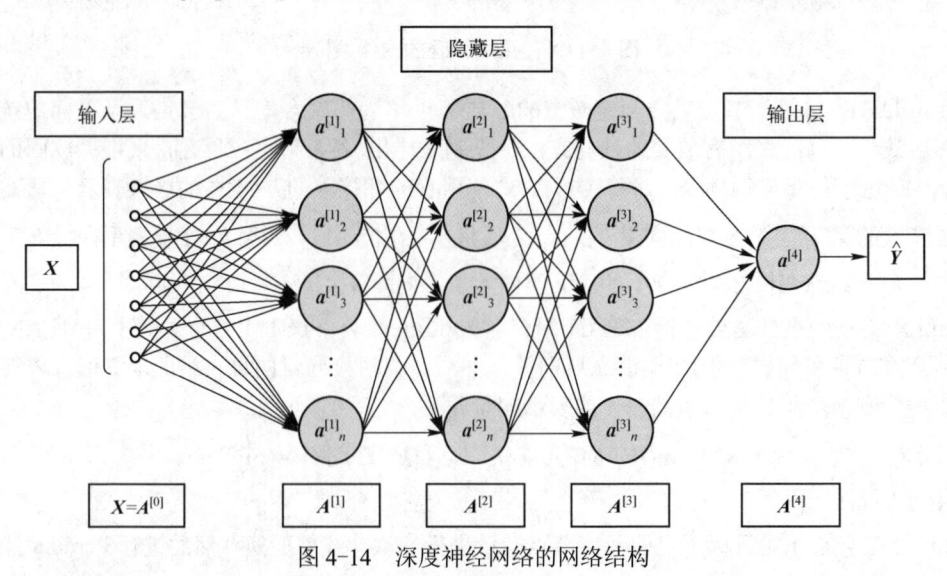

图 4-14 深度神经网络的网络结构

深度神经网络尽管结构表示很复杂，但相邻层之间的连接方式等同于单层感知器 $z = \sum w_i x_i + b$ 与激活函数 $\sigma(z)$ 的组合。由于多个隐藏层的存在，因此深度神经网络具有多个权重参数 w 和偏置参数 b。

在深度神经网络中，w_{jk}^l 表示从第 $l-1$ 层的第 k 个神经元到第 l 层的第 j 个神经元的权重参数，b_j^l 表示第 l 层的第 j 个神经元的偏置参数。例如，w_{13}^2 表示第 1 层的第 3 个神经元到第 2 层的第 1 个神经元的权重系数，b_1^2 表示第 2 层的第 1 个神经元对应的偏置系数。注意，输入层没有权重参数，输出层没有偏置参数。

假设深度神经网络的第 $l-1$ 层共有 m 个神经元，第 l 层共有 n 个神经元，则第 l 层的线性系数 w 可表示成矩阵 $\boldsymbol{W}^l \in \mathbb{R}^{n \times m}$，第 l 层的偏置 b 可表示成向量 $\boldsymbol{b}^l \in \mathbb{R}^{n \times 1}$，第 $l-1$ 层的输出 a 可表示成向量 $\boldsymbol{a}^{l-1} \in \mathbb{R}^{m \times 1}$，第 l 层的未激活前的线性输出 z 可表示成向量 $\boldsymbol{z}^l \in \mathbb{R}^{n \times 1}$，第 l 层的输出 a 可表示成向量 $\boldsymbol{a}^l \in \mathbb{R}^{n \times 1}$。通过矩阵形式化表示第 l 层输出为：

$$\boldsymbol{a}^l = \sigma(\boldsymbol{z}^l) = \sigma(\boldsymbol{W}^l \boldsymbol{a}^{l-1} + \boldsymbol{b}^l)$$

深度神经网络的实现过程包括前向传播算法（Forward Propagation）与反向传播算法（Back Propagation）。其中，前向传播算法是通过多个隐藏层的权重系数矩阵 $\boldsymbol{W}$ 和偏置向量 $\boldsymbol{b}$，与输入层向量 $\boldsymbol{X}$ 进行一系列线性加权和运算和非线性激活运算，从输入层开始，逐层向后计算，直到输出层，最终得到输出结果。反向传播算法是深度神经网络中十分重要的算法，可简单理解为复合函数的链式法则。执行反向传播算法前，深度神经网络将选择一个损失函数，用于度量训练样本计算出的输出和真实样本的输出之间的损失。通常使用平方误差函数度量损失，即对于每个样本，期望最小化表达式如下：

$$J(\boldsymbol{W},\boldsymbol{b},\boldsymbol{x},\boldsymbol{y}) = \frac{1}{2} \| \hat{\boldsymbol{y}} - \boldsymbol{y} \|_2^2$$

式中，$\hat{\boldsymbol{y}}$ 和 $\boldsymbol{y}$ 分别表示为预测值和真实值的特征向量；$\| \cdot \|_2$ 表示 L_2 范式。因此，对于第 L 层输出层的参数，损失函数变为：

$$J(\boldsymbol{W},\boldsymbol{b},\boldsymbol{x},\boldsymbol{y}) = \frac{1}{2} \| \hat{\boldsymbol{y}} - \boldsymbol{y} \|_2^2 = \frac{1}{2} \| \sigma(\boldsymbol{W}^L \boldsymbol{a}^{L-1} + \boldsymbol{b}^L) - \boldsymbol{y} \|_2^2$$

用梯度下降法迭代求解输出层第 L 层的权重 $\boldsymbol{W}^L$ 和偏置 $\boldsymbol{b}^L$，梯度函数表达如下：

$$\frac{\partial J}{\partial \boldsymbol{W}^L} = \frac{\partial J}{\partial \boldsymbol{z}^L} \frac{\partial \boldsymbol{z}^L}{\partial \boldsymbol{W}^L} = (\boldsymbol{a}^L - \boldsymbol{y})(\boldsymbol{a}^{L-1})^{\mathrm{T}} \odot \sigma'(\boldsymbol{z})$$

$$\frac{\partial J}{\partial \boldsymbol{b}^L} = \frac{\partial J}{\partial \boldsymbol{z}^L} \frac{\partial \boldsymbol{z}^L}{\partial \boldsymbol{b}^L} = (\boldsymbol{a}^L - \boldsymbol{y}) \odot \sigma'(\boldsymbol{z}^L)$$

反向传播算法通过存储中间公共的变量 $\delta_L = \dfrac{\partial J}{\partial \boldsymbol{z}}$，使得中间的子状态仅计算一次：

$$\boldsymbol{\delta}_L = \frac{\partial J}{\partial \boldsymbol{z}} = (\boldsymbol{a}^L - \boldsymbol{y}) \odot \sigma'(\boldsymbol{z}^L)$$

对于第 l 层的未激活的输出 $\boldsymbol{z}^L = \boldsymbol{W}^l \boldsymbol{a}^{l-1} + \boldsymbol{b}^l$ 对应的梯度为：

$$\boldsymbol{\delta}_l = \frac{\partial J}{\partial \boldsymbol{z}^l} = \frac{\partial J}{\partial \boldsymbol{z}^L} \frac{\partial \boldsymbol{z}^L}{\partial \boldsymbol{z}^{L-1}} \frac{\partial \boldsymbol{z}^{L-1}}{\partial \boldsymbol{z}^{L-2}} \cdots \frac{\partial \boldsymbol{z}^{l+1}}{\partial \boldsymbol{z}^l}$$

同理，计算第 l 层的权重 $\boldsymbol{W}^l$ 和偏置 $\boldsymbol{b}^l$，梯度函数表达如下：

$$\frac{\partial J}{\partial \boldsymbol{W}^l} = \frac{\partial J}{\partial z^l}\frac{\partial z^l}{\partial \boldsymbol{W}^l} = \delta^l (\boldsymbol{a}^{l-1})^{\mathrm{T}}$$

$$\frac{\partial J}{\partial \boldsymbol{b}^l} = \frac{\partial J}{\partial z^l}\frac{\partial z^l}{\partial \boldsymbol{b}^L} = \delta^l$$

通过归纳推理可知，第 l 层的 δ_l 与第 $l+1$ 层的 δ_{l+1} 关系可表示为：

$$\delta_l = \frac{\partial J}{\partial z^l} = \frac{\partial J}{\partial z^{l+1}}\frac{\partial z^{l+1}}{\partial z^l} = \delta^{l+1}\frac{\partial z^{l+1}}{\partial z^l} = (\boldsymbol{W}^{l+1})^{\mathrm{T}}\delta^{l+1} \odot \sigma'(z^l)$$

因此，通过 δ_l 的递推关系式可知，只需要得到 δ_l 的值，便可求解 $\boldsymbol{W}^l$ 和 $\boldsymbol{b}^l$ 对应的梯度。在深度神经网络的反向传播求解过程中，可以使用批量、小批量、随机等梯度下降法，不同之处在于迭代时训练样本的选择。

4.3.2 深度神经网络模型

目前深度神经网络发展极其迅速，模型种类繁多、应用领域广泛、拓扑框架各异。本节将重点介绍深度神经网络中常用的几种模型结构。

1. 前馈神经网络

前馈神经网络是从前到后逐层反馈信息的神经网络[8]。其中，每一层由并行的输入、隐藏或输出单元组成，通常两个相邻的层是完全连接的。最简单的前馈神经网络是用两个输入单元和一个输出单元模拟逻辑门。前馈神经网络通过反向传播算法进行训练，被反向传播的误差通常是输入和输出之间差异的某种变化。前馈神经网络主要应用于数据压缩、模式识别、计算机视觉、目标识别、语音识别、手写体识别等领域。

2. 径向基神经网络

径向基神经网络（Radial Basis Network，RBN）是以径向基函数为激活函数的神经网络，具有快速的学习速度和通用逼近能力[9]。径向基神经网络确定生成的输出和目标输出的差距，适用于连续值的情况。此外，径向基神经网络使用其他激活函数的表现和前馈神经网络一样。径向基神经网络主要应用于函数逼近、时间序列预测、分类、系统控制等领域。

3. 循环神经网络

循环神经网络（Recurrent Neural Network，RNN）是一种在隐藏层中每个神经元接收具有特定时间延迟输入的前馈神经网络[10]。循环神经网络的神经元不仅从上一层得到信息，也从自身得到信息，因此输入和训练网络的顺序很重要。例如，输入"milk cookies"与输入"cookies milk"可能会产生不同的结果。循环神经网络会产生梯度消失（或爆炸）问题，根据使用的激活函数，信息会随着时间的推移迅速丢失，与前馈神经网络在深度上丢失信息一样。循环神经网络同时存在计算速度慢以及记忆时间短等问题。循环神经网络主要应用于机器翻译、机器控制、时间序列预测、语音识别、语音合成、音乐创作等领域。

4. 长短期记忆网络

长短期记忆网络（Long-short Term Memory，LSTM）通过引入门和显式定义的记忆单元来解决梯度消失或爆炸问题[11]。LSTM 的每个神经元有一个记忆单元和三个门：输入门、输出门和遗忘门。这些门的功能是通过阻止或允许信息流动来保护信息。记忆单元用于确定什么样的新信息被存放在神经元中。输入门决定前一层中有多少信息存储在单元中。输出门根据神经元状态，确定输出值。遗忘门用于遗忘或丢弃一些信息。LSTM 主要应用于语音识别、笔迹识别、目标识别等领域。

5. 门控循环单元

门控循环单元（Gated Recurrent Unit，GRU）是 LSTM 的一个变种[12]。GRU 只有更新门（Update Gate）、重置门（Reset Gate）和当前记忆门（Current Memory Gate）这三个门，并且它们不

维持内部单元状态。其中，更新门用于决定有多少过去的知识可以传递给未来；重置门用于决定过去的知识有多少需要遗忘；当前记忆门用于保留当前单元的信息，并传递到下一个单元。GRU 运行效率稍高于 LSTM，但表达能力也稍差。GRU 主要应用于复调音乐模型、语音信号建模、自然语言处理等领域。

6. 自动编码器

自动编码器（Auto Encoder，AE）因自动编码信息而得名，是一个无监督式机器学习算法[13]。自动编码器由编码器和解码器构成。其中，编码器用于将输入数据转换到低维，解码器用于重构压缩数据。自动编码器中隐藏神经元的数量小于输入神经元的数量，输入神经元的数量等于输出神经元的数量。在自动编码器中，输出和输入尽可能接近，找到共同的模式和归纳数据，使用自动编码器来缩小表示输入的规模，还可以从压缩的数据中重建原始数据。自动编码器主要应用于分类、聚类、特征压缩等领域。

7. 霍普菲尔德网络

霍普菲尔德网络（Hopfield Network，HN）中，每个神经元都与其他神经元直接相连[14]，神经元的状态可以通过接受其他神经元的输入而改变。通常使用霍普菲尔德网络来存储模式和记忆。当在一组模式上训练一个神经网络，它就能够识别这个模式。当提供不完整的输入时，它可以识别完整的模式，这将返回最佳的猜测。霍普菲尔德网络主要应用于优化问题、图像检测与识别、医学图像识别、增强 X 射线图像等领域。

8. 玻尔兹曼机

玻尔兹曼机（Boltzmann Machine，BM）是从一个原始数据集中学习一个概率分布，并使用它来推断未见过的数据[15]。在 BM 中，有输入节点和隐藏节点，一旦所有隐藏节点的状态发生改变，输入节点就会转换为输出节点。它从随机权重开始，通过反向传播进行学习，或者通过对比发散进行学习。BM 将输入神经元设置为特定的阈值，然后网络被释放，神经元可以得到任何值，在输入和隐藏的神经元之间来回重复。激活是由一个全局阈值控制的，如果降低这个值，神经元的能量就会降低。这种较低的能量使它们的激活模式趋于稳定。在适当的条件下，网络达到平衡。BM 主要应用于降维、分类、回归、协同过滤、特征学习等领域。

9. 深度信念网络

深度信念网络（Deep Belief Network，DBN）使用无监督算法进行学习[16]。DBN 中的隐藏层起着特征检测器的作用。经过无监督训练后，模型能够进行分类。DBN 可表示为 RBM 和自动编码器的组合，最后的 DBN 使用概率方法得到结果。DBN 主要应用于模式识别、图像处理、非线性降维等领域。

10. 卷积神经网络

卷积神经网络（Convolutional Neural Networks，CNN）允许无监督地构造层次图像表示[17]。CNN 被用来添加更复杂的特征，以便它能够更准确地执行任务。CNN 主要应用于图像分类、图像聚类、自然语言处理、药物发现和目标识别等领域。

4.3.3 案例：手写数字识别

手写数字识别是图像识别领域最常见的任务，其目的是利用计算机对图像进行处理、分析和理解，以识别不同风格的手写数字。机器学习领域，一般将 0~9 共 10 个数字的手写体识别任务问题转化为分类问题。深度学习模型已经被广泛应用于汇款单识别、手写邮政编码识别，大大缩短了业务处理时间，提升了工作效率和质量。

本节在 PyCharm 集成开发环境下，基于深度学习框架 TensorFlow 和 Python 编程语言实现了全连接神经网络，并在手写数字数据集 MNIST 上实现手写数字的分类。全连接神经网络识别手写数字主要分为三个部分：前向传播过程、网络参数优化方法的反向传播过程和验证模型准确率的测试过程。

1. 读取图片数据集

MNIST 是包含各种手写数字图片的经典数据集。该数据集包含以下四个部分：train-images-idx3-ubyte.gz 和 train-labels-idx1-ubyte.gz 分别对应 6 万个训练集图片及 6 万个训练集标签，t10k-images-idx3-ubyte.gz 和 t10k-labels-idx1-ubyte.gz 分别对应 1 万个测试集图片及 1 万个测试集标签。MNIST 数据集里的每张图片大小为 28×28 像素，图片中纯黑色像素值为 0，纯白色像素值为 1。因此，图片可以用 28×28 的数组来表示，标签用大小为 10 的数组进行 one-hot 编码表示。首先使用 TensorFlow 自带的 input_data 函数加载 MNIST 数据集并设置 one-hot 编码方式，主要实现代码如下：

```
import tensorflow.examples.tutorials.mnist.input_data as input_data
mnist = input_data.read_data_sets("MNIST_data/", one_hot=True)    # 加载 MNIST 数据集
```

2. 前向传播过程

在前向传播过程中，需要定义网络模型输入层节点数、隐藏层节点数、输出层节点数，定义网络参数 w、偏置 b，定义由输入到输出的神经网络架构。MNIST 数据集的识别任务前向传播的实现代码如下：

```
import tensorflow as tf

INPOUT_NODE = 784    #输入层节点
OUTPUT_NODE = 10     #输出层节点
LAYERL_NODE = 500    #隐藏层节点

def get_weight(shape, regularizer):
    '''获取权重'''
    w = tf.Variable(tf.random_normal(shape, stddev = 0.1))
    if regularizer != None:
        tf.add_to_collection("losses", tf.contrib.layers.l2_regularizer(regularizer)(w))#正则化
    return w

def get_bias(shape):
    '''获取偏置'''
    b = tf.Variable(tf.zeros(shape))
    return b

def forward(x, regulaizer):
    '''前向传播'''
    w1 = get_weight([INPOUT_NODE, LAYERL_NODE], regulaizer)
    b1 = get_bias([LAYERL_NODE])
    y1 = tf.nn.relu(tf.matmul(x, w1) + b1)

    w2 = get_weight([LAYERL_NODE, OUTPUT_NODE], regulaizer)
    b2 = get_bias([OUTPUT_NODE])
    y = tf.matmul(y1, w2) + b2
    return y
```

3. 反向传播过程

反向传播过程中,对神经网络模型训练,通过降低损失函数值,实现网络模型参数的优化,从而得到准确率高且泛化能力强的神经网络模型。MNIST 数据集的识别任务反向传播的实现代码如下:

```python
import tensorflow as tf
from tensorflow.examples.tutorials.mnist import input_data
import mnist_forwsrd
import os

BATCH_SIZE = 200    #一个 batch 中的样本个数
LEARNING_RATE_BASE = 0.8    #初始学习率
LEARNING_RATE_DECAY = 0.99    #学习率衰减率
REGULARIZER = 0.0001    #正则化系数
STEPS = 30000    #训练步数
MOVING_AVERAGE_DECAY = 0.99    #滑动平均衰减率
MODEL_SAVE_PATH = './model/'   #模型存储地址
MODEL_NAME = 'mnist_model'    #模型名称

def backward(mnist):
    '''反向传播'''
    x = tf.placeholder(tf.float32, shape = (None, mnist_forwsrd.INPOUT_NODE))
    y_ = tf.placeholder(tf.float32, shape = (None, mnist_forwsrd.OUTPUT_NODE))
    y = mnist_forwsrd.forward(x, REGULARIZER)          #搭建网络图

    ce = tf.nn.sparse_softmax_cross_entropy_with_logits(logits=y, labels=tf.argmax(y_, 1))  #softmax + 交叉熵
    cem = tf.reduce_mean(ce)
    loss = cem + tf.add_n(tf.get_collection('losses'))        #加正则化

    global_step = tf.Variable(0, trainable = False)        #训练步长
    learning_rate = tf.train.exponential_decay(            #指数衰减学习率
        LEARNING_RATE_BASE,                    #起始值
        global_step,                        #步长
        mnist.train.num_examples / BATCH_SIZE,        #总样本数/一批的数
        LEARNING_RATE_DECAY,                    #每次衰减的步长
        staircase = True
    )

    train_step = tf.train.GradientDescentOptimizer(learning_rate).minimize(loss, global_step = global_step)
#优化器


    ema = tf.train.ExponentialMovingAverage(MOVING_AVERAGE_DECAY, global_step)   #滑动平均变量
    ema_op = ema.apply(tf.trainable_variables())
    with tf.control_dependencies([train_step, ema_op]):
        train_op = tf.no_op(name='train')

    #创建会话并开始训练
    saver = tf.train.Saver()
```

```
with tf.Session() as sess:
    init_op = tf.global_variables_initializer()
    sess.run(init_op)

    for i in range(STEPS):
        xs, ys = mnist.train.next_batch(BATCH_SIZE)
        trinop, loss_value, step = sess.run([train_step, loss, global_step], feed_dict={x:xs, y_:ys})
        if (i+1) % 5000 == 0:
            print('After %d step(s), loss is %g.' %(step, loss_value))
            saver.save(sess, os.path.join(MODEL_SAVE_PATH, MODEL_NAME), global_step = global_step)
```

运行结果如图 4-15 所示，模型经过 30000 步训练，损失函数值逐步减小，最终达到 0.03 左右，继续调节训练参数应该可以得到更好的结果。

```
Extracting ./data/mnist_data\train-images-idx3-ubyte.gz
Extracting ./data/mnist_data\train-labels-idx1-ubyte.gz
Extracting ./data/mnist_data\t10k-images-idx3-ubyte.gz
Extracting ./data/mnist_data\t10k-labels-idx1-ubyte.gz
After 5000 step(s), loss is 0.10112.
After 10000 step(s), loss is 0.0693055.
After 15000 step(s), loss is 0.0545484.
After 20000 step(s), loss is 0.046798.
After 25000 step(s), loss is 0.0463722.
After 30000 step(s), loss is 0.0366404.
After 35000 step(s), loss is 0.0348497.
After 40000 step(s), loss is 0.03282.
After 45000 step(s), loss is 0.0356664.
After 50000 step(s), loss is 0.0317501.
```

图 4-15 反向传播过程的网络误差训练

4．模型测试过程

当模型训练完成后，向得到的神经网络模型输入测试集验证网络的准确性和泛化性。MNIST 数据集的识别任务测试传播过程的实现代码如下：

```
def test(mnist):
    '''测试函数'''
    with tf.Graph().as_default() as g:
        x = tf.placeholder(tf.float32, [None, mnist_forward.Input_Node])
        y_ = tf.placeholder(tf.float32, [None, mnist_forward.Output_Node])
        y = mnist_forward.forward(x, None)

        # 滑动平均变量
        ema = tf.train.ExponentialMovingAverage(mnist_backward.Moving_Average_Decay)
        ema_restore = ema.variables_to_restore()
        saver = tf.train.Saver(ema_restore)
```

```python
# 计算正确率
correct_prediction = tf.equal(tf.argmax(y, 1), tf.argmax(y_, 1))
accuracy = tf.reduce_mean(tf.cast(correct_prediction, tf.float32))

while True:
    with tf.Session() as sess:
        ckpt = tf.train.get_checkpoint_state(mnist_backward.Model_Save_Path)
        if ckpt and ckpt.model_checkpoint_path:
            # 若模型存在，则加载模型到当前对话，在测试数据集上进行准确率验证，
            # 并打印出当前轮数下的准确率
            saver.restore(sess, ckpt.model_checkpoint_path)
            global_step = ckpt.model_checkpoint_path.split('/')[-1].split('-')[-1]
            accuracy_score = sess.run(accuracy, feed_dict={x: mnist.test.images, y_: mnist.test.labels})
            print("After %s training step(s), test accuracy = %g" % (global_step, accuracy_score))
        else:
            # 若模型不存在，则打印出模型不存在的提示，test()函数完成
            print('No checkpoint file found')
            return
```

运行结果如图 4-16 所示，模型在测试集上的准确率在 98% 左右。

```
Extracting ./data/mnist_data\train-images-idx3-ubyte.gz
Extracting ./data/mnist_data\train-labels-idx1-ubyte.gz
Extracting ./data/mnist_data\t10k-images-idx3-ubyte.gz
Extracting ./data/mnist_data\t10k-labels-idx1-ubyte.gz
After 50000 training step(s), test accuracy = 0.9836
```

图 4-16　模型测试结果

4.4　卷积神经网络

本节将介绍卷积神经网络的定义及网络结构，然后介绍当前主流卷积神经网络的算法模型和特点，最后介绍卷积神经网络在猫狗图片识别中的应用。

4.4.1　卷积神经网络简介

卷积神经网络（Convolutional Neural Networks，CNN）是一类包含卷积计算且具有深度结构的 FNN，是深度学习的代表算法之一[17]。这些卷积核或滤波器沿着输入特征滑动并共享权重结构，因此卷积神经网络也被称为平移不变人工神经网络（Shift-Invariant Artificial Neural Networks，SIANN）。卷积神经网络由具有可学习的权重和偏差的神经元组成。每个神经元接收一些输入，执行点积运算，并可选地以非线性逐层传递。当前，大多数卷积神经网络只是等变的，而不是不变的。卷积神经网络已被广泛应用于图像和视频识别、推荐系统、图像分类、图像分割、医学图像分析、自然语言处理和金融时间序列分析等领域。

如图 4-17 所示，典型的卷积神经网络由 3 个部分构成：卷积层（Convolutional Layer）、池化层（Pooling Layer）、全连接层（Fully-Connected Layer）。其中，卷积层负责提取图像中的局

部特征；池化层用来大幅降低参数量级（降维）；全连接层类似传统神经网络的部分，用来输出最终结果。

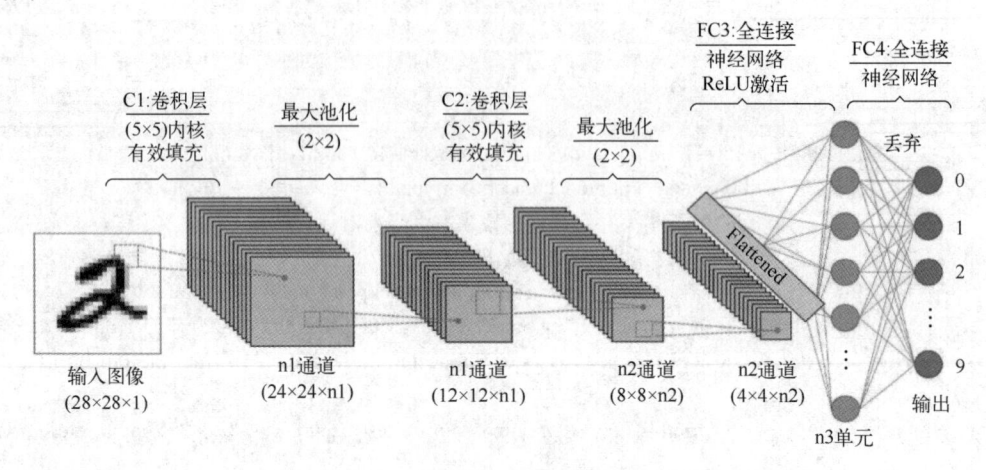

图 4-17 卷积神经网络的网络结构

1. 卷积层

卷积层是卷积神经网络的核心组成部分。该层的参数由一组可学习的卷积核过滤器（Filter）或者内核（Kernel）组成，这些卷积核有一个小的感受野（Receptive Field），能够延伸到整个输入图像的深度。在前向传递期间，每个卷积核在输入图像的宽度和高度上做卷积，计算卷积核条目和输入之间的点积，生成该卷积核的二维激活图。当它在输入的某个空间位置检测到某种特定类型的特征时，网络学习激活该卷积核，将所有卷积核的激活图逐层叠加形成卷积层的全部输出。因此，最终输出集合中的每个条目也可以解释为神经元的输出，该神经元观察输入中的一个小区域，并与同一激活图中的神经元共享参数。卷积层通常有三个重要参数：深度（Depth）、步长（Stride）和零填充（Zero-Padding）。其中，深度表示卷积运算的卷积核的数量，卷积核的数量越多，结果越准确。步长是在输入矩阵上滑动卷积核矩阵的像素数，步长越大，生成的特征图越小。零填充能够控制特征映射的大小。使用零填充时是宽卷积，不使用零填充时是窄卷积。

例如，给定一个像素值仅为 0 和 1 的 5×5 图像，特征检测器检测输入图像的每一个部分，然后根据特征检测器与输入图像的匹配得到特征映射。如图 4-18 所示，3×3 矩阵为卷积核，通过将卷积核滑动到图像上并计算点积形成的矩阵称为"卷积特征"或"激活图"或"特征图"。需要注意的是，卷积核充当原始输入图像的特征检测器。

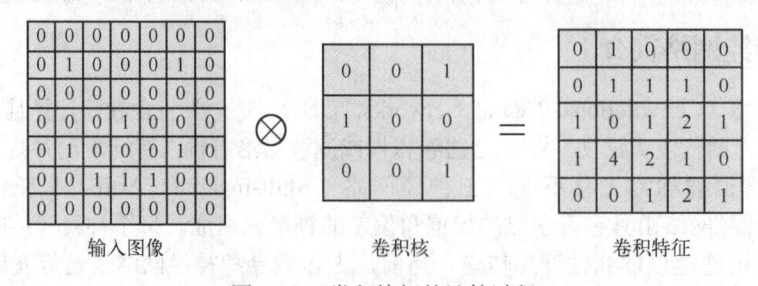

图 4-18 卷积特征的计算过程

在每一个滑动位置上，卷积核与输入图像的元素对应乘积并进行求和运算，将感受野内的信息投影到特征图中的元素。卷积核的尺寸要比输入图像小得多，且重叠或平行地作用于输入图像中，特征图中的所有元素都是通过一个卷积核计算得出的，即特征图共享相同的权重和偏置项。在每次卷积运算之后，引入非线性运算 ReLU 将特征图中的所有负像素值替换为零。

2．池化层

池化层通过子采样（Subsampling）或者下采样（Downsampling）降低了每个特征图的维数，同时保留了最重要的信息。池化有最大池化（Max Pooling）、平均池化（Average Pooling）、和池化（Sum Pooling）等不同的操作类型。其中，最大池化使用池化核区域的最大值作为采样值，平均池化使用池化核区域的平均值作为采样值，和池化使用池化核区域的所有值的和作为采样值。

例如，在最大池化的情况下，定义一个池化窗口为 2×2 的空间邻域，然后从每个区块中的 4 个数获取最大的元素，如图 4-19 所示。当然也可以通过平均池化或和池化获取采样值。实践证明，最大池化的效果更好。注意，池化窗口过大会对特征图的信息造成破坏，通常取值 2 或 3。

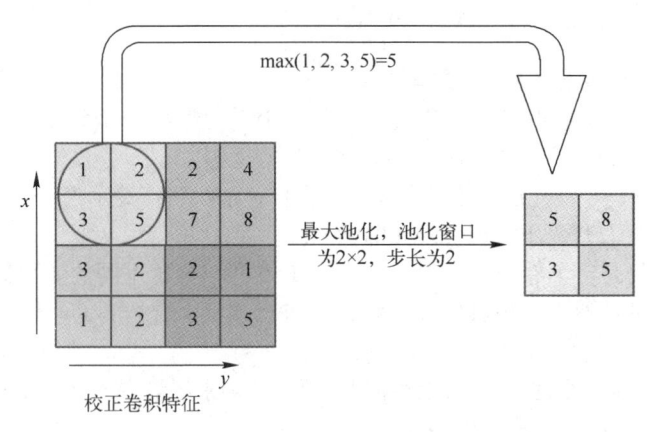

图 4-19　最大池化的计算过程

池化机制使用相对位置表示特征，大大缩减了数据规模、参数数量和计算开销，一定程度上也防止了过拟合。一般情况下，卷积神经网络结构的卷积层之间都会周期性地插入池化层，可视为另一种形式的平移不变性。通过卷积层很容易发现图像中的各种边缘，但是卷积层发现的特征往往过于精确，通过池化层可以降低卷积层对边缘的敏感性。

3．全连接层

全连接层是一个传统的多层感知器，在多层卷积和池化之后，在输出层使用 softmax 激活函数、SVM 分类器等进行输入图像的类别分类。尽管卷积层和池化层的大多数特征可能适合于分类任务，但全连接层在卷积层和池化层基础上学习得到的图像高级特征的非线性组合，表示效果更好。通常，全连接层的输出概率之和为 1，这是通过在全连接层的输出层中使用 softmax 作为激活函数来实现的。softmax 函数获取任意实值分数的向量，并将其压缩为介于 0 和 1 之间的值向量，和为 1。

4.4.2　典型卷积神经网络算法

卷积神经网络的体系结构多种多样，这些体系结构是构建算法的关键。本小节将重点介绍当前主流卷积神经网络的算法模型和主要特点。

1．LeNet

LeNet 由 Yann LeCun 在 1998 年发表的文章《Gradient-Based Learning Applied to Document Recognition》中正式提出[17]。它是第一个成功应用于手写数字识别问题并产生实际商业价值的卷积神经网络。

LeNet 一共包含 7 层，输入是一个 32×32 的图像。实际应用时可根据问题需求修改输入尺寸与网络中的结构。LeNet 的网络结构如图 4-20 所示。

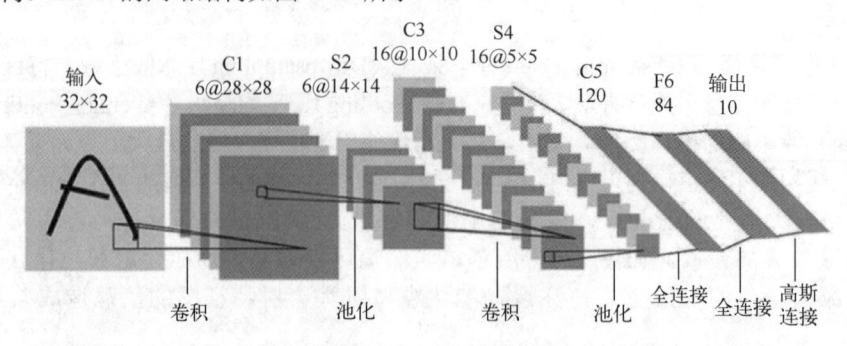

图 4-20 LeNet 的网络结构

对于图 4-20 中的 LeNet，每一层结构如下：
- C1 层：该层是一个卷积层。使用 6 个大小为 5×5 的卷积核对输入层进行卷积运算，特征图尺寸为 32-5+1=28，产生 6 个大小为 28×28 的特征图。
- S2 层：该层是一个池化层。采用最大池化操作，池化窗口设定为 2×2。经池化后得到 6 个 14×14 的特征图，作为下一层神经元的输入。
- C3 层：该层仍是一个卷积层，选用大小为 5×5 的 16 种不同的卷积核。C3 中的每个特征图是由 S2 中的所有 6 个或其中几个特征图进行加权组合得到的。输出为 16 个 10×10 的特征图。
- S4 层：该层仍是一个池化层，池化窗口为 2×2，仍采用最大池化操作。最后输出 16 个 5×5 的特征图，神经元个数减少为 16×5×5=400。
- C5 层：该层仍是一个卷积层。继续采用 5×5 的卷积核对 S4 层的输出进行卷积，卷积核数量增加至 120。C5 层的输出图片大小为 5-5+1=1，最终输出 120 个 1×1 的特征图。C5 与 S4 实现全连接，但仍被视为卷积层，原因是如果 LeNet 的输入图片尺寸变大，该层特征图的维数会大于 1×1。
- F6 层：该层与 C5 层全连接，输出 84 张特征图。
- 输出层：该层与 F6 层全连接，输出长度为 10 的张量，代表所抽取的特征属于哪个类别。如果张量在 index=3 的位置为 1，表示输入图片属于第三类。

LeNet 的特点如下：
1）每个卷积层包含三个部分：卷积、池化和非线性激活函数。
2）使用卷积提取空间特征。
3）使用池化层降低特征图的空间结构。
4）激活函数 MLP 作为分类器。
5）层与层之间的稀疏连接减少计算复杂度。

2. AlexNet

AlexNet 由 Alex Krizhevsky 在 2012 年发表的文章《Imagenet Classification with Deep Convolutional Neural Networks》中正式提出[18]。AlexNet 在 LeNet 的基础上加深了网络的结构，学习更丰富更高维的图像特征。AlexNet 夺得了 2012 年 ImageNet LSVRC 的冠军，且准确率远超第二名，达到最低的 15.3% 的 Top-5 错误率。

AlexNet 网络包含 8 层：前 5 层是卷积层，剩下的 3 层是全连接层。最后一层全连接层的输出是 1000 维 softmax 函数的输入，softmax 会产生 1000 类标签的分布。它使用了非饱和的 ReLU 激活函数，显示出比 tanh 函数和 sigmoid 函数更好的训练性能。由于 AlexNet 采用了两个 GPU 进行训练，因此，该网络结构由上下两部分组成，一个 GPU 运行上方的层，一个 GPU 运行下方的层，两个 GPU 只在特定的层通信。AlexNet 的网络结构如图 4-21 所示。

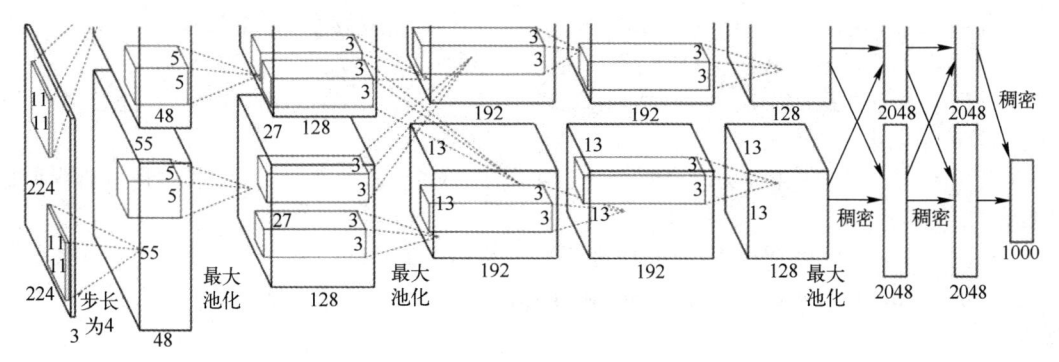

图 4-21 AlexNet 的网络结构

对于图 4-21 中的 AlexNet，每一层结构如下：
- 第 1 层（卷积层）：卷积→ReLU→池化→归一化。11×11 的卷积，步长为 4，输出通道为 96 个特征图。分为两组，每组 48 个通道。然后通过一层 ReLU 非线性激活。再经过一层最大池化，池化窗口为 3×3，步长为 2。最后再经过一层的局部归一化。运算后图片大小为 27×27×96。
- 第 2 层（卷积层）：卷积→ReLU→池化→归一化。第 2 层的输入为第 1 层的输出，即 27×27×96 的像素矩阵。96 个特征图分成两组，分别在两个 GPU 中进行运算。卷积核大小为 5×5，步长为 1，输出通道为 128，然后经过一层 ReLU 非线性激活，再经过一层最大池化，池化窗口仍为 3×3，步长为 2。最后再经过一层局部归一化。运算输出两组大小为 13×13×128 的图片。
- 第 3 层（卷积层）：卷积→ReLU。第 3 层的输入为第 2 层的输出，即 13×13×128 的像素矩阵。先经过卷积核大小为 3×3×192 的卷积运算，步长为 1。然后通过 ReLU 非线性激活。注意这一层没有最大池化和局部归一化。运算输出两组大小为 13×13×192 的图片。
- 第 4 层（卷积层）：卷积→ReLU。第 4 层先经过卷积核大小为 3×3，步长为 1 的卷积运算，然后经过 ReLU 非线性激活。运算输出两组大小为 13×13×192 的图片。
- 第 5 层（卷积层）：卷积→ReLU→池化。第五层先经过卷积核大小为 3×3，输出通道 128，步长为 1 的卷积运算，然后经过 ReLU 非线性激活。最后经过一层大小为 3×3，步长为 2 的最大池化，运算输出两组大小为 6×6×128 的图片。
- 第 6 层（全连接层）：卷积（全连接）→ReLU→Dropout。输入是两组大小为 6×6×128 的图片，组合在一起是 6×6×256，输出通道为 4096。经过 ReLU 和 Dropout 后输出为 4096 的一维向量。
- 第 7 层（全连接层）：全连接→ReLU→Dropout。输入为 4096 的一维向量，输出也为 4096 的一维向量，即 4096×4096 的全连接。然后通过 ReLU 和 Dropout，输出为 4096 的一维向量。
- 第 8 层（全连接层）：输入为 4096 的一维向量，输出为 1000 的一维向量，对应 1000 个分类的输出，即 4096×1000 的全连接。经过这一层后，通过 softmax 得到 1000 个分类结果。

AlexNet 的特点如下：
1）采用 ReLU 替代了 tanh 和 sigmoid 激活函数。ReLU 具有计算简单、不产生梯度弥散等优点，现在已经基本替代了 tanh 和 sigmoid。

2）全连接层使用了 Dropout 来防止过拟合。Dropout 可以理解为一种下采样方式，能有效降低过拟合问题。

3）卷积-激活-池化后，采用了一层局部归一化。将一个卷积核在(x,y)空间像素点的输出，和它前后的几个卷积核上的输出做权重归一化。

4）使用了重叠的最大池化。3×3 的池化核，步长为 2，因此产生了重叠池化效应，使得一个像素点在多个池化结果中均有输出，提高了提取特征的丰富性。

5）使用 CUDA GPU 硬件加速。训练中使用了两个 GPU 进行并行加速，使得模型训练速度大大提高。

6）数据增强。随机从 256×256 的原始图片中，裁剪得到 224×224 的图片，从而使一张图片变为$(256-224)^2$张图片。并对图片进行镜像、旋转、增加随机噪声等数据增强操作，大大降低了过拟合现象。

3．VGGNet

VGGNet 是牛津大学计算机视觉组（Visual Geometry Group）和谷歌 DeepMind 公司的研究员一起研发的深度卷积神经网络[19]。VGGNet 探索了卷积神经网络的深度与其性能之间的关系，通过反复堆叠 3×3 的小型卷积核和 2×2 的最大池化层，VGGNet 成功地构筑了 16～19 层深的卷积神经网络。VGGNet 相比之前最先进的网络结构，错误率大幅下降，并取得了 ILSVRC 2014 比赛分类项目的第 2 名和定位项目的第 1 名。

VGGNet 的主要变种之一是 VGG-16 模型。VGG-16 由牛津大学的视觉几何组的研究人员在 2014 年提出，是一种著名的卷积神经网络架构，它证明了使用小卷积核和深度架构可以构建强大的图像分类模型。VGG-16 因其简单、深度和强大的性能而广受欢迎，尤其是在图像分类任务中有广泛的应用。VGG-16 全部使用了 3×3 的卷积核和 2×2 的池化核，通过不断加深网络结构来提升性能。VGGNet 全部使用了 3×3 的卷积核和 2×2 的池化核，通过不断加深网络结构来提升性能。VGG-16 的网络结构如图 4-22 所示。

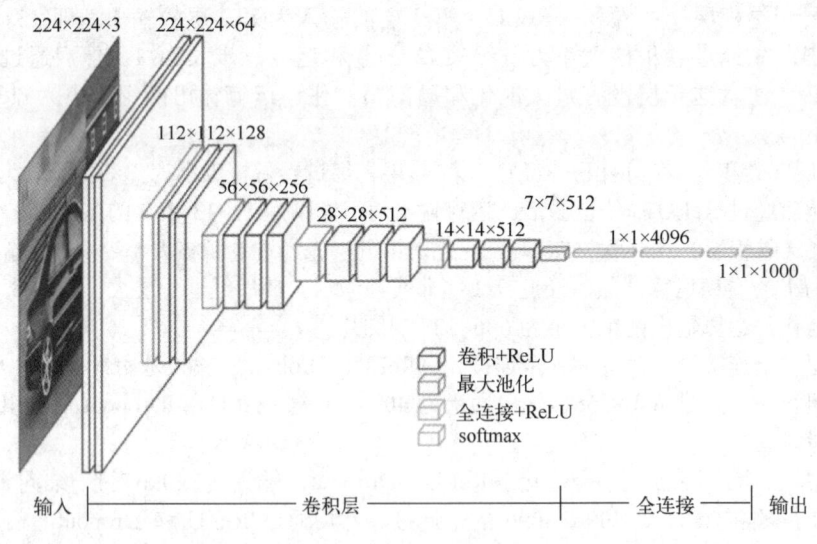

图 4-22　VGG-16 的网络结构

对于图 4-22 中的 VGG-16，结构如下：
- 输入 224×224×3 的图片，经 64 个 3×3 的卷积核做两次卷积和 ReLU 操作，卷积后的尺寸变为 224×224×64。
- 做 2×2 的最大池化，池化后的尺寸变为 112×112×64。

- 经过 128 个 3×3 的卷积核做两次卷积和 ReLU 操作,尺寸变为 112×112×128。
- 做 2×2 的最大池化,尺寸变为 56×56×128。
- 经过 256 个 3×3 的卷积核做三次卷积和 ReLU 操作,尺寸变为 56×56×256。
- 做 2×2 的最大池化,尺寸变为 28×28×256。
- 经过 512 个 3×3 的卷积核做三次卷积和 ReLU 操作,尺寸变为 28×28×512。
- 做 2×2 的最大池化,尺寸变为 14×14×512。
- 经过 512 个 3×3 的卷积核做三次卷积和 ReLU 操作,尺寸变为 14×14×512。
- 做 2×2 的最大池化,尺寸变为 7×7×512。
- 再经过两层 1×1×4096 和一层 1×1×1000 的全连接,最后使用 ReLU 激活。
- 通过 softmax 输出 1000 个预测结果。

VGGNet 的特点如下:

1)采用了较深的网络,最多达到 19 层,证明了网络越深,高阶特征提取越多,从而准确率得到提升。

2)串联多个小卷积,相当于一个大卷积。VGG 中使用两个串联的 3×3 卷积,达到了一个 5×5 卷积的效果,但参数量却只有之前的 9/25。同时串联多个小卷积,也增加了使用 ReLU 非线性激活的概率,从而增加了模型的非线性特征。

3)VGG-16 中使用了 1×1 的卷积。1×1 的卷积是性价比最高的卷积,可以用来实现线性变化、输出通道变换等功能,而且还可以多一次 ReLU 非线性激活。

4)VGG 有 11 层、13 层、16 层、19 层等多种不同复杂度的结构。使用复杂度低的模型训练结果,初始化复杂度高模型的权重等参数,可以加快收敛速度。

4. GoogLeNet

GoogLeNet 是谷歌研究出来的深度网络结构,首次出现在 2014 年 ILSVRC 比赛中即获得冠军[20],通常称该版本为 Inception V1。Inception V1 有 22 层深,参数量为 500 万,仅通过设计一个稀疏网络结构,就能够产生稠密的数据,既能增强神经网络表现,又能保证计算资源的使用效率。

Inception Module 是 GoogLeNet 的核心组成单元。该结构将 CNN 中常用的 1×1 卷积、3×3 卷积、5×5 卷积、3×3 最大池化操作堆叠在一起,最后对 4 个成分运算结果进行通道上组合。Inception Module 的网络结构如图 4-23 所示。通过多个卷积核提取图像不同尺度的信息,最后进行融合,可以得到图像更好的表征。

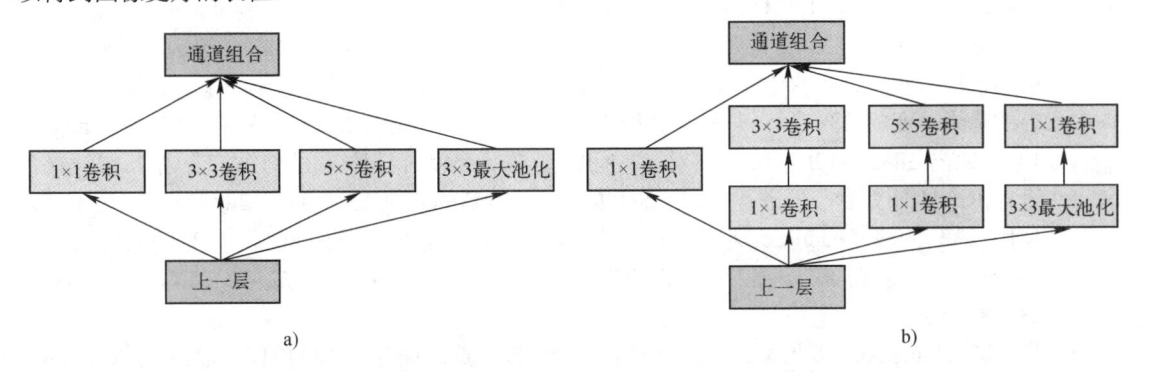

图 4-23 Inception Module 的网络结构
a) 朴素版 Inception Module b) 降维版 Inception Module

由 Inception Module 组成的 GoogLeNet 的网络结构如图 4-24 所示。

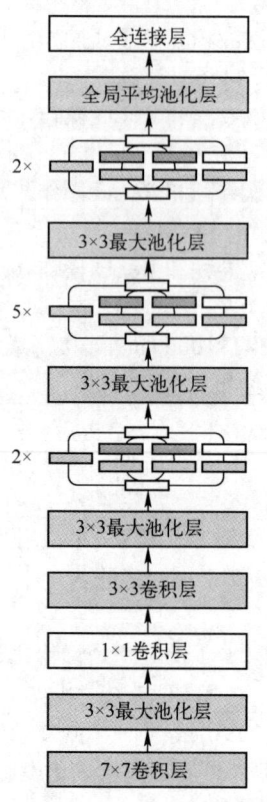

图 4-24　GoogLeNet 的网络结构

GoogLeNet 每一层的结构如下：
- 输入：原始输入图像为 224×224×3，且都进行了零均值化的预处理操作。
- 第一层（卷积层）：使用 7×7 的卷积核，滑动步长为 2，填充为 3，64 个通道，输出为 112×112×64，卷积后进行 ReLU 操作，经过 3×3 的最大池化，输出为((112-3+1)/2)+1=56，即 56×56×64，再进行 ReLU 操作。
- 第二层（卷积层）：使用 3×3 的卷积核，滑动步长为 1，填充为 1，192 个通道，输出为 56×56×192，卷积后进行 ReLU 操作，经过 3×3 的最大池化，输出为(56-3+1)/2+1=28，即 28×28×192，再进行 ReLU 操作。
- 第三层（Inception 3a 层）：分为 4 个分支，采用不同尺度的卷积核来进行处理：64 个 1×1 的卷积核，然后进行 ReLU 操作，输出 28×28×64；96 个 1×1 的卷积核，作为 3×3 卷积核之前的降维，变成 28×28×96，然后进行 ReLU 计算，再进行 128 个 3×3 的卷积（padding 为 1），输出 28×28×128；16 个 1×1 的卷积核，作为 5×5 卷积核前的降维，变成 28×28×16，进行 ReLU 计算后，再进行 32 个 5×5 的卷积（padding 为 2），输出 28×28×32；池化层，使用 3×3 的核（padding 为 1），输出 28×28×192，然后进行 32 个 1×1 的卷积，输出 28×28×32。这四部分输出结果的第三维并联，即 64+128+32+32=256，最终输出 28×28×256。
- 第三层（Inception 3b 层）：128 个 1×1 的卷积核，然后进行 ReLU 操作，输出 28×28×128；128 个 1×1 的卷积核，作为 3×3 卷积核前的降维，变成 28×28×128，进行 ReLU，再进行 192 个 3×3 的卷积（padding 为 1），输出 28×28×192；32 个 1×1 的卷积核，作为 5×5 卷积核前的降维，变成 28×28×32，进行 ReLU，再进行 96 个 5×5 的卷积（padding 为 2），输出 28×28×96；池化层，使用 3×3 的核（padding 为 1），输出 28×28×256，然后进行 64 个 1×1

的卷积，输出 28×28×64。这四部分输出结果的第三维并联，即 128+192+96+64=480，最终输出为 28×28×480。
- 第四层（4a,4b,4c,4d,4e）和第五层（5a,5b）与 3a、3b 层类似。

GoogLeNet 的特点如下：
1）在相同尺寸的感受野中叠加更多的卷积，能提取到更丰富的特征。
2）使用 1×1 卷积进行降维，降低了计算复杂度。
3）利用稀疏矩阵分解成密集矩阵计算可以加快收敛速度。

5．ResNet

残差网络（ResNet）是由何恺明等人在 2016 年发表的文章《Deep residual learning for image recognition》中正式提出[21]。ResNet 在 2015 年 ImageNet 图像识别挑战赛夺魁。

ResNet 主要解决关于深层网络训练带来的梯度消失和网络退化等问题。ResNet 假设设计一个网络层，存在最优化的网络层次，其中深层次网络中的很多网络层是冗余层，希望这些冗余层能够完成恒等映射，保证经过该恒等层的输入和输出完全相同。具体哪些层是恒等层，由网络训练自己判断。将原网络的几层改成一个残差块，残差块的计算单元结构如图 4-25 所示。

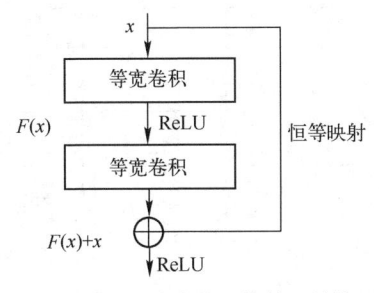

图 4-25 残差块的计算单元结构

可以看到 x 是这一层残差块的输入，$F(x)$ 是经过第一层线性变化并激活后的输出，也称为残差。图 4-25 表示在残差网络中，第二层进行线性变化之后激活之前，$F(x)$ 加入了这一层输入值 x，然后再进行激活后输出。在第二层输出值激活前加入 x，这条路径称作 shortcut 连接。

shortcut 路径大致也可以分成两种，取决于残差路径是否改变了 feature map 数量和尺寸，一种是将输入 x 原封不动地输出，另一种则需要经过 1×1 卷积来升维或降采样，主要作用是将输出与 $F(x)$ 路径的输出保持 shape 一致，对网络性能的提升并不明显，两种结构如图 4-26 和图 4-27 所示。

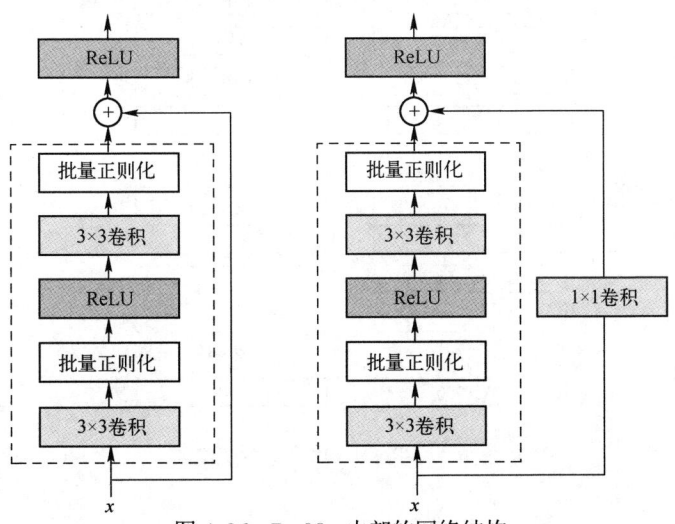

图 4-26 ResNet 内部的网络结构

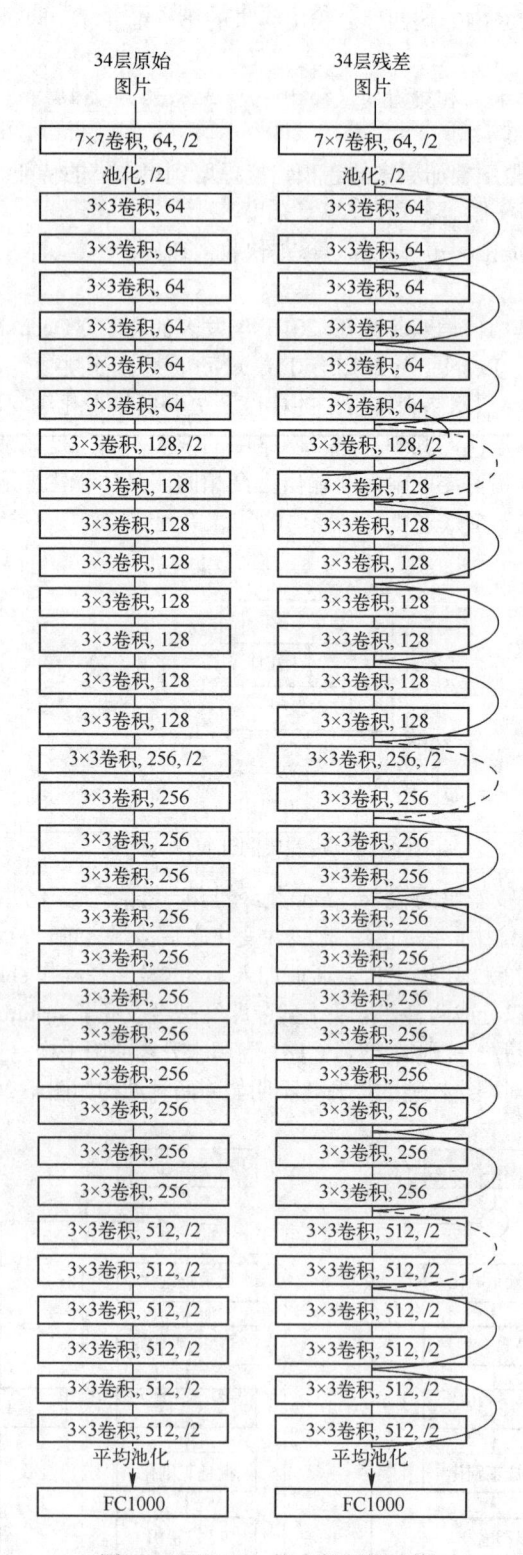

图 4-27 ResNet 组合的网络结构

ResNet 的特点如下：

1）与普通神经网络相比，ResNet 具有很多"旁路"，即 shortcut 路径，其首尾圈出的层构成一个残差块。

2）ResNet 的所有残差块都没有池化层，降采样是通过卷积的步长实现的。

3）具有更强的泛化能力，能更好地避免退化问题。

4）ResNet 结构非常容易修改和扩展，通过调整残差块内的通道数量以及堆叠的残差块数量，就可以很容易地调整网络的宽度和深度，获得更好的性能表现。

4.4.3 案例：猫狗分类应用

猫狗分类是 CNN 中最有趣的一个应用，属于二分类问题。考虑到训练速度和实验的简易性，本节使用 CNN 中经典的 AlexNet 模型，在 PyCharm 集成开发环境下，基于深度学习框架 TensorFlow 和 Python 编程语言实现 AlexNet 网络结构并进行模型训练，实现猫狗图片的分类。AlexNet 模型自动识别猫狗图片功能主要分为三个部分：图片数据预处理、AlexNet 模型训练、模型测试。

1. 图片数据预处理

猫狗数据集中包含了 1200 张不同场景下的猫狗图片，其中训练集 1040 张，测试集 160 张，猫的种类包括巴曼猫、孟买猫、英短这 3 个类别，狗的种类包括比格猎犬、沙皮狗、柴犬这 3 个类别。主要实现代码如下：

```python
def disorganize():
    # 读取训练集图片
    data, label = read_img(train_path)
    # 打乱顺序
    num_example = data.shape[0]
    print("训练样本数量", num_example)
    arr = np.arange(num_example)
    np.random.shuffle(arr)
    x_train = data[arr]
    y_train = label[arr]

    # 读取测试集图片
    data, label = read_img(test_path)
    # 打乱顺序
    num_example = data.shape[0]
    print("测试样本数量", num_example)
    arr = np.arange(num_example)
    np.random.shuffle(arr)
    x_test = data[arr]
    y_test = label[arr]
    return x_train, y_train, x_test, y_test
```

2. AlexNet 模型训练

AlexNet 模型训练时，首先需要搭建网络结构，然后分别设定卷积层、池化层及全连接层的相关参数，最后对训练模型进行保存。AlexNet 模型训练的主要实现代码如下：

```python
        def inference(input_tensor):
            with tf.name_scope('Convolution_layer_1'):  # 第一层卷积 + 池化
                print(input_tensor.shape)
                # 滤波器的大小为96，池化核大小11×11，池化步长为4，激活函数为ReLU
                conv1 = tf.layers.conv2d(inputs=input_tensor, filters=96, kernel_size=11, strides=4, activation=tf.nn.relu)
                pool1 = tf.layers.max_pooling2d(conv1, pool_size=3, strides=2)
                norm1 = tf.nn.lrn(pool1, depth_radius=5)
            with tf.name_scope('Convolution_layer_2'):  # 第二层卷积 + 池化
                print("pool1",pool1.shape)
                # 滤波器的大小为256，池化核大小5×5，池化步长为1，填充为补零，激活函数为ReLU
                conv2 = tf.layers.conv2d(norm1, 256, 5, 1, padding="same", activation=tf.nn.relu)
                print("conv2", conv2.shape)
                pool2 = tf.layers.max_pooling2d(conv2, 3, 2)
                norm2 = tf.nn.lrn(pool2, 5)
            with tf.name_scope('Convolution_layer_3'):  # 第三层卷积
                print("pool2", pool2.shape)
                # 滤波器的大小为384，池化核大小3×3，池化步长为1，填充为补零，激活函数为ReLU
                conv3 = tf.layers.conv2d(norm2, 384, 3, 1, padding="same", activation=tf.nn.relu)
            with tf.name_scope('Convolution_layer_4'):  # 第四层卷积
                print("conv3", conv3.shape)
                # 滤波器的大小为384，池化核大小3×3，池化步长为1，填充为补零，激活函数为ReLU
                conv4 = tf.layers.conv2d(conv3, 384, 3, 1, padding="same", activation=tf.nn.relu)
            with tf.name_scope('Convolution_layer_5'):  # 第五层卷积 + 池化
                # 滤波器的大小为256，池化核大小3×3，池化步长为1，填充为补零，激活函数为ReLU
                conv5 = tf.layers.conv2d(conv4, 256, 3, 1, padding="same", activation=tf.nn.relu)
                pool5 = tf.layers.max_pooling2d(conv5, 3, 2)
                print(pool5.shape)
            with tf.name_scope('The_connection_layer'):  # 连接一个全连接层，节点数为4096，并使用 ReLU 激活函数
                nodes = 6 * 6 * 256
                reshaped = tf.reshape(pool5, [-1, nodes])
                full6 = tf.layers.dense(reshaped, 4096, activation=tf.nn.relu)
                dropout6 = tf.nn.dropout(full6, keep_prob)  # 为了防止过拟合，使用 Dropout 层
                full7 = tf.layers.dense(dropout6, 4096, activation=tf.nn.relu)
                dropout7 = tf.nn.dropout(full7, keep_prob)
                logit = tf.layers.dense(dropout7, 6)
            return logit
```

运行结果如图 4-28 所示。从图中可知，当模型迭代次数增加时，训练数据集上的损失函数值逐渐减小，模型精度逐渐增大；继续增加模型迭代次数，损失函数值将继续稳步下降，模型精度将继续稳步上升。当达到最大迭代次数或误差阈值时，模型将停止训练，并保存模型参数，用于猫狗图片分类测试。

```
训练样本数量 1040
测试样本数量 160
(?, 227, 227, 3)
pool1 (?, 27, 27, 96)
conv2 (?, 27, 27, 256)
pool2 (?, 13, 13, 256)
conv3 (?, 13, 13, 384)
(?, 6, 6, 256)
After 10 step(s), train loss is 55.2455.
After 10 step(s), train acc is 0.660156.
After 10 step(s), validation loss is 65.5779.
After 10 step(s), validation acc is 0.632812.
第 1.0 次模型
After 20 step(s), train loss is 7.46187.
After 20 step(s), train acc is 0.966797.
After 20 step(s), validation loss is 86.3174.
After 20 step(s), validation acc is 0.671875.
第 2.0 次模型
```

图 4-28　AlexNet 模型训练结果

3. 模型测试

加载已训练好的模型，用测试数据评估已训练好的模型对新图片的预测分类性能。模型预测分类的主要实现代码如下：

```
# 模型调用
TEST_IMAGE_PATHS = os.path.join(path, 'timg9.jpg')        # 测试图片
name = "巴曼猫","孟买猫","英短","比格猎犬","沙皮狗","柴犬"
ckpt = tf.train.get_checkpoint_state(MODEL_SAVE_PATH) # 如果存在模型文件则直接读取
saver = tf.train.import_meta_graph(ckpt.model_checkpoint_path + '.meta')  # 载入图结构，保
#存在.meta 文件中
with tf.Session() as sess:
    saver.restore(sess, ckpt.model_checkpoint_path)
    in_x = sess.graph.get_tensor_by_name('input_x:0')     # 加载输入变量
    y = sess.graph.get_tensor_by_name('output:0')         # 加载输出变量
    Data = []
    data = read_one_image(TEST_IMAGE_PATHS)               # 读取待测试猫狗图片
    Data.append(data)
    scores = sess.run(y, feed_dict={in_x: Data})
    num = (np.argmax(scores, 1))
    print(name[np.ndarray.sum(num)])
    Data.pop()
```

测试结果如图 4-29 所示，AlexNet 模型能够对猫狗图片进行精准分类。

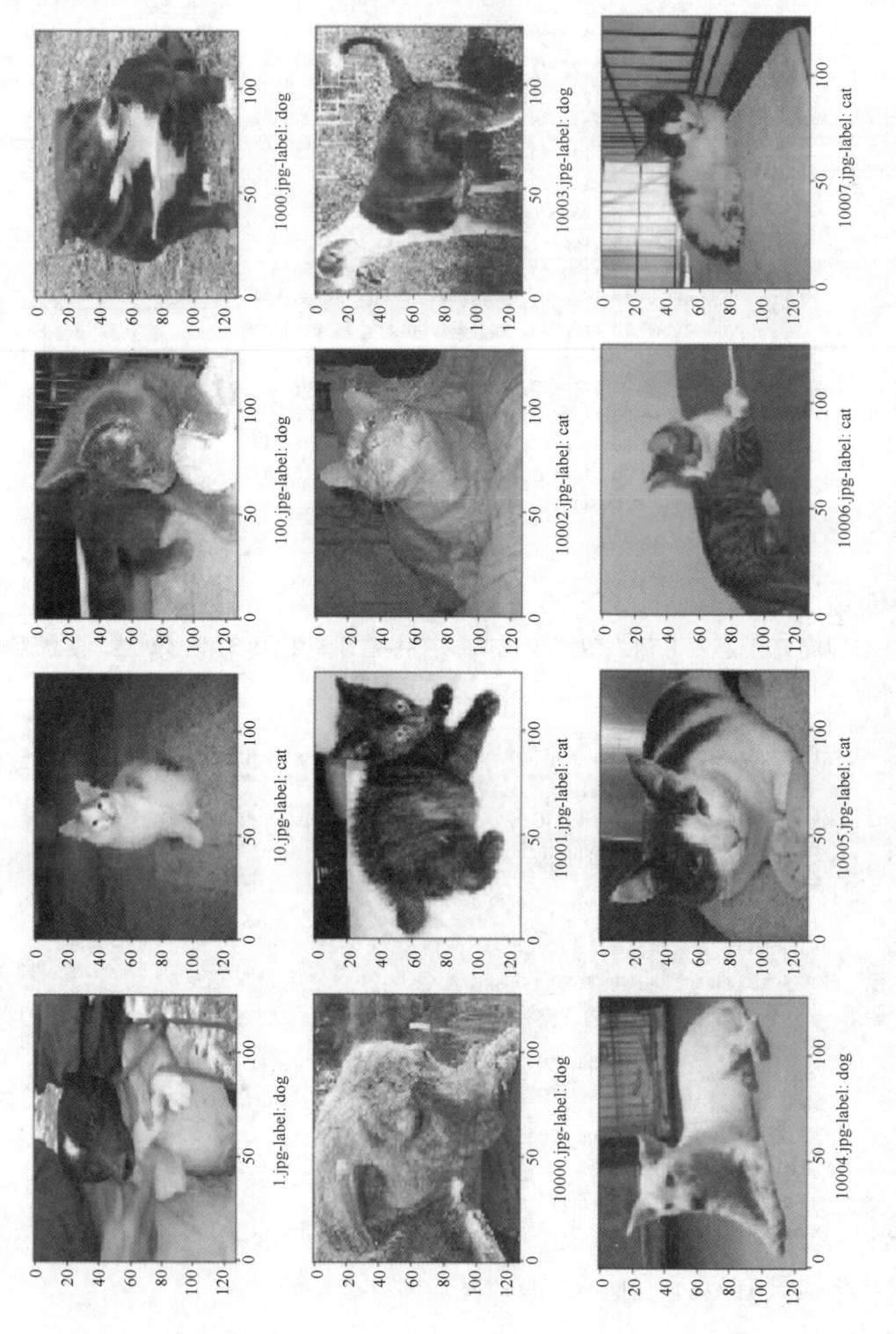

图 4-29 AlexNet 模型测试结果

4.5 循环神经网络

本节将介绍循环神经网络的定义、网络结构及训练方法，然后介绍循环神经网络常见的典型算法，最后介绍循环神经网络在文本分类中的应用。

4.5.1 循环神经网络简介

循环神经网络（Recurrent Neural Network，RNN）是一种以时间序列数据为输入，节点之间沿时间序列方向按链式连接进行递归演进的人工神经网络[22]。循环神经网络依赖于序列内的先验元素，从前向的输入中获取信息来影响当前输入和输出，具有记忆性、参数共享、图灵完备等特性，因此在对序列的非线性特征进行学习时具有一定优势。循环神经网络在语音识别、语言建模、机器翻译、个性化推荐、搜索引擎、生物序列预测、单点降水预报等领域都有广泛应用。

不同于传统的前馈神经网络接受特定的输入得到输出，循环神经网络的核心部分是一个有向图（Directed Graph）。有向图展开中，以链式相连的元素被称为循环单元，其网络结构如图 4-30 所示。

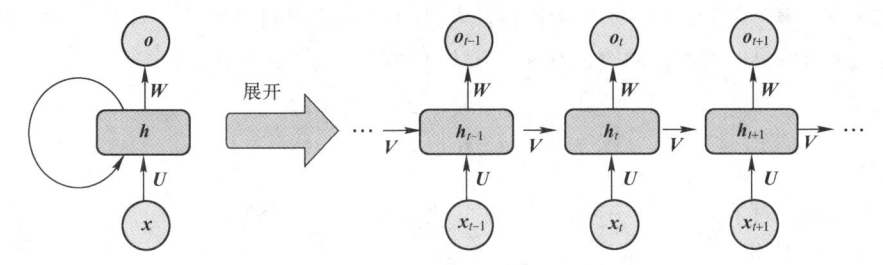

图 4-30 循环神经网络的网络结构

循环神经网络将输入序列 $x = (x_1, \cdots x_{t-1}, x_t, x_{t+1}, \cdots)$ 编码为一个固定长度的隐藏状态 $h = (h_1, \cdots h_{t-1}, h_t, h_{t+1}, \cdots)$，$o_t$ 为输出层。当新的数据输入时，之前的状态 h_{t-1} 和当前输入 x_t 会随时间更新当前的隐藏状态 $h_t = f(x_t, h_{t-1})$，距离当前时间越长、越早输入的序列，在更新后的状态中所占权重越小，从而表现出时间相关性。计算隐藏状态的方程 $f(x, h)$ 是一个非线性方程，可以是简单的 logistic 方程，也可以是复杂的门控单元。通过隐藏状态来计算下一个类别出现的概率：

$$P(y_t) = g(o_{t-1}, h_t, c)$$

式中，c 是所有隐藏状态的编码，如最终隐藏状态 h_t 或者非线性方程的输出 $f(h_1, \cdots, h_t)$。因为隐藏状态 t 编码之前的全部输入信息，o_t 也隐含了全部的输出信息。

循环神经网络还可以通过结合编码器（Encoder）作为解码器（Decoder），将编码后的信息解码为人类可识别的信息。在解码过程中，隐藏状态是解码器的参数，考虑时间序列的特性，需要对 h'_t 继续进行迭代：

$$h'_t = g(h_{t-1}, o_{t-1}, c)$$

式中，c 是解码器传递给编码器的参数，是解码器中状态的概括；h'_t 是解码器的隐藏状态；o_t 是第 t 个输出。根据循环神经网络结构的不同，当输入为 $x = (x_t, \cdots, x_1)$ 时，一个或多个输出节点的计算结果在通过对应的输出函数后可得到输出值 $P(o|x)$。

原始 RNN 存在梯度消失和梯度爆炸的问题。循环神经网络通过记忆前序的信息而影响后面节点的输出。RNN 采用前向传播算法和反向传播算法进行逐层的网络训练，其算法本质是梯度下降法。假设给定 3 个时间序列 t_1, t_2, t_3，RNN 最简单的前向传导过程如下：

$$h_1 = Ux_1 + Vh_0 + b_h, o_1 = Wh_1 + b_o$$
$$h_2 = Ux_2 + Vh_1 + b_h, o_2 = Wh_2 + b_o$$
$$h_3 = Ux_3 + Vh_2 + b_h, o_3 = Wh_3 + b_o$$

式中，U, V, W 分别对应输入层、隐藏层的权重矩阵；b 是偏置向量。

对于一个序列训练的损失函数为：$L(o, \hat{o}) = \sum_{t=0}^{T} L_t(o_t, \hat{o}_t)$，其中 $L_t(o_t, \hat{o}_t)$ 为 t 时刻的损失。RNN 使用随机梯度下降法对 U, V, W, b_h, b_o 求偏导，并不断调整它们以使损失尽可能达到最小。利用 t_3 时刻的损失 L_3 对 U, V, W 求偏导，有：

$$\frac{\partial L_3}{\partial W} = \frac{\partial L_3}{\partial o_3} \frac{\partial o_3}{\partial W}$$

$$\frac{\partial L_3}{\partial U} = \frac{\partial L_3}{\partial o_3} \frac{\partial o_3}{\partial h_3} \frac{\partial h_3}{\partial U} + \frac{\partial L_3}{\partial o_3} \frac{\partial o_3}{\partial h_3} \frac{\partial h_3}{\partial h_2} \frac{\partial h_2}{\partial U} + \frac{\partial L_3}{\partial o_3} \frac{\partial o_3}{\partial h_3} \frac{\partial h_3}{\partial h_2} \frac{\partial h_2}{\partial h_1} \frac{\partial h_1}{\partial U}$$

$$\frac{\partial L_3}{\partial V} = \frac{\partial L_3}{\partial o_3} \frac{\partial o_3}{\partial h_3} \frac{\partial h_3}{\partial V} + \frac{\partial L_3}{\partial o_3} \frac{\partial o_3}{\partial h_3} \frac{\partial h_3}{\partial h_2} \frac{\partial h_2}{\partial V} + \frac{\partial L_3}{\partial o_3} \frac{\partial o_3}{\partial h_3} \frac{\partial h_3}{\partial h_2} \frac{\partial h_2}{\partial h_1} \frac{\partial h_1}{\partial V}$$

由上式可知，W 求偏导不存在长期依赖，h_t 随着时间序列向前传播，U, V 的偏导会产生长期依赖。根据上述求偏导的过程，可得到任意时刻对 U 或者 V 求偏导的公式：

$$\frac{\partial L_t}{\partial U} = \sum_{k=0}^{t} \frac{\partial L_t}{\partial o_t} \frac{\partial o_t}{\partial h_t} \left(\prod_{j=k+1}^{t} \frac{\partial h_j}{\partial h_{j-1}} \right) \frac{\partial h_k}{\partial U}$$

$\frac{\partial L_t}{\partial V}$ 同理可得。对于 $\frac{\partial L_t}{\partial V}$，存在激活函数时，$h_j = \tanh(Ux_j + Vh_{j-1} + b_h)$，则有：

$$\prod_{j=k+1}^{t} \frac{\partial h_j}{\partial h_{j-1}} = \prod_{j=k+1}^{t} \tanh' V$$

图 4-31 刻画了 tanh 函数及其导数的函数取值范围。

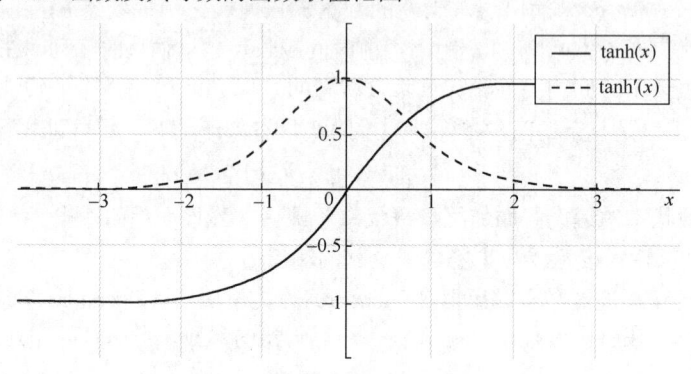

图 4-31　tanh 函数及导数的函数取值范围

由图 4-31 可知 $0 \leqslant \tanh'(x) \leqslant 1$，同时当且仅当 $x = 0$ 时，$\tanh'(x) = 1$。因此：

- 当 t 较大时，$\prod_{j=k+1}^{t} \tanh' V$ 趋近于 0，循环神经网络则会产生梯度消失问题。
- 当 V 较大时，$\prod_{j=k+1}^{t} \tanh' V$ 趋近于无穷大，循环神经网络则会产生梯度爆炸问题。

循环神经网络使用 ReLU 作为激活函数，可以解决梯度消失问题。然而，ReLU 在定义域负数部分恒等于零，导致神经元无法激活。在标准的循环神经网络结构基础上，可以通过更改内部结构来解决梯度消失和梯度爆炸问题。

4.5.2 典型循环神经网络算法

循环神经网络具有多种网络结构的变体，常见的典型算法包括双向循环神经网络（Bidirectional Recurrent Neural Network，BRNN）、深度循环神经网络（Deep Recurrent Neural Network，DRNN）和堆叠循环神经网络（Stacked Recurrent Neural Network，SRNN）。

1. BRNN

BRNN 是将两个相反方向的隐藏层连接到同一输出[23]。通过这种形式生成的深度学习，输出层可以同时从过去（向后）和未来（向前）状态获取信息，从而增加了网络可用的输入信息量。一个沿着时间展开的 BRNN 如图 4-32 所示。

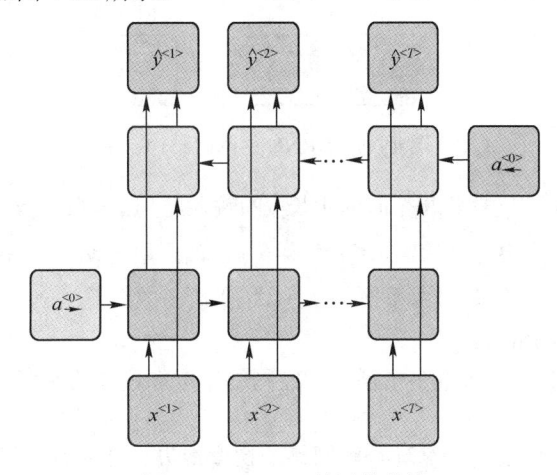

图 4-32　BRNN 的网络结构

由图 4-32 可知，BRNN 将每个时间步长 t 的输入序列 $\boldsymbol{x} = (x^{<1>}, x^{<2>}, \cdots, x^{<T>})$ 编码为一个固定长度的激活状态 $a_{\rightarrow}^{<t>} = g_1(W_{aa}a_{\rightarrow}^{<t-1>} + W_{ax}x^{<t>} + b_a)$，输出层为 $\hat{y}^{<T>} = g_2(W_{ya}a_{\rightarrow}^{<t>} + b_y)$。其中，$W_{ax}, W_{aa}, W_{ya}$ 是权重矩阵，b_a, b_y 是自由系数，g_1, g_2 是激活函数。

BRNN 具备四个方面的特点：

1）双向信息流：BRNN 的核心特性是它有两个循环神经网络的子网络，一个处理正向序列（从开始到结束），另一个处理反向序列（从结束到开始）。

2）并行处理：尽管 BRNN 在概念上是双向的，但在实际实现中，由于未来信息的时间步长未知，因此正向和反向网络通常是分开独立训练的。

3）隐藏状态的合并：在每个时间步，BRNN 通常会将正向网络和反向网络的隐藏状态合并起来，以获得一个包含整个序列上下文的特征表示。

4）适用性：BRNN 特别适合于那些需要理解序列两端信息的任务，如语音识别、命名实体识别（NER）、情感分析等。

2. DRNN

DRNN 是将多个 RNN 单元堆叠在一起而形成的网络结构[24]。它特别适合处理序列数据，如自然语言处理、语音识别、手写识别和预测建模等。DRNN 通过引入深度（多个隐藏层）来增强循环神经网络的学习能力。DRNN 的网络结构如图 4-33 所示。

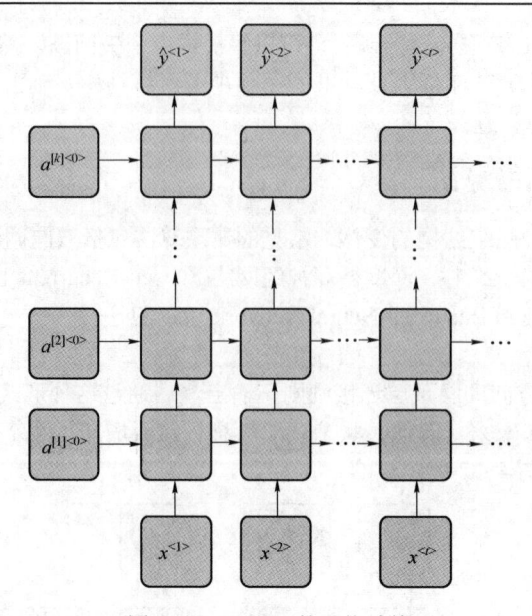

图 4-33 DRNN 的网络结构

由图 4-33 可知，DRNN 同样将每个时间步长 t 的输入序列 $x = (x^{<1>}, x^{<2>}, \cdots, x^{<t>})$ 编码为一个固定长度的激活状态 $a^{[k]<t>} = g_1(W_{aa} a^{[k]<t-1>} + W_{ax} x^{<t>} + b_a)$，输出层为 $\hat{y}^{<t>} = g_2(W_{ya} a^{[k]<t>} + b_y)$。其中，$W_{ax}, W_{aa}, W_{ya}$ 是权重矩阵，b_a, b_y 是自由系数，g_1, g_2 是激活函数。

DRNN 具备五个方面的特点：

1）多层结构：DRNN 通过堆叠多个循环神经网络来增加模型的深度，每一层都可以学习序列数据中的不同层次的特征。

2）长短期记忆：为了解决传统循环神经网络的梯度消失和梯度爆炸问题，DRNN 经常使用长短期记忆（Long Short-Term Memory，LSTM）单元或门控循环单元（Gated Recurrent Unit，GRU）作为其构建块。

3）参数共享：在某些 DRNN 架构中，同一方向上的所有时间步可能共享相同的权重和偏置参数，这有助于减少模型的复杂性并提高泛化能力。

4）双向循环：双向 DRNN（Bidirectional DRNN）通过在两个方向上处理序列数据（正向和反向）来捕获更全面的上下文信息。

5）注意力机制：在某些变体中，DRNN 可能结合注意力机制来增强模型对序列中关键部分的聚焦能力。

3. SRNN

SRNN 是在全连接的单层 RNN 的基础上堆叠形成的深度算法，具有通过多层网络和极少的额外参数来获得高层次信息的能力[25]。不需要改变循环单元，SRNN 的速度便可以达到标准循环神经网络的 136 倍，而且训练更长的序列时，SRNN 的速度还能更快。

SRNN 的网络结构如图 4-34 所示，内循环单元的状态更新使用了其前一层相同时间步的状态和当前层前一时间步的状态：

$$h_t^{(l)} = f(U^{(l)} h_{t-1}^{(l)} + W^{(l)} h_t^{(l-1)} + b^{(l)})$$

式中，$U^{(l)}, W^{(l)}$ 和 $b^{(l)}$ 为权重矩阵和偏置向量，$h_t^{(0)} = x_t$。

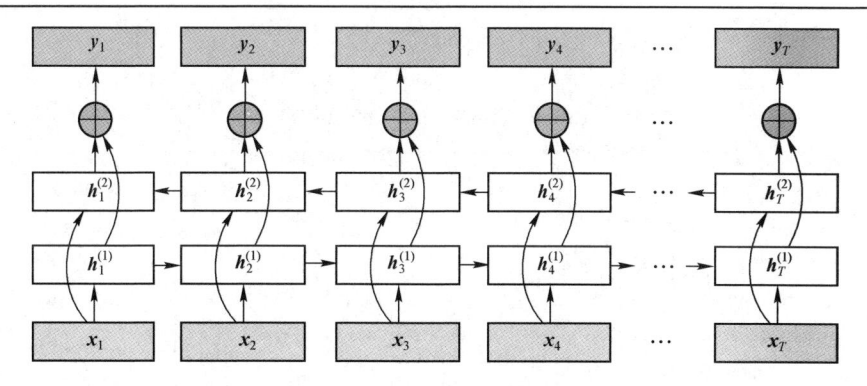

图 4-34 SRNN 的网络结构

SRNN 具备五个方面的特点：

1）多层结构：SRNN 通过堆叠多个循环神经网络来构建深度模型，每一层都可以学习序列数据中的不同层次的特征。

2）参数共享：在 SRNN 中，通常假设时间步之间的权重是共享的，这有助于模型泛化，并减少计算量。

3）梯度传播：由于堆叠了多层，SRNN 需要有效管理梯度消失或梯度爆炸的问题，通常通过精心设计的初始化、使用 ReLU 激活函数或梯度裁剪等技术实现。

4）复杂特征学习：堆叠的循环神经网络可以捕捉从原始输入到更复杂、更抽象的特征表示的转换。

5）双向堆叠：SRNN 可以与双向循环神经网络结合，形成双向堆叠循环神经网络，这样可以同时捕捉过去和未来的上下文信息。

4.5.3 案例：文本分类

文本分类是自然语言处理领域的一个基本任务，目标是对给定的句子、文档等文本数据按照一定的分类体系或标准进行自动分类标记。目前，文本分类方法包括传统机器学习方法和深度学习方法。基于深度学习的文本分类方法是当前主流的学习模型，在新闻文本分类、微博文本分类、评论文本分类等场景中取得了巨大成功。

本节在 PyCharm 集成开发环境下，基于深度学习框架 TensorFlow 和 Python 编程语言实现了循环神经网络模型，并进行新闻文本的自动分类。数据集来源于中文新闻网站，覆盖体育、财经、房产、家居、教育、科技、时尚、时政、游戏、娱乐这 10 个类别，每个类别共有 6500 条文本数据。RNN 文本分类过程主要分为三个部分：文本数据预处理、模型训练以及模型性能测试。

1. 文本数据预处理

数据的预处理主要包括读取文件数据、构建词汇表、转换词汇表、固定分类目录等过程，主要实现代码如下：

```
def read_file(filename):
    """读取文件数据"""
    contents, labels = [], []
    with open_file(filename) as f:
        for line in f:
            try:
```

```python
            label, content = line.strip().split('\t')
            if content:
                contents.append(list(native_content(content)))
                labels.append(native_content(label))
        except:
            pass
    return contents, labels


def build_vocab(train_dir, vocab_dir, vocab_size=5000):
    """根据训练集构建词汇表，存储"""
    data_train, _ = read_file(train_dir)

    all_data = []
    for content in data_train:
        all_data.extend(content)

    counter = Counter(all_data)
    count_pairs = counter.most_common(vocab_size - 1)
    words, _ = list(zip(*count_pairs))
    # 添加一个 <PAD> 来将所有文本填充为同一长度
    words = ['<PAD>'] + list(words)
    open_file(vocab_dir, mode='w').write('\n'.join(words) + '\n')
```

2. 循环神经网络模型训练

通过配置词向量维度、词汇表大小、隐藏层层数、神经元个数、迭代次数等模型参数，实现循环神经网络模型的构建，主要实现代码如下：

```python
class TextRNN(object):
    """文本分类，循环神经网络模型"""
    def __init__(self, config):
        self.config = config

        # 三个待输入的数据
        self.input_x = tf.placeholder(tf.int32, [None, self.config.seq_length], name='input_x')
        self.input_y = tf.placeholder(tf.float32, [None, self.config.num_classes], name='input_y')
        self.keep_prob = tf.placeholder(tf.float32, name='keep_prob')

        self.rnn()

    def rnn(self):
        """循环神经网络模型"""

        def lstm_cell():   # LSTM 核
            return tf.contrib.rnn.BasicLSTMCell(self.config.hidden_dim, state_is_tuple=True)

        def gru_cell():   # GRU 核
```

```python
            return tf.contrib.rnn.GRUCell(self.config.hidden_dim)

        def dropout():  # 为每一个循环神经网络核后面加一个 Dropout 层
            if (self.config.rnn == 'lstm'):
                cell = lstm_cell()
            else:
                cell = gru_cell()
            return tf.contrib.rnn.DropoutWrapper(cell, output_keep_prob=self.keep_prob)

        # 词向量映射
        with tf.device('/cpu:0'):
            embedding = tf.get_variable('embedding', [self.config.vocab_size, self.config.embedding_dim])
            embedding_inputs = tf.nn.embedding_lookup(embedding, self.input_x)

        with tf.name_scope("rnn"):   # 多层循环神经网络
            cells = [dropout() for _ in range(self.config.num_layers)]
            rnn_cell = tf.contrib.rnn.MultiRNNCell(cells, state_is_tuple=True)

            _outputs, _ = tf.nn.dynamic_rnn(cell=rnn_cell, inputs=embedding_inputs, dtype=tf.float32)
            last = _outputs[:, -1, :]  # 取最后一个时序输出作为结果

        with tf.name_scope("score"):
            # 全连接层，后面接 Dropout 以及 ReLU 激活
            fc = tf.layers.dense(last, self.config.hidden_dim, name='fc1')
            fc = tf.contrib.layers.dropout(fc, self.keep_prob)
            fc = tf.nn.relu(fc)

            # 分类器
            self.logits = tf.layers.dense(fc, self.config.num_classes, name='fc2')
            self.y_pred_cls = tf.argmax(tf.nn.softmax(self.logits), 1)  # 预测类别

        with tf.name_scope("optimize"):
            cross_entropy = tf.nn.softmax_cross_entropy_with_logits(logits=self.logits, labels=self.input_y)  # 损失函数，交叉熵
            self.loss = tf.reduce_mean(cross_entropy)
            self.optim = tf.train.AdamOptimizer(learning_rate=self.config.learning_rate).minimize(self.loss)  # 优化器
```

3. 模型性能测试

最后将循环神经网络模型用在测试集上进行新文本的分类，主要实现代码如下：

```python
def test_one(data, labels):
    print("Loading test data...")
    start_time = time.time()
    x_test, y_test = process_sentence(data, labels, word_to_id, cat_to_id, config.seq_length)  # 读取测试数据
```

```python
    print("x_test", x_test)
    print("y_test", y_test)
    session = tf.Session()    # 创建会话
    session.run(tf.global_variables_initializer())
    saver = tf.train.Saver()
    saver.restore(sess=session, save_path=save_path)   # 读取保存的模型

    feed_dict = feed_data(x_test, y_test, 1.0)
    print(feed_dict[model.input_x])
    cls, acc = session.run([model.y_pred_cls, model.acc], feed_dict=feed_dict)

    for i in range(len(data)):
        print(data[i])
        print("真实结果：[{}]".format(labels[i]))
        print("预测结果：[{}]".format(categories[cls[i]]))

if __name__ == '__main__':
    categories = ['体育', '财经', '房产', '家居', '教育', '科技', '时尚', '时政', '游戏', '娱乐']
    data = [
        '清华大学交叉信息研究院在姚期智的带领下，在计算机科学实验班（姚班）多年来人才培养与教育教学的基础上，编写面向高中生的《人工智能（高中版）》教材，将由清华大学出版社于2020年9月正式出版发行。《人工智能（高中版）》编委全部来自计算机科学实验班（姚班）和人工智能班（智班）教学团队，团队精选八个人工智能核心基础模块，包括搜索、机器学习、线性回归、决策树、神经网络、计算机视觉、自然语言处理与强化学习，系统化设计章节与知识点，使其与人工智能的高等教育无缝连接，有力支撑中学人工智能基础教育。',
        '小黑裙绝对是一件非常百搭的裙子了，但是想要穿好小黑裙也不容易，这件露肩小黑裙走的就是优雅清新的风格呢，布料采用很有垂感的雪纺，整体设计也简单，反而让女性看起来很清新脱俗。我们在穿黑色裙子的时候风格可以百变一点，可以穿娃娃衫宽松的长裙让自己可爱一点，也可以穿丝绸布料的小礼裙把自己打造成精致小公主哦。',
        '福鼠迎新春，百变锦毛鼠霸道登场！《魔域》在庚子鼠年兽的设计上特别推出了可更换服饰的秘宝阁玩法。锦毛鼠·白逍遥可开启逍遥宝阁，同时通过鸡、狗、猪年兽献祭玩法，还可开启绯姬、银犬以及炽影宝阁，秘阁探宝获取珍品华服、幻刃、兽灵，改变技能形态，获得顶级的爆伤加成、幻兽攻击加成、暴击加成以及神伤加成！']

    labels = ['教育', '时尚', '游戏', '财经']
    print('Configuring RNN model...')
    config = TRNNConfig()
    if not os.path.exists(vocab_dir):   # 如果不存在词汇表，重建
        build_vocab(train_dir, vocab_dir, config.vocab_size)
    categories, cat_to_id = read_category()
    words, word_to_id = read_vocab(vocab_dir)
    config.vocab_size = len(words)
    model = TextRNN(config)
```

测试结果如图 4-35 所示。从图中可知，循环神经网络模型能够对文本主题进行准确分类。

```
Loading test data...
x_test [[    0    0    0 ...  325  409    3]
 [    0    0    0 ...  109 1813    3]
 [    0    0    0 ...  115   50  426]
 [    0    0    0 ...  479   33    3]]
y_test [[0. 0. 0. 0. 1. 0. 0. 0. 0. 0.]
 [0. 0. 0. 0. 0. 0. 1. 0. 0. 0.]
 [0. 0. 0. 0. 0. 0. 0. 1. 0. 0.]
 [0. 1. 0. 0. 0. 0. 0. 0. 0. 0.]]
[[    0    0    0 ...  325  409    3]
 [    0    0    0 ...  109 1813    3]
 [    0    0    0 ...  115   50  426]
 [    0    0    0 ...  479   33    3]]
```
清华大学交叉信息研究院在姚期智的带领下，在计算机科学实验班（姚班）多年来人才培养与教育教学的基础上，编写面向高中生的《人工智能（高中版）》教材，将由清华大学出版社于2020年9月正式出版发行。《人工智能（高中版）》编委全部来自计算机科学实验班（姚班）和人工智能班（智班）教学团队，团队精选八个人工智能核心基础模块，包括搜索、机器学习、线性回归、决策树、神经网络、计算机视觉、自然语言处理与强化学习，系统化设计章节与知识点，使其与人工智能的高等教育无缝连接，有力支撑中学人工智能基础教育。
真实结果：[教育]
预测结果：[教育]
小黑裙绝对是一件非常百搭的裙子了，但是想要穿好小黑裙也不容易，露肩小黑裙走的就是优雅清新的风格，布料采用很有垂感的雪纺，整体设计也简单，反而让女性看起来很清新脱俗。我们在穿黑色裙子的时候风格可以百变一点，可以穿娃娃衫宽松的长裙让自己可爱一点，也可以穿丝绸布料的小礼裙把自己打造成精致小公主哦。
真实结果：[时尚]
预测结果：[时尚]
福鼠迎新春，百变锦毛鼠霸道登场！《魔域》在庚子鼠年兽的设计上特别推出了可更换服饰的秘宝阁玩法。锦毛鼠·白逍遥可开启逍遥宝阁，同时通过鸡、狗、猪年兽献祭玩法，还可开启绯姬、银犬以及炽影宝阁，秘阁探宝获取珍品华服、幻刃、兽灵，改变技能形态，获得顶级的爆伤加成、幻兽攻击加成、暴击加成以及神伤加成！
真实结果：[游戏]
预测结果：[游戏]

图 4-35 循环神经网络模型测试结果

4.6 长短期记忆网络

本节将介绍长短期记忆网络的定义及网络结构，然后介绍长短期记忆网络常见的变种算法，最后介绍长短期记忆网络在文本生成中的应用。

4.6.1 长短期记忆网络简介

长短期记忆网络（Long Short Term Memory，LSTM）是一种用于深度学习领域的人工递归神经网络结构，与标准的 FNN 不同，它具有反馈连接，在 RNN 链条式结构中引入了四个隐藏层，使用长短期记忆单元和门控神经元结构来解决梯度消失问题[11]。LSTM 不仅可以处理单个数据点（如图像），还可以处理整个数据序列（如语音或视频），非常适合手写识别、语音识别和流量异常检测等任务。LSTM 的网络结构如图 4-36 所示。

LSTM 的第一步是要决定从单元状态中所忘记的信息，即通过一个称为遗忘门（Forget Gate）的 sigmoid 网络层控制，如图 4-37 所示。该层以上一时刻隐藏层的输出 h_{t-1} 和当前这个时刻的输入 x_t 作为输入，输出为一个介于 0 和 1 之间的值，1 代表全部保留，0 代表全部丢弃。回到之前的语言模型，单元状态需要包含主语的性别信息以便选择正确的代词。但当遇见一个新的主语后，则需要忘记之前主语的性别信息。

$$f_t = \sigma(W_f \cdot [h_{t-1}, x_t] + b_f)$$

第二步需要决定在单元状态中存储什么样的新信息，这包含两个部分。第一部分为一个称为输入门（Input Gate）的 sigmoid 网络层，用于决定更新哪些数据，如图 4-38 所示。第二部分为一个 tanh 网络层，将产生一个新的候选值向量 $\tilde{C}_t$ 并用于添加到单元状态中。之后将两者进行整合，并对单元状态进行更新。在语言模型中，我们希望将新主语的性别信息添加到单元状态中，并替代需要忘记的旧主语的性别信息。

$$i_t = \sigma(W_i \cdot [h_{t-1}, x_t] + b_i)$$
$$\tilde{C}_t = \tanh(W_C \cdot [h_{t-1}, x_t] + b_C)$$

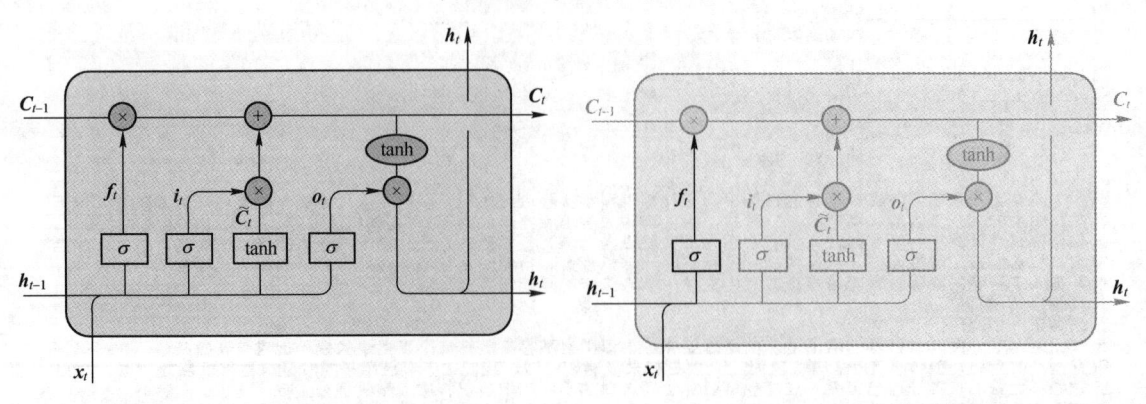

图 4-36　LSTM 的网络结构　　　　　　　图 4-37　遗忘门的计算结构

接下来需要将旧的单元状态 C_{t-1} 更新为 C_t，如图 4-39 所示。将旧的单元状态乘以 f_t 以控制需要忘记多少之前旧的信息，再加上 $i_t \odot \tilde{C}_t$ 用于控制单元状态的更新。在语言模型中，该操作真正实现了对之前主语性别信息的遗忘和对新信息的增加。

$$C_t = f_t \odot C_{t-1} + i_t \odot \tilde{C}_t$$

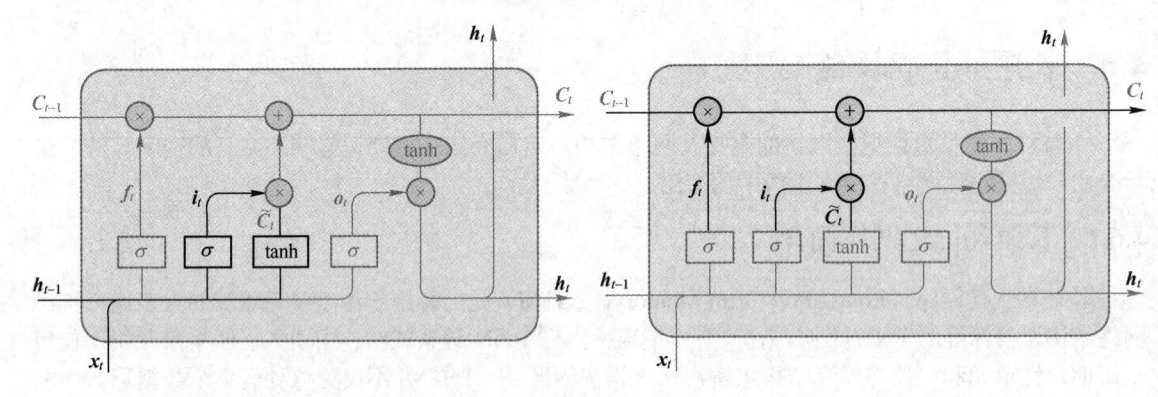

图 4-38　输入门的计算结构　　　　　　　图 4-39　更新单元状态

最后需要确定单元的输出，该输出基于单元的状态，如图 4-40 所示。首先利用一个 sigmoid 网络层来确定单元状态的输出，其次对单元状态进行 tanh 操作（将其值缩放到-1 和 1 之间），并与之前 sigmoid 层的输出相乘，最终得到需要输出的信息。

$$o_t = \sigma(W_o \cdot [h_{t-1}, x_t] + b_o)$$
$$h_t = o_t \odot \tanh(C_t)$$

4.6.2　典型长短期记忆网络算法

在标准 LSTM 模型基础上，大量研究人员对其结构进行了不同程度的优化，以适用不同的任务。本小节将介绍 3 个比较有名的变种算法。

1. Peephole LSTM

Peephole LSTM 是由 Gers 和 Schmidhuber 提出的，在 LSTM 上添加了一种窥视孔连接（Peephole Connections），这使得每一个门结构都能够窥视到单元的状态[26]。Peephole LSTM 的网络结构如图 4-41 所示。

$$f_t = \sigma(W_f \cdot [C_{t-1}, h_{t-1}, x_t] + b_f)$$
$$i_t = \sigma(W_i \cdot [C_{t-1}, h_{t-1}, x_t] + b_i)$$
$$o_t = \sigma(W_o \cdot [C_t, h_{t-1}, x_t] + b_o)$$

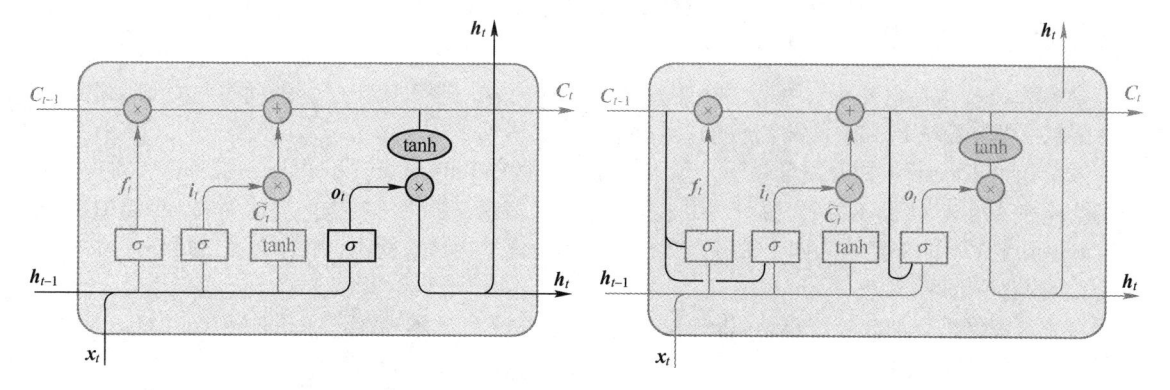

图 4-40 输出结果信息

图 4-41 Peephole LSTM 的网络结构

2. Paired LSTM

Paired LSTM 使用了成对的遗忘门和输入门，仅在需要添加新输入时才会忘记部分信息，同理仅在需要忘记信息时才会添加新的输入。Paired LSTM 的网络结构如图 4-42 所示。

$$C_t = f_t \odot C_{t-1} + (1 - f_t) \odot \tilde{C}_t$$

3. GRU

GRU 是在 LSTM 基础上，将遗忘门和输入门整合成一层，称为"更新门（Update Gate）"，同时配以一个"重置门（Reset Gate）"的递归神经网络[27]。GRU 的网络结构如图 4-43 所示。

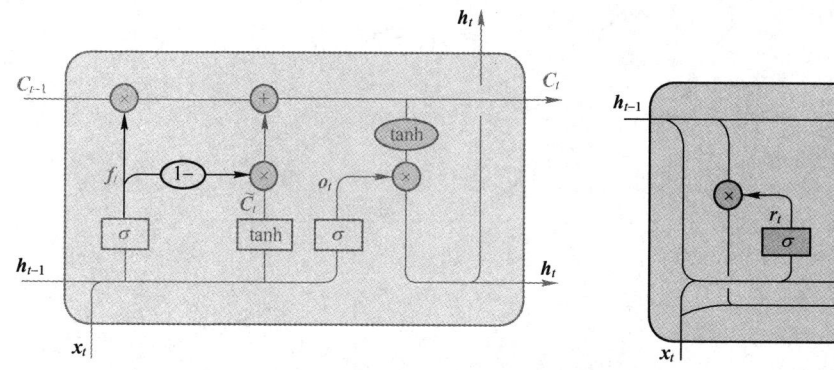

图 4-42 Paired LSTM 的网络结构

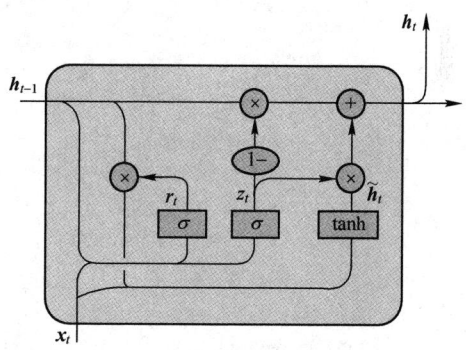

图 4-43 GRU 的网络结构

GRU 首先计算更新门 z_t 和重置门 r_t，表达式如下：

$$z_t = \sigma(W_z \cdot [h_{t-1}, x_t])$$
$$r_t = \sigma(W_r \cdot [h_{t-1}, x_t])$$

其次计算候选隐藏层 $\tilde{h}_t$，与 LSTM 中计算 $\tilde{C}_t$ 类似，其中 r_t 用于控制保留多少之前的信息：

$$\tilde{h}_t = \tanh(W \cdot [r_t \odot h_{t-1}, x_t])$$

最后计算需要从之前的隐藏层 h_{t-1} 遗忘多少信息，同时加入多少新的信息 $\tilde{h}_t$，z_t 用于控制这个比例：

$$h_t = (1-z_t) \odot h_{t-1} + z_t \odot \tilde{h}_t$$

因此，对于短距离依赖的单元重置门的值较大，对于长距离依赖的单元更新门的值较大。如果 $r_t = 1$ 并且 $z_t = 0$，则 GRU 退化为一个标准的 RNN。

4.6.3 案例：文本生成应用

文本生成技术是自然语言处理中一个重要的研究内容，可以应用于智能问答与对话、机器翻译、新闻报道等领域，具有十分广泛的应用前景。

本节在 PyCharm 集成开发环境下，基于深度学习框架 TensorFlow 和 Python 编程语言实现了字符级循环神经网络（CharRNN）模型，用来实现英文、写诗、歌词等文本的自动生成。CharRNN 模型自动生成文本功能主要分为四个部分：数据预处理、模型构建、模型训练，以及生成新文本。

1. 数据预处理

首先对数据进行加载与字符编码转换，实现字符-数字、文本-数组之间的映射，并将词典进行保存，主要实现代码如下：

```python
def word_to_int(self, word):
    if word in self.word_to_int_table:
        return self.word_to_int_table[word]
    else:
        return len(self.vocab)

def int_to_word(self, index):
    if index == len(self.vocab):
        return '<unk>'
    elif index < len(self.vocab):
        return self.int_to_word_table[index]
    else:
        raise Exception('Unknown index!')

def text_to_arr(self, text):
    arr = []
    for word in text:
        arr.append(self.word_to_int(word))
    return np.array(arr)

def arr_to_text(self, arr):
    words = []
    for index in arr:
        words.append(self.int_to_word(index))
    return "".join(words)

def save_to_file(self, filename):
    with open(filename, 'wb') as f:
        pickle.dump(self.vocab, f)
```

2. 模型构建

模型构建部分主要包括了输入层、LSTM 层、输出层、损失函数、优化器等部分的构建，主要实现代码如下：

```python
def build_lstm(self):
    # 创建单个 cell 并堆叠多层
    def get_a_cell(lstm_size, keep_prob):
        lstm = tf.nn.rnn_cell.BasicLSTMCell(lstm_size)
        drop = tf.nn.rnn_cell.DropoutWrapper(lstm, output_keep_prob=keep_prob)
        return drop

    with tf.name_scope('lstm'):
        cell = tf.nn.rnn_cell.MultiRNNCell(
            [get_a_cell(self.lstm_size, self.keep_prob) for _ in range(self.num_layers)]
        )
        self.initial_state = cell.zero_state(self.num_seqs, tf.float32)

        # 通过 dynamic_rnn 对 cell 展开时间维度
        self.lstm_outputs, self.final_state = tf.nn.dynamic_rnn(cell, self.lstm_inputs, initial_state=self.initial_state)

        # 通过 lstm_outputs 得到概率
        seq_output = tf.concat(self.lstm_outputs, 1)
        x = tf.reshape(seq_output, [-1, self.lstm_size])

        with tf.variable_scope('softmax'):
            softmax_w = tf.Variable(tf.truncated_normal([self.lstm_size, self.num_classes], stddev=0.1))
            softmax_b = tf.Variable(tf.zeros(self.num_classes))

        self.logits = tf.matmul(x, softmax_w) + softmax_b
        self.proba_prediction = tf.nn.softmax(self.logits, name='predictions')
```

3. 模型训练

在模型训练之前，首先初始化参数，包括单个 batch 中序列的个数、单个序列中的字符数目、隐藏层节点个数、LSTM 层个数、学习率等，并对训练好的模型进行保存，主要实现代码如下：

```python
def train(self, batch_generator, max_steps, save_path, save_every_n, log_every_n):
    self.session = tf.Session()    # 创建会话并开始训练
    with self.session as sess:
        sess.run(tf.global_variables_initializer())
        # 训练网络
        step = 0
        new_state = sess.run(self.initial_state)
        for x, y in batch_generator:
            step += 1
            start = time.time()
            feed = {self.inputs: x,
```

```python
                    self.targets: y,
                    self.keep_prob: self.train_keep_prob,
                    self.initial_state: new_state}
            batch_loss, new_state, _ = sess.run([self.loss,
                                                 self.final_state,
                                                 self.optimizer],
                                                feed_dict=feed)
            end = time.time()
            # 设置打印输出的信息格式
            if step % log_every_n == 0:
                print('step: {}/{}... '.format(step, max_steps),
                      'loss: {:.4f}... '.format(batch_loss),
                      '{:.4f} sec/batch'.format((end - start)))
            if (step % save_every_n == 0):
                self.saver.save(sess, os.path.join(save_path, 'model'), global_step=step)
            if step >= max_steps:
                break
        self.saver.save(sess, os.path.join(save_path, 'model'), global_step=step)
```

训练结果如图 4-44 所示，模型经过 20000 步训练，损失函数值逐步减小，最终达到 1.7 左右，继续调节训练参数应该可以得到更好的结果。

```
step: 1000/20000...    loss: 2.2410...   0.5080 sec/batch
step: 2000/20000...    loss: 2.0598...   0.5557 sec/batch
step: 3000/20000...    loss: 1.9841...   1.0660 sec/batch
step: 4000/20000...    loss: 1.9104...   0.5151 sec/batch
step: 5000/20000...    loss: 1.8369...   0.5093 sec/batch
step: 6000/20000...    loss: 1.8490...   0.5113 sec/batch
step: 7000/20000...    loss: 1.7875...   0.5085 sec/batch
step: 8000/20000...    loss: 1.7831...   0.5424 sec/batch
step: 9000/20000...    loss: 1.7509...   0.4959 sec/batch
step: 10000/20000...   loss: 1.7300...   0.5189 sec/batch
step: 11000/20000...   loss: 1.7334...   0.5116 sec/batch
step: 12000/20000...   loss: 1.7660...   0.5360 sec/batch
step: 13000/20000...   loss: 1.7159...   0.5152 sec/batch
step: 14000/20000...   loss: 1.7365...   0.5359 sec/batch
step: 15000/20000...   loss: 1.7389...   0.8360 sec/batch
step: 16000/20000...   loss: 1.7318...   0.5490 sec/batch
step: 17000/20000...   loss: 1.6827...   0.5070 sec/batch
step: 18000/20000...   loss: 1.6603...   0.5140 sec/batch
step: 19000/20000...   loss: 1.7129...   1.4890 sec/batch
step: 20000/20000...   loss: 1.7019...   0.5080 sec/batch
```

图 4-44　模型训练结果

4．生成新文本

利用在模型训练过程中保存的参数来进行新文本的生成。当输入一个字符时，它会预测下一个字符，然后将这个新的字符输入模型，就可以一直不断地生成字符，从而形成文本。生成新文本的主要实现代码如下：

```python
def main(_):
    FLAGS.start_string = FLAGS.start_string
```

```
converter = TextConverter(filename=FLAGS.converter_path)
if os.path.isdir(FLAGS.checkpoint_path):
    FLAGS.checkpoint_path =\
        tf.train.latest_checkpoint(FLAGS.checkpoint_path)

# 读取 CharRNN 模型默认参数
model = CharRNN(converter.vocab_size, sampling=True,
                lstm_size=FLAGS.lstm_size, num_layers=FLAGS.num_layers,
                use_embedding=FLAGS.use_embedding,
                embedding_size=FLAGS.embedding_size)

# 加载已保存的训练模型
model.load(FLAGS.checkpoint_path)

start = converter.text_to_arr(FLAGS.start_string)
arr = model.sample(FLAGS.max_length, start, converter.vocab_size)
print(converter.arr_to_text(arr))
```

使用英文小说文本数据训练保存的 CharRNN 模型能够生成有意义的新小说，运行结果如图 4-45 所示（文中英文拼写错误为机器自动生成）。

```
Restored from: ./model/shakespeare/model-20000
ciless:
I was subtaced though his shame a said,
It is the cannights to him with me where.
Well! she what, and tell thee, she to shorn our.

PAROLLES:
We would be should strange, and money of my man take to the monal
was this: we songing, sick me on a serving it. And, a mertian wearing all:
I will have thein heart the casition; hath she then;
What! where this word, my lord, the son of most
A minds, and shime out it with a master.

MARK ANTONY:
I have been my senver any surely be marry.

PANDARUS:
A says to happy, and the more a cirsom,
What he with me, to hard the strength and man,
The best thing all her soul, thou to the confint,
When this shall be to shall not have his share
Who would thy change to heeps if you him to
my like the shall the passes; that shall he stous, that
A can send as this than thou honouralles.

CROSSIDA:
I'll hold the world at that with me of me,
The matter's hands.

PANDARUS:
All here with your say a stend, horses with horse.
```

图 4-45　CharRNN 模型自动生成新小说文本的结果

使用古诗文本数据训练保存的 CharRNN 模型能够生成有意义的新古诗，运行结果如图 4-46 所示。

```
Restored from: ./model/poetry/model-12000
月上花风色，风波夜月多。
不怜江海外，谁得有离期。
```

图 4-46　CharRNN 模型自动生成新古诗文本的结果

4.7　综合案例

4.7.1　验证码识别

使用验证码的主要目的是强制人机交互来抵御机器自动化攻击的，最常见的表现形式就是看图识别字符，主要应用于注册、登录、找回密码、抢购下单、评论、投票等场景。

本节针对字符型图片验证码识别问题，在 PyCharm 集成开发环境下，基于深度学习框架 TensorFlow 和 Python 编程语言实现了卷积神经网络模型，并进行验证码识别。卷积神经网络模型自动识别验证码功能主要分为四个部分：数据预处理、模型构建、模型训练，以及模型测试。

1. 数据预处理

首先验证图片尺寸是否合适，然后拆分数据集为 95%训练集和 5%测试集，主要实现代码如下：

```python
def verify(origin_dir, real_width, real_height, image_suffix):
    """
    校验图片大小
    :return:
    """
    if not os.path.exists(origin_dir):
        print("【警告】找不到目录{}，即将创建".format(origin_dir))
        os.makedirs(origin_dir)

    print("开始校验原始图片集")
    # 图片真实尺寸
    real_size = (real_width, real_height)
    # 图片名称列表和数量
    img_list = os.listdir(origin_dir)
    total_count = len(img_list)
    print("原始集共有图片: {}张".format(total_count))

    # 无效图片列表
    bad_img = []

    # 遍历所有图片进行验证
    for index, img_name in enumerate(img_list):
        file_path = os.path.join(origin_dir, img_name)
```

```python
            # 过滤图片不正确的后缀
            if not img_name.endswith(image_suffix):
                bad_img.append((index, img_name, "文件后缀不正确"))
                continue

            # 过滤图片标签异常的情况
            prefix, posfix = img_name.split("_")
            if prefix == "" or posfix == "":
                bad_img.append((index, img_name, "图片标签异常"))
                continue

            # 图片无法正常打开
            try:
                img = Image.open(file_path)
            except OSError:
                bad_img.append((index, img_name, "图片无法正常打开"))
                continue

            # 图片尺寸有异常
            if real_size == img.size:
                print("{} pass".format(index), end='\r')
            else:
                bad_img.append((index, img_name, "图片尺寸异常为：{}".format(img.size)))

        print("====以下{}张图片有异常====".format(len(bad_img)))
        if bad_img:
            for b in bad_img:
                print("[第{}张图片] [{}] [{}]".format(b[0], b[1], b[2]))
        else:
            print("未发现异常（共 {} 张图片）".format(len(img_list)))
        print("========end")
        return bad_img


def split(origin_dir, train_dir, test_dir, bad_imgs):
    """
    分离训练集和测试集
    :return:
    """
    if not os.path.exists(origin_dir):
        print("【警告】找不到目录{}，即将创建".format(origin_dir))
        os.makedirs(origin_dir)

    print("开始分离原始图片集为：测试集（5%）和训练集（95%）")

    # 图片名称列表和数量
```

```python
    img_list = os.listdir(origin_dir)
    for img in bad_imgs:
        img_list.remove(img)
    total_count = len(img_list)
    print("共分配{}张图片到训练集和测试集，其中{}张为异常留在原始目录".format(total_count, len(bad_imgs)))

    # 创建文件夹
    if not os.path.exists(train_dir):
        os.mkdir(train_dir)

    if not os.path.exists(test_dir):
        os.mkdir(test_dir)

    # 测试集
    test_count = int(total_count*0.05)
    test_set = set()
    for i in range(test_count):
        while True:
            file_name = random.choice(img_list)
            if file_name in test_set:
                pass
            else:
                test_set.add(file_name)
                img_list.remove(file_name)
                break

    test_list = list(test_set)
    print("测试集数量为：{}".format(len(test_list)))
    for file_name in test_list:
        src = os.path.join(origin_dir, file_name)
        dst = os.path.join(test_dir, file_name)
        shutil.move(src, dst)

    # 训练集
    train_list = img_list
    print("训练集数量为：{}".format(len(train_list)))
    for file_name in train_list:
        src = os.path.join(origin_dir, file_name)
        dst = os.path.join(train_dir, file_name)
        shutil.move(src, dst)

    if os.listdir(origin_dir) == 0:
        print("migration done")
```

2. 模型构建

对卷积神经网络结构进行配置，主要实现代码如下：

```python
def model(self):
    x = tf.reshape(self.X, shape=[-1, self.image_height, self.image_width, 1])
    print(">>> input x: {}".format(x))

    # 第一层卷积 + 池化
    wc1 = tf.get_variable(name='wc1', shape=[3, 3, 1, 32], dtype=tf.float32,
                          initializer=tf.contrib.layers.xavier_initializer())
    bc1 = tf.Variable(self.b_alpha * tf.random_normal([32]))
    # 池化核大小为 3, 3, 1, 32，池化步长为 1，1，1，1，填充为补零，激活函数为 ReLU
    conv1 = tf.nn.relu(tf.nn.bias_add(tf.nn.conv2d(x, wc1, strides=[1, 1, 1, 1], padding='SAME'), bc1))
    conv1 = tf.nn.max_pool(conv1, ksize=[1, 2, 2, 1], strides=[1, 2, 2, 1], padding='SAME')

    # 第二层卷积 + 池化
    wc2 = tf.get_variable(name='wc2', shape=[3, 3, 32, 64], dtype=tf.float32,
                          initializer=tf.contrib.layers.xavier_initializer())
    bc2 = tf.Variable(self.b_alpha * tf.random_normal([64]))
    # 池化核大小为 3, 3, 32, 64，池化步长为 1，1，1，1，填充为补零，激活函数为 ReLU
    conv2 = tf.nn.relu(tf.nn.bias_add(tf.nn.conv2d(conv1, wc2, strides=[1, 1, 1, 1], padding='SAME'), bc2))
    conv2 = tf.nn.max_pool(conv2, ksize=[1, 2, 2, 1], strides=[1, 2, 2, 1], padding='SAME')

    # 第三层卷积 + 池化
    wc3 = tf.get_variable(name='wc3', shape=[3, 3, 64, 128], dtype=tf.float32,
                          initializer=tf.contrib.layers.xavier_initializer())
    bc3 = tf.Variable(self.b_alpha * tf.random_normal([128]))
    # 池化核大小为 3, 3, 64, 128，池化步长为 1，1，1，1，填充为补零，激活函数为 ReLU
    conv3 = tf.nn.relu(tf.nn.bias_add(tf.nn.conv2d(conv2, wc3, strides=[1, 1, 1, 1], padding='SAME'), bc3))
    conv3 = tf.nn.max_pool(conv3, ksize=[1, 2, 2, 1], strides=[1, 2, 2, 1], padding='SAME')
    print(">>> convolution 3: ", conv3.shape)
    next_shape = conv3.shape[1] * conv3.shape[2] * conv3.shape[3]

    # 第一个全连接层
    wd1 = tf.get_variable(name='wd1', shape=[next_shape, 1024], dtype=tf.float32,
                          initializer=tf.contrib.layers.xavier_initializer())
    bd1 = tf.Variable(self.b_alpha * tf.random_normal([1024]))
    dense = tf.reshape(conv3, [-1, wd1.get_shape().as_list()[0]])
    dense = tf.nn.relu(tf.add(tf.matmul(dense, wd1), bd1))
    dense = tf.nn.dropout(dense, self.keep_prob)  # 使用 Dropout 减小过拟合，加快模型训练速度

    # 第二个全连接层
    wout = tf.get_variable('name', shape=[1024, self.max_captcha * self.char_set_len], dtype=tf.float32,
                           initializer=tf.contrib.layers.xavier_initializer())
```

```
            bout = tf.Variable(self.b_alpha * tf.random_normal([self.max_captcha * self.char_set_len]))

            with tf.name_scope('y_prediction'):
                y_predict = tf.add(tf.matmul(dense, wout), bout)  # 预测概率

        return y_predict
```

3. 模型训练

创建好训练集和测试集后,开始训练模型。训练的过程中会输出日志,日志展示当前的训练次数、准确率和概率损失,主要实现代码如下:

```
    def train_cnn(self):
        y_predict = self.model()
        tf.identity(y_predict,name='output')
        print(">>> input batch predict shape: {}".format(y_predict.shape))
        print(">>> End model test")
        # 计算概率损失
        with tf.name_scope('cost'):
            cost = tf.reduce_mean(tf.nn.sigmoid_cross_entropy_with_logits(logits=y_predict, labels=self.Y))
        # 梯度下降
        with tf.name_scope('train'):
            optimizer = tf.train.AdamOptimizer(learning_rate=0.0003).minimize(cost)
        # 计算准确率
        predict = tf.reshape(y_predict, [-1, self.max_captcha, self.char_set_len])  # 预测结果
        max_idx_p = tf.argmax(predict, 2)    # 预测结果
        max_idx_l = tf.argmax(tf.reshape(self.Y, [-1, self.max_captcha, self.char_set_len]), 2)    # 标签
        # 计算准确率
        correct_pred = tf.equal(max_idx_p, max_idx_l)
        with tf.name_scope('char_acc'):
            accuracy_char_count = tf.reduce_mean(tf.cast(correct_pred, tf.float32))
        with tf.name_scope('image_acc'):
            accuracy_image_count = tf.reduce_mean(tf.reduce_min(tf.cast(correct_pred, tf.float32), axis=1))
        # 模型保存对象
        saver = tf.train.Saver()
        with tf.Session() as sess:
            init = tf.global_variables_initializer()
            sess.run(init)
            # 恢复模型
            if os.path.exists(self.model_save_dir):
                try:
                    saver.restore(sess, self.model_save_dir)
                # 判断捕获 model 文件夹中没有模型文件的错误
                except ValueError:
                    print("model 文件夹为空,将创建新模型")
            else:
                pass
```

```
# 写入日志
tf.summary.FileWriter("logs/", sess.graph)

step = 1
for i in range(self.cycle_stop):
    batch_x, batch_y = self.get_batch(i, size=128)
    # 梯度下降训练
    _, cost_ = sess.run([optimizer, cost],
                       feed_dict={self.X: batch_x, self.Y: batch_y, self.keep_prob: 0.75})
    if step % 10 == 0:
        # 基于训练集的测试
        batch_x_test, batch_y_test = self.get_batch(i, size=500)
        acc_char = sess.run(accuracy_char_count, feed_dict={self.X: batch_x_test, self.Y: batch_y_test, self.keep_prob: 1.})
        acc_image = sess.run(accuracy_image_count, feed_dict={self.X: batch_x_test, self.Y: batch_y_test, self.keep_prob: 1.})
        print("第{}次训练 >>>".format(step))
        print("[训练集] 字符准确率为 {:.5f} 图片准确率为 {:.5f} >>> loss {:.10f}".format(acc_char, acc_image, cost_))

        # 基于验证集的测试
        batch_x_verify, batch_y_verify = self.get_verify_batch(size=500)
        acc_char = sess.run(accuracy_char_count, feed_dict={self.X: batch_x_verify, self.Y: batch_y_verify, self.keep_prob: 1.})
        acc_image = sess.run(accuracy_image_count, feed_dict={self.X: batch_x_verify, self.Y: batch_y_verify, self.keep_prob: 1.})
        print("[验证集] 字符准确率为 {:.5f} 图片准确率为 {:.5f} >>> loss {:.10f}".format(acc_char, acc_image, cost_))

        # 准确率达到99%后保存并停止
        if acc_image > self.acc_stop:
            saver.save(sess, self.model_save_dir)
            print("验证集准确率达到99%，保存模型成功")
            break
    # 每训练500轮就保存一次
    if i % self.cycle_save == 0:
        saver.save(sess, self.model_save_dir)
        print("定时保存模型成功")
    step += 1
saver.save(sess, self.model_save_dir)
```

训练结果如图4-47所示。从图中可知，随着训练次数的增加，卷积神经网络模型对字符自身和图片上字符识别的准确率也在不断增大，最终识别精度可达90%以上。

```
-->图片尺寸: 60 X 100
-->验证码长度: 4
-->验证码共36类 ['0', '1', '2', '3', '4', '5', '6', '7', '8', '9', 'a', 'b', 'c', 'd', 'e', 'f',
    'g', 'h', 'i', 'j', 'k', 'l', 'm', 'n', 'o', 'p', 'q', 'r', 's', 't', 'u', 'v', 'w', 'x', 'y', 'z']
-->使用测试集为 sample/train/
-->使验证集为 sample/test/
>>> Start model test
>>> input batch images shape: (50, 6000)
>>> input batch labels shape: (50, 144)
>>> input x: Tensor("Reshape:0", shape=(?, 60, 100, 1), dtype=float32)
>>> convolution 3:  (?, 8, 13, 128)
>>> input batch predict shape: (?, 144)
>>> End model test
定时保存模型成功
第100次训练 >>>
[训练集] 字符准确率为 0.96650 图片准确率为 0.88000 >>> loss 0.0107501345
[验证集] 字符准确率为 0.96100 图片准确率为 0.85400 >>> loss 0.0107501345
定时保存模型成功
第200次训练 >>>
[训练集] 字符准确率为 0.97350 图片准确率为 0.89800 >>> loss 0.0099930577
[验证集] 字符准确率为 0.96250 图片准确率为 0.86400 >>> loss 0.0099930577
定时保存模型成功
第300次训练 >>>
[训练集] 字符准确率为 0.98350 图片准确率为 0.94000 >>> loss 0.0090925945
[验证集] 字符准确率为 0.95850 图片准确率为 0.84800 >>> loss 0.0090925945
定时保存模型成功
第400次训练 >>>
[训练集] 字符准确率为 0.99500 图片准确率为 0.98200 >>> loss 0.0083082989
[验证集] 字符准确率为 0.96900 图片准确率为 0.89200 >>> loss 0.0083082989
定时保存模型成功
第500次训练 >>>
[训练集] 字符准确率为 1.00000 图片准确率为 1.00000 >>> loss 0.0053002751
[验证集] 字符准确率为 0.96200 图片准确率为 0.86400 >>> loss 0.0053002751
定时保存模型成功
```

图 4-47 卷积神经网络模型训练结果

4. 模型测试

输入新的验证码图片对已保存的卷积神经网络模型进行测试。主要实现代码如下：

```python
def test_batch(self):
    y_predict = self.model()
    total = self.total
    right = 0

    # 实例化一个保存和恢复变量的 saver
    saver = tf.train.Saver()

    # 创建一个会话，并通过上下文管理器进行管理
    with tf.Session() as sess:
        # 通过 checkpoint 文件定位到最新保存的模型
        saver.restore(sess, self.model_save_dir)
        s = time.time()
        for i in range(total): # 读取一个 batch 的数据
            # test_text, test_image = gen_special_num_image(i)
            test_text, test_image = self.gen_captcha_text_image()  # 随机
            p = os.path.join('./test_img/', "{}_{}.jpg".format(i,test_text))
```

```python
            img = Image.fromarray(test_image)
            img.save(p)
            test_image = self.convert2gray(test_image)
            test_image = test_image.flatten() / 255
            # 输入测试图像和标签，预测图片
            predict = tf.argmax(tf.reshape(y_predict, [-1, self.max_captcha, self.char_set_len]), 2)
            text_list = sess.run(predict, feed_dict={self.X: [test_image], self.keep_prob: 1.})
            predict_text = text_list[0].tolist()
            p_text = ""
            for p in predict_text:
                p_text += str(self.char_set[p])
            print("origin: {} predict: {}".format(test_text, p_text))
            if test_text == p_text:
                right += 1
            else:
                pass
        e = time.time()
        rate = str(right/total * 100) + "%"    # 计算出测试集上的准确率
        print("测试结果：    {}/{}".format(right, total))
        print("{}个样本识别耗时{}秒，准确率{}".format(total, e-s, rate))
```

测试结果如图 4-48 所示。从图中可知，卷积神经网络模型在测试集上的识别精度可达 93%。

```
-->图片尺寸: 60 X 100
-->验证码长度: 4
-->验证码共36类 0123456789abcdefghijklmnopqrstuvwxyz
-->使用测试集为 sample/test/
>>> input x: Tensor("Reshape:0", shape=(?, 60, 100, 1), dtype=float32)
>>> convolution 3: (?, 8, 13, 128)
| origin: hkyf predict: hkyf | origin: iebr predict: iebr | origin: 1e39 predict: 1e39 | origin: ikes predict: ikes
| origin: y407 predict: y407 | origin: fgmw predict: fgmw | origin: rajn predict: rajn | origin: zt6q predict: zt6q
| origin: v9dn predict: v9dn | origin: nh9b predict: n19b | origin: 8ssy predict: 8ssy | origin: 10ys predict: 10ys
| origin: u7ls predict: u7ls | origin: ustv predict: ustv | origin: fh9w predict: fh9w | origin: l1x0 predict: l1x0
| origin: wmul predict: wmul | origin: z9qg predict: z9qg | origin: pcf9 predict: pcf9 | origin: rajn predict: rajn
| origin: cqrb predict: cqrb
| origin: ggob predict: ggob | origin: weyv predict: wevv | origin: xu3v predict: xu3v | origin: 98r3 predict: 98r3
| origin: ulkq predict: ulkq | origin: p8p8 predict: p8p8 | origin: 2she predict: 2she | origin: rueg predict: rueg
| origin: v074 predict: v074 | origin: tvvs predict: tvvs | origin: 7dr6 predict: 7dr6 | origin: 17k6 predict: 17k6
| origin: 9ya2 predict: 9ya2 | origin: qeh9 predict: qeh9 | origin: dikq predict: dikq | origin: hknc predict: hknc
| origin: lfkv predict: lfkv | origin: p2hy predict: p2hy | origin: bbx7 predict: bbx7 | origin: 0jso predict: 0jso
| origin: czsn predict: czsn | origin: qq1c predict: qq1c | origin: pmhq predict: pmhq | origin: cdq2 predict: cdq2
| origin: brhm predict: brhm | origin: ryun predict: ryun | origin: owgh predict: owgh | origin: ma90 predict: ma90
| origin: o46n predict: o46n | origin: onx6 predict: onxb | origin: jbdz predict: jjdz | origin: lgnt predict: lgnt
| origin: 3og8 predict: 3og8 | origin: 6pvl predict: 6pvl | origin: oez8 predict: oez8 | origin: j5jo predict: jjjo
| origin: xn3a predict: xn3a | origin: 7hqz predict: 7hqz | origin: lour predict: lour | origin: dzap predict: dzap
| origin: oy9w predict: oy9w | origin: 0bzj predict: 0bzj | origin: dmhm predict: dmhm | origin: oi1e predict: oi1e
| origin: graj predict: graj | origin: hq0g predict: hq0g | origin: oku7 predict: oku7 | origin: 3dxg predict: 3dxg
| origin: 6rb0 predict: 6rb0 | origin: 193k predict: 193k | origin: saum predict: saum | origin: jh9b predict: jh9b
| origin: 4vi8 predict: 4vi8 | origin: 1eqf predict: 1eqf | origin: ukhz predict: ukhz | origin: wyqu predict: wyqu
| origin: tvvs predict: tvvs | origin: q32b predict: q32b | origin: 00kl predict: 0okl | origin: znh8 predict: znh8
| origin: fw38 predict: fm39 | origin: nxzy predict: nxzy | origin: if0s predict: if0s | origin: yg2e predict: yg2e
| origin: bhyh predict: bhyh | origin: dib6 predict: dib6 | origin: akjo predict: akjo | origin: eq8n predict: eq8n
| origin: hbq6 predict: hbq6 | origin: h2wu predict: h2wu | origin: ab3n predict: ab3n | origin: 8ftw predict: 8ftw
| origin: 1e39 predict: 1e39 | origin: m379 predict: m379 | origin: 1e39 predict: 1e39 | origin: 6vyz predict: 6vyz
| origin: dgog predict: dgog | origin: to67 predict: to67 | origin: 74tz predict: 74tz
测试结果: 93/100
100个样本识别耗时4.800110101699829秒，准确率93.0%
```

图 4-48　卷积神经网络模型测试结果

4.7.2 自动写诗机器人

本节在 PyCharm 集成开发环境下,基于深度学习框架 TensorFlow 和 Python 编程语言实现了 RNN 模型,实现机器自动写诗。RNN 模型自动写诗功能主要分为四个部分:诗歌文本数据预处理、模型构建、模型训练以及生成新诗。

1. 诗歌文本数据预处理

处理已收集的诗歌文本数据集,每行代表一首诗,每首诗由标题和内容两部分组成,中间以冒号分割,主要实现代码如下:

```python
def process_poems(file_name):
    poems = []
    # 读取诗歌文本数据集
    with open(file_name, "r", encoding='utf-8', ) as f:
        for line in f.readlines():
            try:
                title, content = line.strip().split(':')
                content = content.replace(' ', '')
                if '_' in content or '(' in content or '(' in content or '《' in content or '[' in content or \
                        start_token in content or end_token in content:
                    continue
                if len(content) < 5 or len(content) > 79:
                    continue
                content = start_token + content + end_token
                poems.append(content)
            except ValueError as e:
                pass

    all_words = [word for poem in poems for word in poem]  # 对诗歌文本进行分词
    counter = collections.Counter(all_words)  # 分词统计计数
    words = sorted(counter.keys(), key=lambda x: counter[x], reverse=True)  # 对词出现次数逆序排列

    words.append(' ')
    L = len(words)
    word_int_map = dict(zip(words, range(L)))  # 构成词汇表索引
    # 构成词向量
    poems_vector = [list(map(lambda word: word_int_map.get(word, L), poem)) for poem in poems]

    return poems_vector, word_int_map, words
```

2. 模型构建

通过预先定义参数配置,构建 RNN 模型,主要实现代码如下:

```python
def rnn_model(model, input_data, output_data, vocab_size, rnn_size=128, num_layers=2, batch_size=64,
              learning_rate=0.01):

    end_points = {}
```

```python
if model == 'rnn':  # 训练 RNN 模型
    cell_fun = tf.contrib.rnn.BasicRNNCell
elif model == 'gru':  # 训练 GRU 模型
    cell_fun = tf.contrib.rnn.GRUCell
elif model == 'lstm':  # 训练 LSTM 模型
    cell_fun = tf.contrib.rnn.BasicLSTMCell

cell = cell_fun(rnn_size, state_is_tuple=True)  # 返回一个 cell 列表,每层 cell 输入输出结构相同
cell = tf.contrib.rnn.MultiRNNCell([cell] * num_layers, state_is_tuple=True)  # 实现多层 LSTM

if output_data is not None:
    initial_state = cell.zero_state(batch_size, tf.float32)
else:
    initial_state = cell.zero_state(1, tf.float32)

with tf.device("/cpu:0"):  # 编号为 0 的 CPU 上训练模型
    embedding = tf.get_variable('embedding', initializer=tf.random_uniform(
        [vocab_size + 1, rnn_size], -1.0, 1.0))
    inputs = tf.nn.embedding_lookup(embedding, input_data)

# tensorflow 封装的用来实现 RNN
outputs, last_state = tf.nn.dynamic_rnn(cell, inputs, initial_state=initial_state)
output = tf.reshape(outputs, [-1, rnn_size])

weights = tf.Variable(tf.truncated_normal([rnn_size, vocab_size + 1]))
bias = tf.Variable(tf.zeros(shape=[vocab_size + 1]))
logits = tf.nn.bias_add(tf.matmul(output, weights), bias=bias)

if output_data is not None:
    # 输出数据必须是一个独热编码
    labels = tf.one_hot(tf.reshape(output_data, [-1]), depth=vocab_size + 1)

    # 交叉熵 + softmax
    loss = tf.nn.softmax_cross_entropy_with_logits(labels=labels, logits=logits)

    # 损失的形状为 [?, vocab_size+1]
    total_loss = tf.reduce_mean(loss)
    train_op = tf.train.AdamOptimizer(learning_rate).minimize(total_loss)

    end_points['initial_state'] = initial_state
    end_points['output'] = output
    end_points['train_op'] = train_op
    end_points['total_loss'] = total_loss
    end_points['loss'] = loss
    end_points['last_state'] = last_state
else:
    prediction = tf.nn.softmax(logits)
```

```
            end_points['initial_state'] = initial_state
            end_points['last_state'] = last_state
            end_points['prediction'] = prediction

        return end_points
```

3. 模型训练

读取已处理的古诗数据集,通过训练 RNN 模型得到结果状态集,并保存模型参数,主要实现代码如下:

```
def run_training():
    if not os.path.exists(FLAGS.model_dir):
        os.makedirs(FLAGS.model_dir)

    # 读取词向量,词索引表,词汇表
    poems_vector, word_to_int, vocabularies = process_poems(FLAGS.file_path)
    batches_inputs, batches_outputs = generate_batch(FLAGS.batch_size, poems_vector, word_to_int)

    # input_data, output_targets 占位
    input_data = tf.placeholder(tf.int32, [FLAGS.batch_size, None])
    output_targets = tf.placeholder(tf.int32, [FLAGS.batch_size, None])

    # 使用 LSTM 模型进行训练,节点个数为 128,隐藏层个数为 2,批处理大小为 64
    end_points = rnn_model(model='lstm', input_data=input_data, output_data=output_targets, vocab_size
= len(vocabularies), rnn_size = 128, num_layers = 2, batch_size = 64, learning_rate = FLAGS.learning_rate)

    # 实例化一个保存和恢复变量的 saver
    saver = tf.train.Saver(tf.global_variables())
    init_op = tf.group(tf.global_variables_initializer(), tf.local_variables_initializer())
    # 创建一个会话,并通过上下文管理器来管理这个会话
    with tf.Session() as sess:
        sess.run(init_op)

        start_epoch = 0
        # 通过 checkpoint 文件定位到最新保存的模型
        checkpoint = tf.train.latest_checkpoint(FLAGS.model_dir)
        if checkpoint:
            saver.restore(sess, checkpoint)
            print("从检查点还原文件 {0}".format(checkpoint))
            start_epoch += int(checkpoint.split('-')[-1])
        print('开始模型训练...')
        try:
            n_chunk = len(poems_vector) // FLAGS.batch_size
            print('n_chunk = %d' % n_chunk)
            print('FLAGS.epochs = %d' % FLAGS.epochs)
            for epoch in range(start_epoch, FLAGS.epochs): # 读取一个 epochs 的数据
                n = 0
```

```
                    for batch in range(n_chunk): # 读取一个 batch 的数据
                        loss, _, _ = sess.run([
                            end_points['total_loss'],
                            end_points['last_state'],
                            end_points['train_op']
                        ], feed_dict={input_data: batches_inputs[n], output_targets: batches_outputs[n]})
                        n += 1
                        print('Epoch: %d, batch: %d, training loss: %.6f' % (epoch, batch, loss))
                    if epoch % 6 == 0:
                        saver.save(sess,  os.path.join(FLAGS.model_dir,  FLAGS.model_prefix), global_step=epoch)
            except KeyboardInterrupt:
                print('保存模型文件...')
                saver.save(sess, os.path.join(FLAGS.model_dir, FLAGS.model_prefix), global_step=epoch)
```

训练结果如图 4-49 所示。从图中可知，当模型迭代次数增加时，训练数据集上的损失函数值逐渐减小，继续调节训练参数可以得到更好的结果，模型精度将达到稳定状态。

```
开始模型训练...
n_chunk = 541
FLAGS.epochs = 100
Epoch: 0, batch: 540, training loss: 4.491580
Epoch: 10, batch: 540, training loss: 3.725926
Epoch: 20, batch: 540, training loss: 3.731761
Epoch: 30, batch: 540, training loss: 3.719047
Epoch: 40, batch: 540, training loss: 3.697048
Epoch: 50, batch: 540, training loss: 3.718297
Epoch: 60, batch: 540, training loss: 3.702239
Epoch: 70, batch: 540, training loss: 3.649879
Epoch: 80, batch: 540, training loss: 3.747923
Epoch: 90, batch: 540, training loss: 3.695333
```

图 4-49 RNN 模型训练结果

4．生成新诗

加载已训练的 RNN 模型，输入首个汉字，预测下一个词，直到结束，返回预测的词向量，组成新诗，主要实现代码如下：

```
def gen_poem(begin_word):
    batch_size = 1
    print('加载模型文件 %s...' % model_dir)
    # 读取词向量，词索引表，词汇表
    poems_vector, word_int_map, vocabularies = process_poems(corpus_file)

    input_data = tf.placeholder(tf.int32, [batch_size, None])

    # 使用 LSTM 模型进行训练，节点个数为 128，隐藏层个数为 2，批处理大小为 64
    end_points = rnn_model(model='lstm', input_data=input_data, output_data=None, vocab_size=len(
        vocabularies), rnn_size=128, num_layers=2, batch_size=64, learning_rate=lr)
```

```
        # 实例化一个保存和恢复变量的 saver
        saver = tf.train.Saver(tf.global_variables())
        init_op = tf.group(tf.global_variables_initializer(), tf.local_variables_initializer())
        # 创建一个会话，并通过上下文管理器来管理这个会话
        with tf.Session() as sess:
            sess.run(init_op)
            # 通过 checkpoint 文件定位到最新保存的模型
            checkpoint = tf.train.latest_checkpoint(model_dir)
            saver.restore(sess, checkpoint)

            x = np.array([list(map(word_int_map.get, start_token))])

            # 模型进行状态预测
            [predict, last_state] = sess.run([end_points['prediction'], end_points['last_state']],
                                             feed_dict={input_data: x})
            word = begin_word or to_word(predict, vocabularies)
            poem_ = ''

            i = 0
            while word != end_token:
                poem_ += word
                i += 1
                if i > 24:
                    break
                x = np.array([[word_int_map[word]]])
                [predict, last_state] = sess.run([end_points['prediction'], end_points['last_state']],
                                                 feed_dict={input_data: x, end_points['initial_state']:
last_state})
                word = to_word(predict, vocabularies) # 预测状态转化为对应词

            return poem_
```

运行结果如图 4-50 所示。从图中可知，加载已训练好的 RNN 模型，输入待生成古诗的第一个字符，能够自动生成有意义的新古诗。

```
加载模型文件 ./model/...
请输入第一个字符:春
春江看洗马，看著老明阳。
当尽霜霜白，花频事拍尘。

加载模型文件 ./model/...
请输入第一个字符:雨
雨染三四秋，人居永下肩。
碍电下未傍，满池残更碧。
```

图 4-50 RNN 模型对给定首字的古诗生成结果

4.8 小结

深度神经网络是一种模仿生物神经网络的结构和功能的数学模型或计算模型，用于对函数进

行估计或近似，具备自主学习功能。典型的神经网络框架主要包括网络结构、激活函数和学习规则这三个部分。根据网络层次数量，神经网络可分为单层神经网络和多层神经网络。根据网络架构差异，神经网络可分为前馈神经网络、卷积神经网络、循环神经网络、长短期记忆网络和图神经网络等。

前馈神经网络是最早发明的简单人工神经网络类型。在前馈神经网络内部，参数从输入层向输出层单向传播，不会构成有向环。常见的前馈神经网络包括多层感知器、自编码器、限制玻尔兹曼机、卷积神经网络等。前馈神经网络是目前应用最广泛、发展最迅速的人工神经网络之一。

卷积神经网络是一种前馈神经网络。卷积神经网络由一个或多个卷积层和顶端的全连通层组成，同时也包括关联权重和池化层。这一结构使得卷积神经网络能够利用输入数据的二维结构。典型的卷积神经网络算法包括 LeNet、AlexNet、VGGNet、GoogLeNet 和 ResNet 等。卷积神经网络在图像和语音识别方面能够给出更好的结果。相比较其他深度、前馈神经网络，卷积神经网络需要考量的参数更少，使之成为一种颇具吸引力的深度学习结构。

循环神经网络具有记忆性、参数共享并且图灵完备的特点，因此能以很高的效率对序列的非线性特征进行学习。单纯的循环神经网络无法处理递归问题，导致权重指数级爆炸或梯度消失问题，难以捕捉长期时间关联。结合不同的网络结构可以很好解决这个问题。典型的循环神经网络算法包括 BRNN、DRNN、SRNN、LSTM 和 GRU 等。循环神经网络在语言建模、语音识别、机器翻译和文本生成等序列建模上有着天然的优势，也被用于各类时间序列预测或与卷积神经网络相结合处理计算机视觉问题。

图神经网络是一种直接在图结构上运行的神经网络。图神经网络通过构建顶点和边之间的关系组成图谱，典型应用包括节点分类、链接预测、社区划分和因果推理等。图神经网络是近年来的一大研究热点，在社交网络、知识图谱、推荐系统甚至生命科学等领域越来越受到欢迎。

习题

1. 概念题

1）列举常见的深度学习框架，并说明其适用场景。

2）什么是神经网络？基本结构包括哪些部分？

3）什么是图神经网络？图神经网络与图嵌入有何异同？

4）卷积神经网络 CNN 包括哪些典型算法？比较不同算法的优劣。

5）循环神经网络 RNN 包括哪些典型算法？比较不同算法的优劣。

2. 操作题

编写一个基于深度学习模型的情感分析系统。要求实现如下功能：

1）收集 IMDB 情感分析数据集，对每条评论进行预处理，包括删除标点符号、缩略词、特殊符号、表情包、超链接等干扰信息。

2）对评论内容进行分词，并将已标注过的电影评论数据集划分为训练集和测试集。

3）使用深度学习模型对 Netflix 评论进行正向和负向的分类。

参 考 文 献

[1] WANG S C. Artificial neural network[M]. Interdisciplinary computing in java programming. Boston：Springer，2003：81-100.

[2] BEBIS G，GEORGIOPOULOS M. Feed-forward neural networks[J]. IEEE Potentials，1994，13（4）：27-31.

[3] SCARSELLI F，GORI M，TSOI A C，et al. The graph neural network model[J]. IEEE Transactions on Neural

Networks, 2008, 20 (1): 61-80.

[4] KHAMSI M A, KIRK W A. An introduction to metric spaces and fixed point theory[M]. Hoboken: John Wiley & Sons, 2001.

[5] WU Z H, PAN S R, CHEN F W, et al. A comprehensive survey on graph neural networks[J]. IEEE Transactions on Neural Networks and Learning Systems, 2020, 32 (1): 4-24.

[6] HAMILTON W L, YING Z, LESKOVEC J. Inductive representation learning on large graphs[J]. Advances in Neural Information Processing Systems, 2017, 30.

[7] LIU W B, WANG Z D, LIU X H, et al. A survey of deep neural network architectures and their applications[J]. Neurocomputing, 2017, 234: 11-26.

[8] ROSENBLATT F. The perceptron: a probabilistic model for information storage and organization in the brain[J]. Psychological Review, 1958, 65 (6): 386.

[9] BROOMHEAD D S, LOWE D. Radial basis functions, multi-variable functional interpolation and adaptive networks[J]. Royal Signals and Radar Establishment Malvern (United Kingdom), 1988.

[10] ELMAN J L. Finding structure in time[J]. Cognitive Science, 1990, 14 (2): 179-211.

[11] HOCHREITER S, SCHMIDHUBER J. Long short-term memory[J]. Neural Computation, 1997, 9 (8): 1735-1780.

[12] CHUNG J, GULCEHRE C, CHO K H, et al. Empirical evaluation of gated recurrent neural networks on sequence modeling[J]. arXiv, 2014.

[13] BOURLARD H, KAMP Y. Auto-association by multilayer perceptrons and singular value decomposition[J]. Biological Cybernetics, 1988, 59 (4): 291-294.

[14] HOPFIELD J J. Neural networks and physical systems with emergent collective computational abilities[J]. Proceedings of the National Academy of Sciences, 1982, 79 (8): 2554-2558.

[15] HINTON G E, Sejnowski T J. Learning and relearning in Boltzmann machines[J]. Parallel distributed processing: Explorations in the microstructure of cognition, 1987: 282-317.

[16] BENGIO Y, LAMBLIN P, POPOVICI D, et al. Greedy layer-wise training of deep networks[M]. Advances in neural information processing systems. Cambridge: MIT Press, 2006, 19.

[17] LECUN Y, BOTTOU L, BENGIO Y, et al. Gradient-based learning applied to document recognition[J]. Proceedings of the IEEE, 1998, 86 (11): 2278-2324.

[18] KRIZHEVSKY A, SUTSKEVER I, HINTON G E. Imagenet classification with deep convolutional neural networks[M]. Advances in neural information processing systems. New York: Curran Associates, 2012, 25.

[19] SIMONYAN K, ZISSERMAN A. Very deep convolutional networks for large-scale visual recognition[J]. arXiv, 2014.

[20] SZEGEDY C, LIU W, JIA Y, et al. Going deeper with convolutions[C]// Proceedings of the IEEE Conference on Computer vision and Pattern Recognition. Boston: IEEE, 2015: 1-9.

[21] HE K M, ZHANG X Y, REN S Q, et al. Deep residual learning for image recognition[C]//Proceedings of the IEEE Conference on Computer Vision and Pattern Recognition. Las Vegas: IEEE, 2016: 770-778.

[22] SALEHINEJAD H, SANKAR S, BARFETT J, et al. Recent advances in recurrent neural networks[J]. ArXiv, 2017, 1801.01078.

[23] SCHUSTER M, PALIWAL K K. Bidirectional recurrent neural networks[J]. IEEE Transactions on Signal Processing, 1997, 45 (11): 2673-2681.

[24] GRAVES A, MOHAMED A, HINTON G. Speech recognition with deep recurrent neural networks[C]// 2013 IEEE International Conference on Acoustics, Speech and Signal Processing. South Brisbane: IEEE, 2013: 6645-6649.

[25] PARLOS A，ATIYA A，CHONG K，et al. Recurrent multilayer perceptron for nonlinear system identification[C]// IJCNN-91-Seattle International Joint Conference on Neural Networks. Seattle：IEEE，1991，2：537-540.

[26] GERS F A，SCHMIDHUBER J. Recurrent nets that time and count[C]// Proceedings of the IEEE-INNS-ENNS International Joint Conference on Neural Networks. IJCNN 2000. Neural Computing：New Challenges and Perspectives for the New Millennium. Como：IEEE，2000，3：189-194.

[27] CHO K，MERRIËNBOER B V，GULCEHRE C，et al. Learning phrase representations using RNN encoder-decoder for statistical machine translation[C]// Proceedings of the 2014 Conference on Empirical Methods in Natural Language Processing. Dohar：ACL，2014：1724-1734.

第 5 章　集成学习与迁移学习

学习目标：

本章主要讲解集成学习与迁移学习的基础知识，主要包括集成学习和迁移学习的概念、模型框架及所涉及的关键技术，并对经典的集成学习和迁移学习方法进行了梳理。本章同时给出了信用卡欺诈检测的集成学习应用案例，这一案例为读者开展集成学习，搭建实际业务所需的集成学习系统提供了指引和帮助。

通过本章的学习，读者可以掌握以下知识点：
- ◇ 了解集成学习和迁移学习的基本概念及主要流程。
- ◇ 掌握集成学习和迁移学习的组成框架及关键技术。
- ◇ 熟悉集成学习和迁移学习处理技术的一些常用技巧。
- ◇ 熟练掌握 Bagging、Boosting 和 Stacking 等集成学习算法的基本原理。
- ◇ 熟练掌握基于实例、特征、模型和关系等的迁移学习算法的基本原理。
- ◇ 熟练使用集成学习算法进行信用卡欺诈行为检测。

在学习完本章后，读者将更加深入地理解集成学习和迁移学习的基本理论及关键技术，并能够将集成学习应用在实际的数据分析中。

5.1 集成学习

本节将介绍集成学习（Ensemble Learning）的定义及基本问题，然后介绍装袋（Bagging）、提升（Boosting）和堆叠（Stacking）三种集成学习算法，最后介绍集成学习在不同领域的应用。

5.1.1 集成学习简介

集成学习由 Nilsson 在 1965 年以监督学习的方式提出，用于分类任务，主要思想是将多个基本模型训练为集成成员，并将它们的预测组合成一个输出，该输出的平均性能应优于目标数据集上具有不相关错误的任何其他集成成员[1]。大量的理论研究和经验表明，集成模型往往比单一模型具有更高的精度。集成模型的成员可以预测实数、类标签、后验概率、排名、聚类。因此，它们的决策可以通过许多方法进行组合，包括平均法、投票法和概率法。大多数集成学习方法是通用的，适用于各种类型的模型和学习任务。

集成学习的基本结构如图 5-1 所示。在集成学习理论中，$C_1, C_2, \cdots, C_n$ 称为弱学习器或者基础模型，通过组合多个弱学习器可以设计更复杂的模型。大多数情况下，这些弱学习器本身的性能不是很好，要么是因为它们有很高的偏差（例如低自由度模型），要么是因为它们的方差太大而不具有鲁棒性（例如高自由度模型）。集成学习通过将这些弱学习器组合在一起，尝试减少这些弱学习器的偏差或方差，从而创建一个性能更好的强学习器或者集成模型。

为了建立一个集成学习方法，首先需要选择要聚合的弱学习器。大多数情况下，使用相同类型的基础学习算法，如 ID3、C4.5、CART 等决策树算法，这样就有了同质的弱学习器，它们以不同的方式进行训练，得到集成模型，这称为同质集成学习。同时，也可以使用不同类型的基础学习算法，如随机森林、CNN 等算法，将一些异质弱学习器组合成一个异质集成模型，被称为异质集成学习。需要注意的是，对弱学习器的选择应该与聚合这些模型的方式一致。如果选择低偏差但高方差的弱学习器，则应采用倾向于减少方差的聚合方法，而如果选择低方差但高偏差的弱学习器，则应采用倾向于减少偏差的聚合方法。

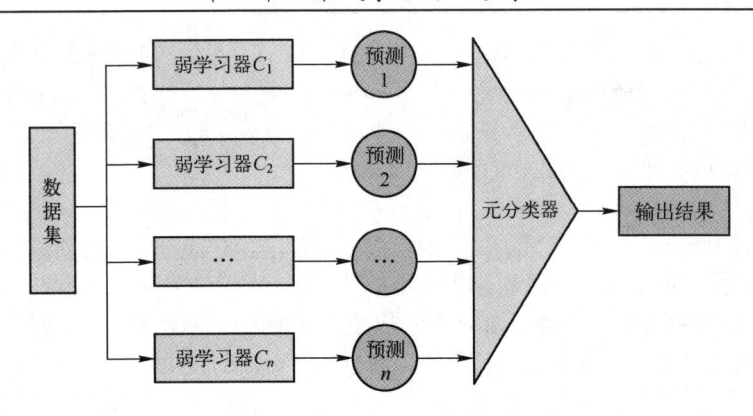

图 5-1　集成学习的基本结构

5.1.2　集成学习算法

集成学习算法从输出组合方式以及集成多样性等角度可大致划分为三种：Bagging、Boosting 和 Stacking。每一种算法具有不同的特点和适用场景，本节将对这几种算法进行详细的介绍。

1．Bagging

Bagging（Bootstrap Aggregating，引导聚合）算法，是机器学习领域的一种集成学习算法[2]。Bagging 算法通常考虑同质的弱学习器，它们之间相互独立地并行学习，并按照某种确定性的平均过程进行组合，算法框架如图 5-2 所示。Bagging 算法可与其他分类、回归算法结合，在提高模型准确率、稳定性的同时，通过降低结果的方差，避免过拟合的发生。

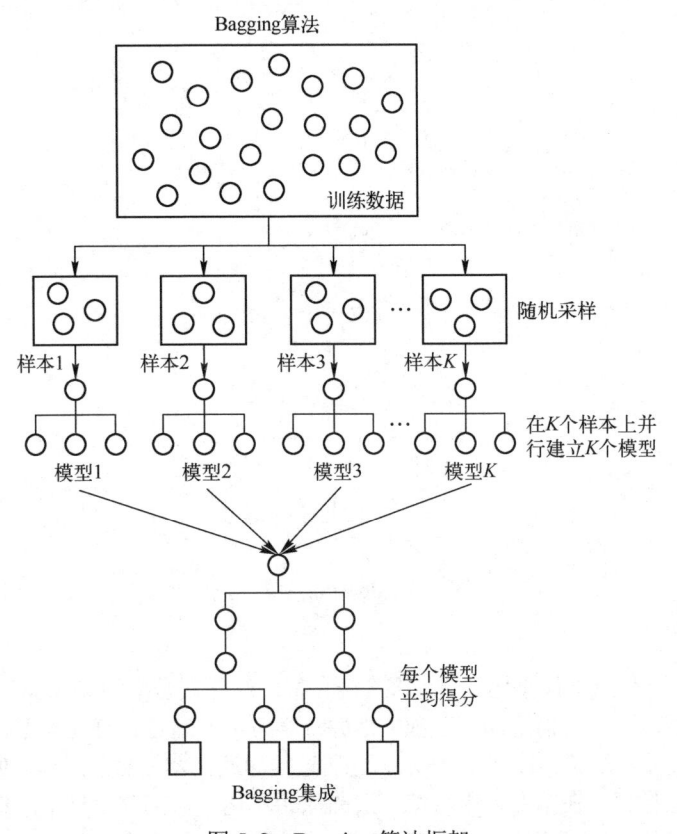

图 5-2　Bagging 算法框架

给定一个大小为 n 的训练集 D，Bagging 算法从中均匀、有放回地（即使用自助抽样法）选出 m 个大小为 n' 的子集 D_i，作为新的训练集。在这 m 个训练集上使用分类、回归等算法，则可得到 m 个模型，再通过取平均值、取多数票等方法，即可得到 Bagging 算法的结果。目前比较常见的 Bagging 算法包括随机森林、Bagging meta-estimator 等。

2. Boosting

Boosting 算法是一种主要用于减少偏差的集成学习算法，它通过在训练新模型实例时更注重先前模型错误分类或预测的实例来增量构建集成模型[3]。Boosting 算法是通过串行迭代的方式将同质的弱学习器添加到最终的强学习器中，算法框架如图 5-3 所示。添加弱学习器时，数据的加权方式与弱学习器的准确性有关。错误分类或预测的实例会获得更高的权重，正确分类或预测的实例会减轻权重。因此，后面的弱学习器会更多地关注前面的弱学习器错误分类或预测的实例。在某些情况下，Boosting 已被证明比 Bagging 可以得到更好的准确率，但同时也存在过拟合问题。目前比较常见的 Boosting 算法包括 AdaBoost[4]、LPBoost、GBM、XGBM[5]、LightGBM、CatBoost[6,7]等。

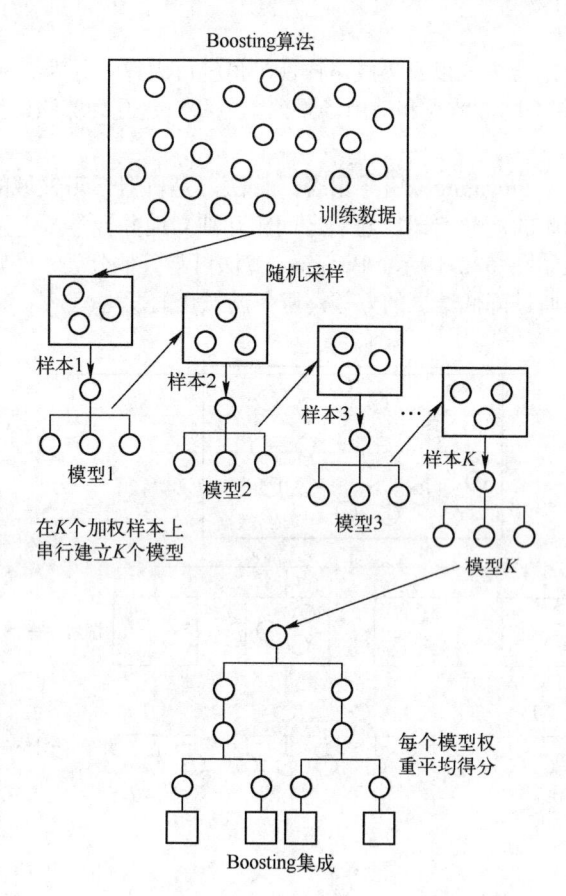

图 5-3 Boosting 算法框架

3. Stacking

Stacking 算法是一种用于最小化一个或多个泛化器的泛化误差率的集成学习算法[8]。Stacking 算法通常考虑异质弱学习器，它们之间相互独立地并行学习，并通过训练元模型输出基于不同弱学习器预测的结果组合，算法框架如图 5-4 所示。它通过推导泛化器相对于所提供的数据集的偏差来发挥其作用，推导过程包括：在第二层中将第一层的原始泛化器对部分数据集的猜测进行泛化，以及尝试对数据集的剩余部分进行猜测，并且输出正确的结果。当与多个泛化器一起使用时，堆叠泛化可以被看作一个交叉验证的复杂版本,利用比交叉验证更为复杂的策略来组合各个泛化器。当与单个泛化器一起使用时,堆叠泛化是一种用于估计泛化器的误差的方法,该泛化器已经在特定数据集上进行了训练并被询问了特定问题。目前比较常见的 Stacking 算法包括 Voting Ensembles、Weighted Average、Blending Ensemble、Super Learner Ensemble 等。

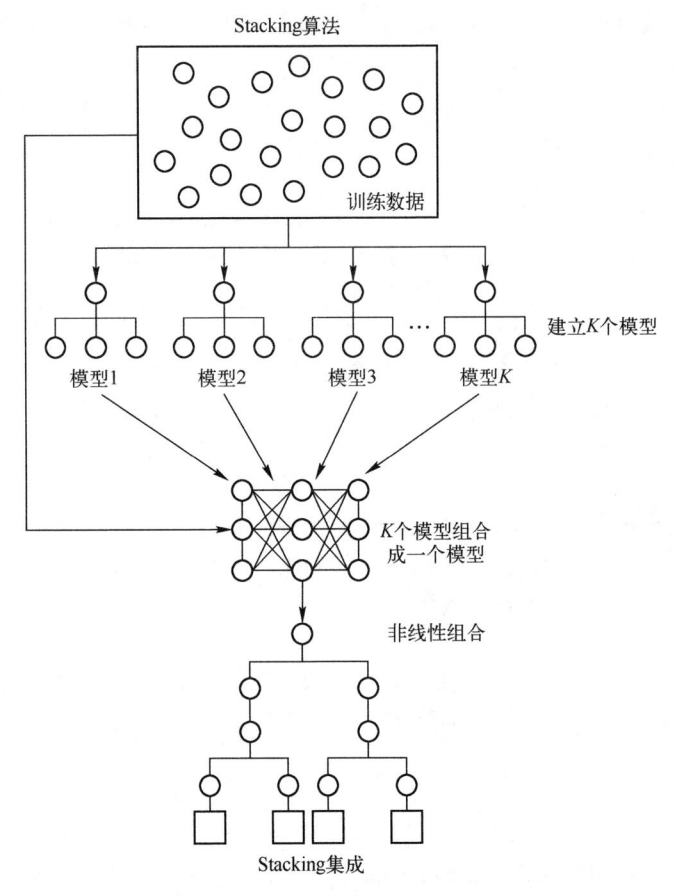

图 5-4 Stacking 算法框架

集成学习具有很多优点。例如,集成学习能够有效提高模型精度,使得模型更加健壮和稳定,从而确保在大多数场景中测试用例的良好性能,并且支持使用两个或以上不同的模型来拟合数据中的线性和非线性复杂关系。但是,集成学习也有缺点,例如,集成学习降低了模型的解释能力,最终很难得出关键的业务见解;它非常耗时,因此可能不是实时应用任务的最佳方案;挑选集成模型需要很多经验知识。

5.1.3 集成学习应用

近年来,由于计算能力的不断增强,能够在合理的时间范围内训练大型集成学习模型,因此集成学习的应用越来越广泛。集成学习主要有以下应用领域。

1. 遥感探测

土地覆盖制图是地球观测卫星传感器的主要应用之一,它利用遥感和地理空间数据来识别目标区域表面的物质和物体。一般来说,目标区域表面物质的类别包括道路、建筑物、河流、湖泊和植被等。基于人工神经网络、核主成分分析、带 Boosting 的决策树、随机森林等多分类器的集成学习方法能够有效识别土地覆盖物。变化检测是一个图像分析问题,可以识别土地覆盖物随时间变化的地方。变化检测广泛应用于城市增长、森林和植被动态、土地利用和灾害监测等领域。集成分类器大多通过多数投票、贝叶斯平均和最大后验概率等机制在变化检测中进行应用。

2. 网络安全

分布式拒绝服务是对互联网服务提供商威胁最大的网络攻击之一。通过组合单个分类器的输出，集成分类器能够减少从合法的 flash 群组中检测和区分此类攻击时出错的次数。恶意软件检测利用集成学习技术对病毒、蠕虫、木马等恶意软件代码进行分类，已取得了一定的成效。入侵检测系统可以监视计算机网络或计算机系统，以识别入侵代码，如异常检测过程。集成学习成功地帮助这些监控系统减少了它们的识别总误差。

3. 目标识别

人脸识别是通过数字图像来识别或验证一个人，基于 Gabor-Fisher 分类器和独立分量分析预处理技术的层次集成是该领域最早采用的集成学习。基于语音的情感识别也可以通过集成学习获得令人满意的性能。

4. 欺诈检测

欺诈检测涉及银行欺诈的识别，如洗钱、信用卡欺诈和电信欺诈等的识别，机器学习技术在这些领域都有着广泛的研究和应用。由于集成学习提高了正常行为建模的鲁棒性，因此它也应用于银行和信用卡系统的欺诈检测中。

5. 财务决策

企业失败预测的准确性是财务决策中一个非常关键的问题。因此，人们提出了不同的集成分类器来预测金融危机和财务困境。此外，在基于交易的操纵问题中，集成分类器可以用于分析股票市场数据的变化，并检测股价操纵的可疑情况。

6. 医学检测

集成学习已成功应用于神经科学、蛋白质组学和医学诊断等医学检测领域，对阿尔茨海默病和强直性肌营养不良引起的神经认知障碍的检测效果也显著提升。

5.2 迁移学习

本节将介绍迁移学习（Transfer Learning）的定义及基本问题，然后介绍迁移学习的模型分类和常用算法，最后介绍迁移学习在不同领域的应用。

5.2.1 迁移学习简介

多年来，机器学习因其提供的预测性解决方案（包括开发智能、可靠的模型）而获得了很大的发展。然而，训练模型是一项艰巨的任务，因为在模型中管理标记的数据和训练模型需要时间。减少训练模型和标记数据所需的时间可以通过使用迁移学习来实现。

迁移学习是属于机器学习的一个研究领域[9]。它专注于将某个领域（或任务）上学习到的知识（或模式）应用到不同但相关的领域（或问题）中，从而完成（或改进）目标领域（或任务）的学习，学习过程如图 5-5 所示。例如，用来辨识汽车的知识（或者模型）可被用来提升识别卡车的能力，骑自行车时学习的平衡逻辑可用于学习驾驶其他两轮车辆。

迁移学习的形式化表示如下[10]。给定一个特定域 $D = \{\mathcal{X}, P(X)\}$，其中 $\mathcal{X}$ 表示特征空间，$X = \{x_1, x_2 \cdots, x_n\} \in \mathcal{X}$，$P(X)$ 表示边缘概率分布。一个任务由标签空间 $\mathcal{Y}$ 和目标预测函数 $f : \mathcal{X} \rightarrow \mathcal{Y}$ 组成，该任务可表示为 $\mathcal{T} = \{\mathcal{Y}, f(\mathcal{X})\}$，即从 $\{x_i y_i\}$ 组成的训练数据中学习知识。给定一个源域 $\mathcal{D}_S$ 及对应学习任务 $\mathcal{T}_S$，一个目标域 $\mathcal{D}_T$ 及对应学习任务 $\mathcal{T}_T$，其中 $\mathcal{D}_S \neq \mathcal{D}_T$ 或者 $\mathcal{T}_S \neq \mathcal{T}_T$，迁移学习的目标是使用 $\mathcal{D}_S$ 和 $\mathcal{T}_S$ 的知识来提高目标预测函数 $f_T(\cdot)$ 在 $\mathcal{D}_T$ 上的学习能力。

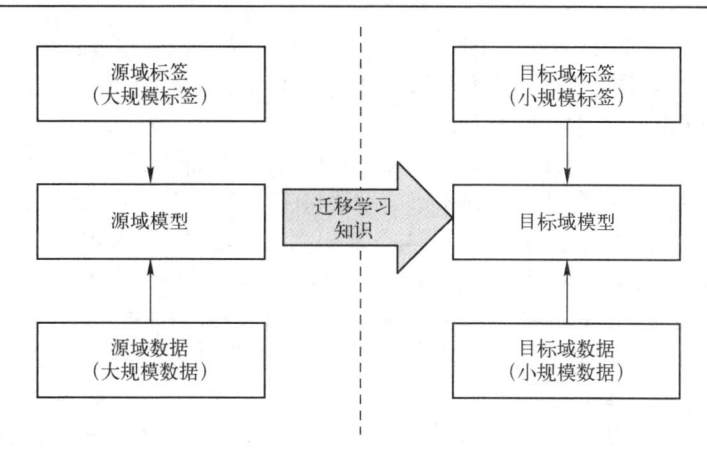

图 5-5 迁移学习的过程

5.2.2 迁移学习分类

迁移学习已经获得了广泛的研究，按照不同标准进行分类有助于学习者全面了解和掌握对它们的不同定位。迁移学习分类如图 5-6 所示。

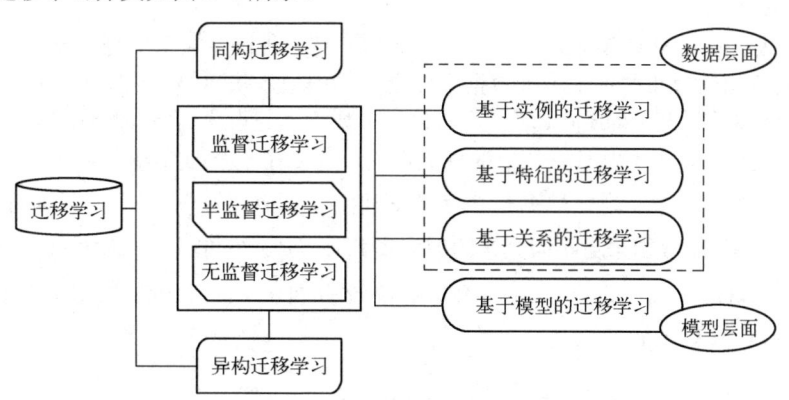

图 5-6 迁移学习分类

根据目标域有无标签，迁移学习可以分为以下三大类：监督迁移学习、半监督迁移学习和无监督迁移学习。

根据特征属性，迁移学习可以分为两大类：同构迁移学习和异构迁移学习。特征语义和维度都相同的迁移是同构迁移学习，如不同汽车的迁移；特征完全不相同的迁移是异构迁移学习，如图片到文本的迁移。

根据所要迁移的知识表示形式，迁移学习可以分为四大类[11]：

- 基于实例的迁移学习（Instance-based Transfer Learning）是从源域数据中选择出与目标域相似的部分数据，通过特定的权重调整策略为被选中的实例分配适当的权重，从源域中选择的部分实例将作为目标域训练集的补充进行训练学习，从而得到适用于目标域的模型。它的基本假设是：虽然两个域之间存在差异，但源域中的部分实例分配适当权重后可供目标域使用。该类方法的优点是模式简单、实现容易，缺点是权重的选择与相似度的度量依赖经验，且源域与目标域的数据分布往往不同。
- 基于特征的迁移学习（Feature-representation Transfer Learning）是将源域和目标域中的实例通过特征变换映射到新的数据空间，使得该空间中源域数据与目标域数据具有相同的数据分布，然后进行训练学习。它的基本假设是：虽然两个原始域之间存在差异，但它们在精心设计的新数据空间中可能更为相似。该类方法的优点是适用于大多数场景、效果较好，缺点是难以求解、容易发生过适配。
- 基于关系的迁移学习（Relational-knowledge Transfer Learning）是假设源域和目标域具有相似的模式，它们之间会共享某种相似关系，将源域中学习到的逻辑网络关系应用到目标域上进行学习，例如生物病毒传播模式与计算机病毒传播模式具有相似性。
- 基于模型的迁移学习（Model-based Transfer Learning）是假设源域和目标域共享模型参数或服从相同的先验分布，将在源域中通过大量数据训练好的模型应用到目标域上进行预测。基于模型的迁移学习方法比较直接，该类方法的优点是可以充分利用模型之间存在的相似性，缺点在于模型参数不易收敛。

基于实例、特征、模型的迁移学习要求数据独立同分布假设成立。基于实例、特征、关系的迁移学习是数据层面的学习算法，基于模型的迁移学习是模型层面的学习算法。同时，上述四类迁移学习都要求选择的源域和目标域相关。

5.2.3 迁移学习算法

常用的迁移学习算法包括以下几种。

1. TrAdaBoost

迁移梯度增强（Transfer AdaBoost，TrAdaBoost）是一种基于实例的迁移学习算法，它使用部分与测试数据具有相同分布的标记训练数据来建立分类模型，从而得到比单纯使用少量新标签的数据训练更精确的结果[12]。TrAdaBoost 算法形式化定义如下。假设 X_s 表示测试数据上的分布，X_d 表示旧数据上的空间分布，$Y=\{0,1\}$ 是二值的分类标签，需要在整个训练数据空间 $X = X_s \cup X_d$ 上寻找 $X \to Y$ 的布尔映射函数 c。测试数据集表示为 $S = \{(x_i^t), x_i^t \in X_s (i=1,\cdots,k)\}$，训练数据集表示为 $T \in \{X \times Y\}$，训练集 T 分别来自不同分布的数据集 $T_d = \{(x_i^d, c(x_i^d)), x_i^d \in X_d (i=1,\cdots,n)\}$ 和相同分布的数据集 $T_s = \{(x_j^s, c(x_j^s)), x_j^s \in X_s (j=1,\cdots,m)\}$，$n$ 和 m 分别表示 T_d 和 T_s 的数据集大小。联合的训练数据集 $T = \{(x_i, c(x_i))\}$ 表示如下：

$$x_i = \begin{cases} x_i^d, & i=1,\cdots,n \\ x_i^s, & i=n+1,\cdots,n+m \end{cases}$$

基于上述定义，TrAdaBoost 算法过程为：

1）归一化每个数据的权重，使其成为一个分布 p^t：

$$p^t = w^t \bigg/ \left(\sum_{i=1}^{n+m} w_i^t\right)$$

2）调用弱分类器。将 T_d 和 T_s 的数据整体作为训练数据 T，根据合并后的训练数据 T、T 上的权重分布 p^t 和未标注数据 S，得到一个在 S 上的分类器 $h_t : X \to Y$。

3）计算 h_t 在 T_s 上的错误率 ϵ_t：

$$\epsilon_t = \sum_{i=n+1}^{n+m} \frac{w_i^t \cdot |h_t(x_i) - c(x_i)|}{\sum_{i=n+1}^{n+m} w_i^t}$$

4）分别计算 T_d 和 T_s 的权重调整速率 $\beta_t = \epsilon_t/(1-\epsilon_t)$ 和 $\beta_t = 1/(1+\sqrt{2\ln n/N})$。

5）设置新的权重向量 w_i^{t+1}：

$$w_i^{t+1} = \begin{cases} w_i^t \beta^{|h_t(x_i)-c(x_i)|}, & 1 \leqslant i \leqslant n \\ w_i^t \beta_t^{-|h_t(x_i)-c(x_i)|}, & n+1 \leqslant i \leqslant n+m \end{cases}$$

6）输出最终分类器：

$$h_f(x) = \begin{cases} 1, & \prod_{t=\lceil N/2 \rceil}^{N} \beta_t^{-h_t(x)} \geqslant \prod_{t=\lceil N/2 \rceil}^{N} \beta_t^{-\frac{1}{2}} \\ 0, & \text{其他} \end{cases}$$

TrAdaBoost 算法在源数据和目标数据具有很多的相似性的时候，可以取得很好的效果，但是该算法也有不足，当开始的时候辅助数据中的样本如果噪声比较多，迭代次数控制得不好，这样都会加大训练分类器的难度。

2. TCA

迁移成分分析（Transfer Component Analysis，TCA）是一个典型的基于特征的迁移学习方法[13]。TCA 针对源域和目标域处于不同数据分布时的自适应问题，将两个领域的数据一起映射到一个高维的再生核希尔伯特空间，在此空间中，最小化源域和目标域的数据距离，同时最大限度地保留它们各自的内部属性。TCA 算法形式化定义如下。一般情况下，源域 S 的边缘分布 $P(X_S)$ 不等于目标域 T 的边缘分布 $P(X_T)$，假设存在一个特征映射函数 ϕ，使得映射后数据的分布 $P(\phi(X_S)) \approx P(\phi(X_T))$，保证条件分布 $P(Y_S|\phi(X_S)) \approx P(Y_T|\phi(X_T))$。TCA 假设特征映射函数 ϕ 已知，源域 S 的输入集合为 $\{x_{\text{src}}\}$，目标域 T 的输入集合为 $\{x_{\text{tar}}\}$，令 $X'_{\text{src}} = \phi(x_{\text{src}})$，$X'_{\text{tar}} = \phi(x_{\text{tar}})$。利用最大均值差异（Maximum Mean Discrepancy，MMD）进行源域 S 和目标域 T 的距离最小化计算：

$$\text{dist}(X'_{\text{src}}, X'_{\text{tar}}) = \left\| \frac{1}{n_1} \sum_{i=1}^{n_1} \phi(x_{\text{src}_i}) - \frac{1}{n_2} \sum_{i=1}^{n_2} \phi(x_{\text{tar}_i}) \right\|_{\mathcal{H}}$$

类似 SVM 的核函数，TCA 引入一个核矩阵 K 和 L：

$$K = \begin{bmatrix} K_{\text{src,src}} & K_{\text{src,tar}} \\ K_{\text{tar,src}} & K_{\text{tar,tar}} \end{bmatrix}, \quad L = \begin{cases} 1/n_1^2 & x_i, x_j \in X_{\text{src}} \\ 1/n_2^2 & x_i, x_j \in X_{\text{tar}} \\ -1/(n_1 n_2) & \text{其他} \end{cases}$$

式中，$K_{\text{src,src}}$，$K_{\text{tar,tar}}$，$K_{\text{src,tar}}$，$K_{\text{tar,src}}$ 分别是源域、目标域、交叉域、交叉域的核矩阵。

通过求矩阵的迹 $\text{trace}(KL) - \lambda \text{trace}(K)$，TCA 最终的优化目标可定义如下：

$$\min_{W} \text{trace}(W^\mathrm{T} KLKW) + u\text{trace}(W^\mathrm{T} W),$$
$$\text{s.t. } W^\mathrm{T} KHKW = I$$

式中，u 是平衡参数；$I \in \mathbb{R}^{m \times m}$ 是单位矩阵；$H = I_{n_1+n_2} - 1/(n_1+n_2)\mathbf{1}\mathbf{1}^\mathrm{T}$ 是一个中心矩阵，$I_{n_1+n_2} \in \mathbb{R}^{(n_1+n_2) \times (n_1+n_2)}$ 是单位矩阵，$\mathbf{1} \in \mathbb{R}^{n_1+n_2}$ 是一个值全为 1 的列向量；W 是比 K 的维度更低的矩阵，起到约束降低复杂度的作用。对于矩阵 A，计算矩阵散度 AHA^T，能够得到源域和目标域的降维后的数据。TCA 的优点是实现简单，方法本身没有太多的限制，缺点是伪逆的求解以及特征值分解需要很多计算时间。

3. TransEMDT

决策树嵌入迁移（Transfer learning EMbedded Decision Tree，TransEMDT）是一个基于模型的迁移学习方法[14]。例如，在移动医疗领域，使用手机进行活动识别具有巨大的潜力，然而每个病人每天的活动类型和运动量具有显著差异性，为了解决跨人活动识别问题，TransEMDT 首先针对已有的标签数据，利用决策树构建鲁棒的行为识别模型，然后针对无标签数据，利用 K-Means 聚类方法寻找最优化的参数。TransEMDT 算法形式化定义如下。给定来自一个人的 N_1 个标签样本及对应所

有数据的源域 $D_{\text{src}} = \{(x_{\text{src}}^{(i)}, y_{\text{src}}^{(i)})\}_{i=1}^{N_1}$，其中 $y_{\text{src}}^{(i)}$ 是 $x_{\text{src}}^{(i)}$ 的标签。目标域 $D_{\text{tar}} = \{(x_{\text{tar}}^{(i)})\}_{i=1}^{N_2}$ 是来自另一个人的没有任何标签的样本数据。Thd 是确定运行集成 one-step K-Means 算法和更新决策树算法的迭代次数的阈值。K 是每次迭代中为每个活动类选择的高置信度的样本数。Times 是迭代次数的最大值。具体地，给定一个样本 $x = \{x_1, x_2, \cdots\}$，A_j 表示 x 的第 j 个属性，x_j 是其值。对于第 i 个叶子节点，向量 w_i 被定义，它的第 j 个项可被定义为：

$$w_{ij} = \begin{cases} 1, & A_j \in P_i \\ 0, & A_j \notin P_i \end{cases}$$

式中，P_i 表示第 j 个叶子节点到根节点的路径。TransEMDT 算法过程为：

1）从带标签的源域样本数据中训练一个决策树模型。

2）对于决策树的每个叶子节点，找到相关属性并形成表示每个属性重要性的向量 w_i。该向量计算叶子节点的中心：$\sum_{j=1}^{m}\sum_{i=1}^{|V_j|} D(x_i^j, u_j, w_{ij}) > $ Thd 或 $t < $ Times。

3）使用决策树为 D_{tar} 分类每个样本数据，结果为 $V_{\text{tar}} = \{(\text{Label}_j, w_{ij}, u_j, V_j)\}_{j=1}^{m}$。其中，$m$ 是叶子节点个数，Label_j 是第 j 个叶子节点内部的样本标签，u_j 是第 j 个叶子节点的样本中心，V_j 是第 j 个叶子节点内部存储的样本。

4）设置 one-step K-Means 算法的初始化种子 $u_j = w_{ij} \cdot \sum_{i=1}^{|V_j|} x_i^j / |V_j|$。

5）对于每个样本 x，通过距离度量 $D(x_i^j, u_j, w_{ij})$ 找到离 x 最近的叶子节点，将这些叶子节点归类为 x 的成员。其中，x_i^j 是类 j 中第 i 个样本。

6）自底向上更新决策树所有的非叶子节点：对于每个非叶子节点，选取离叶子节点中心最近的 K 个高置信度样本来进行阈值的调整。具体地，对于决策树中的非叶子节点 A_i，LSamples 表示 A_i 左子树的样本，RSamples 表示 A_i 右子树的样本，阈值更新如下：

$$\theta_i = \frac{\arg\max_{x \in \text{LSamples}} x_i + \arg\min_{x \in \text{RSamples}} x_i}{2}$$

7）重复上述步骤 2）~6），直到模型收敛。输出目标域的个性化决策树模型。

4. TAMAR

自映射和修订迁移（Transfer via Automatic Mapping And Revision，TAMAR）是一个基于关系的迁移学习方法[15]。借助于马尔可夫逻辑网络（Markov Logic Network，MLN）强大的形式主义，并结合一阶逻辑的表达能力和概率的灵活性，TAMAR 首先将源域的马尔可夫逻辑网络中的谓词自动映射到目标域，然后修改映射结构以进一步提高其精度。TAMAR 算法形式化定义如下。假设 X 是描述一个世界的所有命题的集合，$\mathcal{F}$ 是马尔可夫逻辑网络中所有子句的集合，w_i 是与子句 $f_i \in \mathcal{F}$ 关联的权重，$\mathcal{G}_{f_i}$ 是域中常量 f_i 子句中所有可能值的真实集合，Z 是归一化的分配函数。x 属于特定真值赋值的概率计算如下：

$$P(X = x) = \frac{1}{Z} \exp\left(\sum_{f_i \in \mathcal{F}} w_i \sum_{g \in \mathcal{G}_{f_i}} g(x)\right)$$

式中，$g(x)$ 取值为 0 或 1，$\sum_{g \in \mathcal{G}_{f_i}} g(x)$ 是 f_i 在当前命题集合 X 中的真值数量。为了在马尔可夫逻辑网络中进行谓词推理，通过吉布斯采样为每个查询分配一个真值并重采样 X，计算马尔可夫逻辑网络参与真实子句的节点 MB_X 值如下：

$$P(X=x\mid \text{MB}_X=m) = \frac{\text{e}^{S_X(x,m)}}{\text{e}^{S_X(0,m)}+\text{e}^{S_X(1,m)}}$$

式中，$S_X(x,m) = \sum_{g_i \in \mathcal{G}_X} w_i g_i(X=x, \text{MB}_X=m)$；$\mathcal{G}_X$ 是出现在集合 X 中的真实子句的集合；m 是当前真实赋值到 MB_X 中的元素。关系路径发现形成一个包含特定真实词的子句，其前序项由关系图 G 中路径的真实词组成，在图 G 中搜索节点 c_1 和 c_2 间的长度大于 2 的路径。一旦路径被找到，前序词被标记为路径中每条边的谓词连接，连接 c_1 和 c_2 的边上的标签词变成结论。例如，在电影上映、演员接片和导演制作的关系网中，可观察到演员 A 出演了电影 T，记为 MovieMember(T,A)，导演 B 拍摄了电影 T，记为 MovieMember(T,B)，由此可推出演员 A 为导演 B 工作的关系 MovieMember(T,A)$\land$MovieMember(T,B)$\Rightarrow$WorkedFor(A,B)。在学生、导师和论文的关系网中，可观察到学生 B 的指导老师是 A，记为 AdvisedBy(B,A)，B 同时发表了论文 P，记为 Publication(B,P)，由此可推出老师 A 也参与了论文 P 的发表工作，即 AdvisedBy(B,A)$\land$Publication(B,P)$\Rightarrow$Publication(A,P)。TAMAR 通过关系网的结构化知识来辅助建模与分析合作关系的知识挖掘。

5.2.4 迁移学习应用

1. 世界模拟真实

在现实环境中训练机器人既耗时又费钱。为了减少成本，可以通过仿真训练机器人，从而将所获得的知识转移到现实世界中的机器人上，这是一个理想的模拟现实世界的策略转移机器人控制领域。这是使用渐进网络来完成的，这些网络，在实现转移的同时，针对大量任务有序学习基本特征，并且具有抵抗灾难性遗忘（人工神经网络在学习新信息时完全忘记以前所学信息的趋势）的能力。

模拟真实世界的另一个应用是训练自动驾驶汽车，即通过视频游戏进行模拟训练。Udacity 公开了它的自动驾驶汽车模拟器，它允许通过 GTA5 和许多其他视频游戏来训练自动驾驶汽车。然而，因为真实世界中的交互更为复杂，并不是所有的模拟特征都能成功地复制到真实世界中。

2. 游戏

人工智能的应用将游戏带到了一个全新的水平，DeepMind 的神经网络程序 AlphaGo 就是证明。AlphaGo 是围棋高手，但当被要求玩其他游戏时它失败了。这是因为它的算法是针对围棋量身定做的。因此，在游戏中使用人工神经网络的缺点是它们不能像人脑那样掌握所有的游戏。为了做到这一点，AlphaGo 必须完全忘记围棋，并适应新游戏的新算法和新技术。通过迁移学习，在一个游戏中学习到的战术可以重新应用到另一个游戏中。

在游戏中实现迁移学习的一个例子是 MadRTS，MadRTS 是一种商业实时策略游戏，是为进行军事模拟而开发的。MadRTS 使用 CARL（Case-based Reinforcement Learner），这是一种结合了基于案例推理（CBR）和强化学习（RL）的多层体系结构。CBR 提供了一种方法，基于过去的经验解决看不见但相关的问题。另一方面，RL 算法允许模型根据代理在其环境中的经验（也称为马尔可夫决策过程）对某个状态进行良好的近似。这些 CBR/RL 迁移学习代理被评估，以便对 MadRTS 中给出的任务执行有效的学习，并且应该能够通过迁移经验更好地跨任务学习。

3. 图像分类

图像分类是神经网络的一个重要应用，但是神经网络模型是在大量的标记图像数据集上训练的，这是非常耗时的。迁移学习通过使用 ImageNet 预训练模型来减少训练模型的时间，ImageNet 包含来自不同类别的数百万张图像。

假设一个卷积神经网络（例如 VGG-16）必须经过训练才能识别数据集中的图像。首先利用 ImageNet 对其进行预训练。然后，从用 softmax 层替换最后一层开始逐层训练，直到训练饱和。此外，其他密集层也会逐步训练。训练结束时，卷积神经网络模型成功地学习了如何从提供的数据集中检测图像。在数据集与预先训练的模型数据不相似的情况下，可以通过反向传播方法在卷积神经网络的更高层中微调权重。密集层包含用于检测图像的逻辑，因此，调整较高的层不会影响基本逻辑。卷积神经网络可以在 Keras 上训练，使用 TensorFlow 作为后端。在医学成像领域中，图像分类的一个例子就是在 ImageNet 上训练卷积模型来解决 B 超检测肾脏的问题。

4. 零镜头翻译

零镜头翻译是监督学习的一个扩展部分，该模型的目标是借助训练数据集以外的值学习预测新的值。谷歌的神经翻译模型（GNMT）就是零镜头翻译的一个突出例子，实现了有效的跨语言翻译。在零镜头翻译实现之前，必须使用枢轴语言翻译两种离散语言。例如，要把韩语翻译成日语，韩语必须先翻译成英语，然后再翻译成日语。在这里，英语是把韩语翻译成日语的枢轴语言。这就产生了一种被第一语言扭曲的翻译语言。零镜头翻译使人们不再需要枢轴语言。它利用现有的训练数据来学习所应用的翻译知识，翻译一对新的语言。在 Image2Emoji 中可以看到零镜头翻译的另一个例子，它将视觉和文本结合起来，以零镜头的方式预测表情图标。

5. 情感分析

通过情感分析，企业可以更好地了解客户反馈和产品评论背后的情感和极性（消极或积极）。为一个新的文本语料库分析情感是困难的，因为训练模型来检测不同的情感是困难的。解决这一问题的方法是使用迁移学习。这包括在任何一个域（例如 Twitter 提要）上训练模型，并将它们微调到希望对其执行情感分析的另一个域（例如影评）。在这里，通过对文本语料库进行情感分析并检测每条语句的极性，在 Twitter 提要上训练深度学习模型。一旦该模型通过 Twitter 提要的极性接受了理解情感的训练，它的底层语言模型和学习到的表达就会被转移到模型上，并被分配任务来分析电影评论中的情感。在这里，RNN 模型是基于逻辑斯蒂回归技术进行训练的，并在 Twitter 提要上进行情感分析。从源域（Twitter 提要）学习的单词嵌入和循环权重在目标域（影评）中被重新使用，对目标域中的情感进行分类。

迁移学习通过重用算法和应用逻辑带来了机器学习的发展新浪潮，加速了机器学习的进程。此外，迁移学习在金融、医学、农业等领域也得到了成功的应用。迁移学习未来如何影响其他领域的机器学习曲线，值得关注。

5.3 综合案例：欺诈检测应用

随着生活和消费观念的转变，越来越多的人办理了信用卡支付业务。信用卡的使用率持续增长，也带来了用户信用卡频繁被盗用的问题，这一问题不但会给银行和用户造成巨大的经济损失，而且还会影响银行的信誉，给银行带来潜在的风险。贝叶斯、决策树、支持向量机等经典的机器学习算法已被应用到信用卡欺诈行为检测中，但存在误报率高的问题。新型的神经网络算法表现出优越的性能，但这类方法需要大量数据训练，信用欺诈数据分布极度不均衡、信息失真、周期性统计偏差大等特性，导致检测模型抗干扰能力弱，易产生过拟合。

本节基于 Stacking 集成学习算法的思想，在 PyCharm 集成开发环境下，通过调用 Python 机器学习库 Scikit-learn 中的 K 近邻、随机森林、XGBoost、逻辑斯蒂回归等多种常用分类算法，设计两层融合的学习框架，提升了信用卡欺诈行为的检测精度，有效解决了不平衡数据容易过拟合的问题。

1. 信用卡数据集导入

信用卡欺诈数据来自 Worldline 与机器学习小组合作研究期间所收集的关于大数据挖掘和欺诈检测的数据集(http://mlg.ulb.ac.be)。该数据集类别为 1 表示欺诈，0 表示真实，并且 284807 个信用卡事务中仅存在 0.172%的正（欺诈）金额，数据分布高度不平衡。数据集中有 30 个特征列和 1 个目标类列，其中 28 个特征包含 PCA 变换后得到的数值。由于保密问题，特征名称更改为 V1,V2,V3,…,V28。唯一没有使用 PCA 变换的特征是数量和时间。数据集的 67%用于训练，其余用

于测试。主要实现代码如下:

```
fname = "../input/creditcard.csv"
df = pd.read_csv(fname)


features = np.array(df.columns[:-1])
label = np.array(df.columns[-1])
data = df.values
X = data[: , :-1]
y = data[: , -1]
X_train, X_test, y_train, y_test = train_test_split(X, y, test_size = 0.33, random_state = 42)
```

2. 交叉验证和超参数调整

使用随机搜索和网格搜索方法调整所有基础模型,并进行 5 折交叉验证,从参数网格中找出所有基于 F1 得分的模型的最佳超参数集。主要实现代码如下:

```
#使用 5 折网格搜索方法进行 K 近邻分类器超参数调整
clf_knn = KNeighborsClassifier()
grid_knn = GridSearchCV(clf_knn, params_knn, scoring = 'f1', cv=kf)


#使用 5 折随机网格搜索方法进行随机森林分类器超参数调整
clf_rf = RandomForestClassifier()
rand_rf = RandomizedSearchCV(clf_rf, params_rf, scoring = 'f1', cv=kf)


#使用 5 折随机网格搜索方法进行 XGBoost 分类器超参数调整
clf_xgb = XGBClassifier()
rand_xgb = RandomizedSearchCV(clf_xgb, params_xgb, scoring = 'f1', cv=kf)


#使用 5 折随机网格搜索方法进行逻辑斯蒂回归分类器超参数调整
clf_lr = LogisticRegression()
rand_lr = RandomizedSearchCV(clf_lr, params_lr, scoring = 'f1', cv=kf)
```

3. 集成模型训练

基于 Stacking 集成学习算法将 4 个监督分类器叠加到原始特征上。这里,以 2 层级结构为例进行集成模型的训练。其中,第 1 层由 K 近邻、随机森林、XGBoost、逻辑斯蒂回归等基础分类器组成。第 2 层由 XGBoost 分类器使用叠加预测和原始特征进行训练。主要实现代码如下:

```
# 基于 F1 得分评价指标,通过调节超参数得到最好的 K 近邻分类器
print("K-Nearest Neighbor (KNN) Scores:")
b_knn = KNeighborsClassifier(algorithm='auto', leaf_size=30, metric='minkowski',
            metric_params=None, n_jobs=1, n_neighbors=1, p=2,
            weights='uniform')


# 基于 F1 得分评价指标,通过调节超参数得到最好的随机森林分类器
print("Random Forest (RF) Scores:")
b_rf = RandomForestClassifier(bootstrap=True, class_weight=None, criterion='gini',
```

```
            max_depth=8, max_features='auto', max_leaf_nodes=None,
            min_impurity_decrease=0.0, min_samples_leaf=2, min_samples_split=5,
            min_weight_fraction_leaf=0.0, n_estimators=50, n_jobs=1,
            oob_score=False, random_state=42, verbose=0,
            warm_start=False)

# 基于 F1 得分评价指标，通过调节超参数得到最好的 XGBoost 分类器
print("eXtreme Gradient Boosting (XGB) Scores:")
b_xgb = XGBClassifier(base_score=0.5, booster='gbtree', colsample_bylevel=1,
            colsample_bytree=1, gamma=0, learning_rate=0.1, max_delta_step=0,
            max_depth=3, min_child_weight=1, n_estimators=210,
            n_jobs=1, nthread=None, objective='binary:logistic', random_state=42,
            reg_alpha=0, reg_lambda=1, scale_pos_weight=1, seed=None,
            subsample=1, use_label_encoder=False,
            eval_metric=['logloss','auc','error'])

# 基于 F1 得分评价指标，通过调节超参数得到最好的逻辑斯蒂回归分类器
print("Logistic Regression (LR) Scores:")
b_lr = LogisticRegression(C=0.11, class_weight=None, dual=False, fit_intercept=True,
            intercept_scaling=1, max_iter=100, multi_class='ovr', n_jobs=1,
            penalty='l1', random_state=78, solver='liblinear', tol=0.0001,
            verbose=0, warm_start=False)

#将基础分类器的预测附加到原始特征集
X_train = np.hstack((X_train, pred_train_knn))
X_test = np.hstack((X_test, pred_test_knn))
X_train = np.hstack((X_train, pred_train_rf))
X_test = np.hstack((X_test, pred_test_rf))
X_train = np.hstack((X_train, pred_train_xgb))
X_test = np.hstack((X_test, pred_test_xgb))
X_train = np.hstack((X_train, pred_train_lr))
X_test = np.hstack((X_test, pred_test_lr))

#运行具有堆叠功能的集成 XGBoost 模型
print("Stacked Ensemble XGB (SEXGB) Scores:")
ens_xgb = XGBClassifier(base_score=0.5, booster='gbtree', colsample_bylevel=1,
            colsample_bytree=1, gamma=0, learning_rate=0.1, max_delta_step=0,
            max_depth=3, min_child_weight=1, n_estimators=210,
            n_jobs=1, nthread=None, objective='binary:logistic', random_state=42,
            reg_alpha=0, reg_lambda=1, scale_pos_weight=1, seed=None, subsample=1,
            use_label_encoder=False, eval_metric=['logloss','auc','error'])
```

运行结果如图 5-7 所示。从图中可知，XGB 模型 F1 值可达 0.8808，优于 K 近邻、随机森林和逻辑斯蒂回归这三个模型。同时，具有堆叠功能的集成 XGBoost 模型性能最好，F1 值可达 0.9094。

```
K-Nearest Neighbor (KNN) Scores:
    Precision: 0.4838709677419355
    Recall: 0.20134228187919462
    F1: 0.28436018957345977
    Confusion Matrix (tn, fp, fn, tp): [93806     32    119     30]
Random Forest (RF) Scores:
    Precision: 0.9426229508196722
    Recall: 0.7718120805369127
    F1: 0.8487084870848709
    Confusion Matrix (tn, fp, fn, tp): [93831      7     34    115]
eXtreme Gradient Boosting (XGB) Scores:
    Precision: 0.953125
    Recall: 0.8187919463087249
    F1: 0.8808664259927798
    Confusion Matrix (tn, fp, fn, tp): [93832      6     27    122]
Logistic Regression (LR) Scores:
    Precision: 0.8761904761904762
    Recall: 0.6174496644295302
    F1: 0.7244094488188977
    Confusion Matrix (tn, fp, fn, tp): [93825     13     57     92]
(190820, 31) (93987, 31)
(190820, 32) (93987, 32)
(190820, 33) (93987, 33)
(190820, 34) (93987, 34)
Stacked Ensemble XGB (SEXGB) Scores:
    Precision: 0.9461538461538461
    Recall: 0.865503355704698
    F1: 0.909423764575236
    Confusion Matrix (tn, fp, fn, tp): [93831      7     26    123]
```

图 5-7 基于集成学习的信用卡欺诈检测结果

5.4 小结

单一算法可能无法对给定数据集进行完美预测。机器学习算法有其局限性，生成高精度的模型是一项挑战。通过建立并组合多个模型，总体精度可能会提高。这种组合可以通过将每个模型的输出进行聚合来实现，目标有两个：减少模型误差和保持其泛化。实现这种聚合方法的体系结构称为集成学习。

集成学习是机器学习的一种通用元方法，它通过组合来自多个模型的预测能力来寻求更好的预测性能。集成学习方法的三大类是 Bagging、Boosting 和 Stacking。Bagging 涉及在同一数据集的不同样本上拟合许多决策树，并输出预测的平均值。Boosting 包括按顺序添加集合成员，以更正先前模型所做的预测，并输出预测的加权平均值。Stacking 包括在同一数据上拟合许多不同类型的模型，并使用另一个模型来学习如何最好地进行组合预测。集成学习主要用于提高模型的（分类、预测、函数逼近等）性能，或降低不幸选择较差模型的可能性。集成学习的其他应用包括为模型做出的决策分配置信度、选择最优（或接近最优）特征、数据融合、增量学习、非平稳学习和纠错。

当系统集成多个算法来调整预测过程以组合多个模型时，需要一种聚合方法，有三种主要技术：最大投票，最终预测基于对分类问题的多数投票；平均化，通常用于预测平均化的回归问题，概率也可以用于最终分类的平均值；加权平均，有时需要在生成最终预测时为一些模型/算法赋权重。

机器学习中使用的迁移学习是指对一个新问题使用预先训练好的模型。在迁移学习中，利用从前一个任务中获得的知识来提高对另一个任务的泛化能力。例如，在训练分类器以预测图像是否包含食物时，可以使用训练期间获得的知识来识别饮料。迁移学习目前在深度学习中非常流行，因为它可以用相对较少的数据训练深度神经网络。这在数据科学领域非常有用，因为大多数实际问题通常没有数以百万计的标记数据来训练如此复杂的模型。

当前，有很多不同的迁移学习策略和技术，可以根据应用领域、目标任务和预测数据的可用性来分类。例如，迁移学习方法可以根据涉及的传统机器学习算法类型，分为有监督迁移学习、半监督迁移学习和无监督迁移学习。根据所要迁移的知识表示形式，迁移学习可以分为四大类：基于实例的迁移学习、基于特征的迁移学习、基于模型的迁移学习和基于关系的迁移学习。

迁移学习的优点包括：有更好的初始模型，即在其他类型的学习中，需要建立一个没有任何知识的模型，迁移学习则有一个更好的起点，甚至可以在没有训练的情况下完成某些级别的任务；有更高的学习率，即在训练期间提供了更高的学习率，因为问题已经针对类似任务进行过训练；训练后有更高的准确性，即具有更好的起点和更高的学习率。迁移学习提供了一种机器学习模型，可以收敛到更高的性能水平，实现更精确的输出；更快的训练，与传统的学习方法相比，迁移学习可以更快地达到预期的效果，因为它利用了预先训练的模型。

习题

1. 概念题

1）什么是集成学习？应用场景包括哪些？
2）列举不少于 5 种集成学习方法。
3）Bagging、Boosting 和 Stacking 的区别是什么？
4）什么是迁移学习？应用场景包括哪些？
5）列举不少于 5 种迁移学习方法。
6）简要叙述迁移学习的知识表示形式。

2. 操作题

编写一个能从图片中分类不同种类花卉的迁移学习模型。从 Kaggle 网站https://www.kaggle.com/alxmamaev/flowers-recognition 下载花卉分类数据集。该数据集一共有 5 个类别，分别是：雏菊（Daisy）、蒲公英（Dandelion）、玫瑰（Rose）、向日葵（Sunflower）、郁金香（Tulip），一共有 3670 张图片。数据集按 9∶1 进行划分，其中训练集 train 中有 3306 张图片，验证集 val 中有 364 张图片，要求模型识别精度在 90%以上。

参 考 文 献

[1] 周志华. 机器学习[M]. 北京：清华大学出版社，2016.
[2] BREIMAN L. Bagging predictors[J]. Machine Learning，1996，24（2）：123-140.
[3] FREUND Y，SCHAPIRE R E，ABE N. A short introduction to boosting[J]. Journal-Japanese Society For Artificial Intelligence，1999，14（5）：771-780.
[4] FREUND Y，SCHAPIRE R E. A decision-theoretic generalization of on-line learning and an application to boosting[J]. Journal of Computer and System Sciences，1997，55（1）：119-139.
[5] CHEN T，GUESTRIN C. Xgboost：a scalable tree boosting system[C]//Proceedings of the 22nd ACM SIGKDD International Conference on Knowledge Discovery and Data Mining. New York：ACL，2016：785-794.
[6] DOROGUSH A V，ERSHOV V，GULIN A. CatBoost：gradient boosting with categorical features support[J]. arXiv，2018.
[7] PROKHORENKOVA L，GUSEV G，VOROBEV A，et al. CatBoost：unbiased boosting with categorical features[M]//Advances in Neural Information Processing Systems. New York：Curran Associates，2018，31.
[8] WOLPERT D H. Stacked generalization[J]. Neural Networks，1992，5（2）：241-259.
[9] 杨强，张宇，戴文渊，等. 迁移学习[M]. 北京：机械工业出版社，2020.

[10] PAN S J, YANG Q. A survey on transfer learning[J]. IEEE Transactions on knowledge and data engineering, 2009, 22 (10): 1345-1359.

[11] TAN C, SUN F, KONG T, et al. A survey on deep transfer learning[C]//27th International Conference on Artificial Neural Networks. Rhodes: Springer, 2018: 270-279.

[12] YAO Y, DORETTO G. Boosting for transfer learning with multiple sources[C]//2010 IEEE Computer Society Conference on Computer Vision and Pattern Recognition. San Francisco: IEEE, 2010: 1855-1862.

[13] PAN S J, TSANG I W, KWOK J T, et al. Domain adaptation via transfer component analysis[J]. IEEE Transactions on Neural Networks, 2010, 22 (2): 199-210.

[14] ZHAO Z T, CHEN Y Q, LIU J F, et al. Cross-people mobile-phone based activity recognition[C]//Proceedings of the Twenty-Second International Joint Conference on Artificial Intelligence. Barcelona: AAAI Press, 2011: 2545-2550.

[15] MIHALKOVA L, HUYNH T, MOONEY R J. Mapping and revising markov logic networks for transfer learning[C]//Proceedings of the Twenty-Second National Conference on Artificial Intelligence. Vancouver: AAAI Press, 2007: 608-614.

第6章 强化学习

学习目标：

本章主要讲解强化学习的基础知识，主要包括强化学习的概念、模型框架及所涉及的关键技术，并对经典的强化学习算法进行了统一的梳理。本章同时给出了飞扬小鸟的强化学习应用案例，这一案例为读者开展强化学习、搭建实际业务所需的强化学习系统提供指引和帮助。

通过本章的学习，读者可以掌握以下知识点：

◇ 了解强化学习的基本概念及主要流。
◇ 掌握强化学习的组成框架及关键技术。
◇ 熟悉强化学习处理技术的一些常用技巧。
◇ 熟练掌握 Q-learning、蒙特卡罗学习和时间差分学习等强化学习算法的基本原理。
◇ 了解强化学习算法的应用。

在学习完本章后，读者将更加深入地理解强化学习的基本理论和关键技术，并将强化学习应用在实际的交互任务中。

6.1 强化学习简介

强化学习（Reinforcement Learning，RL）是机器学习中的一个领域，强调如何基于环境而行动，以取得最大化的预期利益[1]。强化学习是监督学习和非监督学习之外的第三种基本的机器学习方法。与监督学习不同的是，强化学习不需要带标签的输入输出对，同时也无须对非最优解进行精确的纠正，其关注点在于寻找探索（对未知领域的）和利用（对已有知识的）的平衡，强化学习中的"探索-利用"的交换，在多臂老虎机问题和有限马尔可夫决策过程（Markov Decision Processes，MDP）中研究得最多。

强化学习的灵感来源于心理学中的行为主义理论，即有机体如何在环境给予的奖励或惩罚的刺激下，逐步形成对刺激的预期，产生能获得最大利益的习惯性行为。这个方法具有普适性，因此在其他许多领域都有研究，例如博弈论、控制论、运筹学、信息论、仿真优化、多智能体系统、群体智能、统计学以及遗传算法。在运筹学和控制理论研究的语境下，强化学习被称作近似动态规划（Approximate Dynamic Programming，ADP）。在最优控制理论中也有研究这个问题，虽然大部分的研究是关于最优解的存在和特性，并非是学习或者近似方面。在经济学和博弈论中，强化学习被用来解释在有限理性的条件下如何出现平衡。

在机器学习问题中，环境通常被抽象为 MDP，因为很多强化学习算法在这种假设下才能使用动态规划的方法。传统的动态规划方法和强化学习算法的主要区别是，后者不需要关于 MDP 的知识，而且适用于无法找到确切方法的大规模 MDP。典型强化学习系统的组件示意图如图 6-1 所示。

在强化学习中，有两个可以进行交互的对象[2]：智能

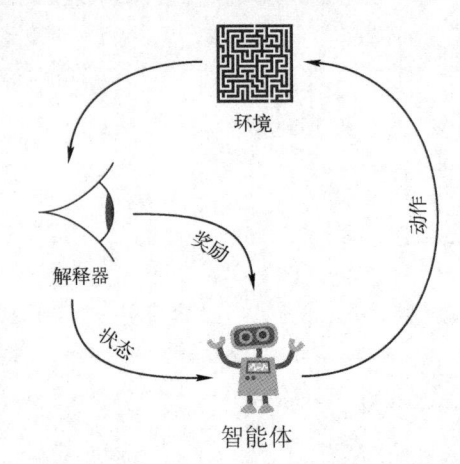

图 6-1 典型强化学习系统的组件示意图

体（Agent）和环境（Environment）。
- 智能体：可以感知环境的状态（State），并根据反馈的奖励（Reward）学习选择一个合适的动作（Action），来最大化长期总收益。
- 环境：环境会接收智能体执行的一系列动作，对这一系列动作进行评价，并转换为一种可量化的信号反馈给智能体。

除了智能体和环境之外，强化学习系统还有四个核心要素：策略（Policy）、奖励函数（Reward Function）、价值函数（Value Function）和环境模型（Environment Model），其中环境模型是可选的。

- 策略：定义了智能体在特定时间的行为方式。策略是环境状态到动作的映射。
- 奖励函数：定义了强化学习问题中的目标。在每一步中，环境向智能体发送一个称为收益的标量数值。
- 价值函数：表示了从长远的角度看什么是好的。一个状态的价值是一个智能体从这个状态开始，对将来累积的总收益的期望。
- 环境模型：是一种对环境的反应模式的模拟，它允许对外部环境的行为进行推断。

强化学习是一种对目标导向的学习与决策问题进行理解和自动化处理的计算方法。它强调智能体通过与环境的直接互动来学习，而不需要可效仿的监督信号或对周围环境的完全建模，因而与其他计算方法相比具有不同的范式。

强化学习使用 MDP 的形式化框架，使用状态、动作和收益定义学习型智能体与环境的互动过程。这个框架力图简单地表示人工智能问题的若干重要特征，这些特征包含了对因果关系的认知、对不确定性的认知，以及对显式目标存在性的认知。

价值与价值函数是强化学习方法的重要特征，价值函数对于策略空间的有效搜索来说十分重要。相比于进化方法以对完整策略的反复评估为引导对策略空间进行直接搜索，使用价值函数是强化学习方法与进化方法的不同之处。

目前，强化学习在自动驾驶、金融贸易、医疗保健、新闻推荐、竞技游戏、人机对话等多个领域均展开了广泛的应用。

- 在自动驾驶中的应用。应用强化学习的一些自动驾驶任务包括轨迹优化、运动规划、动态路径、控制器优化和基于场景的高速公路学习策略。例如，通过学习自动停车策略来实现停车，使用 Q-learning 实现变道，而超车可以通过学习超车策略来实现，同时避免碰撞并保持稳定的速度。AWS DeepRacer 是一款自主赛车，旨在在物理赛道上测试强化学习。它使用摄像头来可视化跑道，并使用强化学习模型来控制油门和方向。Wayve.ai 已成功地将强化学习应用于训练汽车在一天内实现自动驾驶。
- 在金融贸易中的应用。有监督的时间序列模型可用于预测未来股票价格。但是，这些模型并不能确定在特定股票价格下要采取的行动。使用强化学习代理可以决定是持有、买入还是卖出。强化学习模型使用市场基准标准进行评估，以确保其表现最佳。这种自动化为流程带来了一致性，不像以前的方法，分析师必须做出每一个决定。例如，IBM 拥有一个复杂的基于强化学习的平台，能够根据每笔金融交易的损失或利润计算奖励函数进行金融交易。
- 在医疗保健中的应用。在医疗保健领域，患者可以根据从强化学习系统中学习的策略接受治疗。强化学习能够使用先前的经验找到最佳策略，而无须先前有关生物系统数学模型的信息，使其比医疗保健中其他基于控制的系统更适用。医疗保健中的强化学习被用于慢性病或重症监护、自动医疗诊断和其他一般领域中的动态治疗方案的制定。
- 在新闻推荐中的应用。用户偏好可能会经常变化，因此根据评论和喜欢向用户推荐新闻可能很快就会过时。强化学习系统可以跟踪读者的返回行为，系统涉及获取新闻特征、读者特征、上下文特征和读者新闻特征。新闻特征包括但不限于内容、标题和发布者。读者特征是指读者如何与内容交互，例如点击和分享。上下文特征包括新闻的时间和新鲜度等新闻方面。根据这些特征用户行为定义奖励函数。
- 在竞技游戏中的应用。通过强化学习，AlphaGo Zero 能够从零开始自学围棋游戏。经过 40 天的自学，AlphaGo Zero 的表现超越了被称为 Master 的 AlphaGo 版本，击败了围棋世界冠军柯洁。AlphaGo Zero 只使用棋盘上的黑白棋子作为输入特征和单个神经网络，依赖单个神经网络的简单树搜索用于评估位置移动和样本移动，而无须使用任何蒙特卡罗方法。
- 在人机对话中的应用。强化学习可用于自然语言处理中的文本摘要、问答和机器翻译。例如，斯坦福大学、俄亥俄州立大学和微软研究院的研究人员已经将强化学习用于对话生成。强化学习可用于模拟聊天机器人对话中的未来奖励，使用两个虚拟代理模拟对话。策略梯度方法用于奖励包含重要对话属性的序列，例如连贯性、信息性和易于回答。

6.2 强化学习技术

本节主要介绍强化学习技术，首先介绍强化学习方法的分类，然后介绍推荐系统、模仿学习、Q-learning、蒙特卡罗、时序差分等强化学习领域的基本问题和基本方法。

6.2.1 有模型强化学习与无模型强化学习

如图 6-2 所示，强化学习根据 MDP 中是否使用了奖励函数，分为两种：有模型强化学习[3]和无模型强化学习[4]。

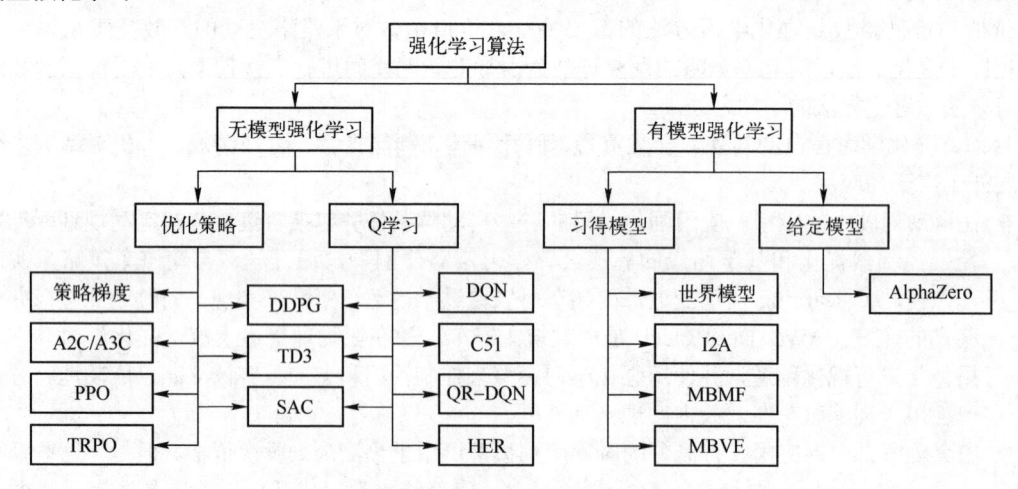

图 6-2 强化学习算法分类框

- 有模型强化学习（Model-Based Reinforcement Learning）：对环境有提前的认知，利用转换函数和奖励函数来估计最优策略，智能体可能只能访问转换函数和奖励函数的近似值，智能体与环境交互时可以学习到这些函数或可以将其授予另一个智能体。一般来说，在有模型强化学习算法中，智能体在学习阶段或学习阶段之后可以潜在地预测环境的动态。但是，智能体为改进其对最优策略的估计而使用的转换函数和奖励函数可能只是真函数的近似值，可能永远找不到最优策略。因此，如果模型跟真实世界不一致，那么在实际使用场景下会表现得不好。
- 无模型强化学习（Model-Free Reinforcement Learning）：不使用转换函数和奖励函数来估计环境动态的最优策略。在实践中，无模型强化学习算法直接从智能体与环境之间的交互经验来估计"价值函数"或"策略",而不使用转换函数或奖励函数。无模型强化学习算法放弃了模型学习,在效率上不如有模型强化学习算法,但是这种方式更加容易实现,也容易在真实场景下调整到很好的状态。所以无模型强化学习方法更受欢迎,得到更加广泛的开发和测试。

综上可知,有模型强化学习算法使用模型和规划来解决强化学习问题,无模型强化学习算法通过明确的试错学习机制进行强化学习。许多现代的强化学习算法都是无模型的,它们适用于不同的环境,并且可以很容易地对新的和不可见的状态做出反应。有模型和无模型的强化学习算法之间的区别类似于对学习行为模式的习惯和目标导向控制。习惯是自动的,它们是由适当的刺激(思考:反射)触发的行为模式。而目标导向行为是由对目标的价值以及行动与后果之间的关系的认识来控制的。习惯有时被认为是由先前的刺激控制的,而目标导向的行为则被认为是由其结果控制的。因此,智能体能够同时使用有模型强化学习算法和无模型强化学习算法,并且有充分的理由同时使用这两种算法。

6.2.2 推荐系统

在电子商务、零售、新闻或音乐应用程序等领域,推荐系统模型是保留客户的最重要方面之一,向用户展示他们最感兴趣的内容至关重要。此外,识别最具吸引力的内容并让用户着迷于特定内容可能会为公司带来可观的收入。基于各种数据实体,包括用户详细信息、兴趣、趋势内容等,构建模型以向用户推荐最相关的内容。国外的 YouTube、Spotify、Netflix、HBO,国内的抖音、快手、网易等公司使用复杂的推荐系统来推荐视频和歌曲。定向营销也是推荐系统的一部分。

传统的推荐系统使用基于协同过滤的推荐和基于内容的推荐这两种方法进行建模[5]。

- 在基于协同过滤的方法中,通过用户的接近度来检测相似的用户和他们的兴趣,推荐建立在"用户-项目交互矩阵"之上,该矩阵是用户过去与项目交互的记录。基于协同过滤的方法又可以分为基于内存和基于模型。在基于内存的方法中,对于新用户,识别最相似的用户,推荐他们最喜欢的内容,该方法没有方差或偏差的概念,因为误差无法量化。在基于模型的方法中,生成模型建立在用户-项目交互矩阵之上,然后用模型预测新用户。该方法可观察到模型的偏差和方差。
- 在基于内容的推荐系统中,除了用户与项目的交互之外,还考虑了用户信息和偏好,以及与内容相关的其他细节,如流行度、描述或购买历史等。将用户特征和内容特征输入到模型中,该模型的工作方式类似于具有错误优化的传统机器学习模型。由于该模型包含更多与内容相关的描述性信息,因此与其他建模方法相比,它往往具有较高的偏差,但方差最低。

近年来,基于强化学习的推荐系统已经成为一个新兴的研究领域。由于其交互性和自主学习能力,它的学习性能超过了传统的推荐模型,甚至超过了最新的基于深度学习的方法。基于强化学习的推荐系统可分为基于传统强化学习的推荐和基于深度强化学习的推荐[6]。其中,基于传统强化学习的推荐包括基于多臂老虎机的强化推荐和基于 MDP 的强化推荐。基于深度强化学习的推荐包括基于值函数的强化推荐和基于策略梯度的强化推荐。

- 基于多臂老虎机(Multi-Armed Bandit)的强化推荐[7]。该方法主要使用各种各样的 Bandit 算法来做推荐,出发点是平衡探索和利用之间的关系,不仅能为用户推荐与其之前喜欢的商品相似的商品,还能创新性地探索用户的其他偏好,以避免重复性推荐,从而给用户带来更多的惊喜。具体地,在多臂老虎机问题中,假设有 k 个动作,其中每一个动作在被选择时都有一个期望或者平均收益,称为这个动作的"价值"。令 t 时刻选择的动作为 A_t,对应的收益为 R_t,任一动作 a 对应的价值为 $q*(a)$,即给定动作 a 时收益的期望:

$$q*(a) = \mathbb{E}[R_t | A_t = a]$$

其中，将对动作 a 在时刻 t 的价值的估计记作 $Q_t(a)$，希望它逼近 $q*(a)$。通过计算实际收益的平均值来估计动作的价值：

$$Q_t(a) = \frac{t \text{时刻前执行动作} a \text{得到的收益总和}}{t \text{时刻前执行动作} a \text{的次数}}$$

$$= \frac{\sum_{i=1}^{t-1} R_i \cdot \mathbb{I}_{A_i=a}}{\sum_{i=1}^{t-1} \mathbb{I}_{A_i=a}}$$

式中，$\mathbb{I}$ 是指示函数对应的随机变量，当执行动作 A_i 与给定动作 a 相同时，$\mathbb{I}$ 值为 1，反之为 0。当分母为 0 时，$Q_t(a)=0$，当分母趋向无穷大时，根据大数定律，$Q_t(a)$ 会收敛到 $q*(a)$。这种估计动作价值的方法称为采样平均方法，因为每一次估计都是对相关收益样本的平均。动作的真实价值 $q*(a)$ 为一个均值为 0、方差为 1 的标准正态分布。当该问题的学习方法在 t 时刻选择 A_t 时，实际的收益 R_t 则由一个均值为 $q*(A_t)$、方差为 1 的正态分布决定。

- 基于 MDP 的强化推荐[8]。该方法借助强化学习模型中的马尔可夫属性，可以表述为内容是状态，动作是要推荐的下一个最佳内容，奖励是用户满意度、转换或评论等内容。每个训练模型的内容都可以转换为向量嵌入，它解释了探索和利用的平衡。该算法不仅会向用户推荐他们可能认为最有用的内容，而且还会推荐一些随机内容，从而引起他们的新兴趣。强化学习模型也将不断学习，这意味着当用户的兴趣发生变化时，推荐的内容也会发生变化，这使得模型具有鲁棒性。具体地，给定一个 MDP，即 $M = \langle S, A, \boldsymbol{P}, R, \gamma \rangle$，和一个策略 π。其中，S 是有限数量的状态集，A 表示有限行为的状态集，$\boldsymbol{P}$ 是状态转移概率矩阵，R 是一个奖励函数，γ 是一个取值从 0 到 1 的衰减系数，策略 π 是概率的集合或分布。序列 $S_1, S_2, \cdots$，记为一个 MDP $\langle S, \boldsymbol{P}^\pi \rangle$，状态和奖励序列 $S_1, R_2, S_2, \cdots$，记为一个 MDP $\langle S, \boldsymbol{P}^\pi, R^\pi, \gamma \rangle$，并且该奖励过程满足下面两个方程：

$$P_{ss'}^\pi = \sum_{a \in A} \pi(a|s) P_{ss'}^a \tag{6-1}$$

$$R_s^\pi = \sum_{a \in A} \pi(a|s) R_s^a \tag{6-2}$$

式（6-1）表示在执行当前策略 π 时，状态从 s 转移至 s' 的概率等于执行某一个行为 a 的概率与该行为能使状态从 s 转移至 s' 的概率的乘积的累加和。式（6-2）表示当前状态 s 下执行某一指定策略 π 得到的即时奖励是该策略下所有可能行为 a 得到的奖励与该行为发生的概率的乘积的累加和。上述策略在 MDP 中的作用相当于智能体在某一个状态做出选择时，可形成各种 MDP，基于策略产生的每一个 MDP 是一个马尔可夫奖励过程，各过程之间的差别是不同的选择产生了不同的后续状态以及对应的不同奖励。在策略 π 下，状态 s 的价值函数记为 $v_\pi(s)$，收获 $G_t = \sum_{k=0}^{\infty} \gamma^k R_{t+k+1}$ 是在一个马尔可夫奖励链上从 t 时刻开始往后所有的奖励的有衰减的总和，即从状态 s 开始，智能体按照当前策略 π 进行决策所获得的回报的期望值，定义如下：

$$v_\pi(s) = \mathbb{E}_\pi[G_t | S_t = s]$$

$$= \mathbb{E}_\pi\left[\sum_{k=0}^{\infty} \gamma^k R_{t+k+1} | S_t = s\right]$$

在策略 π 下，在状态 s 时采取动作 a 的价值函数记为 $q_\pi(s,a)$，即根据策略 π，从状态 s 开始，执行动作 a 之后，所有可能的决策序列的期望回报，定义如下：

$$q_\pi(s,a) = \mathbb{E}_\pi[G_t | S_t = s, A_t = a]$$
$$= \mathbb{E}_\pi\left[\sum_{k=0}^{\infty} \gamma^k R_{t+k+1} | S_t = s, A_t = a\right]$$

状态价值函数 v_π 和动作价值函数 q_π 都能从经验中估计得到，两者都可分解为：
$$v_\pi(s) = \mathbb{E}_\pi[R_{t+1} + \gamma v_\pi(S_{t+1}) | S_t = s]$$
$$q_\pi(s,a) = \mathbb{E}_\pi[R_{t+1} + \gamma q_\pi(S_{t+1}, A_{t+1}) | S_t = s, A_t = a]$$

- 基于值函数（Deep Q Network）的强化推荐[9]。该方法使用深度神经网络来近似模拟 Q 值函数，以最大化总奖励为优化目标，通过梯度下降不断更新神经网络参数以找到最优策略。例如，在一些推荐情境下，用户的动作选择只与当前状态有关，在原始深度 Q 网络（DQN）的基础上，基于竞争构架 Q 网络（Dueling-DQN）将 Q 值网络分为两部分，分别计算状态值函数 $V(S)$ 以及依赖状态的动作优势函数 $A(s,a)$，以此来挖掘单纯的状态变化对用户决策的影响。Dueling-DQN 采用深度双 Q 网络（Double-DQN，DDQN）的网络结构来捕捉用户的新闻偏好随着新闻变化的动态性。其中，状态价值函数可以提取仅由状态决定的奖励。用用户特征和上下文特征表示当前的状态，用新闻特征和新闻用户交互特征表示当前的一个动作。这些特征经过模型可以输出当前状态采取这个动作的预测 Q 值。具体地，状态-行动价值 Q 函数 $Q^\pi(s,a)$ 表示状态 s 通过先采取行动 a 后采取策略 π 而获得的预期回报或奖励的折扣总额。$Q^*(s,a)$ 表示在状态 s 和行动 a 下的所能获得的最大回报。最优 Q 函数服从贝尔曼最优方程，定义如下：

$$Q^*(s,a) = \mathbb{E}[r + r\max_{a'} Q^*(s',a')] \tag{6-3}$$

式（6-3）表示从状态 s 和行动 a 中获得的最大回报是直接回报 r 和直到此事件结束时通过遵循最优策略 θ 获得的回报（折扣 γ）之和（即从下一个状态 s' 获得的最大回报）。期望值是通过即时奖励的分配 r 和可能的下一个状态 s' 来计算的。Q-learning 的基本思想是使用贝尔曼最优方程作为迭代更新：

$$Q_{i+1}(s,a) \leftarrow \mathbb{E}[r + r\max_{a'} Q_i(s',a')]$$

当 $i \to \infty$ 时，Q 函数收敛于最优值，即 $Q_i \to Q^*$。

- 基于策略梯度（Policy Gradient）的强化推荐[10]。该方法将深度策略梯度算法作为推荐系统的一个模块，使用策略梯度算法更新对抗生成网络框架中的生成器模型参数，解决了生成推荐列表任务中离散采样无法直接使用梯度下降的问题。把深度策略梯度算法用于对话系统中，使用基于策略的方法来决定对话机器人在某一时刻是否开始进行推荐。其中，深度策略梯度方法是一种强化学习技术，它通过梯度下降针对预期回报（长期累积奖励）优化参数化策略。它们没有受到传统强化学习方法的许多问题的困扰，例如缺乏对价值函数的保证、不确定状态信息导致的难以处理问题以及连续状态和动作导致的复杂性。强化学习的目标是为智能体找到一个最优的行为策略，以获得最优的奖励。基于策略梯度的方法的目标是直接对策略进行建模和优化。具体地，策略 θ 通常使用一个参数化函数 $\pi_\theta(a|s)$ 来建模，a 表示某一个动作，s 表示某一个状态。奖励（目标）函数的值取决于策略 θ，然后可以应用各种算法来优化最佳奖励。通常情况下，奖励函数定义如下：

$$J(\theta) = \sum_{s \in S} d^\pi(s) V^\pi(s) = \sum_{s \in S} d^\pi(s) \sum_{a \in A} \pi_\theta(a|s) Q^\pi(s,a)$$

式中，$d^\pi(s)$ 是 π_θ 的马尔可夫链的平稳分布（根据策略状态 π 分布）。为简单起见，参数 θ 等价于 π_θ，即 π_θ 和 Q^π 表示 d^{π_θ} 和 Q^{π_θ}。在连续空间中，基于策略梯度的方法更有用，因为有无限多的动作和（或）状态需要估计值。因此，基于值函数的方法在连续空间中的计算成本太高。利用梯度上升算法，θ 朝着梯度 $\nabla_\theta J(\theta)$ 所建议的方向前进，能够找到产生最高回报 θ 的最佳方案 π_θ。事实上，梯度的计算是困难的，因为它既取决于动作选择（由 π_θ 直接决定），也取决于目标选择行为之后状态的平稳分布（由 π_θ 间接决定）。由于环境通常是未知的，很难通过策略更新来估计环境对状态分布的影响。策略梯度定理对目标函数的导数进行了很好的改造，使其不涉及状态分布的导数 $d^\pi(.)$，可简化 $\nabla_\theta J(\theta)$ 计算：

$$\nabla_\theta J(\theta) = \nabla_\theta \sum_{s \in S} d^\pi(s) \sum_{a \in A} Q^\pi(s,a) \pi_\theta(a|s)$$

$$\propto \sum_{s \in S} d^\pi(s) \sum_{a \in A} Q^\pi(s,a) \nabla_\theta \pi_\theta(a|s)$$

作为一种交互式推荐方法，基于强化学习的推荐模型可以通过与用户实时交互、获得用户的真实反馈来更新推荐策略，相较于传统静态方法更符合现实推荐场景。

6.2.3 模仿学习

模仿学习（Imitation Learning）是一种为了解决在奖励稀少或者没有任何直接的奖励功能的环境中，由人类专家提供一组动作演示，智能体通过模仿专家的决策来学习最优策略的强化学习算法。一般来说，当专家更容易证明所期望的行为而不是指定产生相同行为的奖励函数或直接学习策略时，模仿学习是有用的。模仿学习的主要组成部分是环境，它本质上是一个 MDP。假设环境有一组状态集 S、一组动作集 A、一个转移模型 $P(s'|s,a)$（即 s 状态下的动作 a 导致 s' 状态的概率）和一个未知的奖励函数 $R(s,a)$，智能体在这个环境中根据策略 π 执行不同的操作。专家轨迹表示为 $\mathcal{T} = (s_0, a_0, s_1, a_1, \cdots)$，动作是基于专家的最优策略 π^*。在某些情况下，甚至可以在训练时访问专家，获得更多的轨迹或评估。最后，损失函数和学习算法是两个主要组成部分，各种模拟学习方法存在差异。模仿学习可以分为以下三种类型：

- 行为克隆（Behavior Cloning）是模仿学习最简单的算法[11]。它着重于使用监督学习来学习专家的策略。行为克隆的一个重要例子是一种装有传感器的自动驾驶车辆，它学会了将传感器输入映射到转向角，并自动驾驶。这个项目是在 1989 年由波默劳进行的，也是模仿学习在一般情况下的首次应用。行为克隆的工作方式非常简单。根据专家的轨迹，将其划分为状态-动作对，并将其作为独立同分布的示例处理，最后应用监督学习，损失函数取决于应用。在某些应用中，行为克隆可以很好地工作。不过，在大多数情况下，行为克隆可能会产生相当大的问题，主要原因是独立同分布的假设，虽然监督学习假设状态-动作对是独立同分布的，但在 MDP 中，给定状态下的动作会导致下一个状态，这打破了先前的假设。这也意味着，将在不同的状态中犯下的错误加起来，保证智能体在下一个错误中可以很容易地将其置于专家从未访问过、代理从未接受过训练的状态。在这种状态下，行为是未定义的，可能导致灾难性的故障。因此，行为克隆的优点是简单高效，适用于不需要长期规划、专家的轨迹可以覆盖状态空间、犯错误不会导致致命后果的应用场景。

- 直接策略学习（Direct Policy Learning，DPL）是行为克隆的改进算法[12]。直接政策学习假设在训练时可以访问一个交互式演示者，通过查询这个演示者，可以从专家那里收集一些演示数据，并使用监督学习来学习策略。在环境中推出这个策略，并询问专家来评估推出轨迹。通过得到更多的训练数据，并反馈给监督学习，这个循环一直持续到形成闭环。直接政策学习的算法过程如下。首先，在初始专家演示的基础上，提出一个初始预测策略。然后，执行一个循环，直到收敛。在每次迭代中，都会通过推出当前策略来收集轨迹，并利用这些策略估计状态分布。然后，对于每个状态，都收集专家的反馈。最后，利用这个反馈来训练一个新的政策。直接政策学习采用数据聚合或者策略聚合算法能够使得智能体

"记住"过去犯的所有错误,从而获得更加高效的学习过程。直接策略学习的优点是训练效率高,有长远规划,缺点是需要有交互式专家或演示者随时评估智能体的行为,适用于应用程序更复杂且有交互式专家的任务。
- 反向强化学习（Inverse Reinforcement Learning，IRL）是一种不同的模仿学习方法,主要思想是在专家演示的基础上学习环境的收益函数,然后利用强化学习找到使该收益函数最大化的最优策略[13]。反向强化学习的算法过程如下。首先,假设从一组专家的最优演示开始。然后尝试估计参数化的收益函数,引起专家的行为和策略。不断更新收益函数的参数,将新学习的策略与专家的策略进行比较,直到找到一个足够好的策略。反向强化学习的优点是不需要互动专家,训练时非常高效,有长期规划,缺点是很难训练,适用于应用程序复杂、交互专家不可用,或者学习奖励函数可能比专家的策略更容易的任务。

6.2.4 Q-learning 算法

Q-learning 是一种无模型的强化学习算法,用于学习特定状态下动作的值,告诉智能体什么情况下采取什么行动会有最大的奖励值[14]。它不需要对环境进行建模,而且它可以处理随机转换和奖励的问题,而不需要进行调整。对于任何有限 MDP,Q-learning 从当前状态出发,可以找到一个最大化所有步骤的奖励期望的策略。给定无限探索时间和部分随机策略,Q-learning 可以识别任何给定有限 MDP 的最优行为选择策略。"Q"是指算法计算的函数,即在给定状态下所采取行动的预期回报。

在强化学习中,假设有一组"状态"S和每个状态下的动作集合A,通过执行一个行动$a \in A$,智能体从一个状态s转移到另一个状态s'。Q-learning 算法主要是计算状态与动作对应的最大期望奖励函数Q：

$$Q: S \times A \rightarrow \mathbb{R}$$

在算法初始化阶段,Q被初始化为一个可能任意的固定值（由程序员选择）。然后,在t时刻,环境的状态为s_t,智能体选择一个动作a_t,并且获得一个奖励r_t,环境因为智能体的行为导致状态改变为新的状态s_{t+1},新的状态取决于先前的状态s_t和所选动作a_t,Q值更新的核心算法是使用贝尔曼方程将旧值和新增益信息的加权平均值作为简单的值迭代更新：

$$Q^{new}(s_t, a_t) \leftarrow (1-\alpha)\underbrace{Q(s_t, a_t)}_{\text{旧值}} + \underbrace{\alpha}_{\text{学习率}} \cdot \overbrace{\left(\underbrace{r_t}_{\text{奖励}} + \underbrace{\gamma}_{\text{衰减系数}} \cdot \underbrace{\max_a Q(s_{t+1}, a)}_{\text{最优将来值评估}} - \underbrace{Q(s_t, a_t)}_{\text{旧值}}\right)}^{\text{时差}} \tag{6-4}$$

$$\underbrace{}_{\text{新值（时差目标）}}$$

式中,r_t代表从状态s_t到状态s_{t+1}所得到的奖励值；$\alpha \in [0,1]$为学习率；$\gamma \in [0,1]$为衰减系数,γ越大,智能体越重视未来获得的长期奖励,γ越小,智能体越短视近利,只在乎目前可获得的奖励。从式（6-4）可知,$Q^{new}(s_t, a_t)$由$(1-\alpha)Q(s_t, a_t), \alpha r_t, \alpha\gamma \max_a Q(s_{t+1}, a)$三部分组成,$(1-\alpha)Q(s_t, a_t)$是学习率加权的当前值,学习率的值接近 1 使得$Q$的变化更快；$r_t$是在状态$s_t$下执行动作$a_t$获得的奖励；$\alpha\gamma \max_a Q(s_{t+1}, a)$是通过学习率和衰减系数加权从状态$s_{t+1}$获得的最大奖励。

当状态s_{t+1}是最终状态或终端状态时,算法运行结束。然而,由于收敛无穷级数的性质,Q-learning 也可以在持续性任务中学习。如果衰减系数小于 1,即使问题可以包含无限循环,作用值也是有限的。对于所有最终状态s_f,$Q(s_f, a)$从不更新,而是设置为状态s_f观察到的奖励值r。在大多数情况下,$Q(s_f, a)$可以等于零。当前,Q-learning 与深度学习相结合衍生出很多新的变种算法,包括 Deep Q-learning、Double Q-learning 和 Dueling-DQN 等。

6.2.5 蒙特卡罗强化学习

蒙特卡罗强化学习（Monte Carlo Reinforcement Learning，MCRL）是一种无模型的强化学习方法，它在不清楚 MDP 的状态转移概率的情况下，直接从经历过的完整的状态序列（episode）中学习估计状态的真实值，并假设某状态的值等于在多个状态序列中以该状态为基准得到的所有收获的平均值[15]。理论上，蒙特卡罗方法完整的状态序列越多，结果越准确。

与动态规划类似，蒙特卡罗强化学习在学习过程中，包括给定随机策略寻找值函数的策略评估和寻找最优策略的策略改进这两个过程。蒙特卡罗策略评估（Policy Evaluation）假设给定策略 π 对应的状态序列是 $S_1,A_1,R_2,S_2,A_2,\cdots,S_t,A_t,R_{t+1},\cdots,S_k \sim \pi$。在蒙特卡罗学习中，算法在时刻 t 初始状态 S_t 执行某个动作，获得离开该状态的即时奖励 R_{t+1}，到达下一个状态 S_{t+1}，计算其首次出现在时刻 t 的累积折扣奖励如下：

$$G_t = R_{t+1} + \gamma R_{t+2} + \cdots + \gamma^{T-1} R_T$$

式中，T 是终止时刻；$\gamma \in [0,1]$ 为衰减系数。该策略下某一状态 s 的收益公式如下：

$$v_\pi(s) = E_\pi[G_t | S_t = s]$$

在蒙特卡罗策略评估中，针对多个包含同一状态的完整状态序列求收益，然后求收益的平均值可使用首次访问（First Visit）和每次访问（Every Visit）这两种方法。在寻找最优策略过程中，将平均收益率转换为增量更新，平均收益率随着每一个序列更新，方便清楚每一个序列的进展情况。对于每个状态 S_t，增量更新 $V(S_t)$ 的公式如下：

$$N(S_t) \leftarrow N(S_t) + 1$$

$$V(S_t) \leftarrow V(S_t) + \frac{1}{N(S_t)}(G_t - V(S_t))$$

在状态收益的平均值求解过程中，蒙特卡罗强化学习采用累进更新平均值（Incremental Mean）进行非平稳问题的处理，即利用前一次的平均值和当前数据以及数据总个数来计算新的平均值。因此，递增式蒙特卡罗法更新状态价值的公式如下：

$$V(S_t) \leftarrow V(S_t) + \alpha(G_t - V(S_t))$$

式中，α 是状态计数的倒数。

综上可知，蒙特卡罗强化学习无须知道某一状态的所有可能的后续状态以及对应的状态转移概率，因此也不用像动态规划算法那样进行全宽度的回溯来更新状态的价值，可以有效解决大规模问题或者不清楚环境动力学特征的问题。

6.2.6 时序差分强化学习

时间差分强化学习（Temporal Difference Reinforcement Learning，TDRL）也是一种无模型的强化学习方法，它从当前值函数的估计值出发，通过自举学习（bootstrapping）从环境中采样得到不完整的状态序列，使用后继状态的值函数估计的方法得到该状态的收益，然后通过不断采样并根据当前估计值执行更新[16]。时间差分强化学习结合了蒙特卡罗的采样方法和动态规划方法，具有单步更新、速度更快的特点。

在时间差分强化学习中，算法估计某一个状态的收获是由离开该状态的即刻奖励 R_{t+1} 与下一时刻状态 S_{t+1} 的预估状态价值乘以衰减系数 γ 所组成，更新规则公式如下：

$$V(S_t) \leftarrow V(S_t) + \alpha(R_{t+1} + \gamma V(S_{t+1}) - V(S_t)) \tag{6-5}$$

式中，$R_{t+1} + \gamma V(S_{t+1})$ 称为时间差分目标值；$R_{t+1} + \gamma V(S_{t+1}) - V(S_t)$ 称为时间差分误差。由式（6-5）可知，时间差分强化学习将蒙特卡罗强化学习中的估计 G_t 替换成了 $R_{t+1} + \gamma V(S_{t+1})$，因为时间差分

强化学习使用了 bootstrapping 方法估计当前值函数，并结合了动态规划的优点避免了回合更新的问题。

上述 TD(0)算法仅表示在当前状态下向序列终止状态方向多观察 1 步。更一般的情况，时间差分强化学习通过贝尔曼方程展开可扩展成 n 步的形式，即从当前状态 S_t 开始向序列终止状态方向观察至状态 S_{t+n-1}，使用这 n 个状态产生的即时奖励 $R_{t+1}, R_{t+2}, \cdots, R_{t+n}$ 以及状态 S_{t+n} 的预估价值来计算当前的状态 S_t 的价值。n 步收益可定义为：

$$G_t^n = R_{t+1} + \gamma R_{t+2} + \cdots + \gamma^{n-1} R_{t+n} + \gamma^n V(S_{t+n})$$

由此可得到 n 步时间差分学习对应的状态价值函数的更新公式为：

$$V(S_t) \leftarrow V(S_t) + \alpha(G_t^{(n)} - V(S_t))$$

与蒙特卡罗强化学习类似，时间差分强化学习同样不需要了解某一状态的所有可能的后续状态以及对应的状态转移概率，但时间差分强化学习比蒙特卡罗强化学习更快速灵活地更新状态的价值估计，而且时间差分强化学习具有 MDP 的马尔可夫属性，能够更加有效地适用于具有马尔可夫性的环境，蒙特卡罗强化学习并不具有此特性。此外，时间差分强化学习存在估计值有误差、初始值敏感等问题。

6.3 综合案例：飞扬小鸟游戏

飞扬小鸟（Flappy Bird）是由越南视频游戏艺术家、程序员 Dong Nguyen 开发的一款手机游戏。玩家通过点击手机屏幕来控制一只小鸟的飞行高度，让小鸟在绿色管道柱之间飞行，而不会撞到它们。如果小鸟一不小心撞到了管道柱或者摔在地上的话，游戏便结束。人类玩家经常会受到各种因素的干扰，无法顺利过关。

本节在 PyCharm 集成开发环境下，基于游戏开发框架 Pygame、深度学习框架 TensorFlow 和 Python 编程语言实现了基于强化学习的深度 Q-learning 网络算法，训练机器智能体玩飞扬小鸟游戏，提升了游戏过关得分的能力。Q-learning 模型自动玩飞扬小鸟游戏功能主要分为三个部分：创建 Q-learning 网络、训练 Q-learning 网络以及运行飞扬小鸟游戏。

1. 创建 Q-learning 网络

初始化深度 Q-learning 网络算法相关参数，包括网络权重、输入层、隐藏层、Q 值层。主要实现代码如下：

```
def createQNetwork(self):
    # 网络权重
    W_conv1 = self.weight_variable([8,8,4,32])
    b_conv1 = self.bias_variable([32])


    W_conv2 = self.weight_variable([4,4,32,64])
    b_conv2 = self.bias_variable([64])


    W_conv3 = self.weight_variable([3,3,64,64])
    b_conv3 = self.bias_variable([64])


    W_fc1 = self.weight_variable([1600, 512])
    b_fc1 = self.bias_variable([512])
```

```
W_fc2 = self.weight_variable([512, self.actions])
b_fc2 = self.bias_variable([self.actions])

# 输入层
stateInput = tf.placeholder("float",[None, 80, 80, 4])

# 隐藏层
h_conv1 = tf.nn.relu(self.conv2d(stateInput, W_conv1, 4) + b_conv1)
h_pool1 = self.max_pool_2x2(h_conv1)

h_conv2 = tf.nn.relu(self.conv2d(h_pool1, W_conv2, 2) + b_conv2)

h_conv3 = tf.nn.relu(self.conv2d(h_conv2, W_conv3, 1) + b_conv3)

h_conv3_flat = tf.reshape(h_conv3,[-1,1600])
h_fc1 = tf.nn.relu(tf.matmul(h_conv3_flat, W_fc1) + b_fc1)

# Q 值层
QValue = tf.matmul(h_fc1, W_fc2) + b_fc2

return stateInput, QValue, W_conv1, b_conv1, W_conv2, b_conv2, W_conv3,b_conv3,W_fc1, b_fc1,W_fc2,b_fc2
```

2. 训练 Q-learning 网络

训练深度 Q-learning 网络算法模型，包括获取随机小批量数据、计算更新状态、迭代保存网络模型。主要实现代码如下：

```
def trainQNetwork(self):
#步骤1：从回放内存中获取随机小批量数据
    minibatch = random.sample(self.replayMemory,BATCH_SIZE)
    state_batch = [data[0] for data in minibatch]
    action_batch = [data[1] for data in minibatch]
    reward_batch = [data[2] for data in minibatch]
    nextState_batch = [data[3] for data in minibatch]

# 步骤2：计算 y 值
    y_batch = []
    QValue_batch = self.QValueT.eval(feed_dict={self.stateInputT:nextState_batch})
    for i in range(0,BATCH_SIZE):
        terminal = minibatch[i][4]
        if terminal:
            y_batch.append(reward_batch[i])
        else:
            y_batch.append(reward_batch[i] + GAMMA * np.max(QValue_batch[i]))
```

```
        self.trainStep.run(feed_dict={
            self.yInput : y_batch,
            self.actionInput : action_batch,
            self.stateInput : state_batch
            })

    # 每迭代 100000 次保存网络模型
    if self.timeStep % 10000 == 0:
        self.saver.save(self.session, 'saved_networks/' + 'network' + '-dqn', global_step = self.timeStep)

    if self.timeStep % UPDATE_TIME == 0:
        self.copyTargetQNetwork()
```

3. 运行飞扬小鸟游戏

使用已训练的深度 Q-learning 网络模型运行飞扬小鸟游戏，包括游戏初始化，动作初始化，获取图像数据、奖励、游戏是否结束以及动作等信息。主要实现代码如下：

```
def playFlappyBird():
    # 初始化 DQN
    actions = 2
    brain = BrainDQN(actions)

    # 初始化飞扬的小鸟游戏
    flappyBird = game.GameState()

    # 设置初始化动作
    action0 = np.array([1, 0])

    # 获取图像数据、奖励、游戏是否结束
    observation0, reward0, terminal = flappyBird.frame_step(action0)
    observation0 = cv2.cvtColor(cv2.resize(observation0, (80, 80)), cv2.COLOR_BGR2GRAY)
    ret, observation0 = cv2.threshold(observation0, 1, 255, cv2.THRESH_BINARY) # 二值化
    brain.setInitState(observation0)                  # 设置初始状态

    # 运行游戏
    while 1 != 0:
        action = brain.getAction()                    # 获取动作
        nextObservation, reward, terminal = flappyBird.frame_step(action)
        nextObservation = preprocess(nextObservation) # 原始图像处理为 80*80 灰度图像
        brain.setPerception(nextObservation, action, reward, terminal)
```

如图 6-3 所示，在飞扬小鸟这个游戏中，强化学习模型通过接收鼠标点击操作来控制小鸟的飞行高度，躲过各种管道柱，飞得越远越好，因为飞得越远就能获得越高的积分奖励。该强化学习模型在不需要大量的数据输入情况下，通过自身不停地尝试来学会某些技能，这正是强化学习方法不同于其他机器学习方法的强大之处。

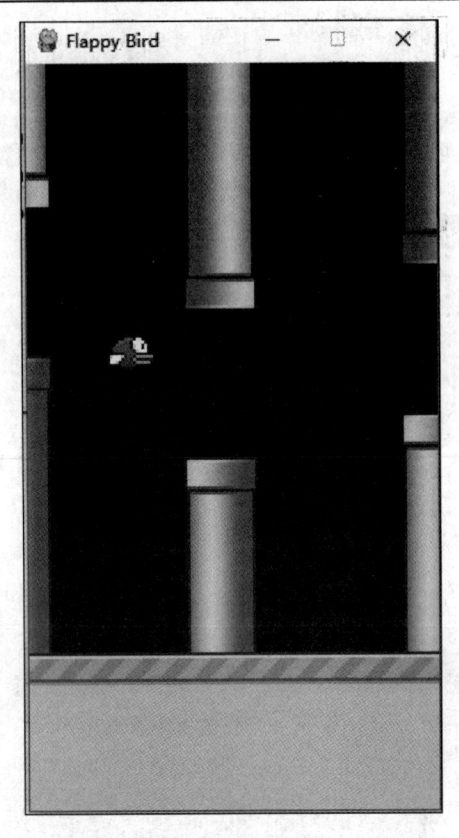

图 6-3　强化学习在飞扬小鸟游戏中的学习结果

6.4　小结

　　强化学习是一种机器学习技术，它通过智能体对周围环境进行自身行为和经验的反馈，通过反复试验在交互式环境中学习。强化学习是现代人工智能领域最热门的研究课题之一，受欢迎程度也越来越高。

　　尽管监督学习和强化学习都使用输入和输出之间的映射，但与有正确动作集的监督学习任务不同，强化学习使用奖励和惩罚作为积极和消极行为的信号。与无监督学习相比，强化学习在目标方面有所不同。虽然无监督学习的目标是找到数据点之间的相似点和差异，但在强化学习的情况下，目标是找到一个合适的动作模型，以最大化智能体的总累积奖励。此外，强化学习还结合了运筹学、信息论、博弈论、控制理论、基于模拟的优化、多智能体系统、群体智能、统计学和遗传算法等众多学科的理论知识。

　　强化学习为了建立一个最优策略，智能体面临着探索新状态的同时也需要最大化其整体奖励的两难境地。这就是所谓的探索与利用权衡。为了平衡两者，最好的整体策略可能涉及短期牺牲。因此，智能体应该收集足够的信息，以便在未来做出最佳的整体决策。

　　常见的强化学习算法包括无模型强化学习算法 Q-learning 和 SARSA。它们的探索策略不同，而开发策略相似。Q-learning 是一种基于值策略的方法，代理根据从另一个策略派生的动作学习值，而 SARSA 是一种基于策略的方法，它根据从当前动作派生的当前动作来学习值。

　　尽管强化学习在机器人技术、工业自动化、人机对话系统和医疗保健等领域的发展潜力巨大，但仍面临难以部署并且在应用中受到限制等问题。一方面，部署此类机器学习的障碍之一是它对环境探索的依赖。例如，部署一个依靠强化学习来导航复杂物理环境的机器人，它会在移动时寻找新的状态并采取不同的行动。然而，由于环境变化的频繁程度，很难在现实环境中始终如一地采取最佳行动。另一方面，这种方法正确完成学习所需的时间可能会限制其有用性，并且会占用大量计算资源。随着训练环境变得越来越复杂，对时间和计算资源的需求也在增加。如果有适当数量的数据可用，监督学习可以比强化学习提供更快、更有效的结果，因为它可以使用更少的资源。

习题

1. 概念题

1）什么是强化学习？应用场景包括哪些？
2）强化学习与监督学习、无监督学习的区别是什么？
3）列举不少于 5 种强化学习方法。
4）什么是多臂老虎机问题？
5）什么是 MDP？
6）深度强化学习包括哪些算法模型？

2. 操作题

编写一个基于强化学习的五子棋游戏应用系统。参考 AlphaGo Zero 系统，初始化五子棋棋盘的布局，使用 1~2 种强化学习算法实现人机对弈，使得随着对弈棋局的增加，机器的水平不断提升，最终达到与人类相当的水平。

参考文献

[1] SUTTON R S, BARTO A G. Reinforcement learning: an introduction[M]. Cambridge: MIT Press, 2018.
[2] KAELBLING L P, LITTMAN M L, Moore A W. Reinforcement learning: a survey[J]. Journal of Artificial Intelligence Research, 1996, 4: 237-285.
[3] MOERLAND T M, BROEKENS J, PLAAT A, et al. Model-based reinforcement learning: a survey[J]. arXiv, 2020.
[4] STREHL A L, LI L H, WIEWIORA E, et al. PAC model-free reinforcement learning[C]//Proceedings of the 23rd International Conference on Machine Learning. New York: ACM, 2006: 881-888.
[5] LÜ L Y, MEDO M, YEUNG C H, et al. Recommender systems[J]. Physics Reports, 2012, 519（1）: 1-49.
[6] 余力, 杜启翰, 岳博妍, 等. 基于强化学习的推荐研究综述[J]. 计算机科学, 48（10）: 1-18.
[7] AGRAWAL S, GOYAL N. Analysis of thompson sampling for the multi-armed bandit problem[C]//Proceedings of the 25th Annual Conference on Learning Theory. [S.l.]: PMLR, 2012: 39.1-39.26.
[8] SHANI G, HECKERMAN D, BRAFMAN R I, et al. An MDP-based recommender system[J]. Journal of Machine Learning Research, 2005, 6: 1265-1295.
[9] WANG Z, SCHAUL T, HESSEL M, et al. Dueling network architectures for deep reinforcement learning[C]//Proceedings of the 33rd International Conference on Machine Learning. New York: JMLR, 2016: 1995-2003.
[10] ZHAO W, WANG B Y, YANG M, et al. Leveraging long and short-term information in content-aware movie recommendation via adversarial training[J]. IEEE Transactions on Cybernetics, 2019, 50（11）: 4680-4693.
[11] YUE Y, LE H. Imitation learning tutorial[J]. Tutorial at ICML, 2018, 3.

[12] ROSS S, GORDON G, BAGNELL D. A reduction of imitation learning and structured prediction to no-regret online learning[C]//Proceedings of the Fourteenth International Conference on Artificial Intelligence and Statistics. [S.l]: PMLR, 2011: 627-635.

[13] HO J, ERMON S. Generative adversarial imitation learning[J]. Advances in Neural Information Processing Systems, 2016, 29.

[14] MNIH V, KAVUKCUOGLU K, SILVER D, et al. Playing atari with deep reinforcement learning[J]. arXiv, 2013.

[15] MARTINEZ CANTIN R, FREITAS N D, DOUCET A, et al. Active policy learning for robot planning and exploration under uncertainty[C]//Robotics: Science and Systems. Cambridge: MIT Press, 2007, 3: 321-328.

[16] JANNER M, MORDATCH I, LEVINE S. Gamma-models: Generative temporal difference learning for infinite-horizon prediction[J]. Advances in Neural Information Processing Systems, 2020, 33: 1724-1735.

第 7 章　计算机视觉技术

学习目标：

本章主要介绍计算机视觉技术，包含视觉图像处理的基础方法、常用库及工具、图像捕获绘制、图像计算、图像二值化及平滑、图像变换和形态学操作、图像轮廓检测、计算机视觉开发平台、典型算法及人脸表情识别案例应用等。通过本章的学习，读者能够：

◇ 了解计算机视觉发展历程、任务及关键技术。
◇ 掌握视觉图像表示、读取、存储及视频处理的方法和技术。
◇ 熟悉视觉中的图像计算、图像二值化、图像变换及形态处理方法。
◇ 掌握 LeNet、MobileNets 及目标检测等典型算法及应用。

7.1　计算机视觉简介

计算机视觉（Computer Vision，CV）是指让计算机能够从图像、视频和其他视觉输入中获取有意义的信息，并根据该信息做出选择、行动或提供策略建议等。作为人工智能研究的一个子领域，计算机视觉跨越了生物、神经科学、认知科学、计算机等多个学科，主要解决协助计算机"看"的问题，赋予计算机发现、观察和理解的能力，对目标进行识别、跟踪和测量，并对图像做进一步的处理，其研究最早起源于视觉神经科学的研究，经历了视觉神经→神经网络→深度神经网络的快速发展。

1. 计算机视觉发展历程

计算机视觉的发展最早可追溯于 1959 年 David Hubel 和 Torsten Wiesel 的单神经元在猫纹状体皮层的感受野工作[1]，他们研究发现视觉处理总是从简单的结构或边缘开始，同年实现了数字图像扫描，使得图像转为数字成为现实。1963 年 Larry Roberts 在《机器感知三维立体》（Machine perception of three-dimensional solids）提出把视觉世界消减为简单几何形状，被称为现代计算机视觉的先行者[2]。1978 年 David Marr 提出了自底向上的场景理解视觉框架（分为算法实现、算法、表达三层，低层次处理算法关注从 2D 图像中获取首要简要图（Primal Sketch），处理边、角、曲线等。应用双目立体（Binocular Stereo）处理 2.5D 场景（深度简要图），高层次处理算法关注 3D 模型对场景中物体进行表达。随着 1982 年 David Marr 的遗作《视觉：从计算的视角研究人的视觉信息表达与处理》[3]的出版，计算机视觉领域研究又进入了一个新的阶段。

与此同时，1980 年日本科学家福岛邦彦（Kunihiko Fukushima）受 Hubel 和 Wiesel 工作的启发，提出了具有深度结构的神经认知识别网络（Neocognitron），不受位置漂移的影响，即卷积神经网络的前身，其隐藏层由 S 层（Simple-layer）和 C 层（Complex-layer）交替构成。其中 S 层单元在感受野（Receptive Field）内对图像像素特征进行提取，C 层单元接收和响应不同感受野返回的相同特征[4]。1989 年 Yann LeCun 在此架构基础上，应用反向传播算法，提出了应用于计算机视觉问题的 LeNet-5，包含两个卷积层，2 个全连接层[5]，在结构上与现代卷积神经网络十分接近[5]的 CNNs。

1997 年，Jitendra Malik 尝试解决视觉中的感知特征群集（Perceptual Grouping）问题，即区分物体与它周围的环境。1999 年，大多数计算机视觉研究工作由 Marr 的 3D 模型重构物体转为基于特征的物体识别，开启了计算机视觉研究的第二阶段，David Lowe 提出了基于局部尺度不变特征的物体识别[6]，即图像有旋转、模糊、尺度、亮度的变化，使用不同的设备和不同的图像拍摄角度，总能检测到稳定的特征点。2004年，Paul Viola和Michael Jones提出了基于Viola-Jones检测器的人脸识别框架[7]，Viola-Jones检测器是一个建立在几个弱分类器基础上的强分类器，OpenCV中的Haar分类器便由它发展而来。

2006年，计算机视觉领域中建立了标准数据集Pascal VOC项目，应用于目标分类。2010年创建的数据集ImageNet，无论是图像数量（百万级），还是目标类别（1000多个），都远超Pascal VOC，也推动了计算机视觉快速发展，AlexNet、VGGNet、GoogLeNet、ResNet、DenseNet、MobileNet等模型相继被设计开发。当前，计算机视觉研究有基于深度神经网络和深度学习的视觉方法、基于流形学习的子空间法、基于预训练模型的方法等，最近典型的工作有2020年的基于Transformer的Vision Transformer（ViT）[7]、2021年的自监督学习模型Masked AutoEncoders（MAE）[8]等，在目标检测、实例分割、语义分割等任务中都取得了很好的效果。

尽管依靠深度神经网络使计算机视觉技术有了突破，但是计算机视觉背后有很多认知问题，例如定义物体（Functional Object）、遮挡（Occlusion）、上下文理解、物体跟踪、精度等问题。

2. 计算机视觉关键技术

计算机视觉中，图像处理方法是关键，常用的技术有：图像分割、图像增强、图像平滑、图像编码和压缩、图像边缘锐化等。

图像分割是计算机视觉的基础，属于图像理解的重要组成部分，其本质是对像素分类，通过像素的灰度值、颜色、空间纹理等特性，把图像分割成具有相似的颜色或纹理特性的若干不相交的子区域，并使它们对应不同的物体或物体的不同部分。图像分割常用的方法有基于深度学习的分割法、基于阈值的分割法、基于区域的分割法和基于边缘检测的分割法。基于深度学习的分割法有：基于特征编码的图像分割、VGGNet、ResNet、基于CNN的图像分割（Region-based Convolutional Neural Network（R-CNN）、Faster R-CNN、Mask R-CNN、Mask Scoring R-CNN）、基于RNN的图像分割（ReSeg、MDRNNs）、U-Net、基于上采样的图像分割等。根据目标和背景的选择，基于阈值的分割法可分为单阈值和多阈值分割两种。基于阈值的分割法计算简单高效，但只考虑了像素灰度值特征，没有考虑空间特征，在鲁棒性、噪声适应性方面较差。

图像增强通常采用灰度直方图技术调整图像的对比度，用于扩大图像中不同物体特征之间的差别，抑制不感兴趣的特征，增强图像中的有用信息，改善图像的识别效果。本质是在一定范围的灰度空间内，依据原始图像像素点灰度值的分布规律，提高图像整体和局部的对比度，方便机器识别和应用。常用的算法有直方图均衡算法、小波变换算法、偏微分方程算法、基于色彩恒常性理论的Retinex算法。

图像平滑是图像去噪常用的方法，是将图像中噪声所在像素点的像素值处理为其周围邻近像素点的值的近似值，用于去除成像过程中因设备和环境所造成的图像失真等问题。它通常使图像中的边界、轮廓变得模糊。针对不同的噪声，如高斯噪声、散粒噪声、量化噪声、椒盐噪声等，图像平滑的常用方法有均值滤波（邻域平均法）、方框滤波、高斯滤波、中值滤波、双边滤波、NLM（Non-Local Means）算法、小波去噪和基于深度学习的方法等。

图像编码和压缩是指通过图像编码技术，减少图像数据中的冗余信息，对图像进行更加高效的格式存储和传输。图像压缩分为无损数据压缩和有损数据压缩两种。无损数据压缩通常有游程编码、熵编码法、自适应字典算法等。有损数据压缩通常有变换编码、分形压缩、色度抽样、区域编码、基于深度学习的方法等。基于深度学习的方法有基于卷积神经网络（CNN）、基于循环神经网络（RNN）、基于生成对抗网络（GAN）等。图像压缩常使用峰值信噪比来衡量压缩的图像质量，峰值信噪比用来表示图像有损压缩带来的噪声。

图像边缘锐化是一种通过滤波加强图像的边缘对比度及灰度跳变的部分，提高物体边缘与周围像元之间的反差，突出图像上物体的边缘、轮廓，或某些线性目标要素的特征，使图像变得清晰，又称为边缘增强。图像边缘通常具有表面法向不连续性、深度不连续性、表面颜色不连续性、亮度不连续性等特性。图像边缘锐化分为空间域处理和频域处理两类方法，如OpenCV中Laplacian高通滤波算子、USM（Unshrpen Mask）算法等。

3．计算机视觉应用领域

计算机视觉中常见的任务有目标分类、目标识别、目标验证、目标检测、目标特征点检测、目标分割、目标鉴别等，基于这些任务产生了广泛的应用，如自动驾驶、人脸识别、自动图片识别、光学字符识别（OCR）、移动机器人视觉导航、医学辅助诊断、物体三维形状分析识别、工业机器视觉系统、自动化图像分析等，已经应用在零售、金融、司法、军队、公安、边检、政府、航天、电力、工厂、教育、医疗保健、制造业等行业。

7.2 计算机视觉基础

在计算机视觉中，图像处理是一个重要部分。图像可以看作二维的数字信号，借助传感器等工具，通过数字信号处理方法，如连续函数采样的方法，采样得到 M 行 N 列矩阵构成离散图像，完成数字图像处理过程，形成二值图像、灰度图像或彩色图像等。对于图像处理通常可以从广义和狭义两个维度进行讨论。广义的图像处理包含图像信息获取及输入、图像信息存储、图像信息传输、图像信息处理、图像信息输出及显示。狭义的图像处理包含图像变换、图像生成及计算、图像分类、图像增强及复原、图像编码、图像分割及重建、图像识别及分析理解等。

在图像处理中，有许多库和工具，常用的有 OpenCV（Open Source Computer Vision Library）、MATLAB、OpenGL（Open Graphics Library）、EmguCV、AForge.net、AGG（Anti-Grain Geometry）、paintlib、FreeImage、CxImage 等，本章以典型图像处理工具 OpenCV 为例，介绍图像处理的基本方法和应用。

7.2.1 图像表示

与文字信息相比，图像具有更简单、直观、形象等优点。通常图像可以用一个二维函数 $f(x,y)$ 表示，其中 x、y 表示二维空间平面坐标，而在(x,y)空间坐标处的幅值 f 称为该点处的强度或灰度。当 x、y 和灰度值是有限的离散数值时，则可称该图像为数字图像（Digital Image）。数字图像处理技术是计算机视觉的重要基础。

图像获取方法有许多，通常通过感知传感器将输入照射量转变为连续的电压波形输出，这些波形的幅度和空间特性与感知的物理现象有关，如单个成像传感器、线阵列传感器、面阵列传感器，感知图像数据的物理原理各有不同。为了产生一幅数字图像，我们需要把连续的感知数据转换成数字形式，这种转换包括两个过程：采样和量化，如图 7-1 和图 7-2 所示。

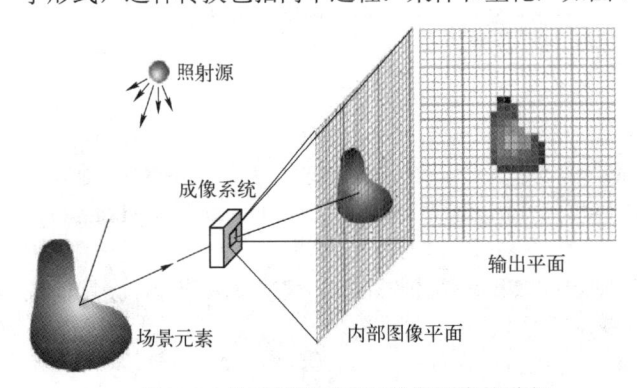

图 7-1　传感器阵列获取数字图像的过程　　　　图 7-2　采样和量化

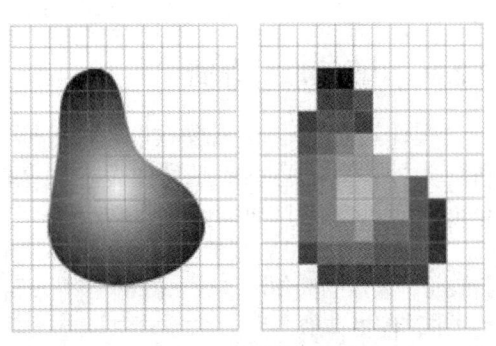

图像可以根据携带信息的种类、传感器种类、应用场景、存储格式等角度进行划分。根据图像的通道数量，可将数字图像分为单通道图像（黑白图像、灰度图像）、彩色图像（三通道图像，四

通道图像（含透明度））两类，如图 7-3 所示。

图 7-3　黑白图像、灰度图像和彩色图像

黑白图像：只有黑白两种颜色的图像称为黑白图像或单色图像，每个像素只能是黑或白，没有中间过渡，故又称为二值图像，如图 7-3a 所示。

灰度图像：每个像素的信息由一个量化的灰度级来描述，如果每个像素的灰度值用一个字节来表示，灰度值级数就等于 255 级，每个像素可以是 0~255 之间的任何一个数。灰度图像只有亮度信息，没有颜色信息，如图 7-3b 所示。

彩色图像：除了有亮度信息外，还包含有颜色信息，如图 7-3c 所示。

彩色图像的表示与所采用的颜色空间，即彩色的表示模型有关。同一幅彩色图像如果采用不同的彩色空间表示，对其的描述可能有很大的不同。对于多通道图像而言，其存储的颜色信息的编码方式高达上百种，人们可能最熟悉 RGB 格式。在 RGB 颜色空间中，一幅彩色数字图像的各个像素的信息由 RGB 三原色通道构成，其中各个通道 R（红色）、G（绿色）、B（蓝色）在每个像素点都由不同的灰度级来描述，三者的共同作用决定了图像的色彩和亮度，如图 7-4 所示。

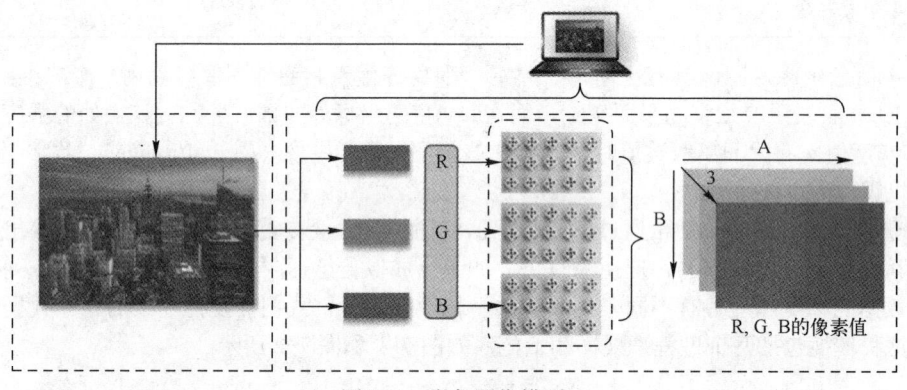

图 7-4　彩色图像模型

7.2.2　图像读取、存储

在计算机视觉中，图像读取、显示和存储是基本的操作，这些操作除了使用 OpenCV 处理之外，还可以使用 Python 的图像库，如 PIL（Python Imaging Library）、skimage（Scikit-Image）、matplotlib.image、keras.preprocessing 等。

本节以 OpenCV 中的基本操作为例，介绍图像读取和存储操作，如加载或读取图像、使用函数 imread、显示图像使用函数 imshow、写入图像使用函数 imwrite 等。

1. 图像读取

从磁盘中读取一张图像，并将它显示到 GUI 窗口中。在不使用库操作时，实现图像编码解码、GUI 图像显示等功能，比较复杂。OpenCV 库为实现这个功能提供了简单操作，其操作流程如图 7-5 所示。

第 7 章 计算机视觉技术

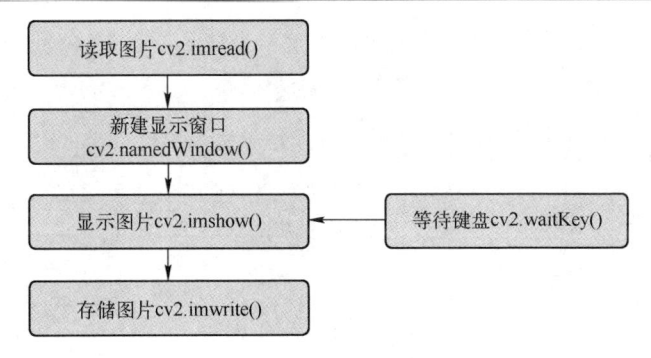

```
┌─────────────────────┐
│  读取图片cv2.imread() │
└──────────┬──────────┘
           ↓
┌─────────────────────┐
│     新建显示窗口      │
│  cv2.namedWindow()  │
└──────────┬──────────┘
           ↓
┌─────────────────────┐     ┌─────────────────────┐
│ 显示图片cv2.imshow() │←────│等待键盘cv2.waitKey() │
└──────────┬──────────┘     └─────────────────────┘
           ↓
┌─────────────────────┐
│ 存储图片cv2.imwrite()│
└─────────────────────┘
```

图 7-5 图像读取和存储的基本流程

基本处理步骤如下。

1）读取图像并显示图像基本信息。

```
"""
读取图像，演示 cv2.imread()
    imread(filename[, flags]) -> retval;
        第一个参数 filename：图像的相对路径或绝对路径
        第二个参数 flags：函数如何读取这张图像
            cv2.IMREAD_COLOR 表示读入彩色图像，图像的透明度会被忽略
            cv2.IMREAD_GRAYSCALE 表示读入灰度图像
            cv2.IMREAD_UNCHANGED 表示读入一幅图像，并且包括图像的 alpha 通道
    more help(imread)
"""

import cv2 as cv

# 图像地址
img_path = './test_alpha.png'

# 读取彩色图像，注意 OpenCV 中颜色格式为 BGR，而不是 RGB
img_bgr = cv.imread(img_path)

# 查看图像的大小
h, w, c = img_bgr.shape
size = img_bgr.size
dtype = img_bgr.dtype
print(img_bgr[0][0])
print("图像高度:{0}\t 宽度:{1}\t 通道数:{2}".format(h, w, c))
print("图像大小{0}\t 数据类型{1}".format(size, dtype))
print('*'*40)

# 读取灰度图，注意灰度图像的通道数为 1
img_gray = cv.imread(img_path, cv.IMREAD_GRAYSCALE)
```

```
# 查看图像的大小
h, w, = img_gray.shape[0:2]
size = img_gray.size
dtype = img_gray.dtype
print("图像高度:{0}\t 宽度:{1}\t 通道数:{2}".format(h, w, 1))
print("图像大小{0}\t 数据类型{1}".format(size, dtype))
print('*'*40)

# 读取彩色图像，包含透明度，注意这时通道数为 4
img_bgra = cv.imread(img_path, cv.IMREAD_UNCHANGED)

# 查看图像的大小
h, w, c= img_bgra.shape[0:3]
size = img_bgra.size
dtype = img_bgra.dtype
print("图像高度:{0}\t 宽度:{1}\t 通道数:{2}".format(h, w, c))
print("图像大小{0}\t 数据类型{1}".format(size, dtype))

# 这里将图像路径改错，OpenCV 不报错，得到的 image = None
image = cv.imread('./test.png')
# 得到 None
print(image)
```

2）输出图像的基本信息，程序输出结果如下。

```
[   1    0 255]
图像高度:1200    宽度:1200 通道数:3
图像大小 4320000 数据类型 uint8
*************************************
图像高度:1200    宽度:1200 通道数:1
图像大小 1440000 数据类型 uint8
*************************************
图像高度:1200    宽度:1200 通道数:4
图像大小 5760000 数据类型 uint8
[[[188 162 122]
  [188 162 122]
  [188 162 122]
  ...
```

3）图像显示操作。

```
"""
OpenCV3 图像的显示 cv2.imshow(winname, mat) -> None
    第一个参数 winname：窗口的名称
    第二个参数 mat：要显示的图像
    可以创建多个窗口，但 winname 不能相同
```

```
"""
import cv2 as cv

img_path = './test.png'

# 读取彩色图像，注意 OpenCV 中颜色格式为 BGR，而不是 RGB
img_bgr = cv.imread(img_path)

# 读取灰度图像，注意灰度图像的通道数为 1
img_gray = cv.imread(img_path, cv.IMREAD_GRAYSCALE)

# 显示这两种图像
cv.imshow('img_bgr', img_bgr)
cv.imshow('img_gray', img_gray)

# 等待键盘按下
cv.waitKey(0)
#销毁所有窗体
cv.destroyAllWindows()
```

4）程序执行结果如图 7-6 所示。

图 7-6　图像显示

另外还可以通过函数 namedWindow 来创建窗体，可以自由调整窗体大小，用法如下：

```
"""
    cv2.namedWindow 创建一个窗体，只需指定窗体名称
        cv2.namedWindow()初始化默认标签是 cv2.WINDOW_AUTOSIZE
        把标签改成 cv2.WINDOW_NORMAL 就可以自由调整窗体大小了，当图像维度太大时，这将很有帮助
    cv2.destroyWindow() 销毁指定窗体
"""

import cv2 as cv
```

```python
img_path = '../test.png'

cv.namedWindow('img_bgr')
cv.namedWindow('img_gray', cv.WINDOW_NORMAL)

# 读取彩色图像，注意 OpenCV 中颜色格式为 BGR，而不是 RGB
img_bgr = cv.imread(img_path)

# 读取灰度图像，注意灰度图像的通道数为 1
img_gray = cv.imread(img_path, cv.IMREAD_GRAYSCALE)

# 显示这两种图像
cv.imshow('img_bgr', img_bgr)
cv.imshow('img_gray', img_gray)

# 等待键盘按下
cv.waitKey(0)
#销毁所有窗体
cv.destroyWindow('img_bgr')
cv.destroyWindow('img_gray')
```

5）保存图像，使用函数 imwrite 把内存中的图像矩阵序列化到磁盘文件中，用法如下。

```python
"""
OpenCV3 图像保存：cv2.imwrite()
    函数原型 imwrite(filename, img[, params]) -> retval
    一般需要传入两个参数：要保存的文件名和要保存的图像
    保存的图像格式是根据文件名的拓展名确定的
"""

import cv2 as cv

img_path = '../test.png'

# 读取彩色图像，注意 OpenCV 中颜色格式为 BGR，而不是 RGB
img_bgr = cv.imread(img_path)

# 将 img_bgr 保存成 jpg 格式
status = cv.imwrite('./test.jpg', img_bgr)
if status:
    print("图像保存成功")
else:
    print('图像保存失败')
```

从上述操作可以看出，函数 imwrite 会根据文件名的扩展名来选择不同的压缩编码方式，将 png 格式的图像另存为 jpg 格式的图像，只需更改文件扩展名即可。

2. 图像存储

NumPy（Numerical Python）库提供了数据操作和数据缓存的接口，包含数字计算函数、矩阵计算函数等，在开发中的引用方式如下：

```
import numpy as np    #np 为别名
```

在 Python 中图像的操作实质上是对数组的操作，使用 OpenCV 读取的图像，返回的是一个 np.ndarray 数组类型的对象。每个数组有 nidm（数组的维度）、shape（数组每个维度的大小）、size（数组的总大小）属性，以及属性 dtype（数组的数据类型）。数组属性如图 7-7 所示。

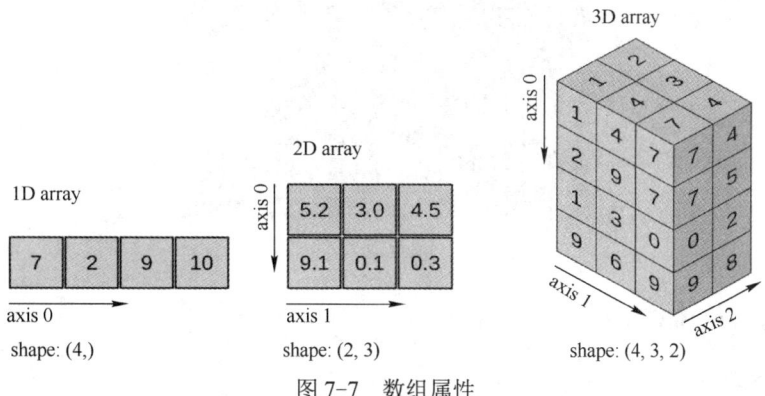

图 7-7 数组属性

我们可以通过这些属性来查看图像的属性，例如，通过 nidm 来确定图像是彩色图还是灰度图，通过 shape 来确定图像的高度、宽度及通道大小。

在 NumPy 中，使用函数 numpy.zeros()创建一个全零矩阵，下面介绍 NumPy 数组与图像之间的关系，具体代码如下：

```
import cv2 as cv
import numpy as np

# 创建 30X30 的灰度图像，指定数据类型为 uint8（0～255）
img = np.zeros((30, 30), dtype=np.uint8)
# print(img)
print('*'*40)
print(type(img))
print('*'*40)
print('size:{0}\tshape:{1}\tdtype:{2}'.format(img.size, img.shape, img.dtype))
# 显示灰度图像
cv.namedWindow('point')
cv.imshow('point', img)
cv.waitKey(0)
cv.destroyWindow('point')
```

运行结果如下：

```
****************************************
<class 'numpy.ndarray'>
****************************************
size:900      shape:(30, 30)    dtype:uint8
```

在计算机中，图像以矩阵的形式保存，矩阵的基本元素是图像中对应位置的像素值。在 OpenCV 的图像坐标体系中，零点坐标为图像的左上角，x 轴为图像矩形的上面那条水平线，y 轴为图像矩形左边的那条垂直线。图像在坐标某一点的像素值就是矩阵对应行和列的值。

注意：图像像素的相对位置以 0 为索引开始计算，并且先按行索引，再按列索引，即(行,列)。例如对于 NumPy 数组，坐标(3,4)索引到的是第 4 行第 5 列的像素点。在 NumPy 中，图像坐标索引为先行（高）后列（宽），其存储表示如图 7-8 所示。

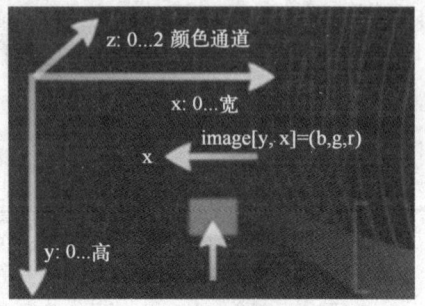

图 7-8 OpenCV 图像坐标系

7.2.3 视频捕获及流保存

1．视频流捕获

视频流捕获可以分为摄像头视频读入、本地视频读入两种。在 OpenCV 中捕获摄像头视频流可通过 cv2.VideoCapture 视频捕获类，实现从视频硬件设备获取帧图像。通过构造函数可获得 VideoCapture 类的实例对象，通过 VideoCapture 的成员方法 read 来读取视频帧。

视频流捕获的基本流程如图 7-9 所示。

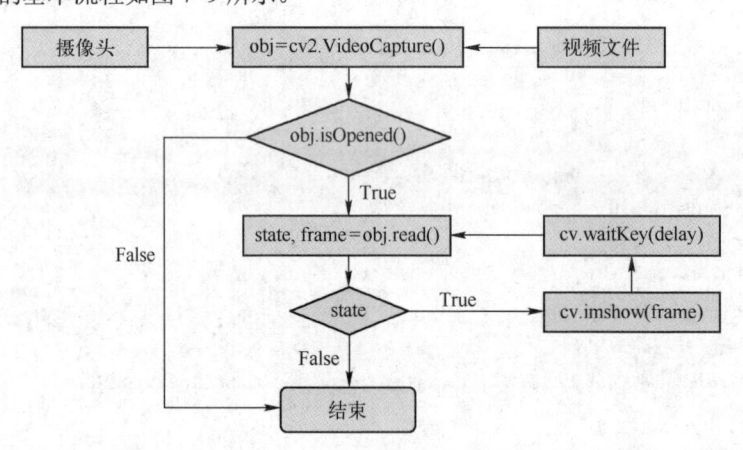

图 7-9 视频流捕获基本流程

基本的视频流捕获示例代码如下。

```
import cv2 as cv

#获取本地默认的摄像头，如果在 Windows 下使用 USB 摄像头那么 id 为 1，如果在 Linux 系统下使
#用 USB 摄像头则应填 "/dev/video1"。
cap = cv.VideoCapture(0)
#如果检测到摄像头已打开
if cap.isOpened():
```

```
            state, frame = cap.read()          #抓取下一个视频帧状态和图像
        while state:                            #抓取成功则进入循环
            state,frame = cap.read()           #抓取每一帧图像
            cv.imshow('video',frame)           #显示图像帧
            # 等待键盘按下，超时 25ms 可通过设置等待超时时间来控制视频播放速度
            k = cv.waitKey(25) & 0xff           # 25ms 内当有键盘按下时返回对应按键 ASCII 码，超时返回-1
            if k == 27 or chr(k) == 'q':       # 当按下 Esc 键或者 q 键时退出循环。
        break
```

2．视频流保存

视频是由一帧一帧的图像连接而成，通常把 1s 内切换图像的次数称为帧率（FPS），例如人眼感觉流畅的视频，通常需要在 1s 内切换 24 帧图像，即帧率为 24FPS。

在实践中为了有效保存视频流，减少存储视频大小，在许多视频压缩编码格式的支持下，例如常见的 MPEG-4、H.264、H.265 等，通过 OpenCV 中的 VideoWriter 类 API 接口实现视频流的保存。视频流保存流程图如图 7-10 所示。

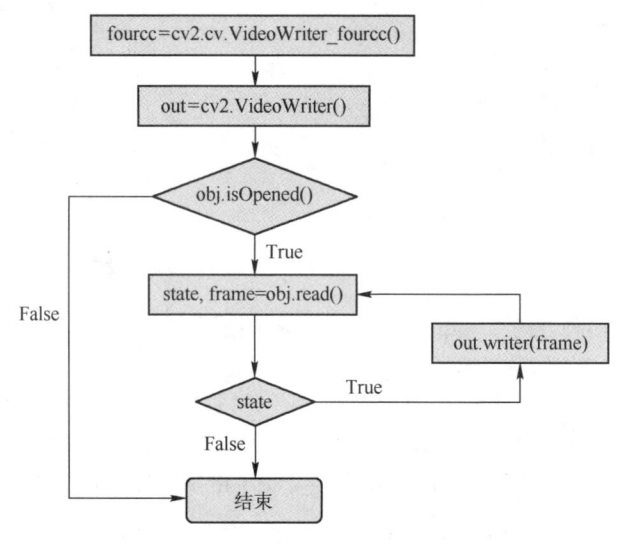

图 7-10　视频流保存流程图

视频流保存的代码如下：

```
"""
Opencv3 使用对象 VideoWriter()保存视频流
    构造函数 cv2.VideoWriter(filename, fourcc, frameSize, isColor) -> retval
    FourCC 就是一个 4 字节码,用来确定视频编码格式
    可用的编码可以从 fourcc.org 查到
        • In Fedora: DIVX, XVID, MJPG, X264, WMV1, WMV2. (XVID is
            more preferable. MJPG results in high size video. X264 gives
            very small size video)
        • In Windows: DIVX (More to be tested and added)
        • In OSX : (I don't have access to OSX. Can some one fill this?)
"""
import cv2 as cv
import numpy as np
cap = cv.VideoCapture(0)
```

```
# 指定视频的编码格式
fourcc = cv.VideoWriter_fourcc(* 'XVID')
# 保存到文件，VideoWriter(文件名， 编码格式， FPS， 帧大小，isColor)，isColor 默认为 True
#表示保存彩色图
out = cv.VideoWriter('output.avi', fourcc, 30, (640, 480))

while cap.isOpened():
    ret, frame = cap.read()
    if ret:
        # 帧翻转
        # frame = cv.flip(frame, 1)
        out.write(frame)
        cv.imshow('frame', frame)
        k = cv.waitKey(25) & 0xFF
        if chr(k) == 'q':
            break
# 需要调用 release 函数
cap.release()
out.release()
cv.destroyAllWindows()
```

7.2.4 图像计算

1. 图像按位运算

图像的基本运算有多种，可以相加、相减、相乘、相除、位运算、平方根、对数、绝对值等，还可以截取其中的一部分作为感兴趣区域（ROI）。按位运算在提取 ROI 时得到了广泛的应用，而 ROI 又是几乎所有图像处理都必须要经过的步骤，所以需要掌握图像的按位运算操作。

所谓按位运算，就是对图像（彩色图像或灰色图像均可）像素的二进制形式的每个位进行对应运算。按位运算包括 AND、NOT、XOR、OR 运算。它们的函数原型定义如图 7-11 所示。

```
1  #bitwise_and、bitwise_or、bitwise_xor、bitwise_not这四个按位操作函数。
2  void bitwise_and(InputArray src1, InputArray src2,OutputArray dst, InputArray mask=noArray());//dst = src1 & src2
3  void bitwise_or(InputArray src1, InputArray src2,OutputArray dst, InputArray mask=noArray());//dst = src1 | src2
4  void bitwise_xor(InputArray src1, InputArray src2,OutputArray dst, InputArray mask=noArray());//dst = src1 ^ src2
5  void bitwise_not(InputArray src, OutputArray dst,InputArray mask=noArray());//dst = ~src
```

图 7-11 按位运算函数原型定义

函数 cv2.bitwise_and 将两幅图像 src1 与 src2 的每个像素值进行位与，并返回处理后的图像。
函数 cv2.bitwise_not 将输入图像 src 的每个像素值按位取反，并返回处理后的图像。

2. 图像加法

使用函数 cv2.add()可进行图像的加法运算，对于要相加的两张图像，需要保证图像的 shape 一致。此外图像的加法运算还可以通过 NumPy 实现。在 OpenCV 中的图像加法是一种饱和操作，而 NumPy 中加法是一种模操作。示例代码如下：

```
x=np.uint8([250])
y=np.uint8([10])
print(cv2.add(x,y))
[[255]]    #250+10=260=>255
```

```
print(x+y)
[[4]]    #250+10=260%256=4
```

可以使用 cv2.addWeighted()做图像混合，其函数原型如下：

addWeighted(src1,alpha,src2,beta,gamma[,dst[,dtype]])->dst

函数计算公式如下：

g(x)=(1− α)f0(x)+αf1(x)+gamma

因为两幅图像相加的权重不同，所以给人一种混合的感觉，通过修改 alpha 的值(0→1)便可以实现非常好的混合效果。下面给出简短的图像混合示例代码：

```
img=cv2.addWeighted(img1,0.7,img2,0.3,0)
```

3．图像通道拆分及合并

有时需要对图像的单个通道进行特殊操作，就需要把 BGR 拆分成三个单独的通道，操作完单个通道后，还可将三个单独的通道合并成一张 BGR 图，通道拆分及合并操作如下：

```
b,g,r=cv2.split(img)
img=cv2.merge((b,g,r))
```

注意，cv2.split()用于分割通道，cv2.merge()用于合并通道，但其操作开销很大，因此实际开发中建议使用如下代码替代：

```
#使用切片来完成通道拆分及合并功能
b=img[:,:,:1]
g=img[:,:,1:2]
r=img[:,:,2:3]
img[:,:,2:3]=r
img[:,:,1:2]=g
img[:,:,0:1]=b
```

7.2.5 图像二值化及平滑

1．图像二值化

在图像处理中，图像二值化是指将图像上的灰度值按照某种方式设置为 0 或 255，得到一张二值化图像的过程。在二值化图像当中，只存在黑色和白色两种颜色。图像二值化可以使图像边缘变得更加明显，如图 7-12 所示。在图像处理中，二值化通常应用在掩模、图像分割、轮廓查找等操作中。

图 7-12 图像二值化

（1）简单阈值二值化

简单阈值二值化是指设置一个全局阈值，通过该阈值对灰度图像素值进行归类设置。具体做法是，像素值小于或等于阈值时将该点置 0（反转置 maxval），大于阈值置 maxval（反转置 0）。

生成灰度渐变图：

```
small = np.array(range(0, 256), np.uint8).reshape(16, 16)
```

生成结果如图 7-13 所示。

灰度图的像素分布如图 7-14 所示。

图 7-13　灰度渐变图　　　　图 7-14　灰度图的像素分布

对图 7-13 进行简单阈值二值化处理，代码如下：

```
ret, small_thresh = cv.threshold(small, 127, 200, cv.THRESH_BINARY)
```

上述代码函数中，small 为原图像，127 为阈值，200 为最大值，cv.THRESH_BINARY 为阈值类型，表示大于阈值的部分像素值变为 200，其他部分像素值变为 0。

二值化效果如图 7-15 所示。

二值化后的像素分布情况如图 7-16 所示。

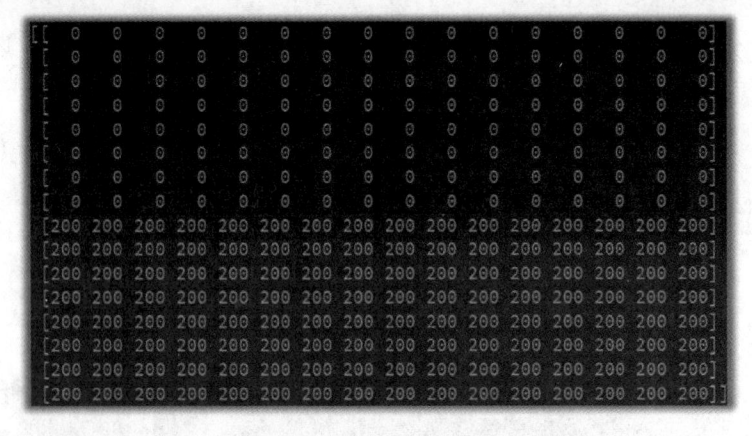

图 7-15　二值化效果　　　　图 7-16　二值化后的像素分布情况

从图 7-16 可以看出，像素点灰度值小于或等于阈值时该点置 0（反转置 maxval），大于阈值置 maxval（反转置 0）。

（2）自适应阈值二值化

自适应阈值二值化与简单阈值二值化的不同之处在于，简单阈值使用一个全局阈值来二值化，而自适应阈值使用每个块中的平均值或加权平均值作为阈值;简单阈值的优势是在处理速度和某些特定场景的二值化表现,而自适应阈值对局部过曝场景中具有优势。因此在实际应用场景中需要根据场景特点选择合适的二值化处理函数,一般是先使用简单阈值调参,然后考虑使用自适应阈值二值化。自适应阈值二值化和全局阈值二值化的对比效果,如图 7-17 所示,左上为原灰度图;右上为原灰度图使用简单阈值二值化图——阈值为 127;左下为原灰度图使用自适应二值化图——邻域均值;右下为原灰度图使用自适应二值化图——高斯加权均值。

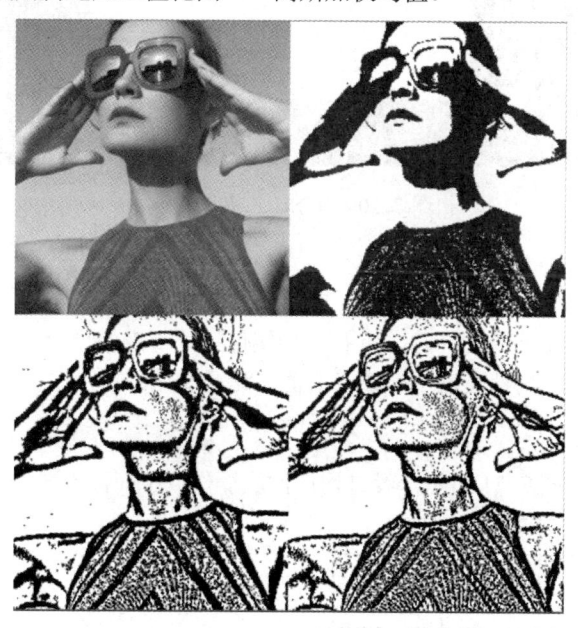

图 7-17 二值化效果对比

(3) OTSU 二值化

OTSU 是一种确定图像二值化分割阈值的算法,又称最大类间差法或大律算法。在 OpenCV 中使用标志位 cv.THRESH_OTSU,表示使用 OTSU 得到全局自适应阈值来实现图像二值化。

OTSU 对灰度图进行二值化示例代码如下:

```
ret, th1 = cv.threshold(img, 0, 255, cv.THRESH_BINARY + cv.THRESH_OTSU)
#ret 就是 OTSU 计算出来全局自适应阈值
```

测试图如图 7-18 所示,该图存在大量的噪声。它的直方图如图 7-19 所示,可以看到直方图存在两个波峰。

图 7-18 测试图

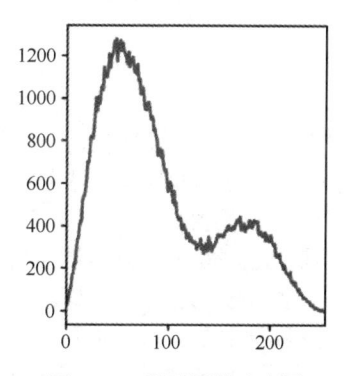

图 7-19 测试图的直方图

使用 OTSU 对测试图二值化后的结果如图 7-20 所示，可以看到良好的二值化效果。

图 7-20　OTSU 二值化效果

2．图像平滑

（1）均值滤波

均值滤波是平滑线性滤波中的一种，具有平滑图像过滤噪声的作用。均值滤波的思想是使用滤波器模板 w 所包含像素的平均值覆盖中心锚点的值。滤波计算公式为：

$$g(i,j) = \sum_{k,t} f(i+k, j+t)h(k,t)$$

均值滤波计算过程如图 7-21 所示，经过均值滤波操作后中间锚点 83 变成 76。

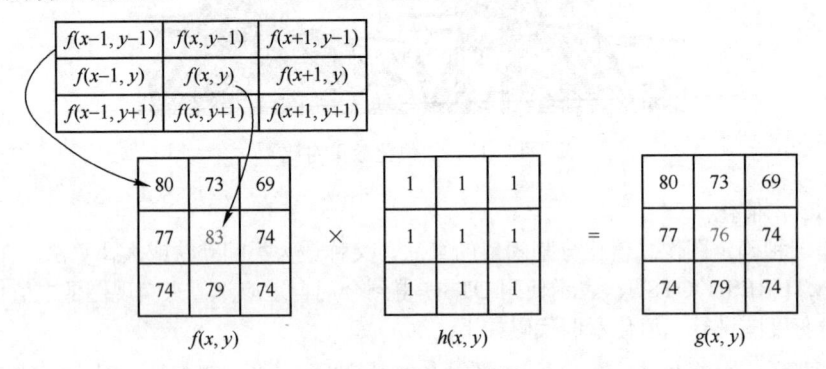

图 7-21　均值滤波计算过程

其中 $g(x,y)$ 是滤波函数，$h(x,y)$ 是邻域算子，$f(x,y)$ 是滤波前的原图表示。计算过程可表示式（7-1），其中 $h(x,y)$ 的值为 1：

$$g(x,y) = \frac{f(x-1,y-1)+f(x,y-1)+f(x+1,y-1)+f(x-1,y)}{9} + \frac{f(x,y)+f(x+1,y)+f(x-1,y+1)+f(x,y+1)+f(x+1,y+1)}{9} \tag{7-1}$$

在 OpenCV 中可以使用函数 cv.blur 或 cv.boxFilter 做均值滤波，再使用均值滤波消除小尺寸图像亮点时，滤波器模板尺寸越大，图像越发模糊/平滑。

（2）加权均值滤波

加权均值滤波是在均值滤波的基础上，改进了模板中权值的分布。在均值滤波中，权重是均匀分布的，而加权均值滤波在权重上是非均匀分布的。常用的加权均值模板是中间的权重高于周围。加权均值滤波器基本原理如下。

加权均值滤波器输出像素 $g(x,y)$ 表示滤波器模板 w 所包含像素的加权平均值，越靠近中心像素，其权重越大，在计算加权平均时，像素重要性越大，则其中心像素点重要性为最大，如图 7-22 所示的邻域算子 $h(x,y)$。

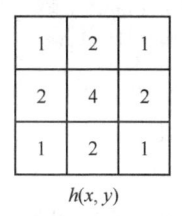

1	2	1
2	4	2
1	2	1

$h(x, y)$

图 7-22　邻域算子 $h(x, y)$

$$g(x,y) = \frac{f(x-1,y-1)+2f(x,y-1)+f(x+1,y-1)+2f(x-1,y)}{16} + \frac{4f(x,y)+2f(x+1,y)+f(x-1,y+1)+2f(x,y+1)+f(x+1,y+1)}{16}$$

可以发现，均值滤波/加权均值滤波可以实现如下功能：

1）能平滑图像/模糊图像。
2）能去除小尺寸亮点、去除噪声。
3）可以连通一些缝隙，如字符缝隙。
4）使用函数 cv.blur()、cv.boxFilter()均可实现均值滤波。

均值滤波示例代码如下：

```python
import cv2 as cv
import numpy as np

img = cv.imread('./test1.png', 0)
# 平均模糊
blur = cv.blur(img, (5, 5))
# 使用 cv.boxFilter()可以达到相同的效果
blur_b = cv.boxFilter(img, -1, (9, 9))
# 可视化
cv.imshow('img', np.hstack((img, blur, blur_b)))
ret, thr1 = cv.threshold(blur, 0, 255, cv.THRESH_BINARY + cv.THRESH_OTSU)
ret1, thr2 = cv.threshold(blur_b, 0, 255, cv.THRESH_BINARY + cv.THRESH_OTSU)
cv.imshow('thr', np.hstack((thr1, thr2)))
cv.waitKey(0)
cv.destroyAllWindows()


# 加深理解
small = img[10:20, 20:30, 0:1]
print(small.reshape(10, -1))
print('*' * 60)


blur_small_default = cv.blur(small, (3, 3))
print(blur_small_default)
print('*' * 60)
blur_small_change = cv.blur(small, (3, 3), borderType = cv.BORDER_CONSTANT)
print(blur_small_change)
```

```
"""
BORDER_CONSTANT：使用 borderValue 值填充边界
BORDER_REPLICATE：复制原图中最临近的行或者列
"""
```

运行结果如图 7-23 和图 7-24 所示。从中可以看到，随着模板尺寸增大，小尺寸的白色亮点逐渐消失。

图 7-23 不同核大小的均值滤波效果

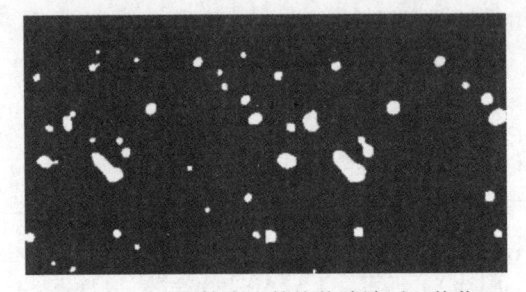

图 7-24 不同核大小的均值滤波后二值化

（3）中值滤波

中值滤波是一种基于统计排序的非线性滤波器。

中值滤波原理：滤波输出像素点 $g(x,y)$ 表示滤波模板 domain 定义的排列集合的中值，其基本步骤如下。

1）滤波模板 domain 与像素点 $f(x,y)$ 重合，如图 7-25 所示，将 domain 中心与 83 所在的位置 $g(2,2)$ 重合。

2）滤波器模板 domain 为 0/1 矩阵，与 domain 中元素 1 对应的像素点参与排序。

3）参与排序的像素点按升序排序，如图 7-25 所示，确认参与排序的像素点按升序排序为 73，74，74，75，77，79，79，80，83，中值为 77。

4）$g(x,y)$ 排序集合的中值为 77，$g(2,2)=77$，将 83 替换为 77。

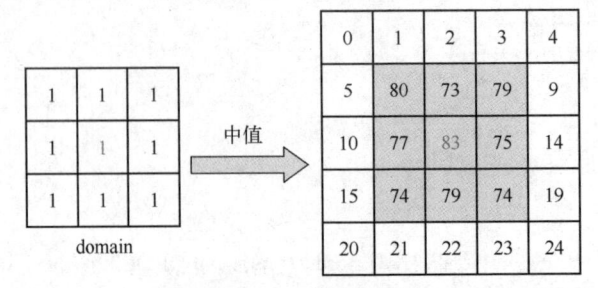

图 7-25 中值滤波原理

中值滤波能有效去除椒盐噪声，椒盐噪声也称脉冲噪声，是一种随机出现的白点或者黑点，椒盐噪声的成因可能是影像信号受到突如其来的强烈干扰。但其副作用是，容易丢失图像边缘信息，容易造成图像缝隙，如 OCR 中断开单字符连通；当使用较大核滤波时容易误将真实边界当作噪声去除。

cv.medianBlur(img, 5)的核大小必须是一个正奇数，不能是元组。

在 OpenCV 中可以使用 cv2.medianBlur 进行中值滤波操作。

中值滤波示例代码如下。

```
import cv2 as cv

img = cv.imread('./mouse.jpg')

# 中值滤波
blur = cv.medianBlur(img, 5)

cv.imshow('img', img)
cv.imshow('blur', blur)

cv.waitKey(0)
cv.destroyAllWindows()

# 提高理解
small = img[10:20, 20:30:, :1]
print(small.reshape(10, 10))
print('*' * 60)
small_b = cv.medianBlur(small, 3)
# 边缘填充：复制原图中最邻近的行或者列
print(small_b)
```

程序运行结果如图 7-26 所示。

图 7-26 中值滤波运行结果

（4）高斯滤波

高斯滤波和均值滤波很相似，均值滤波是计算邻域内所有像素的平均值或加权平均值，然后替换中心点的像素值；高斯滤波是计算邻域内所有像素的高斯加权平均值，然后替换中心点的像素。

高斯滤波和均值滤波的主要区别在于邻域权重的分布，高斯滤波权重符合正态分布；均值滤波权重不符合正态分布。二者权重分布如图 7-27 所示。

0.13015394	0.10390986	0.11504291
0.13932931	0.13214559	0.07740524
0.11449164	0.09329761	0.09422389

高斯滤波权重分布

$\frac{1}{9}$	$\frac{1}{9}$	$\frac{1}{9}$
$\frac{1}{9}$	$\frac{1}{9}$	$\frac{1}{9}$
$\frac{1}{9}$	$\frac{1}{9}$	$\frac{1}{9}$

均值滤波权重分布

图 7-27 高斯滤波和均值滤波的权重分布

高斯滤波计算过程为：高斯运算结果矩阵=对应像素矩阵×高斯滤波权重矩阵，如图 7-28 所示。

对应像素矩阵

80	73	69
77	83	74
74	79	74

×

高斯滤波权重矩阵

0.13015394	0.10390986	0.11504291
0.13932931	0.13214559	0.07740524
0.11449164	0.09329761	0.09422389

=

高斯运算结果矩阵

10.412314	7.585419	7.937960
10.728356	10.968084	5.727988
8.472381	7.370511	6.972568

图 7-28 高斯滤波过程

对应像素矩阵锚点为高斯运算结果矩阵求和，即将高斯运算结果矩阵中的 9 个值加起来，就是中心点的高斯滤波的值，如图 7-29 所示。

80	73	69
77	76	74
74	79	74

图 7-29 中心点 83 的高斯滤波结果

对所有点重复上述过程，则获得高斯滤波后的图像。

对于边界点，复制已有的点到对应位置，模拟出完整的矩阵。边界点默认的处理方式是边缘复制，如图 7-30 所示。

像素点80

80	73	69
77	**76**	74
74	79	74

边界点处理 →

边缘复制

80	80	73	...
80	**80**	73	69
77	77	76	74
...	74	79	74

高斯滤波权重分布

0.13015394	0.10390986	0.11504291
0.13932931	0.13214559	0.07740524
0.11449164	0.09329761	0.09422389

高斯计算结果

77	73	69
77	76	74
74	79	74

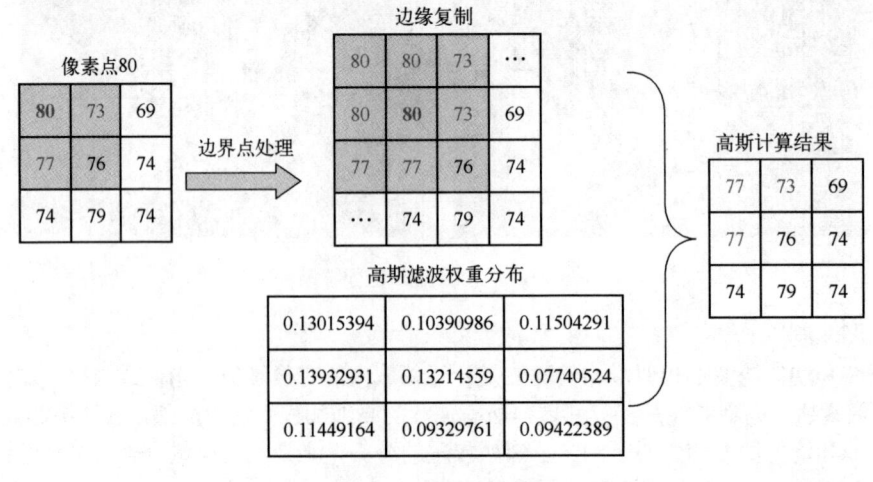

图 7-30 边界点处理

在 OpenCV 中可以使用函数 cv.GaussianBlur 进行高斯滤波。高斯滤波只能去除高斯噪声，无法去除椒盐噪声、脉冲噪声；高斯滤波在使用较大高斯内核时，降噪能力明显加强，但模糊效果没有明显增强，因此可以较好地保存边界信息。

使用高斯滤波去除高斯噪声，效果如图 7-31 所示。

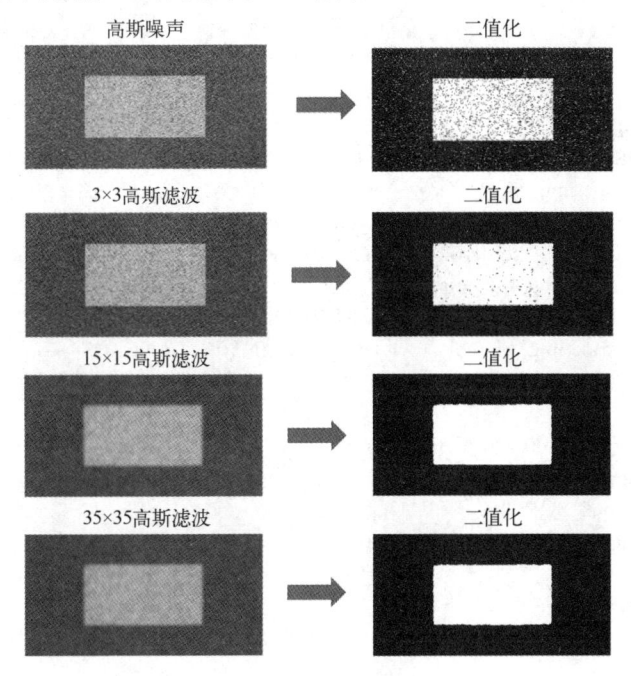

图 7-31　去除高斯噪声

3×3 高斯滤波能过滤小尺寸高斯噪声，中尺寸噪声未能过滤；滤波后的图像变得平滑；得到二值化图像存在极个别小黑点。

15×15 高斯滤波能滤掉绝大部分高斯噪声；滤波后的图像变得模糊；得到的二值化图像较为干净，边缘信息保存完好。

35×35 高斯滤波能滤掉绝大部分高斯噪声；滤波后的图像和 15×15 滤波后的图像相比没有明显变化；得到的二值化图像和 15×15 二值化图像没有明显变化。

从上述滤波结果可以得知：高斯小核过滤小尺寸高斯噪声，大核过滤较大尺寸噪声。随着核的增大，降噪能力增强，边缘信息依然能得到较好的保留。

7.2.6　图像变换及形态学操作

1. 图像变换

（1）图像平移

图像平移是在二维平面的操作，是指将一个点或一整块像素区域沿着 x、y 方向移动指定个单位，如沿点 $A(x,y)$ 移动 (h_x, h_y) 个单位得到点 $B(x+h_x, y+h_y)$，可以使用如下矩阵构建表示：

$$S = \begin{bmatrix} 1 & 0 & h_x \\ 0 & 1 & h_y \end{bmatrix}$$

使用如下代码来构建平移描述矩阵：

```
# 沿 x 轴移动 100 个像素单位，沿 y 轴移动 50 个像素单位
S=np.float32([[1,0,100],[0,1,50]])
```

在 OpenCV 中进行图像平移操作，需要事先使用 NumPy 构建出一个平移描述矩阵，然后将该矩阵作为参数传递到函数 cv.warpAffine 中进行几何变换。

图像平移示例代码如下：

```python
import cv2 as cv
import numpy as np

img = cv.imread('./test.png')
rows, cols = img.shape[:2]
M = np.float32([[1, 0, cols // 2], [0, 1, 0]])
dst = cv.warpAffine(img, M, (cols, rows))
dst1 = cv.warpAffine(img, M, (cols, rows), flags = cv.INTER_LANCZOS4,
                    borderMode = cv.BORDER_CONSTANT, borderValue = (255, 255, 0))
dst2 = cv.warpAffine(img, M, (cols, rows), flags = cv.INTER_LANCZOS4,
                    borderMode = cv.BORDER_DEFAULT)
dst3 = cv.warpAffine(img, M, (cols, rows), flags = cv.INTER_LANCZOS4,
                    borderMode = cv.BORDER_WRAP)

cv.imwrite('./outputs/x100_y50_default.jpg', dst)
cv.imwrite('./outputs/constant.jpg', dst1)
cv.imwrite('./outputs/BORDER_DEFAULT.jpg', dst2)
cv.imwrite('./outputs/BORDER_WRAP.jpg', dst3)

cv.imshow('dst', dst)
cv.imshow('dst1', dst1)
cv.waitKey(0)
cv.destroyAllWindows()
```

程序运行结果如图 7-32 所示。

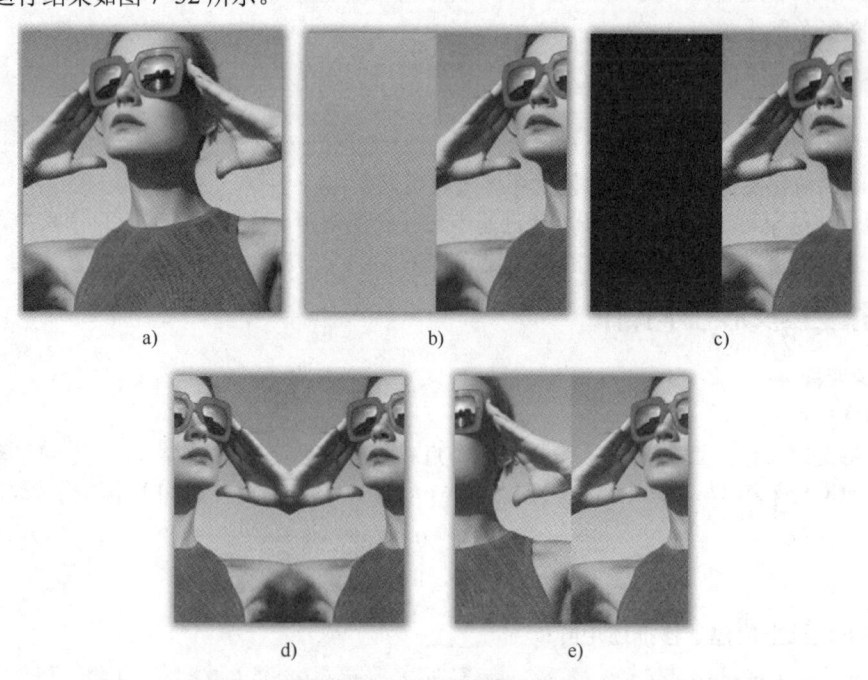

图 7-32 平移填充实验结果

a) 原图　b) 左平移默认 0 填充　c) 左平移自定义填充　d) 左平移镜像填充　e) 左平移溢出填充

图 7-32b 中设置 borderMode = 0，borderValue = 0；图 7-32c 中设置 borderMode = 0、borderValue = (255, 255, 0)；图 7-32d 中设置 borderMode = 4，进行镜像填充；图 7-32e 中设置 borderMode = 3，进行溢出填充。

（2）图像缩放

图像缩放是指将一幅图像放大或缩小得到新图像。对一张图像进行缩放操作，可以按照比例缩放，亦可指定图像宽高进行缩放。放大图像实际上是对图像矩阵进行拓展，而缩小图像实际上是对图像矩阵进行压缩。放大图像会增大图像文件大小，缩小图像会减小图像文件大小。

在 OpenCV 中可以使用函数 cv.resize 进行图像缩放。

（3）图像旋转

图像旋转是在二维平面的操作，是指将一块区域的像素，以指定的中心点坐标，按照逆时针方向旋转指定角度。

图像旋转时需要预先构建一个旋转描述矩阵，指定旋转中心点和需要旋转的角度（单位为度）。

在 OpenCV 中进行图像旋转，先使用 cv.getRotationMatrix2D 构造出旋转描述矩阵，然后将旋转描述矩阵传递到函数 cv.warpAffine 中进行几何变换。

图像旋转示例代码如下：

```python
import cv2 as cv
import numpy as np

# image_path = './test.png'
image_path = './Fig4.11(a).jpg'

img = cv.imread(image_path)
rows, cols = img.shape[:2]

# 第一个参数为旋转中心，第二个参数为旋转角度
#  第三个参数为旋转后的缩放因子
# 可以通过设置旋转中心、缩放因子，以及窗口大小来防止旋转后超出边界
M = cv.getRotationMatrix2D((cols / 2, rows / 2), -45, .6)

dst = cv.warpAffine(img, M, (cols, rows))

# 镜像填充
dst1 = cv.warpAffine(img, M, (cols, rows),
                     flags = cv.INTER_CUBIC,
                     borderMode = cv.BORDER_DEFAULT)
# 拉伸填充
dst2 = cv.warpAffine(img, M, (cols, rows),
                     flags = cv.INTER_CUBIC,
                     borderMode = cv.BORDER_REPLICATE)
# 溢出填充
dst3 = cv.warpAffine(img, M, (cols, rows),
                     flags = cv.INTER_CUBIC,
                     borderMode = cv.BORDER_WRAP)
# 指定值填充
```

```
                dst4 = cv.warpAffine(img, M, (cols, rows),
                                flags = cv.INTER_CUBIC,
                                borderMode = cv.BORDER_CONSTANT,
                                borderValue = (255, 255, 255))
        cv.imwrite('./outputs/src.jpg', img)
        cv.imwrite('./outputs/None.jpg', dst)
        cv.imwrite('./outputs/BORDER_DEFAULT.jpg', dst1)
        cv.imwrite('./outputs/BORDER_REPLICATE.jpg', dst2)
        cv.imwrite('./outputs/BORDER_WRAP.jpg', dst3)
        cv.imwrite('./outputs/BORDER_CONSTANT.jpg', dst4)

        cv.imshow('img', np.hstack((dst, dst1)))

        cv.waitKey(0)
        cv.destroyAllWindows()
```

图 7-33 是不同边界填充模式的实验结果。

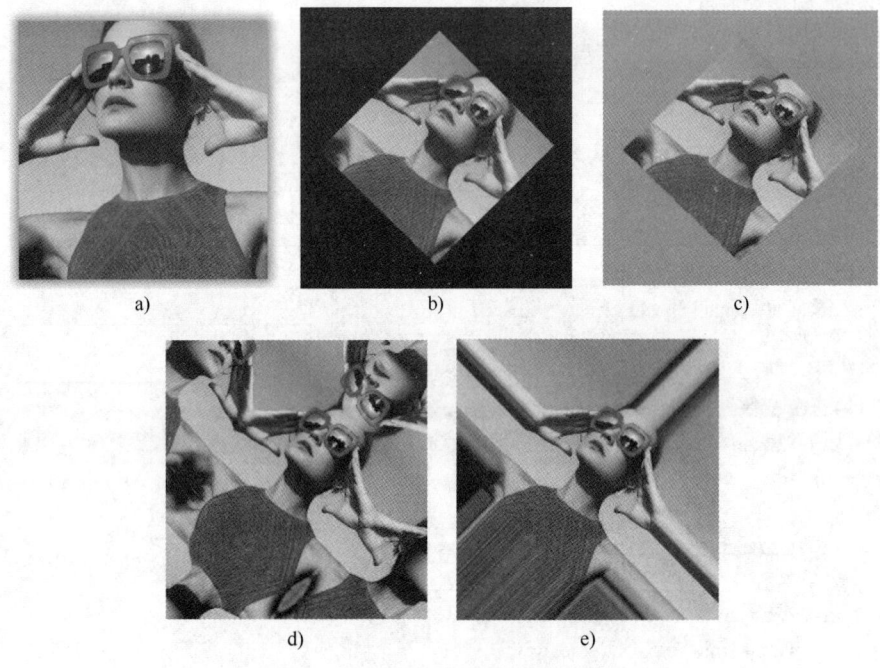

图 7-33　不同边界填充模式结果

a）原图　b）45°旋转默认 0 填充　c）45°旋转自定义填充　d）45°旋转镜像填充　e）45°旋转拉伸填充

图 7-33b 中设置 borderMode = 0，borderValue = 0；图 7-33c 中设置 borderMode = 0、borderValue = (255, 255, 0)；图 7-33d 中设置 borderMode = 4，进行镜像填充；图 7-33e 中设置 borderMode = 1，进行拉伸填充。

（4）图像仿射变换

仿射变换（Affine Transformation）是在二维平面的线性变换（乘以矩阵）再加上平移（加上一个向量），如图 7-34 所示，Img1 先经过旋转（线性变换），再进行缩放（线性变换），最后进行平移（向量加）就可得到 Img2。

仿射变换中原图中所有的平行线在结果图像中同样平行。

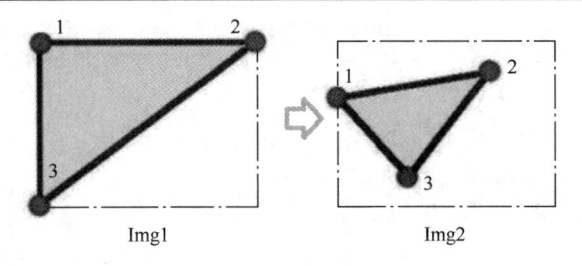

图 7-34　仿射变换

进行仿射变换需要事先知道原图中三个不共线的点，以及目标图像中三点的映射位置，使用函数 getAffineTransform() 来构建仿射变换描述矩阵，将描述矩阵传入函数 cv.warpAffine 得到仿射变换目标图像。

仿射变换示例代码如下：

```
# 原图变换的顶点，从左上角开始，逆时针方向填入
pts1 = np.float32([[50, 50], [400, 50], [50, 400]])
# 目标图像变换顶点，从左上角开始，逆时针方向填入
pts2 = np.float32([[100, 100], [300, 50], [100, 400]])
# 构建仿射变换描述矩阵
M = cv.getAffineTransform(pts1, pts2)
# 进行仿射变换
dst = cv.warpAffine(img, M, (cols, rows))
```

程序运行结果如图 7-35 所示。

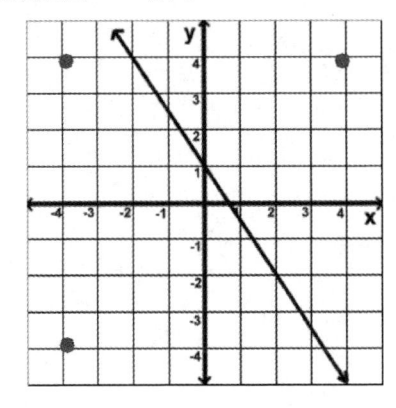

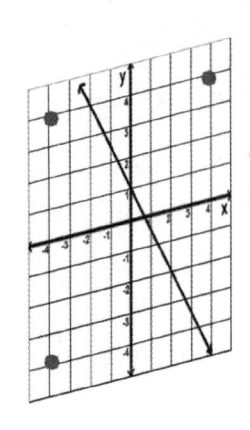

图 7-35　仿射变换结果

（5）图像透视变换

透视变换（Perspective Transformation）本质是将图像投影到一个新的视平面，仿射变换可理解为透视变换的一种特殊形式。

仿射变换与透视变换在图像还原、图像局部变换处理方面有重要意义。仿射变换是 2D 平面变换，透视变换是 3D 空间变换。仿射变换需要事先知道原图中三个顶点的坐标，而透视变换需要事先知道原图中四个顶点的坐标（任意三点不共线）。

透视变换示例代码如下：

```
import cv2 as cv
import numpy as np
```

```python
img = cv.imread('./sudoku.jpg')
h, w, c = img.shape
print(h, w)

pts1 = np.float32([(56, 65), (28, 387), (389, 390), (368, 52)])
pts2 = np.float32([(0, 0), (0, h), (w, h), (w, 0)])

M = cv.getPerspectiveTransform(pts1, pts2)
print(M)
dst = cv.warpPerspective(img, M, (w, h))
# dst = cv.warpPerspective(img, M, (int(w), int(h)),
#                          flags = cv.INTER_CUBIC,
#                          borderMode = cv.BORDER_CONSTANT,
#                          borderValue = (255, 255, 255))

# 在原图中标记这些顶点
cv.circle(img, tuple(pts1[0]), 1, (0, 255, 255), cv.LINE_AA)
cv.circle(img, tuple(pts1[1]), 1, (255, 0, 255), cv.LINE_AA)
cv.circle(img, tuple(pts1[2]), 1, (255, 255, 255), cv.LINE_AA)
cv.circle(img, tuple(pts1[3]), 1, (0, 0, 0), cv.LINE_AA)

# 在目标图中标记顶点
cv.circle(dst, tuple(pts2[0]), 1, (0, 255, 255), cv.LINE_AA)
cv.circle(dst, tuple(pts2[1]), 1, (255, 0, 255), cv.LINE_AA)
cv.circle(dst, tuple(pts2[2]), 1, (255, 255, 255), cv.LINE_AA)
cv.circle(dst, tuple(pts2[3]), 1, (0, 0, 0), cv.LINE_AA)

cv.imwrite('./outputs/sudoku_src.jpg', img)
cv.imwrite('./outputs/sudoku_dst.jpg', dst)

cv.imshow('img', img)
cv.imshow('dst', dst)
cv.waitKey(0)
cv.destroyAllWindows()
```

程序运行结果如图 7-36 所示，其中左图是原图，右图是透视变换结果。

图 7-36 透视变换

透视变换可以用于车牌矫正。找到车牌区域四个顶点坐标，左上记为点 A，右上记为点 B，左下记为点 C，右下记为点 D。现在假设原图中四点坐标为 A(88, 92)、B(218, 118)、C(84,125)、D(211, 160)。找到四点坐标，并将四点坐标中的横坐标和纵坐标的最大、最小值记为 x_min,x_max, y_min,y_max。

目标图四点映射坐标为 A(x_min,y_min)、B(x_max, y_min)、C(x_min, y_max)、D(x_max,y_max)。
车牌矫正示例代码如下，供参考。

```
# 原图中车牌四顶点坐标
pts1 = np.float32([(88, 92), (218, 118), (84, 125), (211, 160)])
# 矫正后车牌四顶点坐标
pts2 = np.float32([(88, 118), (218, 118), (88, 160), (218, 160)])
# 构建透视变换描述矩阵
M = cv.getPerspectiveTransform(pts1, pts2)
# 进行透视变换
dst = cv.warpPerspective(img, M, (w, h))
```

最终矫正效果如图 7-37 所示。

图 7-37　透视变换倾斜矫正

2. 图像形态学操作

形态学操作是基于形状的一系列图像处理操作，通过将结构元素作用于输入图像来产生输出图像。基本的形态学操作包含腐蚀与膨胀。通过形态学操作可以消除噪声、分割独立的图像元素、连接相邻的元素，以及寻找图像中明显的极大值区域或极小值区域。

（1）腐蚀

腐蚀原理：使用一个 3×3 的全一矩阵去腐蚀一张灰度图，中心锚点的值就会被替换为对应核中最小的值，如图 7-38 所示。

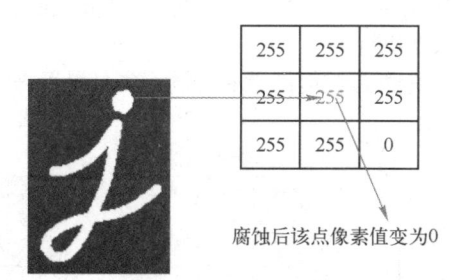

图 7-38　腐蚀原理

在 OpenCV 中可以使用函数 cv.erode 来进行腐蚀操作。

腐蚀会使白色区域的边缘像素值减小，从而使白色区域的面积减小，腐蚀次数越多腐蚀效果越明显，内核越大腐蚀效果也越明显。

多次腐蚀效果如图 7-39 和图 7-40 所示。

图 7-39 多次腐蚀效果（1）

图 7-40 多次腐蚀效果（2）

（2）膨胀

膨胀原理：使用一个 3×3 的全一矩阵去膨胀一张灰度图，中心锚点的值就会被替换为对应核中最大的值，如图 7-41 所示。

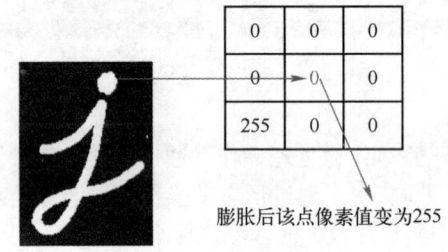

图 7-41 膨胀原理

在 OpenCV 中可以使用函数 cv.dilate 来进行膨胀操作。

膨胀会使白色区域的边缘像素值增大，从而使白色区域的面积增大；膨胀次数越多，膨胀效果越明显；内核越大，膨胀效果也越明显。

膨胀可以用来去除图像中细白色区域内细小的空洞，也可以用来连接断了的白色区域。多次膨胀效果如图 7-42 和图 7-43 所示。

图 7-42 多次膨胀效果（1）

图 7-43　多次膨胀效果（2）

（3）形态学操作

除了上述的基本操作之外，形态学操作还包含开运算、闭运算、形态学梯度、礼帽和黑帽。这些操作使用函数 cv.morphologyEx 完成，函数 cv.morphologyEx 需要传递结构化内核，可通过函数 cv.getStructuringElement 来获得。

7.2.7　图像轮廓检测

图像轮廓是指具有相同颜色或灰度值的连续点连接在一起的曲线，轮廓检测在形状分析和物体识别有重要的作用。

目前图像轮廓检测有两种方法，一种是利用传统的边缘检测算子检测目标轮廓，另一种是从人类视觉系统中提取可以使用的数学模型完成目标轮廓检测。

基于边缘检测的轮廓检测方法是一种低层视觉行为，它主要定义了亮度、颜色等特征的低层突变，通过标识图像中亮度变化明显的点来完成边缘检测，但是没有考虑视觉中层和高层信息，因此很难形成相对完整和封闭的目标轮廓。边缘检测通常将图像与微分算子卷积，比如借助于 Sobel 算子、Canny 算子等，这个过程往往复杂且精度难以保证，甚至在含有大量噪声或者纹理的情况下，无法提取轮廓。

为了更加精准地检测轮廓，需使用二值化后的图像，在检测轮廓之前，一般会对二值化图像进行 Canny 边缘检测。

注意检测轮廓会修改原始图像数据，因此应该使用原图的复制图。

注意要查找的物体应该是白色的，背景是黑色的。

1．轮廓检测主要过程

1）首先对输入图像做预处理，通用的方法是采用较小的二维高斯模板做平滑滤波处理，去除图像噪声。采用小尺度的模板是为了保证后续轮廓定位的准确性，因为大尺度平滑往往会导致平滑过渡，从而模糊边缘，大大影响后续的边缘检测。

2）对平滑后的图像做边缘检测处理，得到初步的边缘响应图像，其中通常会涉及亮度、颜色等可以区分物体与背景的可用梯度特征信息。

3）对边缘响应做进一步处理，得到更好的边缘响应图像。这个过程通常会涉及判据，即对轮廓点和非轮廓点做不同处理，达到区分轮廓点和非轮廓点的效果，从而得到可以作为轮廓的边缘图像。

4）如果此步骤之前得到的轮廓响应非常好，该步骤往往是不用再考虑的。然而在实际应用过程中，上一步骤得到的结果往往是不尽如人意的。因此，此过程起着至关重要的作用。最后对轮廓进行精确定位处理。

图像轮廓检测常用步骤如下：

1）读入图像，使用小尺寸核对图像去除噪声（均值、中值、高斯）。

2）图像灰度化、二值化（简单全局阈值、自适应阈值、OTSU 阈值）处理。

3）图像背景较为复杂时还需使用 Canny、Sobel 等算子提取边缘信息。
4）使用函数 cv.findContours 进行轮廓检测。

```
contours, hierarchy = cv.findContours(thresh, cv.RETR_TREE,
    cv.CHAIN_APPROX_SIMPLE)[-2:]      # 从倒数第二个开始向后取，版本兼容写法（旧版返回三个
#值，新版返回两个值）
```

5）得到轮廓列表（contours）、轮廓层次结构 hierarchy。
6）使用函数 cv.drawContours 进行轮廓绘制。

使用如下代码将检测出来的所有轮廓绘制到原图中，效果如图 7-44 所示。

```
drawing1 = cv.drawContours(src.copy(), contours, -1, (0, 255, 0), thickness=2, lineType=8)
```

图 7-44　轮廓绘制

单独绘制某一个轮廓，假设 _cnt 为轮廓中面积最大的轮廓，效果如图 7-45 所示。

```
drawing1 = cv.drawContours(src.copy(),[_cnt], -1, (0, 255, 0), thickness=2, lineType=8)
```

图 7-45　绘制某个轮廓

使用如下代码将轮廓绘制到掩模中，效果如图 7-46 所示。

```
#生成一张和原图一样大小的灰色掩模
drawing = np. ones((thresh.shape[0], thresh.shape[1], 3), np.uint8) * 127
# 绘制所有轮廓到掩模中（使用轮廓填充）
 cv.drawContours(drawing, contours, -1, (0, 0, 0), thickness=-1, lineType=8)
```

图 7-46　提取轮廓掩模

2．图像轮廓近似方法

图像轮廓是指具有相同灰度值的边界，它会储存形状边界上所有点的(x, y)坐标，但是需要将所有的边界坐标点都储存起来吗？

将参数 method 传递给函数 findControus 保存边界点，如果该参数被设置为 cv2.CHAIN_APPROX_NONE，则所有边界点的坐标都会被保存。如果参数被设置为 cv2.CHAIN_APPROX_SIMPLE，那么只会保留边界点的端点，比如边界是一条直线时只保留直线的两个端点，边界是一

个矩形时只保留矩形的四个顶点,如图 7-47 所示。

图 7-47　轮廓近似方法

(1) 轮廓面积和周长

轮廓的面积可以使用函数 cv2.contourArea 计算得到,也可以使用空间零阶矩 m00 得到,代码如下。

```
area = cv2.contourArea(cnt)
area = M['m00']
```

轮廓的周长也称为弧长,可以使用函数 cv2.arcLength 计算得到,该函数的第二个参数可以用来指定形状是闭合的还是断开的,代码如下。

```
# 计算轮廓的周长
perimeter = cv2.arcLength(cnt, True)
```

(2) 多边形拟合

假设要在图像中查找一个矩形轮廓,但由于种种原因,得不到一个完整的矩形,如图 7-48 所示。

图 7-48　缺陷矩形

对于这样的形状,可以使用多边形拟合来得到拟合后的轮廓描述。

如下代码显示了如何进行多边形拟合,可以通过不断调整 epsilon 的值来改变最终的拟合结果,如图 7-49 所示。

```
ret, thresh = cv.threshold(gray, 127 ,255, cv.THRESH_BINARY)
contours, hierarchy = cv.findContours(thresh, cv.RETR_TREE, \
            cv.CHAIN_APPROX_SIMPLE)
arcLength = cv.arcLength(contours[0], True)
approxCurve = cv.approxPolyDP(contours[0], 0.005 * arcLength, True)
```

图 7-49　多边形拟合

3. 边界矩形

有两类边界矩形，即直边界矩形和旋转边界矩形。

直边界矩形（没有旋转的矩形），可以使用函数 cv2.boundingRect 获得，因为直边界矩形不考虑矩形旋转，所以直边界矩形计算出来的面积不是最小的。

旋转边界矩形，这个矩形计算出来的面积最小，因为它考虑了矩形的旋转。使用函数 cv2.minAreaRect 可以获得该矩形，函数返回一个 Box2D 结构，其中包含旋转矩形左上角坐标(x, y)，矩形的宽高(w, h)，以及旋转角度。但是绘制一个矩形需要四个顶点，可以通过函数 cv2.boxPoints 将 Box2D 结果转换成(x,y,w,h)。

以下代码显示了常用的边界矩形的计算方法，最终效果如图 7-50 所示。

图 7-50 边界矩形

```
# 直边界矩形
x, y, w, h = cv2.boundingRect(contours[0])
img = cv2.rectangle(img,(x,y),(x+w,y+h),(0,255,0),2, cv.LINE_AA)
# 旋转矩形
rect = cv.minAreaRect(contours[0])
box = cv.boxPoints(rect)
box = np.int0(box)
img = cv.drawContours(img, [box], 0, (0, 0, 255), 2, cv.LINE_AA)
```

4. 轮廓层次结构

轮廓查找函数 cv2.findContours 中有一个轮廓提取模式的参数，函数返回结果包含两个数组，第一个是轮廓，第二个是层次结构。

一个轮廓可能在另外一个轮廓的内部，也可能和其他轮廓并列。一个轮廓在另一个轮廓内部时，这种情况下称外部轮廓为父轮廓，内部的轮廓称为子轮廓。

按照这种轮廓分层关系，就可以确定一个轮廓和其他轮廓之间是怎样连接的，比如它是不是某个轮廓的子轮廓或父轮廓，它是不是某个轮廓的下一个轮廓或上一个轮廓。像这种分层关系就是轮廓之间的层次关系，如图 7-51 所示。

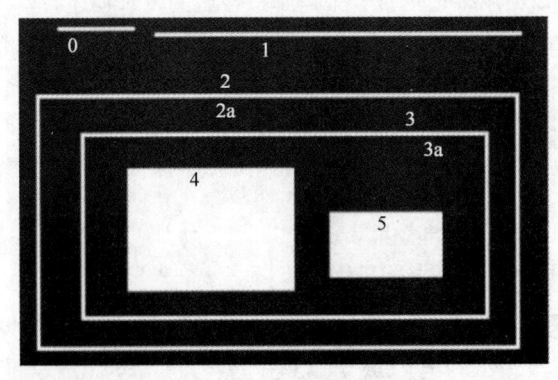

图 7-51 轮廓层次结构

在图 7-51 中，先给这几个形状编号 0~5。2 和 2a 分别代表最外边矩形的外轮廓和内轮廓。0、1、2 在最外边，它们属于同一级，为 0 级。2a 为 2 的子轮廓，为 1 级。3 是 2a 的子轮廓，为 2 级。3a 是 2a 的子轮廓，为 3 级。4、5 是 3a 的子轮廓，为 4 级。

hierarchy：表示轮廓层次结构，是一个包含四个元素的数组，这四个元素是一些层次的索引信息[Next,Previous,First_Child,Parent]。

Next：表示同一级层次结构中的下一个轮廓索引，以图 7-51 为例，轮廓 0 的 Next 是 1，1 的 Next 是 2，2 的 Next 是-1，表示没有。

Previous：表示同一级层次结构中的上一个轮廓索引，轮廓 2 的 Previous 是 1，1 的 Previous 是 0，0 的 Previous 是-1，表示没有。

First_Child：表示轮廓的第一个子轮廓，轮廓 2 的 First_Child 为 2a，轮廓 3a 有两个子轮廓，3a 的 First_Child 是 4（按照从上到下、从左到右的顺序）。

Parent：表示父轮廓，与 First_Child 刚好相反。

在函数 cv2.findContours 中有四种轮廓索引模式：cv2.RETR_LIST、cv2.RETR_EXTERNAL、cv2.RETR_TREE、cv2.RETR_CCOMP。

cv2.RETR_LIST：表示提取所有轮廓，但不建立层级关系。所有轮廓都属于同一级。轮廓层次结构中的 First_Child、Parent 均为-1，Next、Previous 则有对应的值，对于不需要建立层次关系的场景，建议使用这种模式。

cv2.RETR_EXTERNAL：表示只返回最外层轮廓，所有的子轮廓都会被忽略，以图 7-51 为例，只返回轮廓 0、1、2。对只需要最外层轮廓的场景，可以使用该模式。

cv2.RETR_CCOMP：表示返回所有轮廓，并将轮廓分为两级组织结构，如图 7-52 所示。

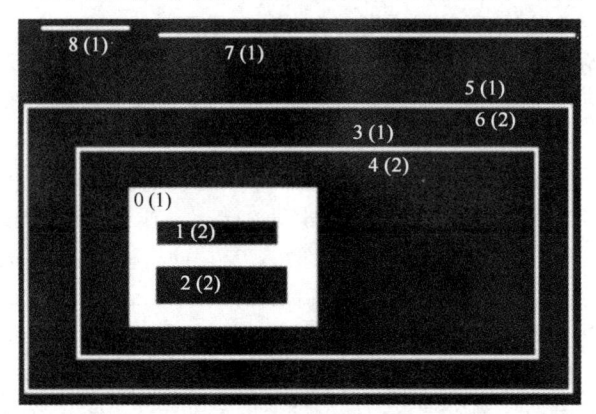

图 7-52   cv2.RETR_CCOMP

图 7-52 中，括号里的数字代表层次，括号外的数字代表轮廓标号。对于 0 号轮廓，层级为 1 级，3、5、7、8 和 0 号属于同一层次，0 号的 Next 是 3，没有 Previous，First_Child 为 1 号轮廓，没有父轮廓。

cv2.RETR_TREE：表示返回所有轮廓，并建立轮廓间的层次结构，如图 7-53 所示。

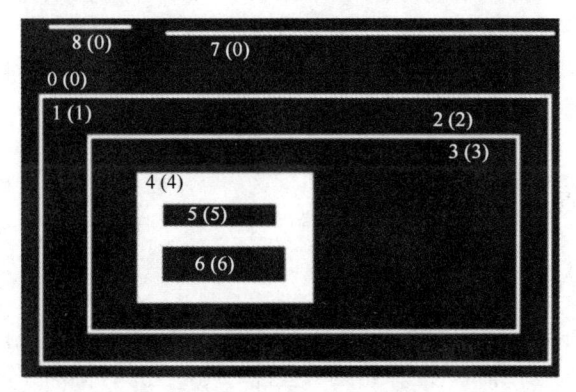

图 7-53   cv2.RETR_TREE

图 7-53 中，括号里的数字代表层次，括号外的数字代表轮廓标号。轮廓 0 的层级为 0 级，同一级中 Next 为 7 没有 Previous。子轮廓是 1 没有父轮廓 Parent。所以数组是[7，-1，1，-1]。

7.3 计算机视觉开发平台

计算机视觉开发平台是为解决用户缺乏处理海量视觉数据所需的算力和计算机视觉软件开发资源而生，它通过提供开发和计算资源，使用户通过应用程序编程接口（API）连接到服务，并使用它们来开发计算机视觉应用程序。根据应用领域的不同，计算机视觉开发平台有纯软件应用的平台和软硬件结合应用的平台（嵌入式视觉开发平台）两类。纯软件应用的视觉开发平台提供的应用服务，有人脸识别、文字识别、图像识别、视频理解、图像生成、目标检测等。软硬件结合应用的视觉开发平台通常面向工业制造、电子半导体生产、机器人、汽车自动驾驶、无人机、安防监控等领域，提供的服务有图像识别、图像检测、图像跟踪、视觉定位、物体测量、物体分拣等应用。

7.3.1 ARM 嵌入式人工智能开发平台

ARM 是采用精简指令集（RISC）的一种架构，在低功耗处理器设计，尤其是面向移动领域的体积较小的处理器设计方面具有显著优势。根据不同的类型计算，基于 ARM 的设计分为 Cortex-A（面向高性能计算）、Cortex-R（面向实时操作处理）、Cortex-M（面向低功耗、低成本系统，常用于 IoT）和 Neoverse（面向基础设施服务器，有 V、N 和 E 系列）。

当前，基于 ARM 的嵌入式人工智能开发平台主要分为面向 Cortex 系列和面向 Neoverse 系列两类。当前面向 Cortex 系列人工智能开发平台有 ARM 计算库（ARM Compute Library）、面向边缘计算的 Qeexo AutoML、NanoEdge AI Studio 等。

ARM 计算库是面向 Cortex-A CPU 和 Mali GPU 架构提供优化的底层机器学习函数集合，主要包含基本运行、数学和二元运算符函数、颜色处理（转换、通道提取等）、卷积过滤器（Sobel、Gaussian 等）、Canny 边缘、金字塔（Laplacians 等）、支持向量机、CNN 构造块（激活、卷积、全连接、局部连接、归一化、池化、softmax）等，集成了 ARM 计算库的深度学习框架有 Caffe 和 MXNet。ARM 计算库的 github 下载链接为 https://github.com/ARM-software/ComputeLibrary。

Qeexo AutoML 是由已被 TDK 收购的 Qeexo 公司开发的一个全自动端到端机器学习平台，用户通过它可以利用传感器数据，为高度受限的环境快速创建机器学习解决方案，如物联网、可穿戴设备、汽车及移动终端等领域的应用。该平台支持的算法有 GBM、XGBoost、随机森林、逻辑斯蒂回归、CNN、RNN、ANN、局部异常因子（Local Outlier Factor）和 Isolation Forest 等。

在 Qeexo AutoML 中，应用机器学习的步骤一般包含创建工程、选择传感器或目标设备、采集或上传数据、自动机器学习和下载部署机器学习包，如图 7-54 所示，在步骤 4 中自动机器学习的过程分为 7 个小步，分别为数据预处理、特征提取、模型选择、超参数优化、模型验证、模型转换以及模型包编译部署，这些传统机器学习流程中需要大量重复工作的过程都通过 Qeexo AutoML 实现了自动化。在一些特定任务中，已经可以替代机器学习开发者，为企业节省了组建机器学习团队的时间和成本，也降低了试错的成本。

在院校教学中，面向边缘计算的基于 ARM 架构的常用硬件开发板有树莓派开发板，当前最新版本是 Raspberry Pi 4B，通过搭建常用的深度学习框架，进行 AI 开发应用。

7.3.2 嵌入式 GPU 人工智能开发平台

GPU 是 Graphics Processing Unit 的缩写，中文称为图形处理单元或视觉处理器、图像处理芯片，是一种专门用于在个人计算机、工作站或一些移动设备上进行图形计算处理的微处理器。典型的 GPU 有 NVIDIA GPU、AMD GPU 等。嵌入式 GPU 人工智能开发平台主要应用于芯片及开发板设备，以 NVIDIA JetPack SDK 为例，它提供了 Jetson Linux、开发套件和 CUDA-X 加速库等，CUDA 是 NVIDIA 专为 GPU 上的通用计算开发的并行计算平台和编程模型，CUDA 工具包中包含多个库，如 cuRAND、nvGRAPH、cuFFT 等。借助 CUDA 使得开发者能够利用 GPU 的强大性能显著加速计算应用。

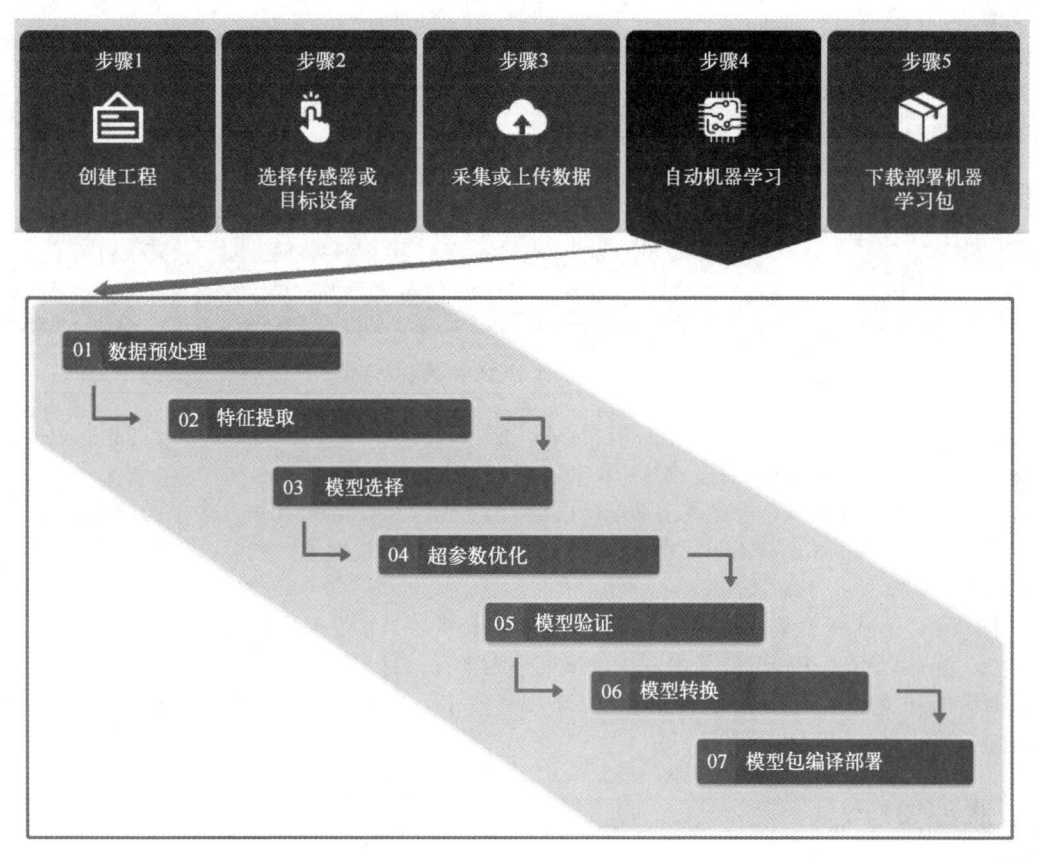

图 7-54　Qeexo AutoML 学习过程

CUDA-X 是 NVIDIA 开发的面向人工智能和高性能计算的 GPU 加速库，包含了深度学习库、图像视频处理库、并行算法库、数学库、合作伙伴库等。深度学习库有 cuDNN、TensorRT、Riva、DeepStream SDK、DALI，其中 cuDNN 是面向深度神经网络的原生 GPU 加速库，支持 ResNet、ResNext、EfficientNet、EfficientDet、SSD、MaskRCNN、Unet、VNet、BERT、GPT-2、Tacotron2 和 WaveGlow，以及 Caffe2、TensorFlow、PyTorch、PaddlePaddle、MXNet 等深度学习框架。合作伙伴库有 OpenCV、FFmpeg、ArrayFire、MAGMA、IMSL Fortran Numerical 库、Gunrock 等。

此外，NVIDIA JetPack SDK 还提供了面向边缘设备的 AI 开发套件，硬件有 Nvidia Jetson TX、NVIDIA Jetson Orin NX 16GB 等，软件套件当前最新版本是 JetPack5.1，其关系及应用如图 7-55 所示。AMD 的嵌入式边缘计算开发平台有 AMD EPYC Embedded 3000 和 7000 系列。

7.3.3　计算机视觉综合开发平台

计算机视觉综合开发通常根据业务模式的不同，分为基于本地的开发模式和基于云端的开发模式两种。但在实际应用中，考虑成本和算力资源等因素，以基于云端的开发模式应用为主。国内比较成熟的计算机视觉综合开发平台有：百度 EasyDL、阿里云达摩院视觉智能开放平台、腾讯 AI 开放平台、旷视科技 Face++、京东 NeuHub AI 开放平台等，国外有微软 Azure 计算机视觉开发平台、

Facebook 的 FBLearner Flow、亚马逊的 Amazon Rekognition、谷歌的 ML Kit 等。

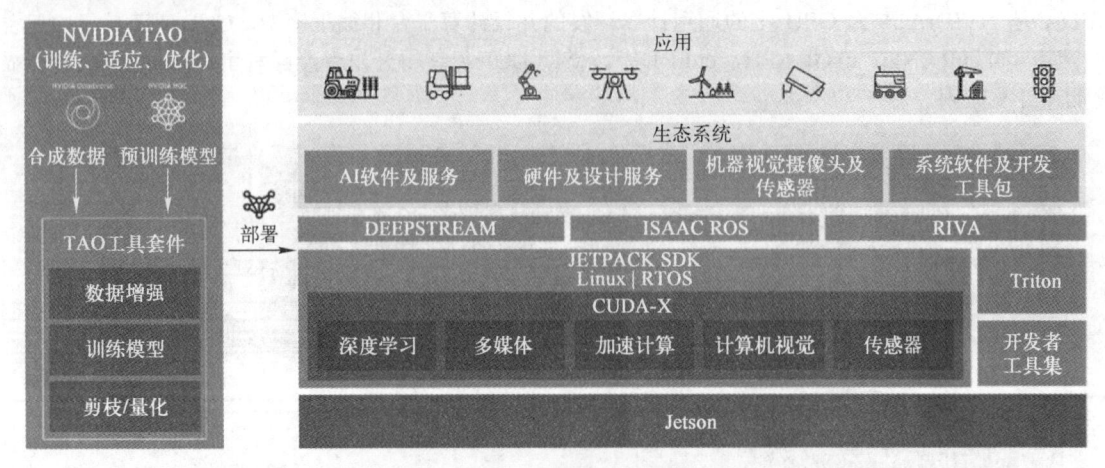

图 7-55 Jetson、CUDA-X 关系及应用

虽然各类计算机视觉开发平台提供的视觉 API 服务各有侧重，但它们有如下一些相同点：

1）具有基本的视觉任务功能，如 OCR 文字识别、人脸识别等。

2）云端开发流程类似，包含数据管理→模型构建→模型部署与应用这几个不同的阶段。

3）提供在线 API 和离线 SDK 两种使用模式，既可以在云端部署，也可以在本地服务器或本地设备端部署。

不同点是：各个平台集成视觉应用开发的侧重点和资源丰富性差异较大，支持边缘设备的开发平台较少，当前以百度 EasyDL 资源和应用案例最为丰富，且支持专业教学友好，其次为阿里云达摩院视觉智能开放平台、腾讯 AI 开放平台、旷视科技 Face++等平台。后续会在第 9 章详细介绍它们的模型开发、训练过程和应用。

7.4 典型算法

对计算机视觉算法来说，除了传统的 PCA、拉普拉斯特征图法、局部保值映射法（LPP）、稀疏表示法、玻尔兹曼机、神经网络降维法、MCP 模型等方法之外，在基于 CPU 过渡到基于 GPU 的深度学习技术推动的过程中，出现的典型算法有 LeNet、LSTM、DBN、MobileNets、AlexNet、ResNet 等。

7.4.1 LeNet 算法

LeNet 算法是一个基于反向传播的、用来解决手写数字图片识别任务的卷积神经网络，由 Yann LeCun 于 1998 年提出[9]。LeNet 经历了 5 个版本演化，分别是 LeNet-1, LeNet-2, ⋯, LeNet-5。CNN 架构采用了三个具体的思想：局部接受域，约束权重，空间子采样。基于局部接受域，卷积层中的每个单元接收来自上一层的一组相邻单元的输入。通过这种方式，神经元能够提取基本的视觉特征，如边缘或角落。然后，这些特征被后面的卷积层合并，以检测更高阶的特征。下面对 LeNet-1 和 LeNet-5 进行介绍。

1．LeNet-1

LeNet-1 的结构如图 7-56 所示。除了输入和输出之外，包含了三层，分别为卷积层、池化层、全连接层。输入是归一化的 16×16 的图片，输出是 10 个单元（每单元一个类别），其参数如图 7-57 所示。

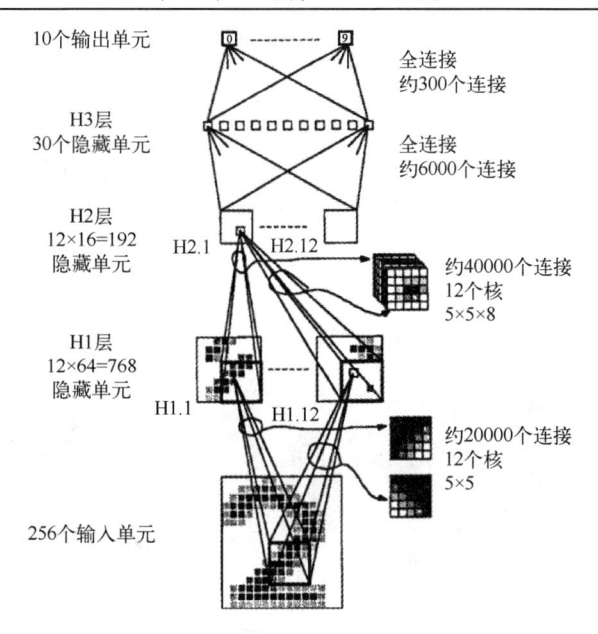

图 7-56　LeNet-1 的结构

	隐藏单元	连接数	参数
Out–H3 (FC)	10 (可见)	10×(30+1) = 310	10×(30+1) = 310
H3–H2 (FC)	30	30×(192+1) = 5790	30×(192+1) = 5790
H2–H1 (Conv)	12×4×4 = 192	192×(5×5×8+1) = 38592	5×5×8×12+192 = 2592
H1–输入 (Conv)	12×8×8 = 768	768×(5×5×1+1) =19968	5×5×1×12+768 = 1068
总计	16×16 (输入)+990 (隐藏)+10(输出)	64660 (连接数)	9760 (参数)

图 7-57　LeNet-1 参数

H1 层由 12 个独立的 64（8×8）映射单元组成，分别表示为 H1.1,H1.2,…,H1.12，每个单元由 5×5 个邻接卷积单元作为输入，输入层和 H1 层到 H2 层为无采样，即在 H1 层中 64 个单元采用同样的权重，每个单元的 bias（训练偏差）并不共享，即每个单元有 25 个输入加 1 个训练偏差，因此 H1 层有 768 个单元（8×8×12），19968 个连接（768×(25+1)），由于许多连接共享同一权重，所以只有 1068 个自由参数（768+(25×12)）。

H2 层中，每个单元接受来自 H1 层中的 8 个核的局部信息，接受域为 8×5×5 邻接单元，因此，H2 层有 200 个输入、200 个权重和 1 个训练偏差，即 H2 层包含 192 个单元（12×4×4）、38592 个连接（H1 和 H2 之间，192×201），这些连接由 2592 个自由参数控制（12×200+192(bias)）。

H3 层有 30 个单元，全连接到 H2 层，连接数为 5790（30×192+30）。输出层有 10 个单元，全连接到 H3 层（有 310 个权重）。

整个网络有 1256 个单元，64660 个连接，9760 个独立参数。

2．LeNet-5

LeNet-5 不包含输入层，有 7 层[10]，如图 7-58 所示，卷积层用 Cx 表示，子采样层（池化层）用 Sx 表示，全连接层用 Fx 表示，x 是层号。初始输入是 32×32 图片，总共有 340908 个连接，60000 个训练自由参数。

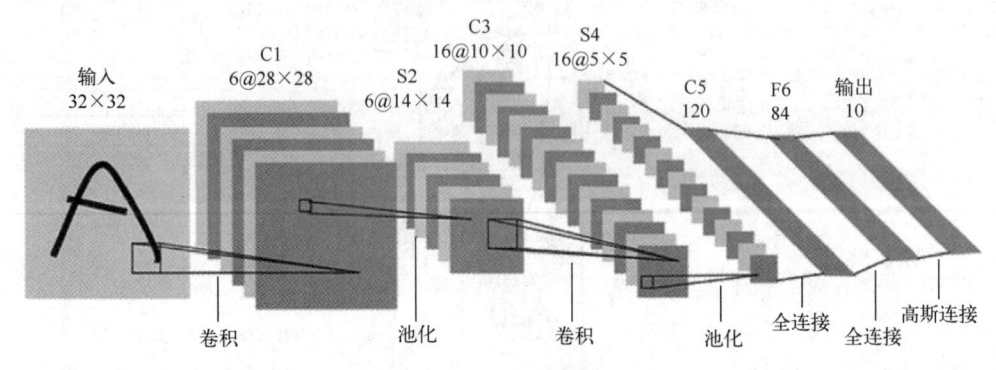

图 7-58 LeNet-5 结构

1）C1 层是卷积层，有 6 个特征图（28×28），在每个特征图中，每个单元由 25 个连接输入生成（5×5，卷积核），在一个特征图中有 25 个可训练参数和 1 个训练偏差共享，因此，C1 共有 156（6×(5×5+1)）个可训练自由参数和 122304（156×28×28）个连接。

2）S2 层是池化层，池化层的引入是为了消减特征图的解空间和输出结果对漂移及扭曲的敏感，因为在图中每个特征位置的轻微变化对最终识别结果所能起到的作用非常有限。该层由 6 个特征图（14×14）构成。每个特征图中的每个接受单元连接到 C1 中的对应特征图中的 2×2 个邻域。S2 中单元值为 C1 层 4 个输入单元相加取平均，然后乘以可训练系数（权重），再加上可训练偏差，最后结果通过一个 sigmoid 函数取得。由于 2×2 个感受域不重叠，因此 S2 中的特征图只有 C1 中特征图的一半行数和列数，训练参数和训练偏差控制 sigmoid 非线性效果。S2 层有 12（2×6）个可训练参数和 5880（5×14×14×6）个连接。

3）C3 层是卷积层，有 16 个 10×10 的特征图，在特征图中的每个单元连接来自 S2 层 5×5 邻接域。在 C3 层中采用非完全连接 S2 层，即没有全部连接 S2 层。前 6 个特征图的输入是 S2 中相邻的 3 个特征图的连续子集，接下来的 6 个特征图的输入则来自 S2 中相邻的 4 个特征图的连续子集，接下来的 3 个特征图的输入来自 S2 中非连续的 4 个特征图的子集。最后 1 个特征图的输入来自 S2 所有特征图。C3 层有 1516 个可训练参数（6×(3×5×5+1)+6×(4×5×5+1)+3×(4×5×5+1)+1×(6×5×5+1)）和 151600 个连接（10×10×1516）。

C3 与 S2 中前 3 个特征图相连的卷积结构如图 7-59 所示，每次卷积后 C3 层可得到 1 个特征图，6 次卷积可得到 6 个特征图，所以有 6×(3×5×5+1) 个参数。此方法不仅减少了参数个数，也可利用不对称的组合连接方式方便地提取多种组合特征。

4）S4 层是池化层，有 16 个 5×5 的特征图，特征图中每个单元连接 C3 中大小为 2×2 的邻接单元。S4 层有 32 个可训练参数和 2000，即 16×(2×2+1)×5×5 个连接。

5）C5 层是带有 120 个特征图的卷积层。每个单元连接到 S4 的所有 16 个特征图上的 5×5 邻接单元。由于 S4 的特征图大小是 5×5，所以 C5 输出大小是 1×1。S4 和 C5 之间是完全连接的。C5 是卷积层，不是全连接层，因为如果 LeNet-5 在其他保持不变的情况下，输入变大，则其输出特征图维度会大于 1×1。C5 层有 48120，即 120×(16×5×5+1) 个可训练连接和 48120 个参数。

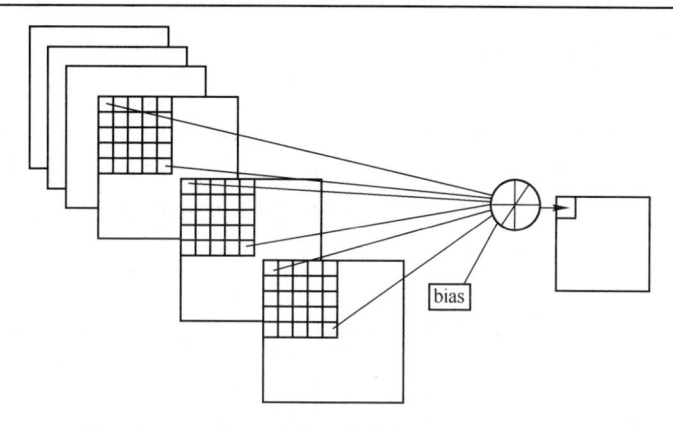

图 7-59　C3 与 S2 中前 3 个特征图相连的卷积结构

6）F6 层是全连接层，完全连接到 C5，包含 84 个神经单元，对应于一个 7×12 的 ASCII 编码位图，其原因是 ASCII 字符集中，每个打印字符都用 7×12 像素位图表示。每个神经单元与 C5 层中 120 个单元相连接，因此有 10164，即 84×(120+1)个连接，此外权重不共享，可训练参数也是 10164 个。

本层由 sigmoid 函数产生神经单元状态，如单元 i 的权重之和用 a_i 表示，产生的状态 x_i 用 sigmoid 函数表示为：

$$x_i = f(a_i)$$

式中，$f(a) = A\tanh(S_a)$，f 是奇函数；A 是伸缩系数，其经验值为 1.7159；S_a 是起始处斜率。

7）输出层是全连接层，采用径向基函数（Radial Basis Function，RBF）连接生成神经单元节点，共有 10 个神经单元（类别），每个神经单元（类别）由 F6 层的 84 个神经单元输入连接。

那么每个 RBF 输出的单元节点 y_i 的计算公式如下：

$$y_i = \sum_j (x_j - w_{ij})^2$$

式中，F6 层的 84 个输入用 x_j 表示，权重用 w_{ij} 表示，它的值由 j 的位图编码确定，j 取值从 0 到 7×12-1，输出为 i，i 取值为 0~9。式中输入和权值的距离平方和越小，则表示越相近，RBF 输出的值越接近于 0，即越接近于 i 的标准 ASCII 编码图，表示当前网络输入的识别结果是字符 i 的可能性越大。本层的连接数有 84×10=840 个，参数也有 840 个。LeNet-5 详细参数见表 7-1。LeNet-5 识别数字 4 的过程如图 7-60 所示。

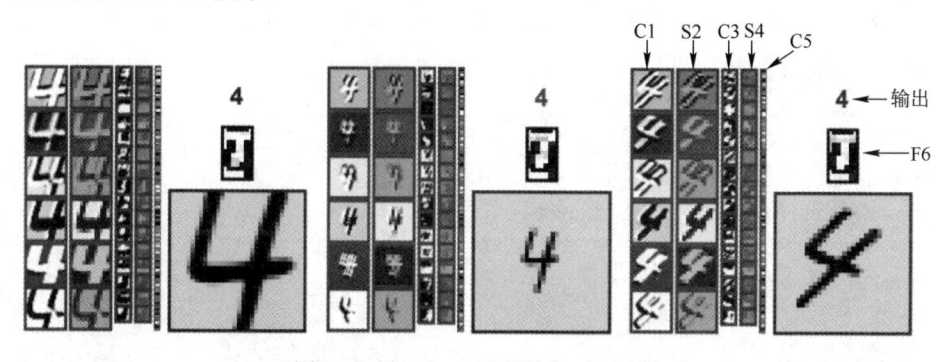

图 7-60　LeNet-5 识别数字 4 的过程

8）损失函数。LeNet-5 的损失函数用最大似然估计（Maximum Likelihood Estimation，MLE）进行计算，表示如下：

$$E(W) = \frac{1}{P}\sum_{p=1}^{P}(y_{D^p}(Z^p,W) + \log(e^{-j} + \sum_{i}e^{-y_i(Z^p,W)}))$$

式中，y_{D^p} 表示第 D_p 个 RBF 神经单元的输出；Z^p 是输入模式；D_p 表示正确的类别；第二项 log 函数是不正确类别（如来自图片背景的无效信息所属类别）的惩罚项；j 是正数。

损失函数的梯度计算中，所有卷积层的所有权重使用反向传播算法进行计算，其迭代更新推导过程不再赘述。

表 7-1 LeNet-5 详细参数

层序号	层名	输入大小	输出大小	卷积核大小	输入通道数	输出通道数	步长	参数个数	连接数
1	C1 (CONV)	32×32	28×28	5×5	1	6	1	156	122304
2	S2 (POOL1)	28×28	14×14	2×2	6	6	2	12	5880
3	C3 (CONV)	14×14	10×10	5×5	6	16	1	1516	151600
4	S4 (POOL2)	10×10	5×5	5×5	16	16	2	32	2000
5	C5 (CONV)	5×5	1×1	5×5	16	120	1	48120	48120
6	F6	120×1	84×1		1	1	1	10164	10164
7	Output(sigmoid)	84×1	10×1						

注：输出单元大小 $n_{output} \times n_{output}$、输入单元大小 $n_{input} \times n_{input}$、卷积核大小 ($f \times f$) 三者之间关系，$n_{output} = \left\lceil \frac{n_{input} - f + 1}{s} \right\rceil$，$f$ 为卷积核大小，s 为步长，即图片输出大小等于输入图片的尺寸大小减去卷积核尺寸大小再加上 1，最后除以步长 s，在 Keras 中通常用 padding=valid 表示；如果加 padding，则为 $n_{output} = \left\lceil \frac{n_{input} + 2p - f + 1}{s} \right\rceil$，$p$ 为 padding 的像素值。

虽然 LeNet 能够从原始图像的像素中获取有效表征，但在大规模训练和计算能力方面仍然有缺陷。AlexNet 继承了它的特点，通过引入 ReLU、Dropout、LRN 及 GPU 运算加速，使得在 120 万张图片的 1000 类分类任务上，训练速度、网络深度、预测精度都有了较大提升。训练 CNN 时可能出现的困难之一是需要学习大量的参数，这可能会导致过拟合问题。为此，提出了随机池、Dropout 和数据增强等技术。

3. LeNet-5 构建及应用

LeNet-5 网络结构相对简单，适用于简单的图像分类任务学习，经常部署在端侧平台。在实践中，可以采用 Keras 搭建 LeNet-5 训练 CNN。使用 Keras 搭建 LeNet-5 可以分为处理数据、构建网络、编译模型、训练模型、预测评价这五个步骤。Keras 中有 Sequential 模型（单输入单输出）和 Model 模型（多输入多输出），本节选用 Sequential 模型，数据集选用 mnist 集合。

```
from keras.models import Sequential
from keras.datasets import mnist
from keras.layers import Flatten, Conv2D, MaxPool2D, Dense
from keras.optimizers import SGD
from keras.utils import to_categorical,plot_model

import matplotlib.pyplot as plt

#1. 处理数据
#读取 mnist 数据，输入数据维度是(num, 28, 28)
(x_train, y_train), (x_test, y_test) = mnist.load_data()
#数据重塑为 tensorflow-backend 形式，训练集为 60000 张图片，测试集为 10000 张图片
```

```
x_train=x_train.reshape(x_train.shape[0],28,28,1)
x_test=x_test.reshape(x_test.shape[0],28,28,1)
#把标签转为 one-hot 编码
y_train=to_categorical(y_train,num_classes=10)
y_test=to_categorical(y_test,num_classes=10)

#2. 构建网络
#选择顺序模型
model = Sequential()
#padding 值为 valid 的情况
#给模型添加卷积层、池化层、全连接层、压缩层，使用 softmax 函数分类
model.add(Conv2D(input_shape = (28,28,1), filters=6, kernel_size=(5,5), padding='valid', activation='tanh'))
model.add(MaxPool2D(pool_size=(2,2), strides=2))
model.add(Conv2D(input_shape=(14,14,6), filters=16, kernel_size=(5,5), padding='valid', activation='tanh'))
model.add(MaxPool2D(pool_size=(2,2), strides=2))
model.add(Flatten())
model.add(Dense(120, activation='tanh'))
model.add(Dense(84, activation='tanh'))
model.add(Dense(10, activation='softmax'))
#显示网络主要信息
model.summary()
#3. 编译模型
#定义损失函数、优化器、在训练过程中计算准确率
model.compile(loss='categorical_crossentropy', optimizer=SGD(lr=0.01), metrics=['accuracy'])
#4. 训练模型
history = model.fit(x_train, y_train, batch_size=128, epochs=30,validation_data=(x_test, y_test))
print(history.history.keys())
#5. 预测评价
    score = model.evaluate(x_test, y_test, verbose=0)
print('Test loss:', score[0])
print('Test accuracy:', score[1])
```

7.4.2 MobileNets 算法

MobileNets 算法属于轻量级的 CNN 模型，它是针对复杂深度网络学习模型在低硬件资源和算力的移动设备的应用受限而提出的。MobileNets 模型与复杂网络学习模型预训练后压缩成小模型相比，具有体积小、计算量少、速度快、精度高的优点，适应移动设备应用场景低延迟、高速响应的要求，而这些都是复杂深度学习模型不具有的优势。MobileNets 模型的发展经历了 MobileNetV1、MobileNetV2、MobileNetV3 三个版本，下面就它们的网络结构及其差异和应用进行简述。

1. MobileNetV1

MobileNetV1 模型[11]的核心是深度可分离卷积（Depthwise Separable Convolution）。借助深度可分离卷积操作减少模型参数和降低计算量。一个标准的卷积在一步操作中通常包含过滤和合并输入为一个新的输出，假设有一个输入特征图 F 的维度为 $D_F \times D_F \times M$，卷积核的大小为 $D_K \times D_K \times M$，如图 7-61 所示，经过 N 个卷积核过滤处理，最终生成维度大小为 $D_F \times D_F \times N$ 的特征图 G，其中 D_F 表示特征图的宽和高，$D_F \times D_F$ 表示一个正方形特征图，M 为输入通道数量（输入深度），N 为输出通道数量（输出深度）。那么，一个标准卷积操作的计算量即为 $D_K \times D_K \times M \times N \times D_F \times D_F$。

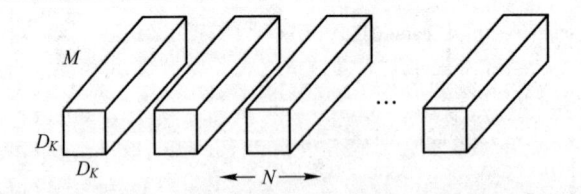

图 7-61 标准卷积操作过滤

与上述标准卷积操作相比,深度可分离卷积把一个标准的卷积操作分解为深度卷积和 1×1 大小的逐点卷积两层。如图 7-62 所示,深度卷积层中对每个输入通道单独进行过滤,卷积核大小为 $D_K \times D_K \times 1$,共有 M 个,其计算量为 $D_K \times D_K \times M \times D_F \times D_F$,参数量为 $D_K \times D_K \times M$。

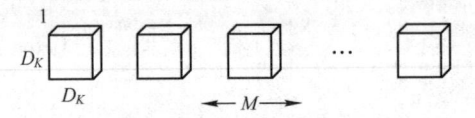

图 7-62 深度卷积过滤

如图 7-63 所示,逐点过滤层中卷积核大小为 $1 \times 1 \times M$,个数为 N,对深度卷积层的输入进行线性合并,参数量为 $M \times N$。

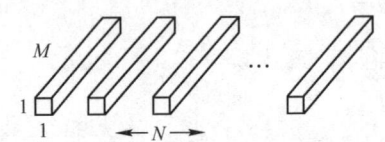

图 7-63 逐点卷积过滤(1×1 卷积过滤)

因此,深度可分离卷积的总计算量为 $D_K \times D_K \times M \times D_F \times D_F + M \times N \times D_F \times D_F$,总参数量为 $D_K \times D_K \times M + M \times N$。

那么,标准的卷积操作计算量与采用深度可分离卷积的 MobileNets 算法模型计算量的比值如下:

$$\frac{D_K \times D_K \times M \times D_F \times D_F + M \times N \times D_F \times D_F}{D_K \times D_K \times M \times N \times D_F \times D_F} = \frac{1}{N} + \frac{1}{D_K^2}$$

可以发现,在忽略输出通道 N 的倒数的情况下,如果深度可分离卷积核是 3×3($D_K \times D_K$),采用 MobileNets 算法模型的计算量是原标准卷积的计算量的近 1/9,模型计算量下降到原来的 $1/N + 1/D_K^2$,网络模型的速度有了较大提升。

此外,在网络结构方面,MobileNetV1 的网络结构有 28 层(不包括 AvgPool 和 FC 层,且把深度卷积和逐点卷积分开算),除了第一层采用的是标准卷积核,剩下的卷积层都采用深度可分离卷积。标准卷积与深度可分离卷积的对照如图 7-64 所示,标准卷积(见图 7-64a)除了输出的全连接层之外,其余的每个卷积层连接 BN(Batch Normalization)层和 ReLU 非线性转换层,而在深度可分离卷积(见图 7-64b)中深度卷积层接着连接 BN 层和 ReLU 层,同时,1×1 的逐点卷积层后也连接 BN 层和 ReLU 层。

2. MobileNetV2

MobileNetV1 算法在深度卷积训练过程中,存在着 ReLU 运算在高维度(15～30)空间中捕获保存信息的能力强(信息丢失少)、而在低维度(2～3)空间中捕获保存信息能力差(信息丢失多)的问题,也就是深度神经网络仅有处理输出通道中非零部分的线性分类的能力,即 ReLU 的非线性转换把所有 $x \leqslant 0$ 都处理为 0,会导致信息丢失。针对此情况,MobileNetV2 引入了带有残差的瓶颈深度可分离卷积（Bottleneck Depth-separable Convolution with Residuals）[12]，从以下两个方面进行改进：

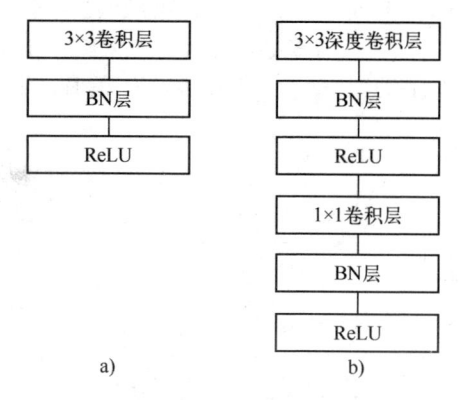

图 7-64　标准卷积与深度可分离卷积的对照

1）如图 7-65 所示，在卷积块中插入线性瓶颈（Linear Bottleneck）层来捕获低维度空间信息，即把最后输出连接的非线性转换 ReLU 替换为线性激活函数，进行线性操作，减少信息损失。

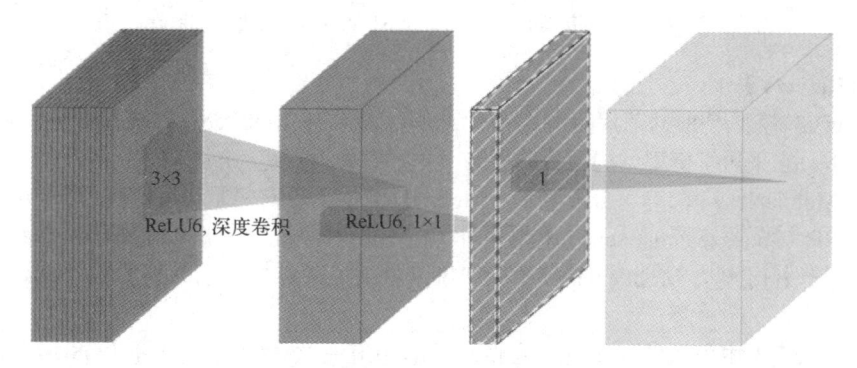

图 7-65　带有线性瓶颈的深度可分离卷积

2）设计反向残差（Inverted Residuals），如图 7-66 所示，在输入之后先连接线性瓶颈层，接着通过逐点卷积实现升维，然后在高维度信息空间通过非线性转换 ReLU6（在 ReLU 的基础上限制最大输出为 6）提取特征，最后再通过逐点卷积进行降维。

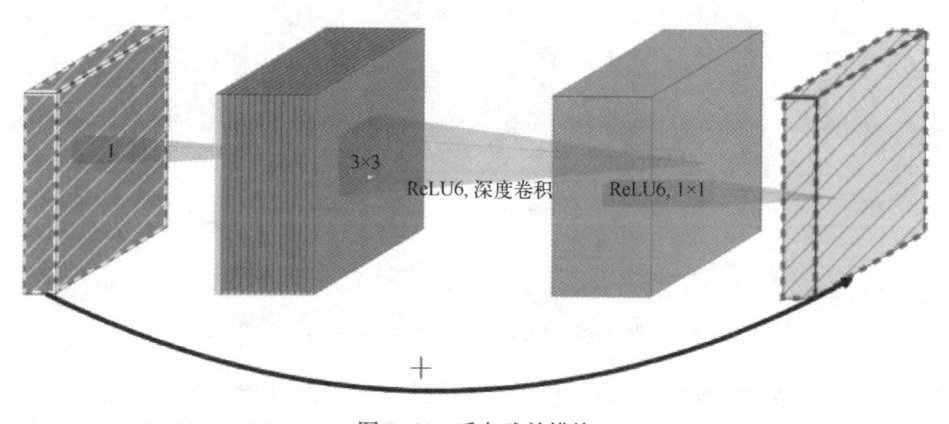

图 7-66　反向残差模块

MobileNetV2 的卷积块结构和 MobileNetV1 的卷积块结构对比如图 7-67 所示，区别如下：

1）MobileNetV2 在输入之后有增加的 1×1 的逐点卷积和非线性转换 ReLU6。

2）MobileNetV1 中逐点卷积之后的 ReLU6 在 MobileNetV2 中换成了线性操作。

3）MobileNetV2 中线性瓶颈层之间有直接短连接，在步长为 1 时，上一个输入和下一个输入之间除了有卷积块输入之外，还有短连接输入，但在步长为 2 时，则由于输入特征图大小和输出特征图大小不一致，没有短连接输入。

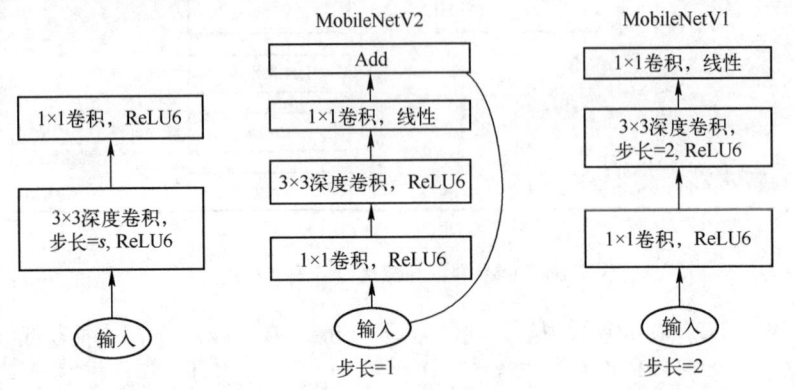

图 7-67 MobileNetV1 和 MobileNetV2 的卷积块结构对比

3. MobileNetV3

MobileNetV3 模型[13]根据适用资源大小的高低不同，有 MobileNetV3-Large 和 MobileNetV3-Small 两个版本，它采用了模型结构搜索的思路，主要有如下改进：

1）综合 MobileNetV1 深度可分离卷积、MobileNetV1 的反向残差和线性瓶颈。

2）引入 SE（Squeeze-and-Excite）模块和平台感知的神经架构搜索（Platform-Aware NAS）。

3）重新设计耗时模块 MobileNetV2 网络端后部的最后几层，并引入新的激活函数 H-Swish 替换 ReLU6。

在 MobileNetV3 中引入的 SE 模块是轻量级的通道注意力模块，如图 7-68 所示，加入瓶颈结构中，在深度卷积过滤之后，先进行池化，然后通过两个 FC 层，最后与深度卷积的结果进行按位相加。SE 模块的引入使得模型准确率有了提高，参数量虽有增加，但计算时间成本并没有增加。

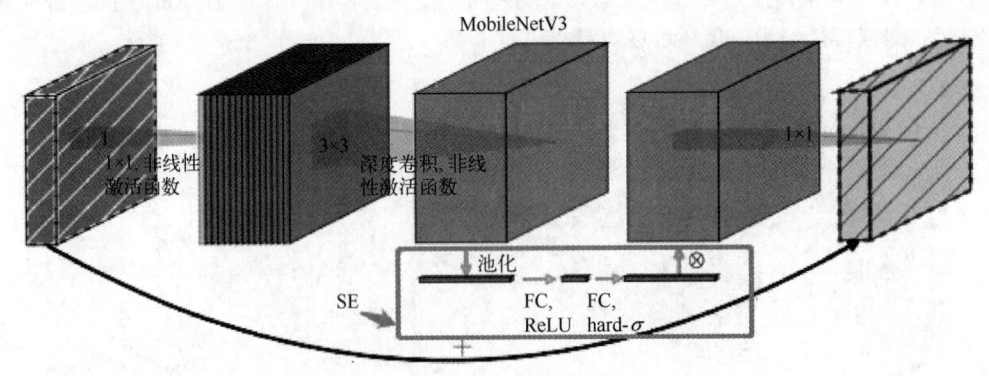

图 7-68 MobileNetV3 的 SE 模块

MobileNetV3 模型结构搜索的思路主要体现在块级搜索和层级搜索结合，先在块级搜索块内使用平台感知的神经架构搜索得到网络的初始结构（初始模型），然后在层级搜索层内使用 NetAdapt 对网络的部分层进行局部优化调节。

对MobileNetV3网络端后部的设计，如图7-69所示，是在MobileNetV2网络端后部的基础上，把Avg-Pool前置，消减了原在Avg-Pool前面用于提高特征图维度便于预测的1×1卷积层的计算量，使得最终特征集的计算在1×1大小的特征图，而不是7×7的特征图上进行，同时删除了前面3×3和1×1的卷积，将特征图的通道数由32减小到16，同时使用H-Swish激活函数，使得输出模型在没有降低准确率的情况下，随着网络层次的加深，速度有较大提升。

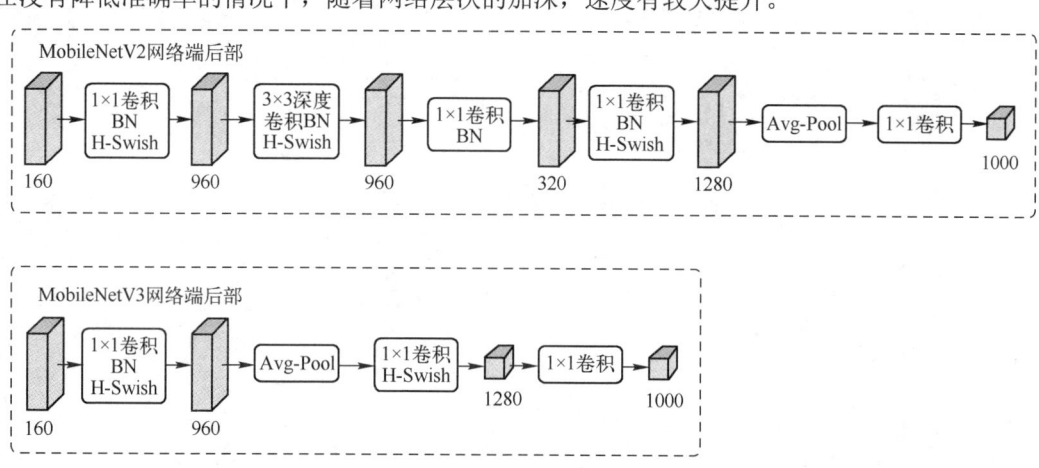

图 7-69　MobileNetV2 网络端后部和 MobileNetV3 网络端后部设计比较

4．MobileNetV3 构建及应用

MobileNetV1、MobileNetV2 和 MobileNetV3 模型适用于图像分类任务。本节采用 Keras 搭建 MobileNetV3 模型进行学习训练、预测，使读者熟悉和掌握运用此模型。

具体代码如下。

```
import tensorflow as tf
from tensorflow.keras import layers, models

"""
MACs stands for Multiply Adds
|Classification Checkpoint|MACs(M)|Parameters(M)|Top1 Accuracy|Pixel1 CPU(ms)|
|---|---|---|---|---|
| mobilenet_v3_large_1.0_224              | 217 | 5.4 | 75.6 | 51.2 |
| mobilenet_v3_large_0.75_224             | 155 | 4.0 | 73.3 | 39.8 |
| mobilenet_v3_large_minimalistic_1.0_224 | 209 | 3.9 | 72.3 | 44.1 |
| mobilenet_v3_small_1.0_224              | 66  | 2.9 | 68.1 | 15.8 |
| mobilenet_v3_small_0.75_224             | 44  | 2.4 | 65.4 | 12.8 |
| mobilenet_v3_small_minimalistic_1.0_224 | 65  | 2.0 | 61.9 | 12.2 |
For image classification use cases, see
[this page for detailed examples](https://keras.io/api/applications/#usage-examples-for-image-classification-models).

For transfer learning use cases, make sure to read the
[guide to transfer learning & fine-tuning](https://keras.io/guides/transfer_learning/).
"""

#1. 定义完整模型
```

```python
def MobileNetV3(input_shape=[224, 224 ,3], classes=1000, dropout_rate=0.2, alpha=1.0, weights=None,
                model_type='large', minimalistic=False, classifier_activation='softmax', include_preprocessing=False):
    if weights:
        bn_training = False
    else:
        bn_training = None
    bn_decay = 0.99    # BN 层的滑动平均系数，设置 steps 和 batchsize
    # 确定通道所处维度
    channel_axis = -1
    # 根据是否为 mini 设置，修改部分配置参数
    if minimalistic:
        kernel = 3
        activation = relu
        se_ratio = None
        name = "mini"
    else:
        kernel = 5
        activation = hard_swish
        se_ratio = 0.25
        name = "norm"
    # 2. 定义模型输入和特征提取
    # 定义模型输入
    img_input = layers.Input(shape=input_shape)
    # 判断是否包含预处理层
    if include_preprocessing:
        x = layers.Rescaling(scale=1. / 127.5, offset=-1.)(img_input)
    else:
        x = img_input
    # 定义整个模型的第一个特征提取层
    x = layers.Conv2D(16, kernel_size=3, strides=(2, 2), padding='same', use_bias=False, name='Conv')(x)
    x = layers.BatchNormalization(axis=channel_axis, epsilon=1e-3, momentum=bn_decay, name='Conv/BatchNorm')(x, training=bn_training)
    x = activation(x)
    #定义整个模型的骨干特征提取
    if model_type == 'large':
        x = MobileNetV3Large(x, kernel, activation, se_ratio, alpha, bn_training, bn_decay)
        last_point_ch = 1280
    else:
        x = MobileNetV3Small(x, kernel, activation, se_ratio, alpha, bn_training, bn_decay)
        last_point_ch = 1024
    # 定义整个模型的后特征提取
    last_conv_ch = _depth(x.shape[channel_axis] * 6)
    # if the width multiplier is greater than 1 we increase the number of output channels
```

```python
        if alpha > 1.0:
            last_point_ch = _depth(last_point_ch * alpha)
        x = layers.Conv2D(last_conv_ch, kernel_size=1, padding='same', use_bias=False, name='Conv_1')(x)
        x = layers.BatchNormalization(axis=channel_axis, epsilon=1e-3, momentum=bn_decay, name='Conv_1/BatchNorm')(x, training=bn_training)
        x = activation(x)
        # 可根据 tf≥2.6 选择
        # x = layers.GlobalAveragePooling2D(data_format='channels_last', keepdims=True)(x)
# tf<2.6 选择
        x = layers.GlobalAveragePooling2D(data_format='channels_last')(x)
        x = tf.expand_dims(tf.expand_dims(x, 1), 1)
        # 定义第一个特征分类层
        x = layers.Conv2D(last_point_ch, kernel_size=1, padding='same', use_bias=True, name='Conv_2')(x)
        x = activation(x)
        # 定义第二个特征分类层
        if dropout_rate > 0:
            x = layers.Dropout(dropout_rate)(x)
        x = layers.Conv2D(classes, kernel_size=1, padding='same', name='Logits')(x)
        x = layers.Flatten()(x)
        x = layers.Activation(activation=classifier_activation, name='Predictions')(x)   #损失函数需要与初始
#权重匹配
        # 创建模型
        model = models.Model(img_input, x, name='MobilenetV3' + '_' + model_type + '_' + name)
        # 恢复权重
        if weights:
            model.load_weights(weights, by_name=True)
            # print(model.get_layer(name="block_8_project_BN").get_weights()[0][:4])

        return model


# 3. 定义骨干网络，不包含前、后处理

# 定义 MobileNetV3-Small 的骨干部分，没有涵盖第一层的卷积特征提取和后处理
def MobileNetV3Small(x, kernel, activation, se_ratio, alpha, bn_training, mome):
    def depth(d):
        return _depth(d * alpha)


    x = _inverted_res_block(x, 1, depth(16), 3, 2, se_ratio, relu, 0, bn_training, mome)
    x = _inverted_res_block(x, 72. / 16, depth(24), 3, 2, None, relu, 1, bn_training, mome)
    x = _inverted_res_block(x, 88. / 24, depth(24), 3, 1, None, relu, 2, bn_training, mome)
    x = _inverted_res_block(x, 4, depth(40), kernel, 2, se_ratio, activation, 3, bn_training, mome)
    x = _inverted_res_block(x, 6, depth(40), kernel, 1, se_ratio, activation, 4, bn_training, mome)
    x = _inverted_res_block(x, 6, depth(40), kernel, 1, se_ratio, activation, 5, bn_training, mome)
    x = _inverted_res_block(x, 3, depth(48), kernel, 1, se_ratio, activation, 6, bn_training, mome)
```

```
    x = _inverted_res_block(x, 3, depth(48), kernel, 1, se_ratio, activation, 7, bn_training, mome)
    x = _inverted_res_block(x, 6, depth(96), kernel, 2, se_ratio, activation, 8, bn_training, mome)
    x = _inverted_res_block(x, 6, depth(96), kernel, 1, se_ratio, activation, 9, bn_training, mome)
    x = _inverted_res_block(x, 6, depth(96), kernel, 1, se_ratio, activation, 10, bn_training, mome)

    return x

# 定义 MobileNetV3-Large 的骨干部分，没有涵盖第一层的卷积特征提取和后处理
def MobileNetV3Large(x, kernel, activation, se_ratio, alpha, bn_training, mome):
    def depth(d):
        return _depth(d * alpha)

    x = _inverted_res_block(x, 1, depth(16), 3, 1, None, relu, 0, bn_training, mome)
    x = _inverted_res_block(x, 4, depth(24), 3, 2, None, relu, 1, bn_training, mome)
    x = _inverted_res_block(x, 3, depth(24), 3, 1, None, relu, 2, bn_training, mome)
    x = _inverted_res_block(x, 3, depth(40), kernel, 2, se_ratio, relu, 3, bn_training, mome)
    x = _inverted_res_block(x, 3, depth(40), kernel, 1, se_ratio, relu, 4, bn_training, mome)
    x = _inverted_res_block(x, 3, depth(40), kernel, 1, se_ratio, relu, 5, bn_training, mome)
    x = _inverted_res_block(x, 6, depth(80), 3, 2, None, activation, 6, bn_training, mome)
    x = _inverted_res_block(x, 2.5, depth(80), 3, 1, None, activation, 7, bn_training, mome)
    x = _inverted_res_block(x, 2.3, depth(80), 3, 1, None, activation, 8, bn_training, mome)
    x = _inverted_res_block(x, 2.3, depth(80), 3, 1, None, activation, 9, bn_training, mome)
    x = _inverted_res_block(x, 6, depth(112), 3, 1, se_ratio, activation, 10, bn_training, mome)
    x = _inverted_res_block(x, 6, depth(112), 3, 1, se_ratio, activation, 11, bn_training, mome)
    x = _inverted_res_block(x, 6, depth(160), kernel, 2, se_ratio, activation, 12, bn_training, mome)
    x = _inverted_res_block(x, 6, depth(160), kernel, 1, se_ratio, activation, 13, bn_training, mome)
    x = _inverted_res_block(x, 6, depth(160), kernel, 1, se_ratio, activation, 14, bn_training, mome)

    return x

# 定义骨干模块
# 定义 ReLU 函数
def relu(x):
    return layers.ReLU()(x)

# 定义近似函数 h-sigmoid 函数
def hard_sigmoid(x):
    return layers.ReLU(6.)(x + 3.) * (1. / 6.)

# 定义 swish 函数的近似函数，替换原本的 sigmoid 函数为新的 h-sigmoid 函数
def hard_swish(x):
    return layers.Multiply()([x, hard_sigmoid(x)])

def _depth(v, divisor=8, min_value=None):
```

```python
    if min_value is None:
        min_value = divisor
    # new_v 大于等于 min_value
    new_v = max(min_value, int(v + divisor / 2) // divisor * divisor)
    # 限制 new_v 取值下界
    if new_v < 0.9 * v:
        new_v += divisor
    return new_v

# 当 stride 等于 2 时，计算 pad 的尺寸
def pad_size(inputs, kernel_size):
    input_size = inputs.shape[1:3]
    if isinstance(kernel_size, int):
        kernel_size = (kernel_size, kernel_size)
    if input_size[0] is None:
        adjust = (1,1)
    else:
        adjust = (1- input_size[0]%2, 1-input_size[1]%2)
    correct = (kernel_size[0]//2, kernel_size[1]//2)
    return ((correct[0] - adjust[0], correct[0]),
            (correct[1] - adjust[1], correct[1]))


# 定义通道注意力机制模块，filters 的个数等于 inputs 的通道数，可以使用 se_ratio 调节缩放比例
def _se_block(inputs, filters, se_ratio, prefix):
    #   可根据 tf≥2.6 选择
    # x = layers.GlobalAveragePooling2D(data_format='channels_last', keepdims=True, name=prefix + 'squeeze_
    #excite/AvgPool')(inputs)
    # tf<2.6 选择
    x = layers.GlobalAveragePooling2D(data_format='channels_last', name=prefix + 'squeeze_excite/AvgPool')(inputs)

    x= tf.expand_dims(tf.expand_dims(x, 1), 1)
    x = layers.Conv2D(_depth(filters * se_ratio), kernel_size=1, padding='same', name=prefix + 'squeeze_excite/Conv')(x)
    x = layers.ReLU(name=prefix + 'squeeze_excite/Relu')(x)
    x = layers.Conv2D(filters, kernel_size=1, padding='same', name=prefix + 'squeeze_excite/Conv_1')(x)
    x = hard_sigmoid(x)
    x = layers.Multiply(name=prefix + 'squeeze_excite/Mul')([inputs, x])
    return x


# 定义基础模块，可通过 expansion 调整模块中所有特征层的通道数，通过 se_ratio 调节通道注意力
#机制中的缩放系数
def _inverted_res_block(x, expansion, filters, kernel_size, stride, se_ratio, activation, block_id, bn_training, mome):
    channel_axis = -1    # 在 tf 中通道维度是最后一维
```

```
            shortcut = x
            prefix = 'expanded_conv/'
            infilters = x.shape[channel_axis]
            if block_id:
                prefix = 'expanded_conv_{}/'.format(block_id)
                x = layers.Conv2D(_depth(infilters * expansion), kernel_size=1, padding='same', use_bias=False, name=prefix + 'expand')(x)
                x = layers.BatchNormalization(axis=channel_axis, epsilon=1e-3, momentum=mome, name=prefix + 'expand/BatchNorm')(x, training=bn_training)
                x = activation(x)

            if stride == 2:
                x = layers.ZeroPadding2D(padding=pad_size(x, kernel_size), name=prefix + 'depthwise/pad')(x)
            x = layers.DepthwiseConv2D(kernel_size, strides=stride, padding='same' if stride == 1 else 'valid', use_bias=False, name=prefix + 'depthwise')(x)
            x = layers.BatchNormalization(axis=channel_axis, epsilon=1e-3, momentum=mome, name=prefix + 'depthwise/BatchNorm')(x, training=bn_training)
            x = activation(x)

            if se_ratio:
                x = _se_block(x, _depth(infilters * expansion), se_ratio, prefix)

            x = layers.Conv2D(filters, kernel_size=1, padding='same', use_bias=False, name=prefix + 'project')(x)
            x = layers.BatchNormalization(axis=channel_axis, epsilon=1e-3, momentum=mome, name=prefix + 'project/BatchNorm')(x, training=bn_training)

            if stride == 1 and infilters == filters:
                x = layers.Add(name=prefix + 'Add')([shortcut, x])
            return x
```

训练技巧：如不进行迁移学习，在数据集较小的情况下，可以设置 batchsize 和滑动系数值较小。

7.4.3 目标检测算法

目标检测任务的目标是检测出图像中所有实例所属的预定义类别，并用矩形框标出实例在图像中的初步位置，它是目标分类任务的一个延伸，即不仅对目标进行分类，还需找到目标在图像中的位置。当前目标检测算法的发展仍面临着一些挑战性问题，类别内目标变化多样，识别检测不易，如遮挡、姿态、光照、视角、缩放、旋转、模糊等对目标外观的影响；类别数量可用种类过少，数据不平衡，缺乏高质量的标注数据；模型计算效率，尤其是大模型需要大量的计算资源，受限于移动边缘等设备。

1. 目标检测算法分类

目标检测算法根据发展阶段和采用技术的不同，可以分为传统目标检测和基于深度学习的目标检测两种，基于深度学习的目标检测又分为两阶段目标检测、一阶段目标检测，如图 7-70 所示。

第 7 章 计算机视觉技术

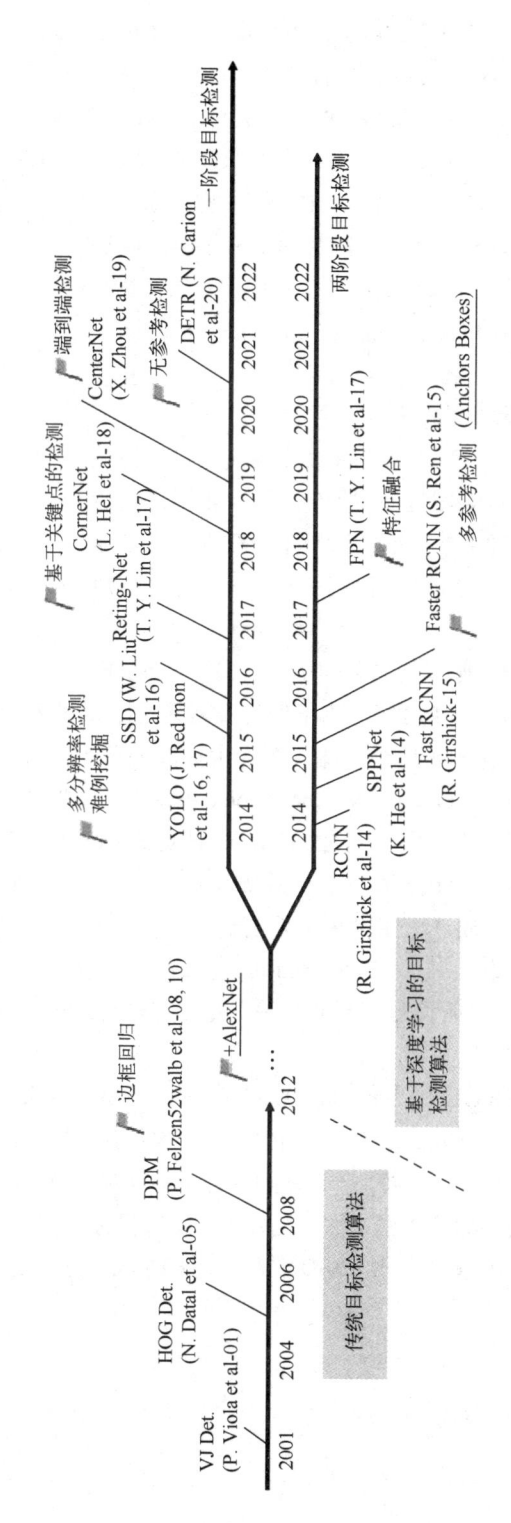

图 7-70 目标检测算法发展历程

传统的目标检测典型算法有：VJ（Viola Jones Detectors）检测器、方向梯度直方图（Histogram of Oriented Gradients，HOG）检测器、可变形组件模型（Deformable Part-based Model，DPM）等。VJ 检测器继承了传统检测方法中的滑动窗口，通过积分图、特征选择和检测级联三种技术结合的方式，实现实时人脸检测。HOG 检测器是尺度不变特征变换（Scale-invariant Feature Transform，SIFT）算法的改进，通过设计 HOG 描述符，在图像局部区域中添加特定方向梯度的方式创建单元块及使用归一化重叠块的方式，提取特征，对行人进行监测。而 DPM 可以看作 HOG 检测器的延伸，包含训练和推理，训练过程可看作目标分解部分的学习，推理过程是对检测的不同部分进行组合。DPM 的思想广泛应用于后续模型的设计，但由于这些传统的目标检测算法大多是建立在手工设计特征的基础上，受限于图像特征表示，因而随着深度学习技术发展，产生了基于深度学习的目标检测算法。

2. 基于深度学习的目标检测算法

目前，基于深度学习的目标检测算法主要有两阶段目标检测算法和一阶段目标检测算法两类，它们的相同点是都是基于 CNN 结构而发展的方法。不同点是两阶段目标检测算法是按照从粗到细的粒度进行阶段过程检测处理，粗粒度的阶段重点在于检测目标，提升召回能力，细粒度的阶段是在粗的阶段识别基础上，提升改进位置检测；一阶段目标检测则是融于一个阶段过程完成检测，目标检测器结构简单，速度快。

两阶段目标检测算法中典型的有 R-CNN、SPP-Net、Fast R-CNN、Faster R-CNN、FPN（Feature Pyramid Networks）、R-FCN 等，内部结构及差异对比如图 7-71 所示。从图中可以看出，一般在目标检测器中都会包含一个用于从输入图像中提取特征的核心结构组件，这些核心结构组件常用的有 AlexNet、VGG、GoogLeNet/Inception、ResNets、ResNeXt、CSPNet、EfficientNet 等。例如，在 R-CNN 中充当核心结构组件的 CNN 模块是 AlexNet，在 CNN 之前首先通过区域建议（Region Proposals）模块利用选择性搜索（Selective Search）方法生成 2000 个目标候选框，然后通过 Warped ROI 缩放目标候选框图像大小为统一大小，接着传给 CNN 模块进行特征提取，最后通过支持向量机分类和边框回归（BB Regressor）完成目标检测。SPP-Net 的核心结构组件则采用了 ZF-5，从中可以看出，两阶段目标检测算法中每个算法针对的问题不同，各自核心结构组件并不相同。

一阶段目标检测算法有 YOLO（You Only Look Once）、SSD（Single Shot MultiBox Detector）、RetinaNet、CenterNet、EfficientDet-D2 等，它们的内部结构及其差异对比如图 7-72 所示。与两阶段目标检测将检测问题作为分类问题不同，一阶段目标检测算法如 YOLO 将检测问题作为回归问题处理，直接预测图像像素作为目标及边框属性。此外，一阶段目标检测算法中，各个算法的核心结构也各不相同，如 YOLO 采用 GoogLeNet，SSD 采用 VGG-16 等，见表 7-2。

第 7 章 计算机视觉技术

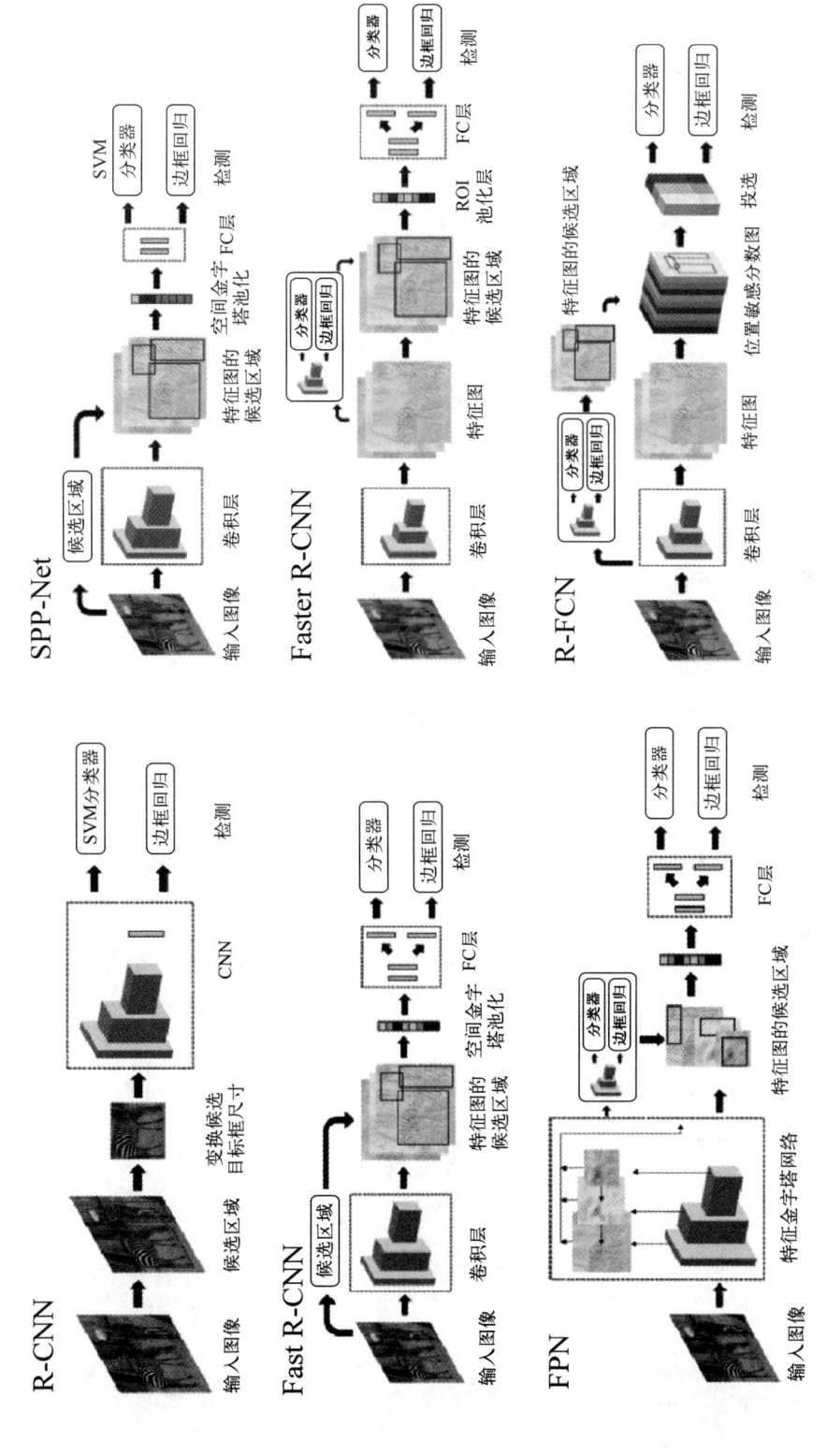

图 7-71 两阶段目标检测算法内部结构及差异对比[14]

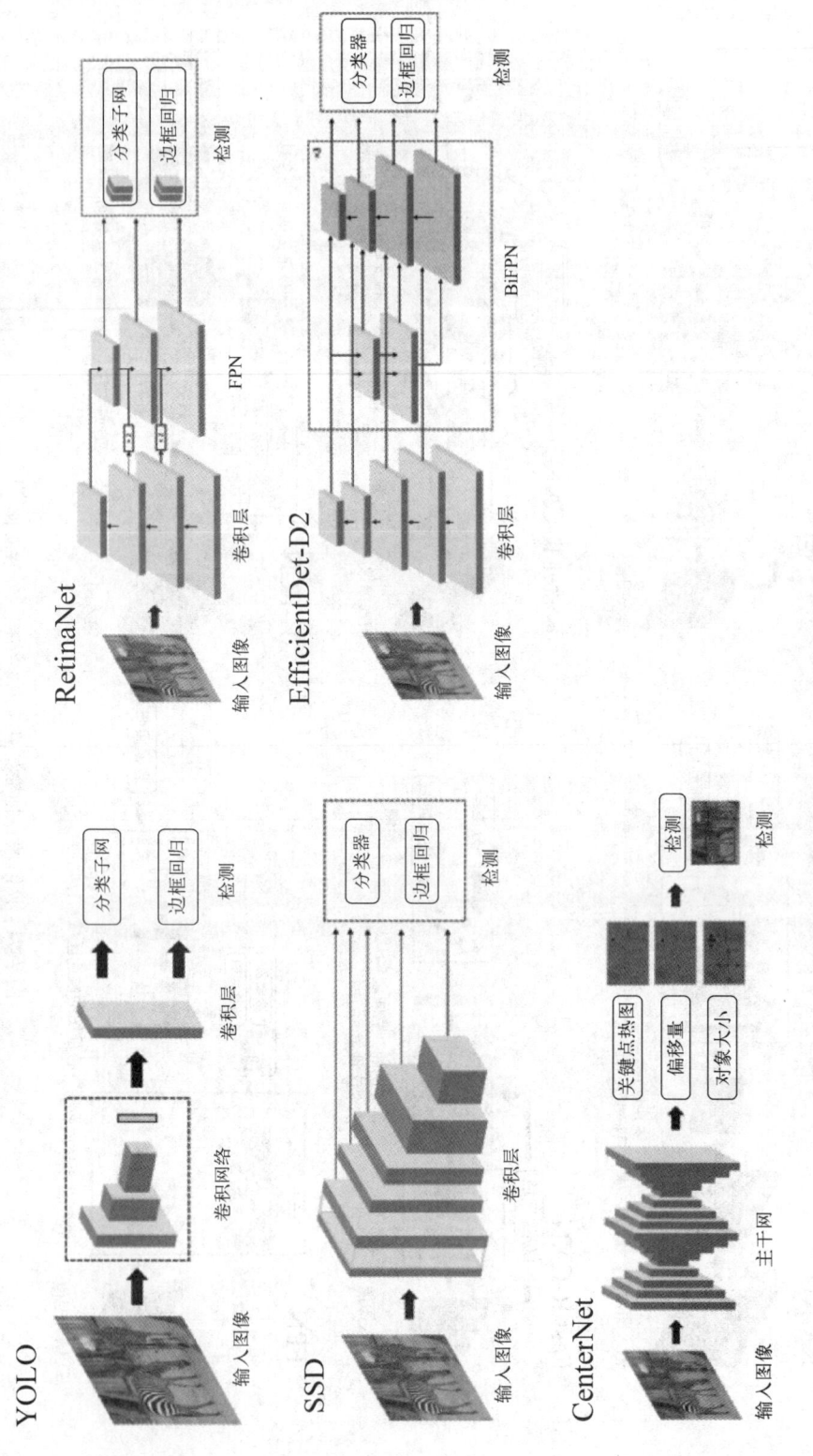

图7-72 一阶段目标检测算法内部结构及其差异对比

表 7-2　一阶段目标检测算法的核心结构、输入图像的大小

算法	Year	核心结构	输入图像大小
R-CNN*	2014	AlexNet	224
SPP-Net*	2015	ZF-5	Variable
Fast R-CNN*	2015	VGG-16	Variable
Faster R-CNN*	2016	VGG-16	600
R-FCN	2016	ResNet-101	600
FPN	2017	ResNet-101	800
Mask R-CNN	2018	ResNeXt-101-FPN	800
DetectoRS	2020	ResNeXt-101	1333
YOLO*	2015	(Modified) GoogLeNet	448
SSD	2016	VGG-16	300
YOLOv2	2016	DarkNet-19	352
RetinaNet	2018	ResNet-101-FPN	400
YOLOv3	2018	DarkNet-53	320
CenterNet	2019	Hourglass-104	512
EfficientDet-D2	2020	Efficient-B2	768
YOLOv4	2020	CSPDarkNet-53	512
Swin-L	2021	HTC++	-

3．目标检测算法数据集及评价

常用于目标检测任务的数据集有 PASCAL VOC 2007/2012、ILSVRC 2014/2017、MS-COCO 2015/2017、Objects365-2019、OID-2020[15]，它们的统计信息见表 7-3。

表 7-3　典型目标检测数据集及统计信息

Dataset	train images	train objects	validation images	validation objects	trainval images	trainval objects	test images	test objects
PASCAL VOC 2007	2,501	6,301	2,510	6,307	5,011	12,608	4,952	14,976
PASCAL VOC 2012	5,717	13,609	5,823	13,841	11,540	27,450	10,991	-
ILSVRC 2014	456,567	478,807	20,121	55,502	476,688	534,309	40,152	-
ILSVRC 2017	456,567	478,807	20,121	55,502	476,688	534,309	65,500	-
MS-COCO 2015	82,783	604,907	40,504	291,875	123,287	896,782	81,434	-
MS-COCO 2017	118,287	860,001	5,000	36,781	123,287	896,782	40,670	-
Objects365-2019	600,000	9,623,000	38,000	479,000	638,000	10,102,000	100,000	1,700,00
OID-2020	1,743,042	14,610,229	41,620	303,980	1,784,662	14,914,209	125,436	937,327

目标检测算法的性能评价指标有准确率（Precision）、召回率（Recall）、平均正确率（Average Precision，AP）、全类平均正确率（mean AP，mAP）、每个窗口的误检率（False Positives Per Window，FPPW）、每个图片的误检率（False Positive Per Image，FPPI）等。

在目标检测算法评价指标计算中，通常需要用到交叉比（IoU）概念。交叉比是指目标检测中，预测区域与事实区域之间的交叉重叠区域与两者合并所形成的总区域之间的比值。如果交叉比大于某阈值，则认为模型输出预测了正确的结果，此时把其结果分类为 True Position（TP）。如果交叉比小于某阈值，则认为模型输出预测是错误的结果，此时把其结果分类为 False Position（FP）。如果模型没有检测出真实数据集中标注存在的目标，则把其结果分类为 False Negative（FN）。

准确率和召回率的计算公式如下：

$$准确率 = \frac{TP}{TP + FP}$$

$$召回率 = \frac{TP}{TP + FN}$$

　　AP 是对不同召回率下的平均检测精度，是对每一类分别计算准确率，可以看作准确率/召回率曲线下方围成的曲面面积，如设置一组阈值为[0, 0.1, 0.2, …, 0.9, 1]，对于召回率大于阈值组中的某个阈值（如 0.2），可以得到一个对应的最大准确率，通过设定不同阈值可获得不同召回率，就可以计算出 11 个准确率，然后对这 11 个准确率取平均值，得到 AP。

　　mAP 是表示所有类 AP 的均值，用来比较所有对象类别的性能。

7.5　综合案例：基于深度神经网络的人脸表情识别

　　表情是人类表达情感的最直接方式之一，当前对人的表情所表示的情感分了 7 类，分别为高兴（happy）、沮丧（sad）、愤怒（angry）、害怕（fear）、惊讶（surprise）、厌恶（disgust）、中立（neutral）。本案例基于 CNN 模型实时在线识别人的表情变化，判别人的情感是属于这 7 类情感中的哪一个类别。模型训练使用的数据集为 FER-2013 情感数据集和 IMDB 数据集。

　　本节基于深度学习框架 TensorFlow 和 Python 语言实现了基于深度神经网络的人脸表情识别，模型架构如图 7-73 所示，主要分为三个部分：定义创建模型、训练模型、调用训练好的模型实时在线进行人脸表情识别。

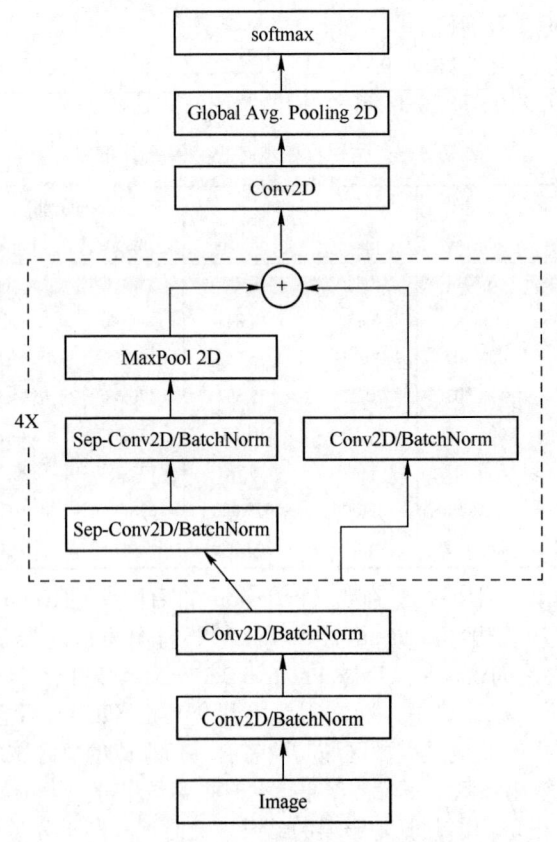

图 7-73　基于深度神经网络的人脸表情识别模型架构[16]

1. 定义创建模型

根据模型结构初始化深度学习网络算法相关参数，包括卷积层、批归一化（Batch Normalization）、激活函数（ReLU）、全局池化（Global Average Pooling）等。主要实现代码如下。

```python
def simple_CNN(input_shape, num_classes):

    model = Sequential()
    model.add(Convolution2D(filters=16, kernel_size=(7, 7), padding='same',
                            name='image_array', input_shape=input_shape))
    model.add(BatchNormalization())
    model.add(Convolution2D(filters=16, kernel_size=(7, 7), padding='same'))
    model.add(BatchNormalization())
    model.add(Activation('relu'))
    model.add(AveragePooling2D(pool_size=(2, 2), padding='same'))
    model.add(Dropout(.5))

    model.add(Convolution2D(filters=32, kernel_size=(5, 5), padding='same'))
    model.add(BatchNormalization())
    model.add(Convolution2D(filters=32, kernel_size=(5, 5), padding='same'))
    model.add(BatchNormalization())
    model.add(Activation('relu'))
    model.add(AveragePooling2D(pool_size=(2, 2), padding='same'))
    model.add(Dropout(.5))

    model.add(Convolution2D(filters=64, kernel_size=(3, 3), padding='same'))
    model.add(BatchNormalization())
    model.add(Convolution2D(filters=64, kernel_size=(3, 3), padding='same'))
    model.add(BatchNormalization())
    model.add(Activation('relu'))
    model.add(AveragePooling2D(pool_size=(2, 2), padding='same'))
    model.add(Dropout(.5))

    model.add(Convolution2D(filters=128, kernel_size=(3, 3), padding='same'))
    model.add(BatchNormalization())
    model.add(Convolution2D(filters=128, kernel_size=(3, 3), padding='same'))
    model.add(BatchNormalization())
    model.add(Activation('relu'))
    model.add(AveragePooling2D(pool_size=(2, 2), padding='same'))
    model.add(Dropout(.5))

    model.add(Convolution2D(filters=256, kernel_size=(3, 3), padding='same'))
    model.add(BatchNormalization())
    model.add(Convolution2D(
        filters=num_classes, kernel_size=(3, 3), padding='same'))
    model.add(GlobalAveragePooling2D())
    model.add(Activation('softmax', name='predictions'))
    return model
```

上述模型是小模型，适用于机器人视觉平台。也可使用包含前面讲解的深度可分离卷积和残差模块组成的 Xception 架构定义创建模型，主要代码如下：

```python
def mini_XCEPTION(input_shape, num_classes, l2_regularization=0.01):
    regularization = l2(l2_regularization)

    #基础块
    img_input = Input(input_shape)
    x = Conv2D(8, (3, 3), strides=(1, 1), kernel_regularizer=regularization,
                use_bias=False)(img_input)
    x = BatchNormalization()(x)
    x = Activation('relu')(x)
    x = Conv2D(8, (3, 3), strides=(1, 1), kernel_regularizer=regularization,
                use_bias=False)(x)
    x = BatchNormalization()(x)
    x = Activation('relu')(x)

    # 模块 1
    residual = Conv2D(16, (1, 1), strides=(2, 2),
                        padding='same', use_bias=False)(x)
    residual = BatchNormalization()(residual)

    x = SeparableConv2D(16, (3, 3), padding='same',
                        kernel_regularizer=regularization,
                        use_bias=False)(x)
    x = BatchNormalization()(x)
    x = Activation('relu')(x)
    x = SeparableConv2D(16, (3, 3), padding='same',
                        kernel_regularizer=regularization,
                        use_bias=False)(x)
    x = BatchNormalization()(x)

    x = MaxPooling2D((3, 3), strides=(2, 2), padding='same')(x)
    x = layers.add([x, residual])

    #模块 2
    residual = Conv2D(32, (1, 1), strides=(2, 2),
                        padding='same', use_bias=False)(x)
    residual = BatchNormalization()(residual)

    x = SeparableConv2D(32, (3, 3), padding='same',
                        kernel_regularizer=regularization,
                        use_bias=False)(x)
    x = BatchNormalization()(x)
    x = Activation('relu')(x)
```

```python
x = SeparableConv2D(32, (3, 3), padding='same',
                    kernel_regularizer=regularization,
                    use_bias=False)(x)
x = BatchNormalization()(x)

x = MaxPooling2D((3, 3), strides=(2, 2), padding='same')(x)
x = layers.add([x, residual])

# 模块 3
residual = Conv2D(64, (1, 1), strides=(2, 2),
                  padding='same', use_bias=False)(x)
residual = BatchNormalization()(residual)

x = SeparableConv2D(64, (3, 3), padding='same',
                    kernel_regularizer=regularization,
                    use_bias=False)(x)
x = BatchNormalization()(x)
x = Activation('relu')(x)
x = SeparableConv2D(64, (3, 3), padding='same',
                    kernel_regularizer=regularization,
                    use_bias=False)(x)
x = BatchNormalization()(x)

x = MaxPooling2D((3, 3), strides=(2, 2), padding='same')(x)
x = layers.add([x, residual])

# 模块 4
residual = Conv2D(128, (1, 1), strides=(2, 2),
                  padding='same', use_bias=False)(x)
residual = BatchNormalization()(residual)

x = SeparableConv2D(128, (3, 3), padding='same',
                    kernel_regularizer=regularization,
                    use_bias=False)(x)
x = BatchNormalization()(x)
x = Activation('relu')(x)
x = SeparableConv2D(128, (3, 3), padding='same',
                    kernel_regularizer=regularization,
                    use_bias=False)(x)
x = BatchNormalization()(x)

x = MaxPooling2D((3, 3), strides=(2, 2), padding='same')(x)
x = layers.add([x, residual])
```

```
        x = Conv2D(num_classes, (3, 3),
                    # kernel_regularizer=regularization,
                    padding='same')(x)
        x = GlobalAveragePooling2D()(x)
        output = Activation('softmax', name='predictions')(x)

        model = Model(img_input, output)
        return model
```

2. 训练模型

训练深度学习网络算法模型,包括定义训练参数、生成训练数据、训练模型等。主要实现代码如下。

```
        #训练参数
        batch_size = 32
        num_epochs = 10000
        input_shape = (64, 64, 1)
        validation_split = .2
        verbose = 1
        num_classes = 7
        patience = 50
        base_path = '../trained_models/emotion_models/'

        #生成训练数据
        data_generator = ImageDataGenerator(
                            featurewise_center=False,
                            featurewise_std_normalization=False,
                            rotation_range=10,
                            width_shift_range=0.1,
                            height_shift_range=0.1,
                            zoom_range=.1,
                            horizontal_flip=True)

        #训练模型
        model = mini_XCEPTION(input_shape, num_classes)
        model.compile(optimizer='adam', loss='categorical_crossentropy',
                        metrics=['accuracy'])
        model.summary()


        datasets = ['fer2013']
        for dataset_name in datasets:
            print('Training dataset:', dataset_name)

            # callbacks
            log_file_path = base_path + dataset_name + '_emotion_training.log'
```

```python
csv_logger = CSVLogger(log_file_path, append=False)
early_stop = EarlyStopping('val_loss', patience=patience)
reduce_lr = ReduceLROnPlateau('val_loss', factor=0.1,
                              patience=int(patience/4), verbose=1)
trained_models_path = base_path + dataset_name + '_mini_XCEPTION'
model_names = trained_models_path + '.{epoch:02d}-{val_acc:.2f}.hdf5'
model_checkpoint = ModelCheckpoint(model_names, 'val_loss', verbose=1,
                                   save_best_only=True)
callbacks = [model_checkpoint, csv_logger, early_stop, reduce_lr]

#加载数据
data_loader = DataManager(dataset_name, image_size=input_shape[:2])
faces, emotions = data_loader.get_data()
faces = preprocess_input(faces)
num_samples, num_classes = emotions.shape
train_data, val_data = split_data(faces, emotions, validation_split)
train_faces, train_emotions = train_data
model.fit_generator(data_generator.flow(train_faces, train_emotions,
                                        batch_size),
                    steps_per_epoch=len(train_faces) / batch_size,
                    epochs=num_epochs, verbose=1, callbacks=callbacks,
                    validation_data=val_data)
```

3. 调用训练好的模型实时在线进行人脸表情识别

调用训练好的模型进行人脸表情识别，包括设置参数、加载模型、获取实时视频流、人脸表情识别等。主要实现代码如下。

```python
# 设置已训练好的模型路径
detection_model_path = '../detection_models/haar_face.xml'
emotion_model_path = '../emotion_models/fer2013_mini_XCEPTION.hdf5'
emotion_labels = get_labels('fer2013')

# 设置图像边框
frame_window = 10
emotion_offsets = (20, 40)

# 加载模型
face_detection = load_detection_model(detection_model_path)
emotion_classifier = load_model(emotion_model_path, compile=False)

# getting input model shapes for inference
emotion_target_size = emotion_classifier.input_shape[1:3]

# 定义存储情感标识的集合
emotion_window = []
```

```python
# 获取实时视频流
cv2.namedWindow('window_frame')
video_capture = cv2.VideoCapture(0)
while True:
    bgr_image = video_capture.read()[1]
    gray_image = cv2.cvtColor(bgr_image, cv2.COLOR_BGR2GRAY)
    rgb_image = cv2.cvtColor(bgr_image, cv2.COLOR_BGR2RGB)
    faces = detect_faces(face_detection, gray_image)

    for face_coordinates in faces:

        x1, x2, y1, y2 = apply_offsets(face_coordinates, emotion_offsets)
        gray_face = gray_image[y1:y2, x1:x2]
        try:
            gray_face = cv2.resize(gray_face, (emotion_target_size))
        except:
            continue

        gray_face = preprocess_input(gray_face, True)
        gray_face = np.expand_dims(gray_face, 0)
        gray_face = np.expand_dims(gray_face, -1)
        emotion_prediction = emotion_classifier.predict(gray_face)
        emotion_probability = np.max(emotion_prediction)
        emotion_label_arg = np.argmax(emotion_prediction)
        emotion_text = emotion_labels[emotion_label_arg]
        emotion_window.append(emotion_text)

        if len(emotion_window) > frame_window:
            emotion_window.pop(0)
        try:
            emotion_mode = mode(emotion_window)
        except:
            continue

        if emotion_text == 'angry':
            color = emotion_probability * np.asarray((255, 0, 0))
        elif emotion_text == 'sad':
            color = emotion_probability * np.asarray((0, 0, 255))
        elif emotion_text == 'happy':
            color = emotion_probability * np.asarray((255, 255, 0))
        elif emotion_text == 'surprise':
            color = emotion_probability * np.asarray((0, 255, 255))
        else:
```

```
                        color = emotion_probability * np.asarray((0, 255, 0))

                        color = color.astype(int)
                        color = color.tolist()

                        draw_bounding_box(face_coordinates, rgb_image, color)
                        draw_text(face_coordinates, rgb_image, emotion_mode,
                            (220, 20, 60), 0, -45, 1, 1)

                        bgr_image = cv2.cvtColor(rgb_image, cv2.COLOR_RGB2BGR)
                        cv2.imshow('window_frame', bgr_image)
                        if cv2.waitKey(1) & 0xFF == ord('q'):
                            break
                    video_capture.release()
                    cv2.destroyAllWindows()
```

运行结果如图 7-74 所示，在运行人脸表情识别模型过程中，模型通过识别摄像头获取的实时视频流图像，稳定识别、预测人脸表情所表达的情感，并输出结果。

图 7-74 实时人脸表情识别、预测结果

7.6 小结

本章主要介绍了计算机视觉基础知识、关键技术、常见的计算机视觉开发平台、典型算法及应用，详细描述了图像表示、图像读存、视频流捕获、图像计算等基础开发应用，同时对计算机视觉

典型系列算法 LetNet、MobileNets、目标检测等设计、训练、预测全过程进行了详解和示例实现，并以 CNN 结构为基础，综合实现了人脸表情识别模型的定义创建、训练和实时在线表情识别，预测情感表现。

习题

1．概念题
1）计算机视觉是什么，它与机器视觉有何异同？
2）图像的表示方式有哪些？
3）什么是图像二值化，图像二值化的方法有哪些？
4）目标检测算法的任务是什么，是如何分类的？

2．操作题
编写多目标物体识别程序。要求如下：在网络结构定义中使用可分离卷积和残差模块，支持实时在线视频检测，可在移动设备上使用，响应速度快。

参 考 文 献

[1] HUBEL D H, WIESEL T N. Receptive fields of single neurones in the cat's striate cortex[J]. J Physiol, 1959, 148（3）: 574-91.

[2] ROBERTS, LAWRENCE G. Machine perception of three-dimensional solids[M]. New York: Garland Publishing, 1963.

[3] MARR D. Vision: a computational investigation into the human representation and processing of visual information[M]. Cambridge: MIT Press, 2010.

[4] FUKUSHIMA K. Neocognitron: a self-organizing neural network model for a mechanism of pattern recognition unaffected by shift in position[J]. Biological Cybernetics, 1980, 36（4）: 193-202.

[5] LECUN Y, KAVUKCUOGLU K, FARABET C. Convolutional networks and applications in vision[J]. ISCAS, 2010: 253-256.

[6] LOWE D G. Object recognition from local scale-invariant features[C]//Proceedings of the 17th IEEE International Conference on Computer Vision. Kerkyra: IEEE, 1999, 2: 1150-1157.

[7] VIOLA P, JONES M J. Robust real-time face detection[J]. International Journal of Computer Vision, 2004, 57（2）: 137-154.

[8] HE K M, CHEN X L, XIE S N, et al. Masked Autoencoders Are Scalable Vision Learners[C]// CVPR. New Orleans: IEEE, 2022: 15979-15988.

[9] LECUN Y, BOSER B, DENKER J S, et al. Backpropagation applied to handwritten zip code recognition[J]. Neural Computation, 1989, 1（4）: 541-551.

[10] LECUN Y, BOTTOU L, BENGIO Y, et al. Gradient-based learning applied to document recognition[J]. Proceedings of the IEEE, 1998, 86（11）: 2278-2324.

[11] HOWARD A G, ZHU M, CHEN B, et al. Mobilenets: efficient convolutional neural networks for mobile vision applications[J]. arXiv, 2017.

[12] SANDLER M, HOWARD A, ZHU M, et al. Mobilenetv2: inverted residuals and linear bottlenecks[C]// Proceedings of the IEEE Conference on Computer Vision and Pattern Recognition. Los Alamitos: IEEE, 2018: 4510-4520.

[13] HOWARD A, SANDLER M, CHU G, et al. Searching for mobilenetv3[C]//Proceedings of the IEEE/CVF international conference on computer vision. Los Alamitos: IEEE, 2019: 1314-1324.

[14] ZAIDI S S A, ANSARI M S, ASLAM A, et al. A survey of modern deep learning based object detection models[J]. Digital Signal Processing, 2022, 126: 103514.

[15] ZOU Z X, CHEN K Y, SHI Z W, et al. Object detection in 20 years: a survey[J]. Proceedings of the IEEE, 2023: 257-276.

[16] ARRIAGA O, VALDENEGRO T M, PLÖGER P. Real-time convolutional neural networks for emotion and gender classification[J]. arXiv, 2017.

第 8 章 语 音 识 别

学习目标：

本章主要介绍智能语音识别的基础知识，包含语音处理问题、任务、工具平台、新技术、应用场景等，涉及语音技术发展历程、语音识别系统、语音特征处理、典型算法等。同时，介绍了语音神经网络识别、大模型端到端识别等新技术。通过本章的学习，读者能够：

◇ 掌握语音识别的方法和技术。
◇ 熟悉语音信号预处理、分析、数据特征提取处理方法。
◇ 掌握 DTW、HMM、GMM、DNN-HMM、端到端学习等典型算法及应用。

在学习完本章后，读者将对智能语音的基础知识和处理流程有全面的理解，并为后续的实际应用开发打下基础。

8.1 语音识别技术简介

语音识别又称自动语音识别（Automatic Speech Recognition，ASR），或语音转为文本（Speech to Text，STT），或计算机语音识别（Computer Speech Recognition），是一项将人类语言内容转换为机器可读格式的技术。语音识别解决的主要问题是如何让机器听懂问题，根据每个对象的语音转换为正确的文本，在此过程中，面临声学环境、讲话风格、口音/方言、说话对象的语言识别等挑战。语音识别不仅可以帮助增进人与人之间的交流，还能提升人与机器、人与物体、物体与物体之间的交互能力。

1. 语音识别技术的发展

语音识别技术的发展大致可分为三个阶段，分别为早期阶段（1980 年之前）、发展阶段（1980—2010 年）、快速应用阶段（2010 年之后）。

早期阶段：这个阶段的研究主要围绕模仿人类说话展开。例如，1937 年 Homer Dudley 发明的声码合成器 VODER。1952 年，Bell 实验室第一个推出的命名为 Audrey 的语音识别设备，对单个说话者进行孤立数字语音的识别。1960 年，IBM 公司推出的可以简单识别数字和数学符号的 Shoebox，日本京都大学发明的可以分隔连续口语声音的识别器。1970 年，卡耐基梅隆大学在美国国防语音理解研究项目的支持下推出了 HARPY 语音识别系统，此系统采用了隐马尔可夫模型（HMM），可以识别由 1011 个单词组成的句子。1980 年，IBM 公司开发了应用在试验转录系统 Tangora 中的语音转文本的工具，已能识别英文单词达 20000 个，但仍无法大规模应用于商业场景。

发展阶段：在此阶段中出现的语音识别系统有卡耐基梅隆大学的 Sphinx 系统、BBN 的 BYBLOS 系统、SRI 的 DECIPHER 系统等。直到 1992 年，美国电话电报公司（AT&T）引入 Bell 实验室的语音识别呼叫处理系统（VRCP）才开始了大规模的商业应用，此系统现在每年能处理 12 亿数据量的语音业务，在此过程中，出现了 FSM 库、GRM 库、HMIHY 系统等，语音识别研究也由直接模式识别（基于模版的）范式转为统计模型框架，其技术发展经历了从早期小规模到中规模、大规模、超大规模的量级变化，研究方法从基于声学及语音学的孤立词识别到基于模版的孤立词、连接数字、连续语言识别，到基于统计学的连续语音识别、基于句法及语义的连续语音识别，到基于语义及多模态对话的多模态识别，如图 8-1 所示。

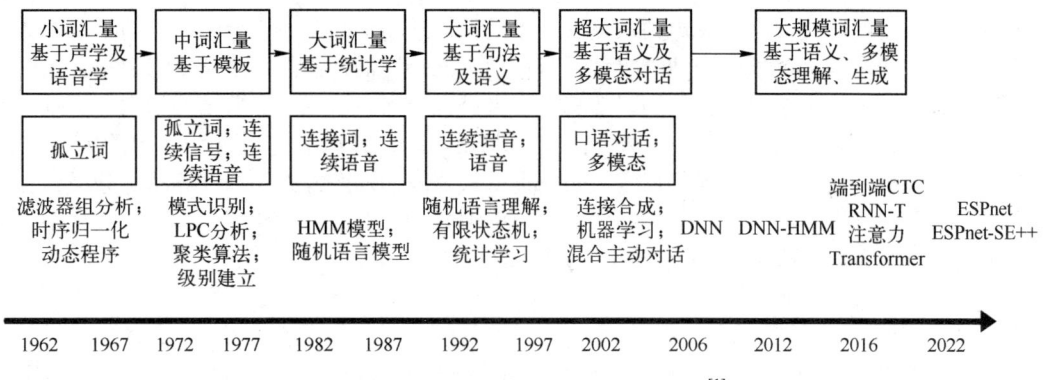

图 8-1　语音识别技术早期和发展阶段[1]

快速应用阶段：在 2010 年之后，随着深度学习技术的推动，出现了 RNN、LSTM、神经网络声学模型、隐马尔可夫混合模型、多语言深度神经网络 SHL-MDNN、DNN-HMM 混合模型、连接时序分类（Connectionist Temporal Classification，CTC）模型、基于注意力的编码器-解码器（Attention-based Encoder-Decoder，AED）、RNN-T（RNN Transducer）等模型。目前，语音识别技术已经广泛应用在云平台、移动设备等平台，语音业务也实现了在云平台和移动设备的处理，如谷歌公司的 VoiceFilter-Lite、云知声、讯飞听见、百度智能云语音等。同时，语音识别技术在智能语音助手、智能音箱、智能手机、智能可穿戴、翻译机、智能车载等设备上也有广泛应用。

2．语音识别过程和系统

语音识别过程是把语音信号转化为机器可读文本的过程，它通常包含语音信号输入（采集）、预处理、语音特征提取、语音分类和语音识别这几个步骤，在语音信号采集输入后，预处理步骤通常会过滤语音信号，去除不需要的噪声，或对信道失真语音进行增强，并辨析确定词的开始、结束分隔位置，然后转换为特征向量，进行特征提取，接着把特征向量输入声学模型，声学模型打分，最后进行语音分类和识别。其过程如图 8-2 所示。

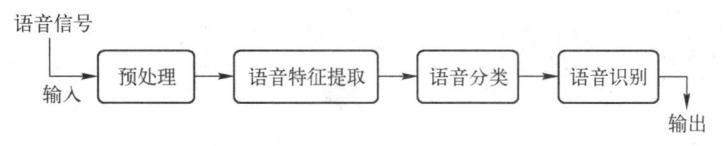

图 8-2　语音识别过程

一个完整的语音识别系统架构通常会包含四个模块，分别为：语音信号处理提取模块（把语音信号处理和特征提取作为一个模块）、声学模型模块、语言模型模块、解码搜索模块[2]。语音信号处理提取模块同语音识别过程中的预处理和特征提取步骤一样，声学特征的提取既是一个信息大幅度压缩的过程，也是一个信号解卷过程，目的是使模式划分器能更好地划分。由于语音信号的时变特性，特征提取必须在一小段语音信号上进行，即进行短时分析。这一段被认为是平稳的分析区间称为帧，帧与帧之间的偏移通常取帧长的 1/2 或 1/3。通常要对信号进行预加重以提升高频，对信号加窗以避免短时语音段边缘的影响。处理语音信号，并将信号从时域转化到频域。常用的声学特征处理方法有线性预测系数（Linear Predictive Coefficient，LPC）、倒谱系数、梅尔频率倒谱系数（Mel-Frequency Cepstral Coefficients，MFCCs）和感知线性预测（Perceptual Linear Prediction，PLP）等。声学模型模块结合声学和发音辅助知识，以提取的特征为模型输入，输出声学模型评分。语言模型以转化的文本为输入，学习词之间的关系，输出词序列的评分。解码搜索模块综合声学模型评分和语言模型评分，最后输出识别结果。

语音识别系统的性能受许多因素的影响，包括不同的说话人、说话方式、环境噪声、传输信道等。语音识别系统的分类根据语音声源及语音对象呈现方式的不同,可以分为不同的类型,如按语音对象说话方式的不同,可以分为独立字词语音识别、连接词语音识别、连续语音识别。按语音声源的不同,可以分为特定对象语音识别、非特定对象语音识别、多目标对象语音识别。同时,也可以根据处理任务的不同,分为按关键词检测(电话监听、自动接听)、声纹检测、语种检测、连续语音检测等。此外,语言识别可根据词汇大小,说话人范围,发音方式和环境等情况分类,例如按词汇量大小可分词汇量小(1~20个词)、中等(20~100个词)、大(100词以上);按说话人范围分为特定的(某个人或某些人),非特定的(男、女)等。

3. 语音识别技术应用场景

随着神经网络、自然语言处理技术的快速发展,智能语音技术已经进入广泛应用期。目前以深度神经网络为核心的语音识别模型已经成为主流,在智能硬件及软件、数据与云服务、智能家居、智慧教育、车载系统、医疗、公检法、客服、语音审核等领域的识别准确率都有了大幅提升,其广泛搭载的设备包括智能手机、智能可穿戴设备、智能音箱、智能家电、翻译机、录音笔、转写TWS耳机等。

语音识别技术的主要应用场景有人与人、人与物体、物体与物体之间三种,人与人之间的应用场景有翻译系统,人与物体的应用场景如下。

智能车载语音:用户可通过智能车载语音系统实现娱乐、辅助驾驶、获取信息和路线等多种功能,实现了交互应用沉浸、手势识别、眼球追踪等多模态交互,将用户语言通过智能语音系统协同融合用户个性、环境交互。

智能语音助手:当前智能客服已经从单一的语音识别合成向语音加语义的智能化语音转变,无障碍化和强针对性的客服问答、语音业务办理已经成为企业在线业务应用的常见功能。

垂直行业领域应用:例如智慧医疗-语音电子病历系统,通过语音输入的方式生成结构化病历、执行病历检索,节约医师输入病历的时间。此外,也已经成为向导诊机器人、问诊小程序、诊后随访系统、住院病房管理系统、临床决策支持系统等设备或系统的入口。一些智能语音设备如图 8-3 所示。

| 后视镜 | 车机 | 行车记录仪 | 车载音响 | 小硬件 |

图 8-3 智能语音设备

8.2 常用工具及平台

语音识别工具根据应用类别、集成应用的不同,通常可以分为语音识别开源工具包、语音转文字工具、语音识别综合应用平台等;根据是否需要连接网络,分为在线语音识别和离线语音识别。语音识别工具常用的训练数据集有语音数据集和音频事件/音乐数据集。目前多任务、多语言、端到端应用处理,已经成为语音识别开源工具包的典型特点。它们已经被广泛嵌入在移动端智能手机软件中,如微信、输入法等,或者集成到云端综合应用,让开发者通过 API 远程调用服务提供对外应用,既节省了开发者资源投入,也降低了开发者使用门槛,已经成为普通产品常用的商业应用模式。

8.2.1 语音识别工具

当前,广泛应用的语音识别开源工具包有许多,如 ESPnet、Kaldi、WeNet、speechbrain、htk、openasr、openspeech、lingvo、fairseq、athena、deepspeech、wav2letter、CAT、warp-transducer、 sctk、librosa、Vosk、torchaudio 等。下面对典型的语音识别开源工具包及应用进行简述。

1. ESPnet

ESPnet（End-to-End Speech Processing Toolkit）[3]是一个基于 Python 语言开发的端到端的语音识别工具包，它采用了连接时序分类（CTC）和基于注意力的编码-解码网络架构，延续了 Kaldi 工具包的数据处理特征提取风格，标准流程如图 8-4 所示，包含了具有 Kaldi 风格的数据准备、特征提取、数据转换为 ESPnet JSON 格式、LSTM 语言模型训练、端到端自动语音识别训练、识别及打分共 6 个步骤。ESPnet 已作为深度学习引擎被嵌入 Chainer 系统和 PyTorch 系统。

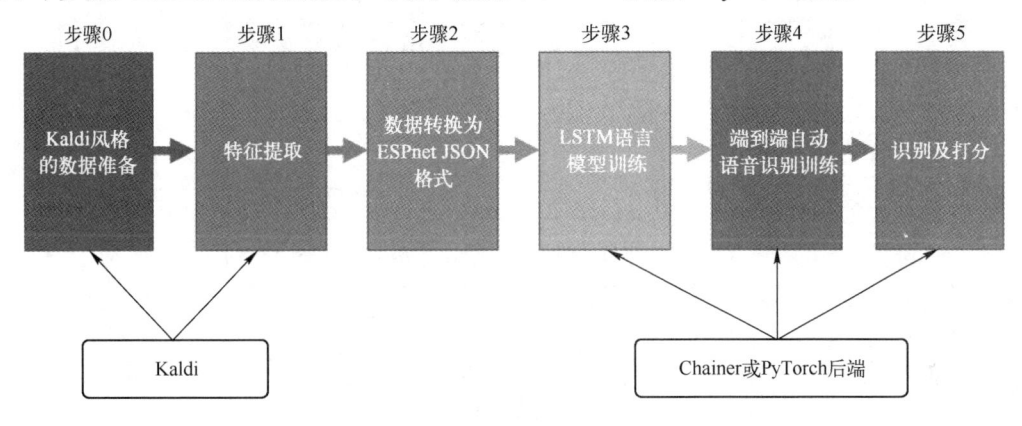

图 8-4 ESPnet 语音识别标准流程

在 ESPnet 基础上，延伸发展出了 ESPnet-SE、ESPnet-SE++等工具包。ESPnet-SE[4]在 ESPnet 的基础上，增加了语音增强和语音分离，在数据方面可同时处理单个和多个说话对象、时域和频域、单个和多个声音通道、单个声音源和多个声音源、无回声混响环境，引入支持时域音频分离网络（Time-Domain Audio Separation Network，TasNet）、双路径循环神经网络（Dual-Path RNN，DPRNN）、时频掩模（T-F masking）等时域模型和频域模型。ESPnet-SE++[5]与 ESPnet-SE 相比，除了增加新的模型、损失函数和训练方法之外，还综合了自动语音识别（ASR）、声纹识别/说话人识别（SD）、语音翻译（ST）、口语理解（SLU）等，其处理流程如图 8-5 所示。

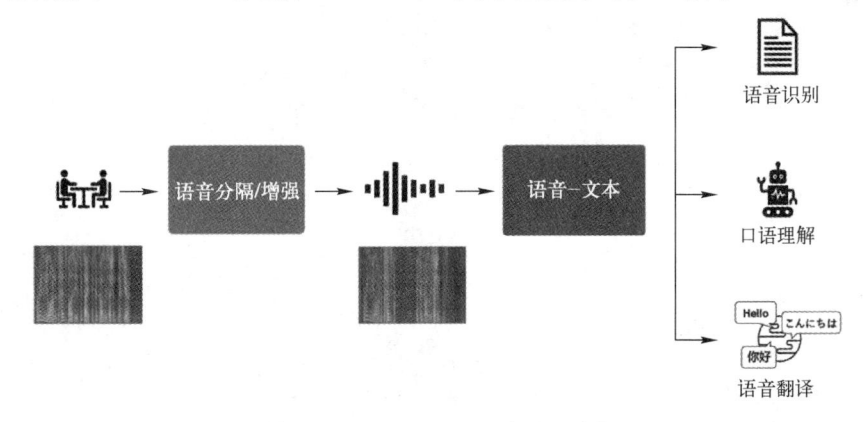

图 8-5 ESPnet-SE++语音处理流程

注意：当前 ESPnet 安装版本分为 ESPnet1 和 ESPnet2，ESPnet1 安装前需要编译安装 Kaldi，ESPnet2 则不需要。

2. Kaldi

Kaldi 是基于 C++语言的语音识别开源工具包，当前最新版本为 5.5.636，它包含通用的语音识别算法、脚本。Kaldi 支持的声学模型有 LDA HLDA、MLLT/STC、GMM、DNN、TDNN、Chain 等，内部嵌入了 OpenFst 库，支持基于 BLAS、LAPACK、OpenBLAS 和 MKL 的线性代数运算库，以及众多扩展工具，如 SRILM、Sph2pipe 等。

Kaldi 提供了标准的处理脚本，在数据准备、提取特征（MFCC 和 PLP 特征）、模型准备之后，进行模型训练、模型解码打分、利用模型对齐数据等。在数据准备阶段，需要准备映射文件 spk2gender（说话人 id→性别）、text（发音 id→发音标注）、utt2spk（发音 id→说话人 id）、wav.scp（发音 id→发音文件路径），其语音处理流程如图 8-6 所示。

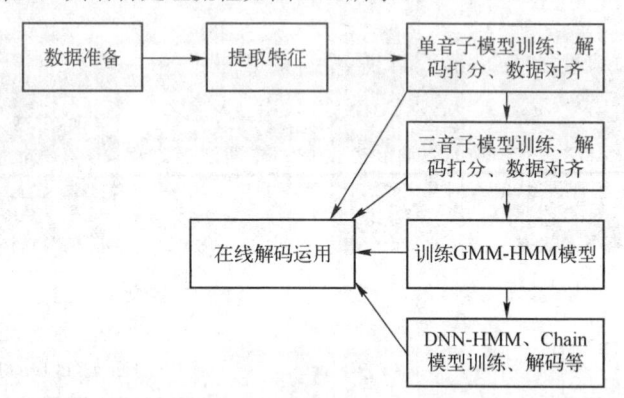

图 8-6 Kaldi 语音处理流程

3．WeNet

WeNet 是一个开源的端到端的语音识别工具包，采用了支持流式和非流式的统一混合模型 CTC/attention 架构。WeNet 2.0 提供了 U2++、热词、统一语言模型、超大规模数据训练支持，除了前向的注意力解码（Attention Decoder）之外，增加了后向的 Attention Decoder，形成了共享编码（Shared Encoder）、连接时序分类解码（CTC Decoder）和 Attention Decoder 三部分组成的模型架构[6]，如图 8-7 所示。Shared Encoder 共享解码模块由多个 Transformer 或 Conformer 编码层组成，CTC Decoder 模块包含一个线性层和 log softmax 函数，Attention Decoder 模块由多个 Transformer 解码层组成。

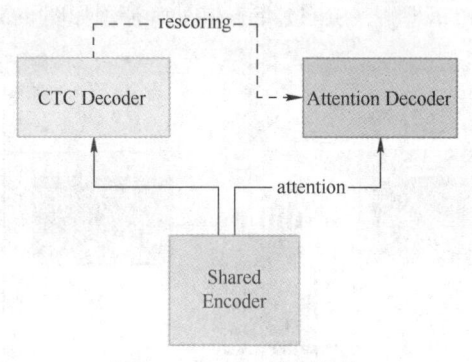

图 8-7 WeNet 模型架构

其他常用的语音识别工具见表 8-1。

表 8-1 语音识别工具

工具名称	编程语言	训练语言模型	活跃度	地址
CMU Sphinx	C、Java、Python、其他	英语、中文	强	https://cmusphinx.github.io/
Kaldi	C++、Python、Java、其他	英文、中文	强	https://kaldi-asr.org/
HTK	C、Python	英文	较强	https://htk.eng.cam.ac.uk/

(续)

工具名称	编程语言	训练语言模型	活跃度	地址
Julius	C	日文、英文	较强	https://github.com/julius-speech/julius
Wav2Letter ++	C++	英文	较强	https://github.com/flashlight/wav2letter
WeNet	C++、Python、其他	英文、中文	强	https://github.com/wenet-e2e/wenet
SpeechBrain	Python、Perl、其他	英文、中文、法文、意大利语等	强	https://github.com/speechbrain/speechbrain

注：除了表 8-1 中的语音识别工具之外，还有 Fairseq、Lingvo、deepspeech、torchaudio、Openasr、openspeech、athena、CAT、librosa、warp-transducer 等。

8.2.2 语音识别平台

除了语音识别工具包之外，还有集成的语音识别模型平台，如 GlowTTS、Deep Vioce 3、Tacotron、YourTTS 等。下面对最新的多语言语音识别平台 Whisper、VALL-E、Voicebox 进行简要介绍。

1. Whisper

Whisper 是由 Open AI 于 2022 年 9 月发布的自动语音识别神经网络，它采用端到端的编码-解码转换器（encoder-decoder Transformer）架构，执行流程为：输入的语音被分割为 30s 的语音块，转换为 log-Mel spectrogram 特征（音频信号的频谱图特征），接着传输进编码器。编码器用来训练预测相应的文本内容，并结合位置标记，进行解码完成语言识别、短语水平的时间戳、多语言的转换等任务，其框架如图 8-8 所示，多任务训练格式如图 8-9 所示（下载地址：https://github.com/openai/whisper/），其弱监督预训练模型是在 68 万小时 96 种语言的多任务语音数据集上训练而成的，支持多种语言的转录及翻译为英文的任务。

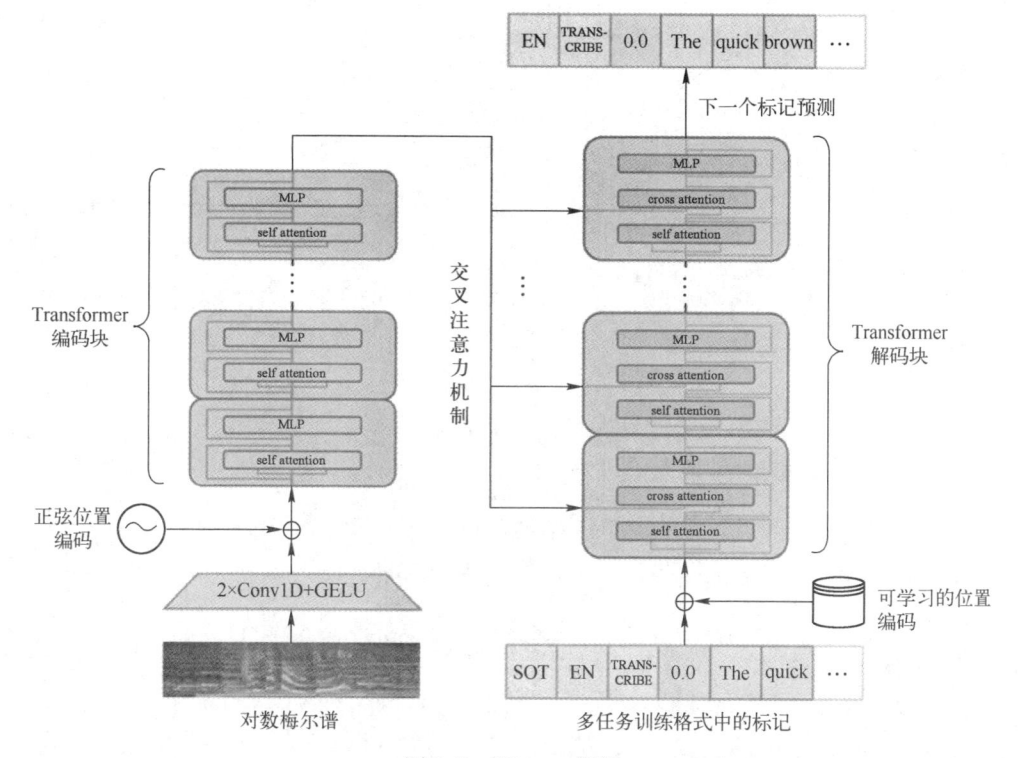

图 8-8 Whisper 框架

图 8-9　多任务训练格式

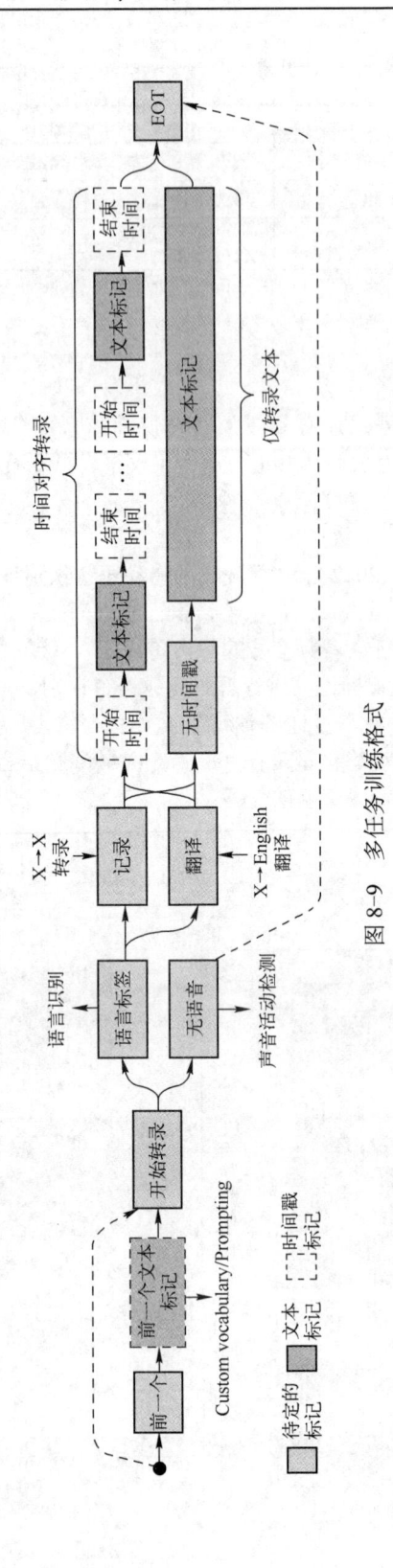

2. VALL-E

VALL-E 是由微软于 2023 年推出的文本到语音合成的单语言模型方法，它可以用时长仅为 3s 的未见过的注册者的语音记录作为提示，合成高质量的个性化语音。在这之前，OpenAI 于 2021 年基于 GPT-3 推出了 DALL-E，DALL-E 能够完成从文字（描述动物和对象）到图片的创造、自动捕获并组织物体特性、根据文本自动渲染真实场景图片和转换图片风格。目前 DALL-E 已经升级到 DALL-E 2 版本。与 DALL-E 相比，VALL-E 在语音的自然流畅性和说话者的相似性方面，都超过了 DALL-E 及以往的零样本文本到语音的合成系统（TTS），同时还能在合成中保留说话者的情绪和声学提示的声学环境。

VALL-E X 是 VALL-E 的延伸，主要解决多语言问题，是多语言条件编解码器语言模型[7]，通过使用源语言语音和目标语言文本作为提示来预测目标语言语音的声学标记序列。VALL-E X 可应用于零样本跨语言文本到语音合成和零样本语音到语音翻译任务。VALL-E 和 VALL-E X 的模型框架对比如图 8-10 所示。VALL-E X 只需使用源语言的语音话语作为提示，即可在目标语言中生成高质量的语音，同时保留未见的说话人的声音、情绪和声学环境。VALL-E 在 PyTorch 中实现的版本网址为 https://github.com/lifeiteng/vall-e。

3. Voicebox

Voicebox 是由 Meta 公司于 2023 年 6 月推出的语音生成式 AI 系统模型，本质上是一个文本引导的非自回归流匹配模型[8]，其学习框架如图 8-11 所示。通过给定音频上下文和文本，在单语言或跨语言（英语、法语、西班牙语、德语、波兰语和葡萄牙语六种语言）的零样本文本上完成语音合成、噪声去除、声音编辑、风格转换等生成。Voicebox 支持的主要功能如下。

零样本文本到语音合成：可以用长度仅有 2s 的声音样本，自动匹配声音样本风格，完成文本到语音的生成。Voicebox 在帮助聋哑人实现"说话"或允许人们预订不同风格的声音和虚拟助理等方面有广泛应用。

语音编辑及噪声消除：可以重新对一部分有噪声或错误发音的语音进行生成，而不用重新录制全部语音。

跨语言风格迁移：给定一个人的语音样本和一段文本（英语、法语、西班牙语、德语、波兰语和葡萄牙语），Voicebox 可以生成上述任一种语言的语音，即使语音样本和语言文本的语种不同，它也能正常生成，从而使得未来人们跨语言的交流成为现实。

不同语音采样：可以在上述 6 种语音数据源中进行任意采样，并能生成上述不同语种的语音，训练语音模型。

Voicebox 与 VALL-E 相比：功能方面增加了噪声消除、部分语音编辑；在零样本英语文本到语音合成方面，单词错误率由 5.9%降到了 1.9%，音频的相似性由 58%提升到了 68.1%，两个方面都有了大幅改进和提升，同时，速度提高了近 20 倍；Voicebox 可以用于生成中间片段的编辑，可以更快地生成语音；Voicebox 解耦连续时间模型和音频模型，实现细粒度的对齐控制，兼容包含编码器在内的任何连续特征。

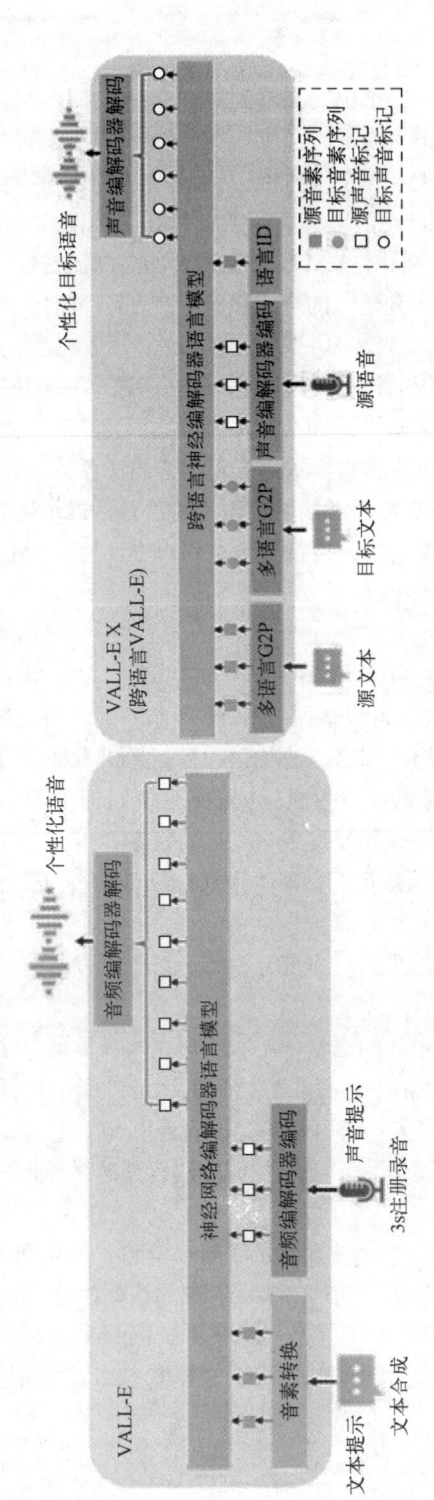

图 8-10 VALL-E 和 VALL-E X 的模型框架对比

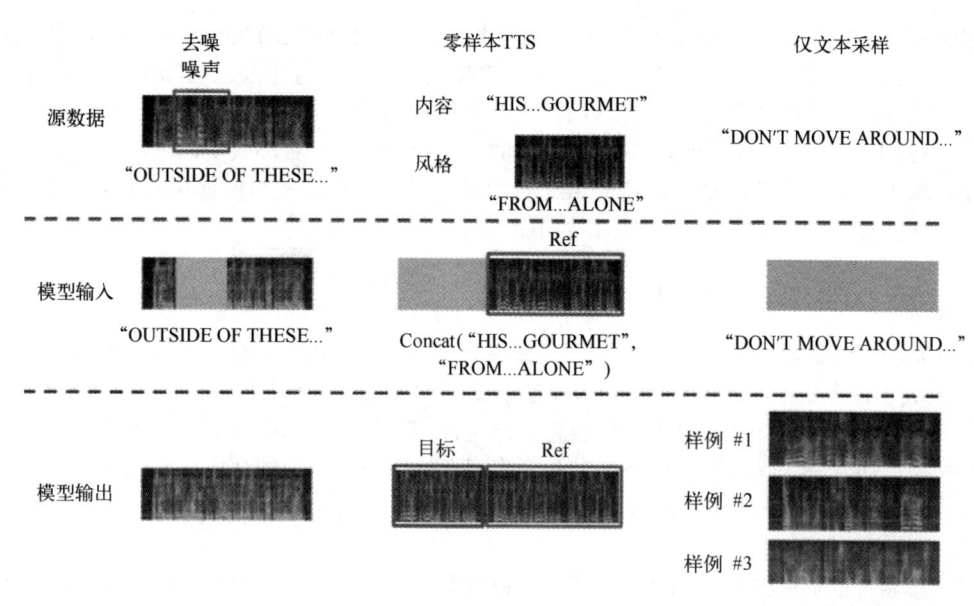

图 8-11　Voicebox 学习框架

8.3　语音数据特征处理

语音数据来源于语音信号，在处理语音数据之前，通常需要对语音信号进行采集、存储、分析，而语音信号的采集主要根据它的频域和时域特点进行设计。在频域内，语音信号的频谱一般为 20~3400Hz，人讲话的频率主要集中在 1~3000Hz 区段。在时域内，语音信号具有短时性特点。频域以频率为自变量，观测频率信号的幅度（振幅）为纵轴，时域以时间为自变量，信号变化（振幅）为纵轴，语音信号在频域表现为多个不同频率、振幅的信号组成。

1. 语音信号预处理

语音信号的预处理通常包含语音信号采集、去除噪声、语音分隔等。语音信号采集中采样率、量化位数、通道数、语音长度等通常是关键指标，通过奈奎斯特采样将原始信号中的信息完整保留，并进行量化处理。常见的采样率有 8kHz、16kHz、44.1kHz、48kHz，采样率越高，采集语音的质量和精度就越高，量化位数指标有 8 位、16 位、24 位等，量化位数越高，采集语音质量和精度就越高。

在对语音信号采集中，由于信号传输衰减失真、非线性、非平稳、时变等特性，一般需要对其进行预加重、分帧、加窗等操作。预加重是在信号发送端对输入信号高频分量进行补偿的信号处理方式，通常用时域技术或频域技术实现。分帧则是利用语音信号在一个短时范围内（通常小于 50ms）基本保持不变的时变特性，进行按帧分取信号，帧长一般为 20~50ms，同时为了使得语音帧之间有一个平滑的过渡，在相邻帧之间有一定的重叠，也就是通过相邻两帧的起始位置的时间差即帧移来完成。加窗操作的目的是为了避免信号被非周期截断产生的新的频率成分，从而难以找到信号的真实频率，即缓解频率泄漏。通过引入加窗操作，可以使得每一帧的两端信号变弱，接近 0，而使信号各个主瓣更细，更易区分。加窗操作常用的方法有矩形窗、汉明（Hamming）窗、汉宁（Hanning）窗、布莱克曼（Blackman）窗，由于篇幅所限，加窗操作的具体方法，本书不再赘述。

2. 语音信号分析

语音信号分析是将语音信号分解为分量叠加，然后对分量情况进行分析，是语音数据处理的基础。通常语音信号分析方法有时域分析、频域分析、倒谱分析等。时域分析以波形为基础进行分析，常用的方法有短时能量、短时过零率、短时自相关函数、短时平均幅度差函数等。频域分析则是将时域信号变换到频域，分析频域特征，常用的频域分析方法有带通滤波器组法、傅里叶变换法、线性预测法等，其中傅里叶变换有离散傅里叶变换（DFT）、快速傅里叶变换（FFT）、短时傅里叶变换（STFT）等形式。快速傅里叶变换是离散傅里叶变换的一种高效变体算法，是傅里叶变换在时域和频域上都呈现离散的形式，将时域信号的采样变换为在离散时间傅里叶变换（DTFT）频域的采样。离散傅里叶变换第 l 个点的计算如下：

$$X[l] = \sum_{k=0}^{N-1} x[k] e^{-\frac{j2\pi lk}{K}} = \sum_{k=0}^{N-1} x[k] e^{-j\omega k}$$

式中，$x[k]$ 是时域波形第 k 个采样点；$X[l]$ 是傅里叶频谱第 l 个点；N 是采样序列里的采样点数；K 是 DFT 的大小，$K \geq N$；ω 是角频率，$\omega = 2\pi/K$（取值范围为 0～2）。

倒谱分析是获取语音倒谱特征参数的过程，通常以同态处理来实现，即将非线性问题转化为线性问题来处理，通常分为乘积同态信号处理和卷积同态信号处理。时域分析与频域分析相比，时域分析简单、计算量小，但人耳听觉特性具有频谱分析功能，使得频域分析更多在系统中广泛应用。

3. 语音声学特征处理

语音声学特征的提取过程如图 8-12 所示，语音数据经过预加重、分帧、加窗预处理操作，再经过短时/离散傅里叶变换分析，获取振幅谱，最后经过相应操作，分别可获取语谱图特征、FBank 特征、MFCC 特征、IMFCC 特征、LFCC 特征、PLP 特征、CQCC 特征等。

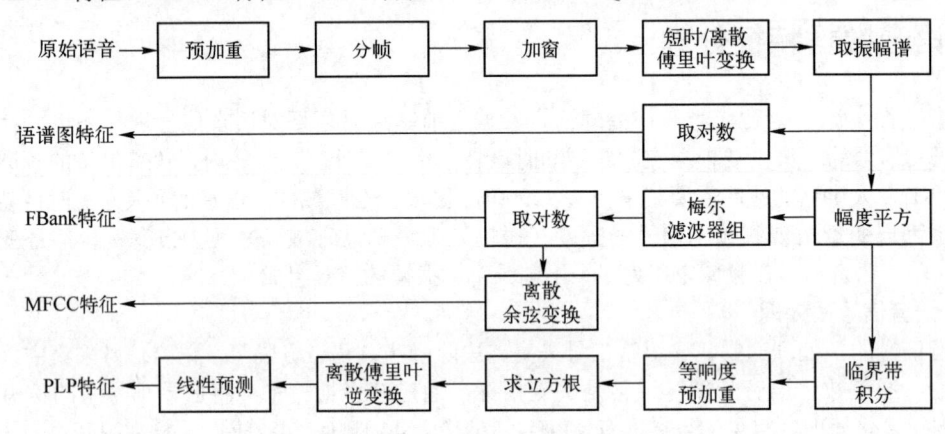

图 8-12 语音声学特征提取过程

1）语谱图特征：是一种通过语谱图数据分析提取的信号特征，它涵盖了三个维度的信息，即频率、时间、幅度值大小，其横坐标为时间，纵坐标是频率，坐标点值表示语音数据能量，语音能量越强，则颜色表示越深。如图 8-12 所示，它是在短时傅里叶变换（STFT）后，把时域信号转为频域信号得到振幅谱，然后通过取对数获得对数振幅谱，再通过旋转和映射，得到每帧信号的频谱图，最后将变换后的多帧频谱在时间维度上拼接成语谱图，通过语谱图可以观察音素特征、共振峰特征等。

2）FBank 特征：是基于 Mel（梅尔）滤波器组的特征，如图 8-12 所示，它的提取流程是将信号进行预加重、分帧、加窗（常用汉明窗，$\alpha = 0.46164$）处理，然后进行短时傅里叶变换，获得振幅谱；接着求取频谱平方，获得每个滤波器（Mel 滤波器）输出的功率谱；最后将每个滤波器的输出取对数，从而得到 FBank 特征，其实质上为对数功率谱。

3）MFCC 特征：MFCC 是 Mel 频率倒谱系数（Mel-scale Frequency Cepstral Coefficient）的英文缩写，如图 8-12 所示，它在 FBank 特征提取的基础上，通过离散余弦变换（DCT）去除各维信号之间的相关性，将信号映射到低维空间，并得到多个 MFCC 系数。基于 MFCC 特征从信号转换详细函数生成声学模型的图解如图 8-13 所示，MFCC 特征与 Fbank 特征相比，有着更小的相关性，具有更好的判别度，结合了人耳的听觉感知特性和语音产生特性，更容易建立高斯混合模型，但抗噪性较弱。IMFCC 与 MFCC 相比，则是采用了逆 Mel 滤波器组取代 Mel 滤波器组，更着重于高频区域，而线性频率倒谱系数（Linear Frequency Cepstral Coefficients，LFCC）与它们不同的是，滤波器组频率分布是线性频率分布。

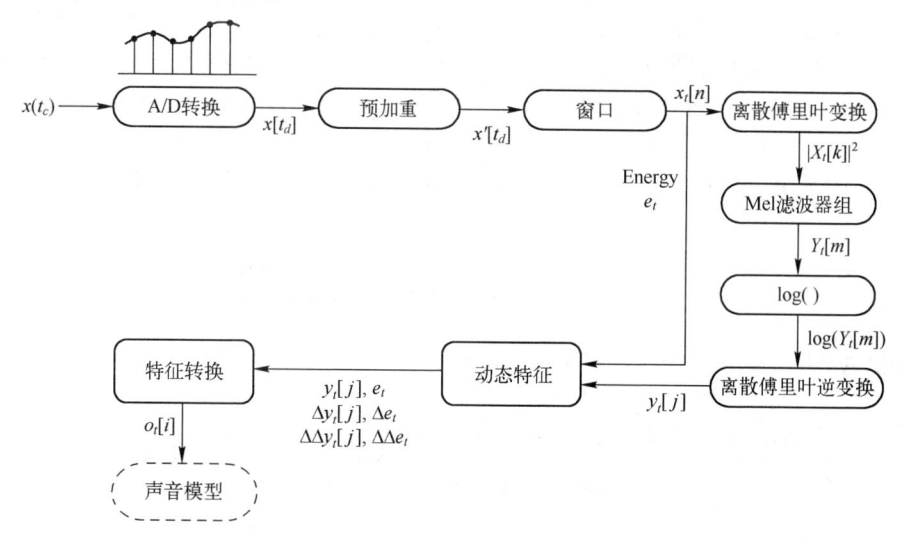

图 8-13 基于 MFCC 特征生成声学模型

提取 MFCC 特征并显示特征图的代码如下：

```
import librosa
# 加载音频文件
audio_file = './example.wav'
y, sr = librosa.load(audio_file)

# 提取 MFCC 特征
mfcc_feat = librosa.feature.mfcc(y=y, sr=sr)

# 显示 MFCC 特征图
plt.figure(figsize=(10, 4))
librosa.display.specshow(mfcc_feat, x_axis='time')
plt.colorbar()
plt.title('MFCC')
plt.tight_layout()
plt.show()
```

4）PLP 特征：它利用等响度预加重以及强度-响度转换（立方根压缩），以及离散傅里叶变换的逆变换（IDFT）、线性预测自回归模型获得倒谱系数。如图 8-12 所示，它在经过预加重、分帧、加窗、离散傅里叶变换后，再取短时语音频谱的实部和虚部的平方和，计算幅度平方，得到短时功率谱，接着通过临界频带分析处理、等响度预加重、（信号）强度-（听觉）响度转换、离散傅里叶逆变换、线性预测（LP）等流程，最终获得 PLP 特征。

临界频带分析处理基于人耳听觉掩蔽效应，通过转换得到 17 个 Bark 频带，每个频带内的短时功率谱与加权系数函数相乘，求和后得到临界带宽听觉谱；等响度预加重则用模拟人耳大约 40dB

等响度曲线对临界带宽听觉谱进行等响度曲线预加重；强度-响度转换是近似模拟声音的强度与人耳感受的响度间的非线性关系，进行强度-响度转换。离散傅里叶逆变换（IDFT）是在强度-响度转换之后完成。经过离散傅里叶逆变换后，线性预测（LP）用算法计算全极点模型，并求出倒谱系数（PLP 特征参数）。

PLP 与 MFCC 比较，具有更好的语音识别准确度以及噪声鲁棒性。

5）CQCC 特征：CQCC 是常数倒谱系数（Constant Q Cepstral Coefficients）的英文缩写，它是针对 STFT 在时频分析中时频分辨率均匀缺陷而提出基于常量 Q 变换（CQT）的一种特征提取方法，STFT 中每个滤波器的带宽保持恒定，在频率从低频到高频转换时，Q 因子增加，并不适用于人的感知系统的 Q 因子近似常数情况，因而提出了 CQT 进行替代，如图 8-14 所示，它的提取过程也是在预处理的基础上，通过 CQT→能量谱→log→统一重采样→DCT→CQCC[9]，其计算公式如下：

$$CQCC(p) = \sum_{l=1}^{L} \log |X^{CQ}(l)|^2 \cos \frac{p\left(l - \frac{1}{2}\right)\pi}{L}$$

式中，p 取值为 $0,1,\cdots,L-1$；是新的重采样频带索引。

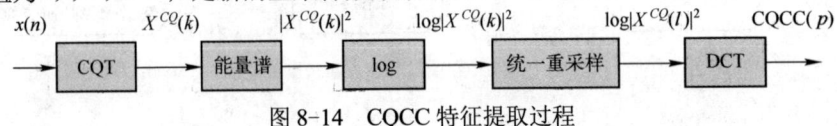

图 8-14　CQCC 特征提取过程

8.4　典型算法

由于受说话者、周围环境、风格、语言词汇量、口音/方言、情感状态等因素影响，单一模型的语音识别算法很难适应需求，不断向综合模型发展。在此过程中，语音识别问题经常被转换为分类、序列对齐等问题进行处理。下面就其典型算法进行介绍。

1. 动态时间规整

动态时间规整（Dynamic Time Warping，DTW）算法是语音识别的早期传统算法，用于比较两个不对齐时间序列的距离的相似性。或者对它们的形态是否相似进行判定。假设有两个时间序列 $X=(x_1,x_2,\cdots,x_N)$，$N\in\mathbb{N}$ 和 $Y=(y_1,y_2,\cdots,y_M)$，$M\in\mathbb{N}$，它们在特征空间 Φ 中的距离为 d（$d:\Phi\times\Phi\to\mathcal{R}\geqslant 0$），$d$ 越小表示两个序列越相似，反之，则表示越不相似。如图 8-15 所示，欧氏距离通过同一时刻上点对应距离，计算总距离，而 DTW 则通过 X 序列某一时刻的点对应 Y 序列上非同一时刻的点，找到距离最小的点，从而 DTW 计算的距离比欧氏距离更小，对于内容相同、语速不同的两段不同长度语音，通过 DTW 可完成不等长语音的相似性判定。因此，DTW 在语音序列匹配中有广泛的应用。

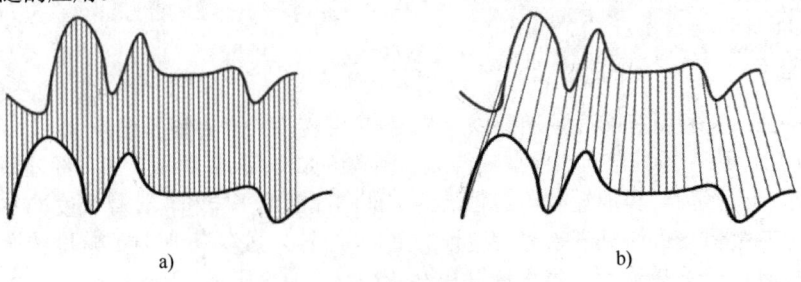

图 8-15　欧氏距离与 DTW 距离
a) 欧氏距离　b) DTW 距离

上述距离 d 的计算可转化为代价函数，用距离矩阵 $C \in \mathcal{R}^{N \times M}$ 表示时间序列 X 和 Y 之间的距离，其计算公式为，$C_l \in \mathcal{R}^{N \times M}$：$c_{i,j} = \|x_i - y_j\|$，$i \in [1:N]$，$j \in [1:M]$，矩阵中每个元素为 $c_{i,j}$，规整路径 W 为连续的矩阵元素集合，$W = \{w_1, w_2, \cdots, w_K\}$，$\max(m,n) \leqslant K < m+n-1$。$X$ 和 Y 相似但时间不同步，如图 8-16a 所示；对齐序列 X 和 Y，构建规整矩阵，搜索最优的灰色框表示的规整路径，如图 8-16c 所示；X 和 Y 序列的对齐结果，如图 8-16b 和图 8-16d 所示。

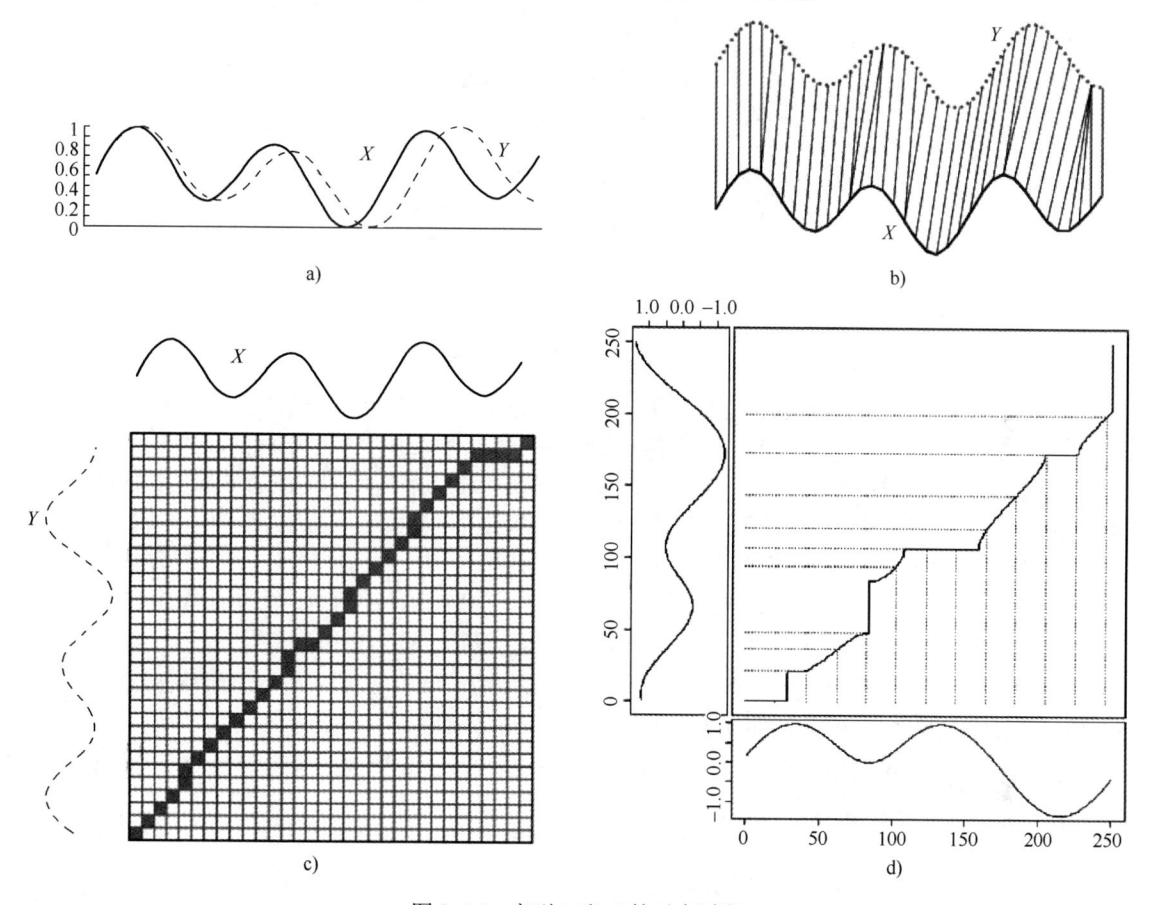

图 8-16 序列 X 和 Y 的对齐过程

在序列对齐过程中，必须满足：
1) 边界条件：起点 $w_1 = (1,1)$，终点 $w_K = (m,n)$，起点和终点对齐，规整路径为矩阵的对角线。
2) 步长大小条件：即规整路径为临界单元，步长选择范围为 $w_{l+1} - w_l \in \{(1,1),(1,0),(0,1)\}$。
3) 单调性条件：保持 w 中点的时序性，$n_1 \leqslant n_2 \leqslant \cdots \leqslant n_K$ 和 $m_1 \leqslant m_2 \leqslant \cdots \leqslant m_K$。

满足上述条件的规整路径有许多，但最优规整路径满足最小代价，即 $\min\{c_w(X,Y), w \in W^{N \times M}\}$，$c_w(X,Y) = \sum_{l=1}^{L} c(x_{nl}, y_{ml})$。其中 $W^{N \times M}$ 是所有可能的规整路径的集合，那么如图 8-16b 所示的全局代价矩阵 D 中的元素 $D(i,j) = \min\{D(i-1,j-1), D(i-1,j), D(i,j-1)\} + c(x_i, y_j)$，$i \in [1,N]$，$j \in [1,M]$。

DTW 算法的时间复杂度是 $O(NM)$，它的优化改进方向有步长函数（限制在对角线）或在步长方向添加权值惩罚因子。

2. HMM

HMM（隐马尔可夫模型）是统计模型，通常分为离散 HMM、连续 HMM 和半连续 HMM 三类。离散 HMM 的观察值是离散状态，而连续及半连续 HMM 观测值是连续概率密度函数。连续 HMM 和半连续 HMM 的区别是，连续 HMM 每个状态有不同的一组概率密度函数，而半连续 HMM 则是所有状态共享一组概率密度函数。HMM 重点是马尔可夫链，包含所有可能的状态、初始状态概率、状态转移的概率、输出概率，假定下一个状态仅取决于当前状态，在每个时刻 t，模型固定状态为 q_t，根据固定状态的概率分布，模型生成连续或离散的观察变量 x_t，给定 q_t，q_{t+1} 条件独立于 $q_1,\cdots,q_{t-1}$，如图 8-17 所示。

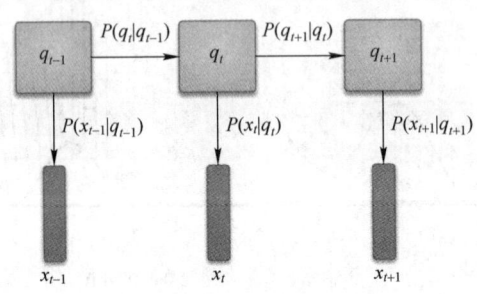

图 8-17　HMM 概率及状态

在语音识别中，传统的 HMM 建模需要定义转移概率、观察概率、初始概率，建模单元通常可分为单字（音节）、音素（元音/辅音）、声韵母等，每个音素通常使用三个不同的状态建模，这些音素连接成字词完整的 HMM，建模自动对齐生成状态序列和观察序列（词或音素）。如图 8-18 所示，有两个状态，即低和高，两个观察变量，即下雨和晴天。

初始概率：$P('低') = 0.4$，$P('高') = 0.6$。

转移概率：$P('低'|'低') = 0.3$，$P('低'|'高') = 0.2$，$P('高'|'低') = 0.7$，$P('高'|'高') = 0.8$。

观察概率：$P('雨'|'低') = 0.6$，$P('晴'|'高') = 0.6$，$P('晴'|'低') = 0.4$，$P('雨'|'高') = 0.4$。

所有可能的隐状态序列：$P(\{'雨','晴'\}) = P(\{'雨','晴'\},\{'低','低'\}) + P(\{'雨','晴'\},\{'低','高'\}) + P(\{'雨','晴'\},\{'高','低'\}) + P(\{'雨','晴'\},\{'高','高'\})$。

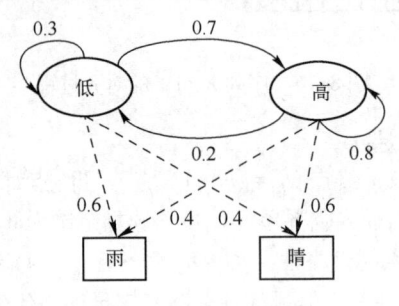

那么，$P(\{'雨','晴'\},\{'低','低'\}) = P(\{'雨','晴'\}|\{'低','低'\})P('低'|'低') = P('晴'|'低')P('雨'|'低')P('低')P('低'|'低') = 0.4\times 0.6\times 0.4\times 0.3$。

图 8-18　HMM 示例

传统 HMM 语音识别建模过程如图 8-19 所示。假定有观察长度为 K 的序列 $X = (x_1,\cdots,x_K)$ 和状态序列 $Q = (q_1,\cdots,q_K)$，通过 HMM 可计算 X 和 Q 的联合概率为：

$$P(X,Q;\gamma) = P(q_1)P(x_1|q_1)P(q_2|q_1)P(x_2|q_2)\cdots = P(q_1)P(x_1|q_1)\prod_{t=2}^{K}P(q_t|q_{t-1})P(x_t|q_t)$$

式中，$P(q_1)$ 为每个状态的初始概率；γ 为模型参数，表示转移概率和观察概率，转移概率为 $a_{kj} = P(q_{t+1} = j|q_t = k)$，观察概率为 $b_j(x) = P(x|q = j)$。

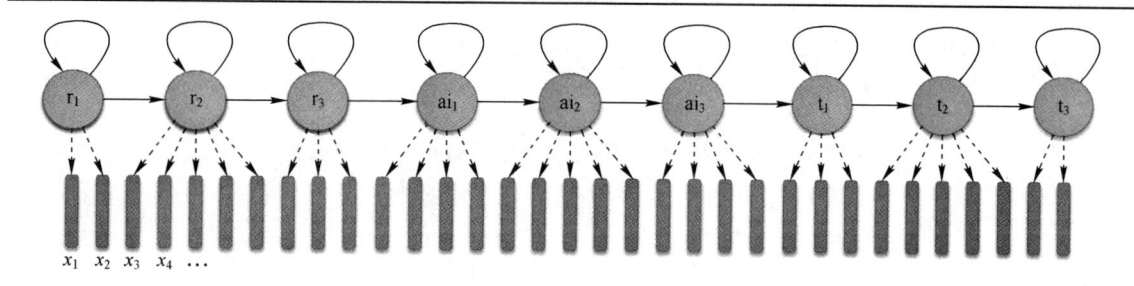

图 8-19 传统 HMM 语音识别建模过程

在 HMM 模型中,有以下三个基本问题:
1)给定 HMM,如何估计观测序列的概率,即模型评估问题。
2)给定 HMM 和观察序列,找出最优的状态序列,即寻找最优路径问题。
3)给定 HMM 和观察序列,借助状态占用概率,寻找最优的模型参数,即模型训练参数学习问题。

针对基本问题1),可采用前向算法,最大可能的路径计算公式为:$P^*(X|M) = \max P(X,Q|M)$。

对于基本问题 2),可采用维特比算法,寻找最有可能产生观测事件序列的维特比路径-隐含状态序列,例如给定时刻 t 和状态 j,最可能的路径 $V_j(t) = \max_i V_i(t-1) a_{ij} b_j(x_t)$,其中 a_{ij} 为时刻 $t-1$ 到时刻 t,状态 i 到状态 j 的转移概率,如图 8-20 所示。

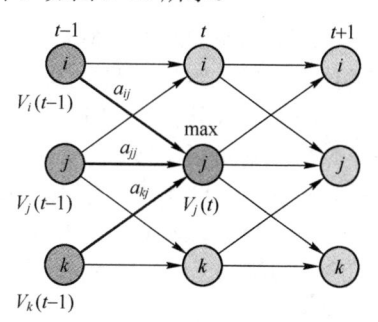

图 8-20 维特比算法示例

对于基本问题 3),找到最大化参数 $F_{ML}(\lambda) = \log P(X|M,\lambda) = \log \sum_{Q \in \mathbb{Q}} P(X,Q|M,\lambda)$,可采用前后向算法+EM 算法(Baum-Welch 算法)完成。每一个观察特征向量与一个特定的状态对齐,最大似然估计 $a_{ij} = \dfrac{C(i \to j)}{\sum_k C(i \to k)}$,其中 $C(i \to j)$ 是从状态 i 转移到状态 j 的可能路径总数。E 步计算前向概率和后向概率、状态占有概率,M 步基于状态占有概率,重新评估 HMM 参数、转移概率和观察概率。

3. GMM

GMM(Gaussian Mixture Model)是高斯混合模型的英文缩写,它是多个高斯模型(高斯概率密度函数)的混合,通过把混合密度函数或混合模型 $p(x) = \sum_{m=1}^M P(m) p(x|m)$ 中的 $p(x|m)$ 定义为高斯模型 $N(x; \mu_m, \sigma_m)$,其中 $P(m)$ 是混合系数,可用 c_m 表示,满足 $\sum_{m=1}^M c_m = 1$,可以发现,GMM 中最关键的是参数 c、μ、σ,可以通过最大似然估计。假定给定 N 个观察 $\{x_n\}_{n=1}^N$,其对数似然函数可表示为 $\ln p(X; c_{1:K}, \mu_{1:K}, \sigma_{1:K}) = \sum_{n=1}^N \ln \left(\sum_{k=1}^K c_k \right) N(x_n | \mu_k, \sigma_k)$,该对数似然函数可通过 EM 算法求解,满足条件:

$$\frac{d}{d\mu_k}[\ln p(x|c,\mu,\sigma)] = 0 \to 0 = \sum_{n=1}^N \frac{c_k N(x_n|\mu_k,\sigma_k)}{\sum_j c_j N(x_n|\mu_j,\sigma_j)} \sigma_k(x_n - \mu_k)$$

记 $\dfrac{c_k \mathrm{N}(x_n|\mu_k,\sigma_k)}{\sum_j c_j \mathrm{N}(x_n|\mu_j,\sigma_j)} = \gamma(z_{nk})$，假定 $\mu_k = \dfrac{1}{N_k}\sum_{n=1}^{N}\gamma(z_{nk})x_n$，可得：

$$\frac{\mathrm{d}}{\mathrm{d}\sigma_k}[\ln p(x|c,\mu,\sigma)] = 0 \rightarrow \sigma_k = \frac{1}{N_k}\sum_{n=1}^{N}\gamma(z_{nk})(x_n-\mu_k)(x_n-\mu_k)^{\mathrm{T}}$$

应用拉格朗日乘子，给定 $c_k = \dfrac{N_k}{N}$，满足 $N_k = \sum_{n=1}^{N}\gamma(z_{nk})$，最大化 $\ln p(x|c,\mu,\sigma)$，其标准算法步骤为：

```
Initialize   μ_k^1, σ_k^1, c_k^1 and set  i = 1
while not converged   do
    Compute    γ(z_nk)                    E-step
    Compute    μ_k^{i+1}, σ_k^{i+1}, c_k^{i+1}, N_k    M-step
Step
                                          i ← i+1
end while
```

GMM 可与 HMM 结合，通常需要评估参数：起始概率、转移概率、各个状态中不同高斯混合概率密度函数（每个状态表示为若干连续高斯密度函数的线性组合）的权重、各状态中不同高斯混合概率密度函数的均值和方差。

4. DNN-HMM

DNN-HMM 是 Deep Neural Networks-Hidden Markov Model 的缩写，通过利用 DNN 替换 GMM 充当声音模型，来评估概率密度函数，对输入语音信号的观察概率进行建模，以及词/音节的分类。如图 8-21 所示，DNN-HMM 用来训练预测给定语音观察状态下的后验概率，即 DNN 的每个输出神经元用来训练评估连续密度 HMM 状态的后验概率。

训练 DNN-HMM 之前，通常需要先训练 GMM-HMM，以实现帧与状态的对齐操作。步骤为：特征提取→GMM-HMM 的单音素训练→GMM-HMM 的三音素训练→维特比算法对齐→帧语音在 DNN 神经元目标输出标签→DNN-HMM 训练（正向传播，反向传播）。

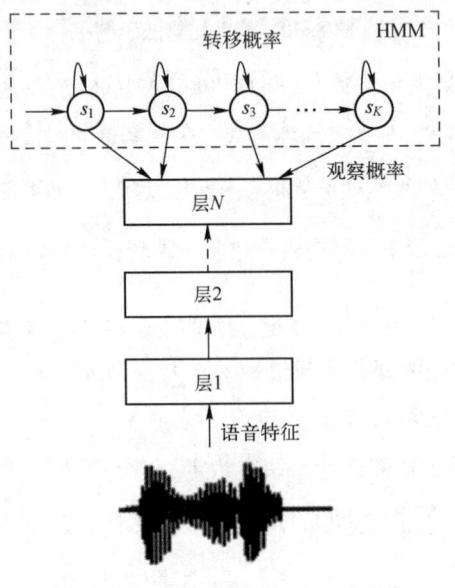

图 8-21　DNN-HMM 基本架构[10]

DNN-HMM 和 GMM-HMM 的对比见表 8-2。

表 8-2 DNN-HMM 和 GMM-HMM 对比

DNN-HMM	GMM-HMM
考虑短词之间的关联	假设输入词没有关联
没有概率分布假设	假设 GMM 为概率密度函数
在生成分布中进行判别训练	生成分布中没有进行判别训练
帧层级上使用判别式语音模型，有监督学习	差的判别-最大似然估计，无监督学习
高性能	低性能

5. 端到端模型

当前典型的端到端（End-to-End）语音识别模型主要有 CTC、AED、循环神经网络变换器（Recurrent Neural Network Transducer，RNN-T）[11]。

（1）CTC 模型

CTC 模型把输入语音序列记为 x，原始输出标签序列记为 y，那么来自 y 的所有 CTC 路径设为 $B^{-1}(y)$，编码器网络把输入语音特征 x_t 转为高层级表示 h_t^{enc}，给定输入语音序列，CTC 的损失函数计算公式如下：

$$L_{CTC} = -\ln P(y|x), \text{ 其中 } P(y|x) = \sum_{q \in B^{-1}(y)} P(q|x)$$

式中，q 是 CTC 路径；在条件独立的假设下，$P(q|x)$ 可分解为帧后验概率的点积，即 $P(q|x) = \prod_{t=1}^{T} P(q_t|x)$，$T$ 为语音序列的长度。

设计语音输入序列对应映射输出标签序列，由于输出标签序列远小于输入语音序列，如图 8-22 所示，输入单词 "team"，采用了插入空白标签<b>的方法，使得输出序列和输入序列的长度一样，深灰色路径是 (<b>,<b>,t,<b>,e,a,m,m)，浅灰色路径是 (<b>,t,e,a,a,<b>,m,<b>)；黑色路径是 (t,<b>,e,<b>,<b>,a,<b>,m)。

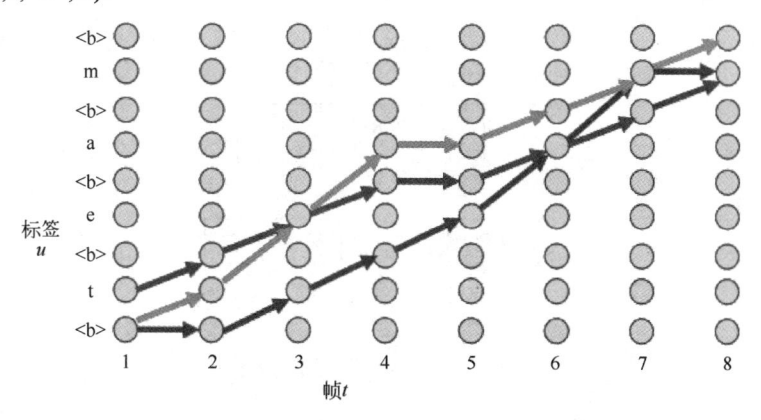

图 8-22 CTC 算法输入词 "team" 的路径示例

（2）AED 模型

AED 模型结构一般包含编码网络（Encoder Network）、注意力模块（Attention Module）、解码网络（Decoder Network），其概率计算公式为 $P(y|x) = \prod_u P(y_u|x, y_{1:u-1})$，其中 u 是输出标签索引。AED 的编码网络与 CTC 一样，注意力模块通过注意力函数，如全注意力函数、单调型注意力函数、单调块对注意力函数、单调无回环注意力函数等，在上一个解码输出和下一个每帧编码输入之间计算注意力权值，如图 8-23 所示。

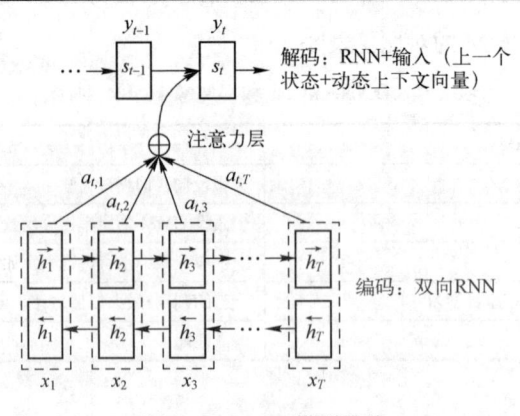

图 8-23 AED 模型结构

（3）RNN-T

RNN-T 模型结构一般包含编码网络、预测网络、联合网络，如图 8-24 所示，编码网络与 CTC 和 AED 一样，预测网络基于 RNN-T 的前一个输出标签 y_{u-1}，生成高层级表示 h_u^{pre}，联合网络是前向网络，合并编码网络输出和预测网络输出，其计算公式为 $z_{t,u} = \phi(Qh_t^{enc} + Vh_u^{pre} + b_z)$，其中 Q 和 V 是权值矩阵，b_z 是偏置向量，ϕ 是非线性函数，$z_{t,u}$ 是一个带有线性转换的输出层，每一个输出单元 k 的概率为：

$$P(y_u = k|x_{1:t}, y_{1:u-1}) = \mathrm{softmax}(h_{t,u}^k)$$

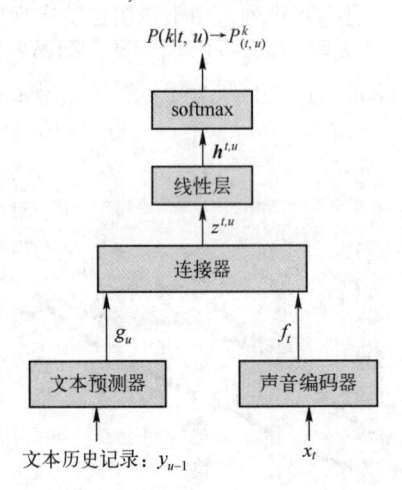

式中，$h_{t,u}^k = W_y z_{t,u} + b_y$，$W_y$ 是权值矩阵，b_y 是偏置向量。

图 8-24 RNN-T 基本结构

8.5 在线语音识别

在线语音识别已经成为一种常见的应用模式，按应用端分，有 PC 客户端、移动 App 端、小程序、云服务等；按操作系统分，有基于 Windows 版本和基于 MAC 的版本。当前，常见的在线语音识别平台有讯飞听见、百度语音、思比驰、云知声、腾讯语音、谷歌语音、阿里智能语音交互、微软语音识别等。按基于嵌入式的芯片开发区分，有云知声蜂鸟芯片、百度鸿鹄语音芯片、科大讯飞智能离线语音模块、太行系列芯片、阿里语音芯片等；按基于开源的语音识别库区分，有 DeepSpeech、

Kaldi、Julius、Wav2Letter++、Whisper 等。

8.5.1 音频流识别

音频流识别分为实时和非实时两种。实时音频流识别属于流式语音识别，在处理音频流的过程中，实时返回识别结果。非实时音频识别属于非流式识别，在处理完整个音频后，才返回结果。流式语音识别根据持续接受的音频流进行识别，并根据已经接收到的部分语音，计算、获取对应的后验概率最大的标志序列。

下面简述使用 MASR 库进行音频流识别。在本地使用 Anaconda 创建 Python 3.8 的虚拟环境，创建、激活命令如下：

```
conda create -n speech python=3.8        //创建虚拟环境
conda activate speech                     //激活虚拟环境
```

安装 OpenCV 和 PyTorch 1.13.1 的 GPU 版本：

```
conda install -c conda-forge opencv
conda install pytorch==1.13.1 torchvision==0.14.1 torchaudio==0.13.1 pytorch-cuda=11.6 -c pytorch -c nvidia
```

安装 MASR 库源码，如下：

```
(speech) C:\Users\PC> git clone https://github.com/yeyupiaoling/MASR.git        (1)
Cloning into 'MASR'...
remote: Enumerating objects: 1911, done.
remote: Counting objects: 100% (514/514), done.
remote: Compressing objects: 100% (191/191), done.
remote: Total 1911 (delta 346), reused 471 (delta 321), pack-reused 1397 eceiving objects: 98% (1873/1911), 1.57 MiB | 3.05 MiB/s
Receiving objects: 100% (1911/1911), 6.36 MiB | 7.86 MiB/s, done.
Resolving deltas: 100% (1327/1327), done.

(speech) C:\Users\PC> cd MASR        (2)

(speech) C:\Users\PC\MASR> python setup.py install        (3)
running install
```

进行短语音和长语音识别，代码如下：

```
//短语音识别调用
from masr.predict import MASRPredictor

predictor = MASRPredictor(model ='conformer_streaming_fbank_aishell')

speech_path = 'bcpl/example_s.wav'
result = predictor.predict(audio_data=speech_path, use_pun=False)
score, text = result['score'], result['text']
print(f"识别结果: {text}, 打分: {int(score)}")

//长语音识别调用
from masr.predict import MASRPredictor
```

```
predictor = MASRPredictor(model ='conformer_streaming_fbank_aishell')

speech_path = 'bcpl/example_1.wav'
result = predictor.predict_long(audio_data=speech_path, use_pun=False)
score, text = result['score'], result['text']
print(f"识别结果: {text}, 打分: {score}")
```

除了上述直接调用之外，还可以使用语音数据训练语音模型，然后选取模型，进行语音识别，其步骤通常包含：下载训练数据集→数据预处理→训练模型→评估模型→保存预测模型→对音频进行预测。中文语音训练数据下载地址是 https://openslr.elda.org/resources/18/data_thchs30.tgz。

快速安装 paddlepaddle，命令如下：

```
pip install paddlepaddle -i https://mirror.baidu.com/pypi/simple
```

安装 PaddleSpeech 命令：

```
pip install pytest-runner
pip install paddlespeech
```

paddlepaddle 语音识别命令：

```
paddlespeech asr --lang zh --input test.wav
```

8.5.2 文本转语音

文本转语音（Text-To-Speech，TTS）属于语音合成应用，是将一段文字转换为自然语音片段，在视觉障碍领域有着重要的应用，常见的开源工具有 PaddleSpeech、DeepSpeech、DeepSpeech 2、Kaldi、Bark、MARY、OpenTTS、eSpeak、Flite 等。在 PaddleSpeech 中，文本转语音主要包含三个步骤，第一步是先把文字转为字符或单字音节；第二步通过语音模型，把字符或单字音节转为语音特征，如 Mel 语谱特征；第三步是把语音特征转化为语音波的形式。PaddleSpeech 文本生成语音的命令如下：

```
paddlespeech tts --input "你好，欢迎使用文字转语音框架！" --output output.wav
```

下面以 Bark 为例，简要介绍文字转语音的方法。Bark 支持文本生成多语言语音，支持 CPU 和 GPU（PyTorch 2.0+，CUDA 11.7 以及 CUDA 12.0）。

Bark Transformers 库安装命令如下：

```
pip install git+https://github.com/huggingface/transformers.git
```

使用 Bark 实现文本生成语音的代码如下：

```
from transformers import AutoProcessor, BarkModel

processor = AutoProcessor.from_pretrained("suno/bark")
model = BarkModel.from_pretrained("suno/bark")

voice_preset = "v2/en_speaker_6"

inputs = processor("welcome, This is BCPL    speech class", voice_preset=voice_preset)
```

```
audio_array = model.generate(**inputs)
audio_array = audio_array.cpu().numpy().squeeze()
```

在线预听生成的语音：

```
from IPython.display import Audio

sample_rate = model.generation_config.sample_rate
Audio(audio_array, rate=sample_rate)
```

保存生成的语音为.wav 格式文件，代码如下：

```
import scipy
sample_rate = model.generation_config.sample_rate
scipy.io.wavfile.write("bcpl.wav", rate=sample_rate, data=audio_array)
```

另外，如果只是简单的文本生成语音，则可使用命令行的方式，代码如下：

```
python -m bark --text "欢迎来到 BCPL 进行文本生成语音." --output_filename "test.wav"
```

8.5.3 视频字幕文本生成

视频字幕文本生成是通过音频采样、视频分析，将音频信号内容转为文本的处理方法。常见的开源工具有 auto_ai_subtitle、VideoSrt、Video-subtitle-generator（vsg）等。下面以 vsg 为例，简要介绍视频字幕文本生成过程。

创建虚拟环境后，使用如下命令安装相关依赖包：

```
pip install -r requirements.txt
```

创建代码，生成视频字幕：

```
import io
import multiprocessing
import subprocess
import tempfile
import time
import warnings
warnings.filterwarnings('ignore')
import librosa
import os
import stat
import audioop
import wave
import math
import sys
sys.path.insert(0, os.path.dirname(os.path.dirname(os.path.abspath(__file__))))
from backend import config
from backend import whisper
from backend.utils.formatter import FORMATTERS
from zhconv.zhconv import convert
import argparse
```

```python
class AudioRecogniser:
    def __init__(self, language='auto'):
        self.model_path = config.get_model_path()
        self.model = whisper.load_model(self.model_path)
        self.language = language

    def __call__(self, audio_data):
        audio_data = whisper.pad_or_trim(audio_data)
        mel = whisper.log_mel_spectrogram(audio_data).to(self.model.device)

        # 检测音频语言
        _, probs = self.model.detect_language(mel)

        # decode the audio
        if self.language != 'auto':
            if self.language in ('zh-cn', 'zh-tw', 'zh-hk', 'zh-sg', 'zh-hans', 'zh-hant'):
                options = whisper.DecodingOptions(fp16=False, language='zh')
            else:
                options = whisper.DecodingOptions(fp16=False, language=self.language)
        else:
            # 如果没有设置语言，则自动检测语言
            print(f"{config.get_interface_config()['Main']['LanguageDetected']} {max(probs, key=probs.get)}")
            options = whisper.DecodingOptions(fp16=False)

        transcription = whisper.decode(self.model, mel, options)
        zh_list = ('zh', 'zh-cn', 'zh-tw', 'zh-hk', 'zh-sg', 'zh-hans', 'zh-hant')
        if self.language in zh_list:
            text = convert(transcription.text, self.language)
        elif max(probs, key=probs.get) in zh_list:
            text = convert(transcription.text, 'zh-cn')
        else:
            text = transcription.text
        return text


class FLACConverter:  # pylint: disable=too-few-public-methods
    """
    Class for converting a region of an input audio or video file into a FLAC audio file
    """

    def __init__(self, source_path, include_before=0.25, include_after=0.25):
        self.source_path = source_path
        self.include_before = include_before
        self.include_after = include_after

    def __call__(self, region):
```

```python
            try:
                start, end = region
                start = max(0, start - self.include_before)
                end += self.include_after
                temp = tempfile.NamedTemporaryFile(suffix='.flac', delete=False)
                command = [config.FFMPEG_PATH, "-ss", str(start), "-t", str(end - start),
"-y", "-i", self.source_path,
"-loglevel", "error", temp.name]
                use_shell = True if os.name == "nt" else False
                subprocess.check_output(command, stdin=open(os.devnull), shell=use_shell)
                read_data = temp.read()
                temp.close()
                os.unlink(temp.name)
                return read_data

            except KeyboardInterrupt:
                return None


class SubtitleGenerator:

    def __init__(self, filename, language='auto'):
        self.filename = filename
        self.language = language
        self.isFinished = False
        if self.language not in config.LANGUAGE_LIST:
            # 如果识别语言不存在,则默认使用 auto
            print(config.get_interface_config()['Main']['IllegalLanguageCode'])
            self.language = 'auto'

    @staticmethod
    def which(program):
        """
        Return the path for a given executable.
        """

    def is_exe(file_path):
        """
        Checks whether a file is executable.
        """
        if not os.access(file_path, os.X_OK):
            os.chmod(file_path, stat.S_IXUSR)
        if not os.access(file_path, os.X_OK):
            os.chmod(file_path, stat.S_IXGRP)
        if not os.access(file_path, os.X_OK):
            os.chmod(file_path, stat.S_IXOTH)
        return os.path.isfile(file_path) and os.access(file_path, os.X_OK)
```

```python
            fpath, _ = os.path.split(program)
            if fpath:
                if is_exe(program):
                    return program
            else:
                for path in os.environ["PATH"].split(os.pathsep):
                    path = path.strip('"')
                    exe_file = os.path.join(path, program)
                    if is_exe(exe_file):
                        return exe_file
            return None
    #提取音频
        def extract_audio(self, rate=16000):
            """
            Extract audio from an input file to a temporary WAV file.
            """
            temp = tempfile.NamedTemporaryFile(suffix='.wav', delete=False)
            if not os.path.isfile(self.filename):
                print("The given file does not exist: {}".format(self.filename))
                raise Exception("Invalid filepath: {}".format(self.filename))
            if not self.which(config.FFMPEG_PATH):
                print("ffmpeg: Executable not found on machine.")
                raise Exception("Dependency not found: ffmpeg")
            command = [config.FFMPEG_PATH, "-y", "-i", self.filename,
    "-ac", '1', "-ar", str(rate),
    "-loglevel", "error", temp.name]
            use_shell = True if os.name == "nt" else False
            subprocess.check_output(command, stdin=open(os.devnull), shell=use_shell)
            return temp.name, rate


        @staticmethod
        def percentile(arr, percent):
            """
            Calculate the given percentile of arr.
            """
            arr = sorted(arr)
            index = (len(arr) - 1) * percent
            floor = math.floor(index)
            ceil = math.ceil(index)
            if floor == ceil:
                return arr[int(index)]
            low_value = arr[int(floor)] * (ceil - index)
            high_value = arr[int(ceil)] * (index - floor)
            return low_value + high_value


        def find_speech_regions(self, filename, frame_width=4096, min_region_size=0.5,
```

```python
                              max_region_size=6):    # pylint: disable=too-many-locals
    """
    Perform voice activity detection on a given audio file.
    """
    reader = wave.open(filename)
    sample_width = reader.getsampwidth()
    rate = reader.getframerate()
    n_channels = reader.getnchannels()
    chunk_duration = float(frame_width) / rate

    n_chunks = int(math.ceil(reader.getnframes() * 1.0 / frame_width))
    energies = []
    for _ in range(n_chunks):
        chunk = reader.readframes(frame_width)
        energies.append(audioop.rms(chunk, sample_width * n_channels))
    threshold = self.percentile(energies, 0.2)
    elapsed_time = 0

    regions = []
    region_start = None

    for energy in energies:
        is_silence = energy <= threshold
        max_exceeded = region_start and elapsed_time - region_start >= max_region_size

        if (max_exceeded or is_silence) and region_start:
            if elapsed_time - region_start >= min_region_size:
                regions.append((region_start, elapsed_time))
                region_start = None

        elif (not region_start) and (not is_silence):
            region_start = elapsed_time
        elapsed_time += chunk_duration
    return regions

def run(self, output=None,
        concurrency=config.DEFAULT_CONCURRENCY,
        subtitle_file_format=config.DEFAULT_SUBTITLE_FORMAT):
    """
    Given an input audio/video file, generate subtitles in the specified language and format.
    """
    audio_filename, audio_rate = self.extract_audio()
    regions = self.find_speech_regions(audio_filename)
    pool = multiprocessing.Pool(concurrency)
    converter = FLACConverter(source_path=audio_filename)
    recognizer = AudioRecogniser(language=self.language)
    transcripts = []
```

```python
            print(f"{config.get_interface_config()['Main']['StartGenerateSub']}")
            start_time = time.time()

            if regions:
                try:
                    extracted_regions = []
                    for i, extracted_region in enumerate(pool.imap(converter, regions)):
                        data, sr = librosa.load(io.BytesIO(extracted_region), sr=16000)
                        extracted_regions.append(data)

                    for i, data in enumerate(extracted_regions):
                        transcript = recognizer(data)
                        print(transcript)
                        transcripts.append(transcript)
                        print()

                except KeyboardInterrupt:
                    pool.terminate()
                    pool.join()
                    print("Cancelling transcription")
                    raise

            timed_subtitles = [(r, t) for r, t in zip(regions, transcripts) if t]
            formatter = FORMATTERS.get(subtitle_file_format)
            formatted_subtitles = formatter(subtitles=timed_subtitles)
            dest = output
            if not dest:
                base = os.path.splitext(self.filename)[0]
                dest = "{base}.{format}".format(base=base, format=subtitle_file_format)

            with open(dest, 'wb') as output_file:
                output_file.write(formatted_subtitles.encode("utf-8"))
            os.remove(audio_filename)
            self.isFinished = True
            elapse = time.time() - start_time
            print(f"{config.get_interface_config()['Main']['FinishGenerateSub']}")
            print(f"{config.get_interface_config()['Main']['SubLocation']} {dest}")
            print(f"{config.get_interface_config()['Main']['Elapse']}: {elapse}s")
            return dest


if __name__ == '__main__':
    parser = argparse.ArgumentParser(description='Subtitle Generator')

    parser.add_argument('-l', '--language', help=config.get_interface_config()['LanguageModeGUI']['SubtitleLanguage'], choices=config.LANGUAGE_LIST, required=False)
    parser.add_argument('filename', nargs='?', help=config.get_interface_config()['Main']['InputFile'])
```

```
args = parser.parse_args()

if hasattr(args, 'help'):
    exit()

# 1. 获取视频地址
video_path = args.filename or input(f"{config.get_interface_config()['Main']['InputFile']}").strip()

# 2. 新建字幕生成对象，指定语言
sg = SubtitleGenerator(video_path, language=args.language or config.REC_LANGUAGE_TYPE)
# 3. 运行程序
sg.run()
```

执行命令，生成视频字幕文字，命令如下：

```
python ./main.py ./test/test_cn.mp4 -l zh-cn
```

运行结果如图 8-25 和图 8-26 所示。

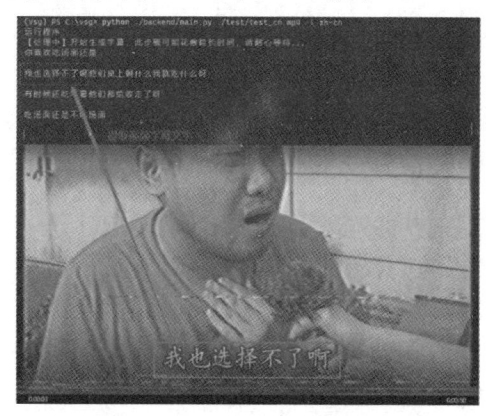

图 8-25 生成视频字幕文字

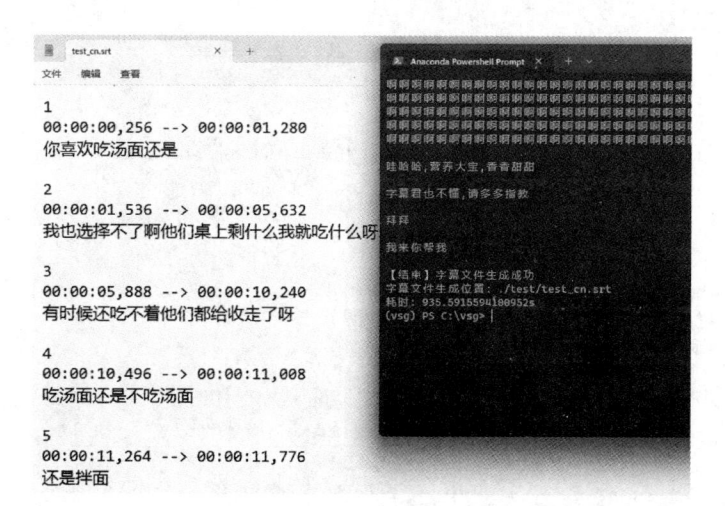

图 8-26 生成字幕文字文件

8.6 综合案例：基于端到端的中文语音识别

基于端到端（End-to-End，E2E）的语音识别系统主要包含三部分：输入端、端到端 ASR 模型、输出端。如图 8-27 所示，基于端到端的语音识别已经把传统语音识别中的声学模型、语言模型、发音字典封装为端到端 ASR 模型。

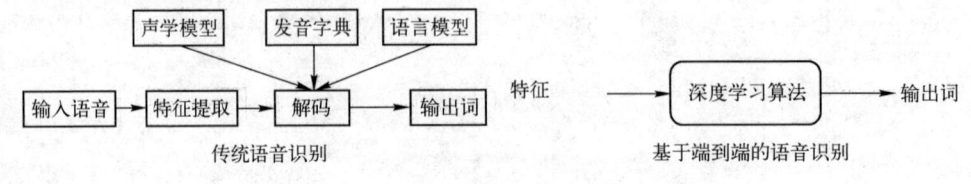

图 8-27 传统语音识别与基于端到端的语音识别

基于端到端的语音识别常用的模型有 Transformer、GPT、CTC、RNN-T、TDNN、Conformer、Res2Net、ResNetSE、CAMPPlus、AudioLM、squeezeformer、DeepSpeech2 等，都已封装到 TensorFlow、PyTorch、PaddlePaddle、Kaldi 等不同平台。本节以端到端 ASR 模型为例介绍语音识别过程。

1）数据准备阶段。下载数据集 data_aishell.tgz，下载地址为 http://www.openslr.org/33/。创建提取数据和 audio 文件列表的代码文件 extract_aishell.py 和 prepare_data.py，命令如下：

```
python extract_aishell.py    ./data_aishell.tgz
python prepare_data.py ${DIRECTORY_OF_AISHELL}
```

2）预处理阶段。从语音波中提取 fbank 特征，保存为.npy 格式文件，主要代码如下：

```
def find_files(directory, pattern='**/*.wav'):
"""Recursively finds all files matching the pattern."""
    return glob(os.path.join(directory, pattern), recursive=True)

def VAD(audio):
    chunk_size = int(SAMPLE_RATE*0.05) # 50ms
    index = 0
    sil_detector = silence_detector.SilenceDetector(15)
    nonsil_audio=[]
    while index + chunk_size < len(audio):
        if not sil_detector.is_silence(audio[index: index+chunk_size]):
            nonsil_audio.extend(audio[index: index + chunk_size])
        index += chunk_size

    return np.array(nonsil_audio)

def read_audio(filename, sample_rate=SAMPLE_RATE):
    audio, sr = librosa.load(filename, sr=sample_rate, mono=True)
    audio = VAD(audio.flatten())
    start_sec, end_sec = c.TRUNCATE_SOUND_SECONDS
    start_frame = int(start_sec * SAMPLE_RATE)
    end_frame = int(end_sec * SAMPLE_RATE)
```

```python
            if len(audio) < (end_frame - start_frame):
                au = [0] * (end_frame - start_frame)
                for i in range(len(audio)):
                    au[i] = audio[i]
                audio = np.array(au)
            return audio

        def normalize_frames(m,epsilon=1e-12):
            return [(v - np.mean(v)) / max(np.std(v),epsilon) for v in m]

        def extract_features(signal=np.random.uniform(size=48000), target_sample_rate=SAMPLE_RATE):
            filter_banks, energies = fbank(signal, samplerate=target_sample_rate, nfilt=64, winlen=0.025)     #filter_bank (num_frames , 64),energies (num_frames ,)
            #delta_1 = delta(filter_banks, N=1)
            #delta_2 = delta(delta_1, N=1)

            filter_banks = normalize_frames(filter_banks)

            #frames_features = np.hstack([filter_banks, delta_1, delta_2])    # (num_frames , 192)
            frames_features = filter_banks            # (num_frames , 64)
            num_frames = len(frames_features)
            return np.reshape(np.array(frames_features),(num_frames, 64, 1))     #(num_frames,64, 1)

        def data_catalog(dataset_dir=c.DATASET_DIR, pattern='*.npy'):
            libri = pd.DataFrame()
            libri['filename'] = find_files(dataset_dir, pattern=pattern)
            libri['filename'] = libri['filename'].apply(lambda x: x.replace('\\', '/'))  # 标准化文件名系统路径
            libri['speaker_id'] = libri['filename'].apply(lambda x: x.split('/')[-1].split('-')[0])
            num_speakers = len(libri['speaker_id'].unique())
            print('Found {} files with {} different speakers.'.format(str(len(libri)).zfill(7), str(num_speakers).zfill(5)))
            return libri

        def prep(libri,out_dir=c.DATASET_DIR,name='0'):
            start_time = time()
            i=0
            for i in range(len(libri)):
                orig_time = time()
                filename = libri[i:i+1]['filename'].values[0]
                target_filename = out_dir + filename.split("/")[-1].split('.')[0] + '.npy'
                if os.path.exists(target_filename):
                    if i % 10 == 0: print("task:{0} No.:{1} Exist File:{2}".format(name, i, filename))
                    continue
                raw_audio = read_audio(filename)
                feature = extract_features(raw_audio, target_sample_rate=SAMPLE_RATE)
                if feature.ndim != 3 or feature.shape[0] < c.NUM_FRAMES or feature.shape[1] !=64 or feature.shape[2] != 1:
```

```
                    print('there is an error in file:',filename)
                    continue
                np.save(target_filename, feature)
                if i % 100 == 0:
                    print("task:{0} cost time per audio: {1:.3f}s No.:{2} File name:{3}".format(name, time() - orig_time, i, filename))
            print("task %s runs %d seconds. %d files" %(name, time()-start_time,i))


def preprocess_and_save(wav_dir=c.WAV_DIR,out_dir=c.DATASET_DIR):

    orig_time = time()
    libri = data_catalog(wav_dir, pattern='**/*.wav')


    print("extract fbank from audio and save as npy, using multiprocessing pool........ ")
    p = Pool(5)
    patch = int(len(libri)/5)
    for i in range(5):
        if i < 4:
            slibri=libri[i*patch: (i+1)*patch]
        else:
            slibri = libri[i*patch:]
        print("task %s slibri length: %d" %(i, len(slibri)))
        p.apply_async(prep, args=(slibri,out_dir,i))
    print('Waiting for all subprocesses done...')
    p.close()
    p.join()

    print("Extract audio features and save it as npy file, cost {0} seconds".format(time()-orig_time))

def test():
    libri = data_catalog()
    filename = 'audio/LibriSpeechSamples/train-clean-100/19/227/19-227-0036.wav'
    raw_audio = read_audio(filename)
    print(filename)
    feature = extract_features(raw_audio, target_sample_rate=SAMPLE_RATE)
    print(filename)

if __name__ == '__main__':
    #test()
    preprocess_and_save("audio/LibriSpeechSamples/train-clean-100")
```

3）设计模型阶段。主要分为模型结构设计和损失函数设计，模型既可以为单一的模型，也可以为多个模型混合，如 encoding 阶段和 decoding 阶段采用不同的模型，损失函数设计可以选用 softmax 损失函数，也可以直接利用三元组损失函数、交叉熵损失函数、CTC 损失函数其他损失函数。本节使用 torch 定义一个 Seqence2Seqence 模型，代码如下：

```python
class Seq2Seq(nn.Module):
    """
    Sequence-to-sequence model at high-level view. It is made up of an EncoderRNN module and a DecoderRNN module.
    """
    def __init__(self, target_size, hidden_size, encoder_layers, decoder_layers, drop_p=0., use_bn=True):
        """
        Args:
            target_size (integer): Target vocabulary size.
            hidden_size (integer): Size of GRU cells.
            encoder_layers (integer): EncoderRNN layers.
            decoder_layers (integer): DecoderRNN layers.
            drop_p (float): Probability to drop elements at Dropout layers.
            use_bn (bool): Whether to insert BatchNorm in EncoderRNN.
        """
        super(Seq2Seq, self).__init__()

        self.encoder = EncoderRNN(hidden_size, encoder_layers, use_bn)
        self.decoder = DecoderRNN(target_size, hidden_size, decoder_layers, drop_p)

    def forward(self, xs, xlens, ys=None, beam_width=1):
        """
        The forwarding behavior depends on if ground-truths are provided.

        Args:
            xs (torch.LongTensor, [batch_size, seq_length, dim_features]): A mini-batch of FBANK features.
            xlens (torch.LongTensor, [batch_size]): Sequence lengths before padding.
            ys (torch.LongTensor, [batch_size, padded_length_of_target_sentences]): Padded ground-truths.
            beam_width (integer): Beam Search width. Beam Search is equivalent to Greedy Search when beam_width=1.

        Returns:
            * When ground-truths are provided, it returns cross-entropy loss. Otherwise it returns predicted word IDs and the attention weights.
            loss (float): The cross-entropy loss to maximizing the probability of generating ground-truth.
            predictions (torch.FloatTensor, [batch_size, max_length]): The generated sentence.
            attn_weights (torch.FloatTensor, [batch_size, max_length, length_of_encoder_states]): A list contains
                attention alignment weights for the predictions.
        """
        if ys is None:
            predictions, attn_weights = self.decoder(self.encoder(xs, xlens), beam_width=beam_width)
            return predictions, attn_weights
        else:
            loss = self.decoder(self.encoder(xs, xlens), ys)
            return loss
```

4）训练阶段。训练时可采用不同的策略，设置模型初始超参数，学习模型参数，如预训练、最小学习率、阈值等，代码详见本书附带材料。

5）评价模型。评价标准可采用等错误率（Equal Error Rate，EER）、字符错误率（Character Error Rate，CER）、词错误率（Word Error Rate，WER）等指标评价，详细源代码见本书附带材料。

6）测试模型，进行预测，运行结果示例如下：

> Predict:
> 你电池市场也在向好
> Ground-truth:
> 锂电池市场也在向好

8.7 小结

本章主要讲解语音识别处理的基础知识。首先介绍了语音技术的发展、常用工具 ESPnet、Kaldi、wenet 及平台 Whisper、Voicebox、DALL-E、VALL-E 等，同时，介绍了典型算法、端到端学习、文字转语音、音视频流识别等技术知识。本章同时给出了语音识别基本应用等实际操作案例。

习题

1. 概念题

1）什么是智能语音识别，其成熟应用领域场景有哪些？
2）语音识别的主要任务是什么，识别过程包含哪些步骤？
3）什么是语音声学特征？其处理方法有哪些？
4）什么是大模型端到端的语音识别学习？

2. 操作题

设计基于大模型 GPT 的语音识别模型，要求如下：能在小样本上学习，支持实时在线声音识别检测。

参 考 文 献

[1] JUANG B H，RABINER L R . Automatic speech recognition - a brief history of the technology development[J]. Georgia Institute of Technology，2005.

[2] FURUI S. 50 years of progress in speech and speaker recognition research[J]. ECTI Transactions on Computer and Information Technology（ECTI-CIT），2005，1（2）：64-74.

[3] WATANABE S，HORI T，KARITA S，et al. Espnet：End-to-end speech processing toolkit[J]. arXiv，2018.

[4] LI C D，SHI J，ZHANG W Y，et al. ESPnet-SE：end-to-end speech enhancement and separation toolkit designed for ASR integration[C]//2021 IEEE Spoken Language Technology Workshop（SLT）. Shenzhen：IEEE，2021：785-792.

[5] LU Y J，CHANG X，LI C，et al. ESPnet-SE++：speech enhancement for robust speech recognition，translation，and understanding[J]. arXiv，2022.

[6] ZHANG B B，WU D，YAO Z Y，et al. Unified streaming and non-streaming two-pass end-to-end model for speech recognition[J]. ArXiv，2020.

[7] ZHANG Z Q, ZHOU L, WANG C Y, et al. Speak foreign languages with your own voice: Cross-lingual neural codec language modeling[J]. arXiv, 2023.

[8] LE M, VYAS A, SHI B W, et al. Voicebox: text-guided multilingual universal speech generation at scale[J]. arXiv, 2023.

[9] TODISCO M, DELGADO H, EVANS N. Constant Q cepstral coefficients: a spoofing countermeasure for automatic speaker verification [J]. Computer Speech & Language, 2017, 45: 516-535.

[10] DONG Y, DENG L. Automatic Speech Recognition - A Deep Learning Approach[M]. London: Springer, 2015.

[11] LI J Y. Recent advances in end-to-end automatic speech recognition[J]. APSIPA Transactions on Signal and Information Processing, 2022, 11 (1).

第 9 章　AI 云开发平台

学习目标：

本章主要介绍机器学习在百度云平台、阿里云平台、Face++云平台、科大讯飞云开发平台等 AI 云开发平台中的应用，同时也介绍了云端机器学习的应用。读者通过对本章的学习，可以深入了解 AI 云开发平台，掌握以下知识要点：

◇ 了解百度云平台、阿里云平台、Face++云平台、科大讯飞云平台的功能。
◇ 熟悉使用云平台网络编程的相关方法。
◇ 能够完成各个云平台 API 接口的调用方法和技巧。
◇ 掌握移动端与设备间通信的相关方法。
◇ 熟悉云开发平台自定义模型训练和调用的方法。
◇ 熟悉云端机器学习应用的基本方法和过程。

9.1　AI 云开发简介

当前企业在应用 AI 过程中，面临着基础设施算力不足及不兼容、AI 算法模型难训练、数据噪声大等问题，为了降低开发者在基础软硬件、配置、运维方面的投入成本，提升 AI 应用的效能，出现了 AI 云开发服务。

云开发（CloudBase）是云端一体化的后端云服务，采用 Serverless 架构，提供云原生一体化开发环境和工具平台，为开发者提供高可用、自动弹性扩缩的后端云服务，帮助开发者统一构建和管理后端服务和云资源，避免了应用开发过程中烦琐的服务器搭建及运维，使得开发者可以专注于业务逻辑的实现，无须购买数据库、存储等基础设施服务，无须搭建服务器即可使用，降低了开发门槛，提高了效率。

1. AI 云开发服务

云开发自下而上，通常分为云开发基础服务（Infrastructure as a Service，Iaas）、云开发通用服务（Software as a Service，Saas）、云开发平台服务（Platform as a Service，Paas），如图 9-1 所示，即基础设施→通用服务→应用相关的平台服务。一般把主机、存储、网络、数据库和安全相关的计算服务统称为云开发基础服务。

常见的开发平台服务主要有：

1）机器学习框架：提供面向 AI 应用开发者的机器学习数据标注和模型训练平台。
2）通信：提供音视频通信、消息推送、短信、邮件等服务。
3）地理信息：提供地图、定位、导航相关的服务。
4）应用开发框架：提供应用开发环境和运行时环境。
5）媒体服务：提供图片和音视频等媒体文件的编码、加工和存储服务。

云开发从部署模式上，通常分为公有云、私有云、混合云、多云等模式。

2. AI 开发模式

在 AI 开发中，人们通常需要根据任务的情况和成本因素考虑以下情况：

1）模型训练问题：自己训练模型还是使用别人训练完的模型。
2）在哪里训练：在自己的计算机，服务器，还是在云平台训练？

第 9 章 AI 云开发平台

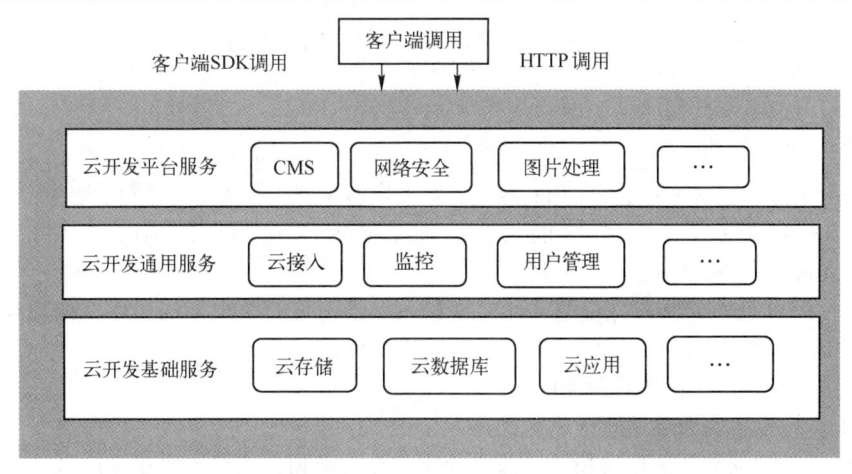

图 9-1 AI 云开发服务

3）在哪里预测推理：在本地设备上进行预测推理（离线状态下），还是在云平台进行预测推理？

那么如何训练自己的模型？如何利用自己的数据训练自己的模型？在哪里训练和如何训练，取决于模型的复杂性和收集到的训练数据的数量。

早期人们通常采用的方式有：

1）个人计算机训练：适用小型模型，可以在个人计算机或一台备用计算机上训练这个模型。

2）服务器机器：适用大型模型，具有多个 GPU 的服务器机器，可以完成需要高性能计算机集群处理的任务。

3）云中租用 GPU：考虑成本因素，使用租用方式来训练深度学习系统。

上述这三种方式，只适用于数据来源单一、数据集规模相对不大、使用机器学习基础算法的情况。对于数据来源多样、数据集规模海量、模型复杂的算法，需要通过云平台来训练完成。

AI 开发模式可以分为基于云开发平台的 API 调用模式、基于本地设备的训练预测推理模式、基于云端的训练预测推理模式。

（1）基于云开发平台的 API 调用模式

基于云开发平台的 API 调用，根据云开发平台的不同、调用设备的不同，实现方法有多种，但其后面的工作原理类似，本节重点讲解它们在移动端设备的应用，即移动应用程序仅需向所需的网络服务发送一个 HTTPS 请求以及提供预测所需的数据，例如由设备的相机拍摄的照片，那么在几秒钟之内，设备就能接收到预测结果。一般情况下，开发者需要依据不同请求，支付不同的费用（或者使用免费的），使用软件开发工具包（SDK）集成服务，在应用程序内部连接服务的 API 接口。而服务供应商会在后台使用他们的数据对模型进行重复训练，使得模型保持最新，但移动端应用开发者并不需要了解机器学习的具体训练过程，如图 9-2 所示。

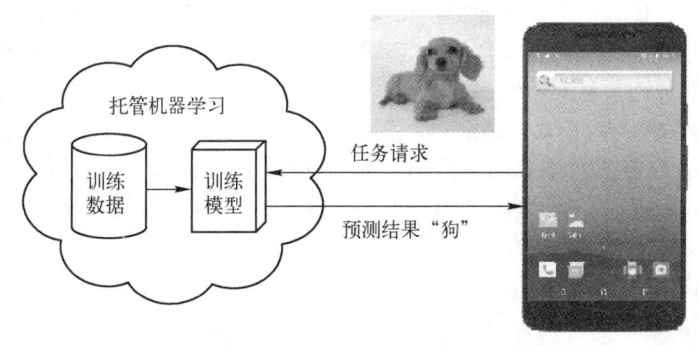

图 9-2 基于云开发平台的 API 调用模式

从中不难看出，使用基于云开发平台的 API 调用模式的优势有：

1）易上手（通常有免费的）。
2）不用自己提供服务器或训练模型。

该模式存在的缺点是：

1）推理无法在本地设备上完成。所有推理都需要向服务商的服务器发送网络请求，即需要网络支持，请求推理和获得结果之间存在（短暂的）延迟，如果用户没有连接网络，应用程序将完全不能工作。
2）需要为每个预测请求付费。
3）无法使用自己的数据训练模型，即模型只适用于常见的数据，如图片、视频和语音。如果是具有唯一性或特殊性的数据，模型效果不一定能达到预期。
4）只提供和允许有限种类的训练。

（2）基于本地设备的训练预测推理模式

基于本地设备的训练预测推理模式，通常使用一台计算机或多台计算机，或者使用本地服务器进行训练，如图 9-3 所示。其基本原理是：在本地设备上完成模型训练后，把模型参数加载到应用程序中，应用程序在本地设备的 CPU 或 GPU 上运行所有的推理计算。

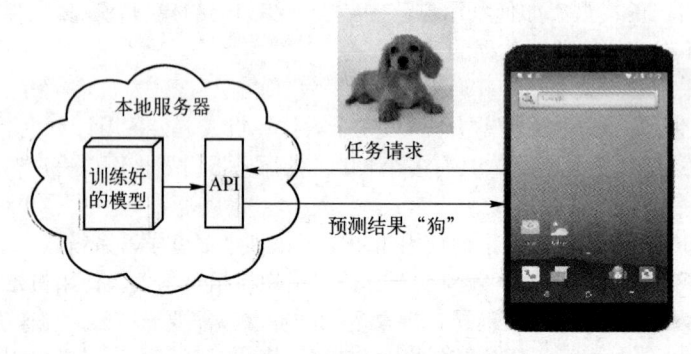

图 9-3　基于本地设备的训练预测推理模式

这种模式的优势是：

1）完全控制：如何训练和训练什么，都可自由决定。
2）模型和部署受控：训练模型归自己所有，可以随时更新模型，能以任何合适的方式进行部署，既可在自有设备上离线部署，也可在云服务平台上部署。即使没有网络连接，用户也可以轻松使用应用程序的功能。
3）速度快：不需要发送网络请求到服务器进行推理，在本地设备做推理更快捷也更可靠。
4）成本低：不需要维护服务器，无须额外支付租用计算机或云存储的费用。由于不需要搭建服务器，就不会遇到服务器过载的情况，即使应用程序有更多用户下载，也完全不需要扩展任何设备。

但该模式的缺点也比较明显，需要提供训练模型所需的所有资源，包括硬件、软件、电力等。此外，无法处理海量数据、无法不断扩大规模、无法适应大型模型所需要的更多资源。

（3）基于云端的训练预测推理模式

基于云端的训练预测推理模式，通常分为使用云计算方式和托管学习方式两种，如图9-4所示。

云计算方式的基本原理是通过云计算中心访问数据中心的方式，获取训练数据，然后在云计算中心训练模型。完成训练后，从云计算中心下载模型参数，并删除计算实例。最后，可以把训练好的模型部署到移动端设备或其他地方。

云计算方式的优势如下：

1）比较灵活，只需提供计算实例。
2）训练一次完成，且训练时间短；可以训练任意类型的模型，并自由选择训练包。

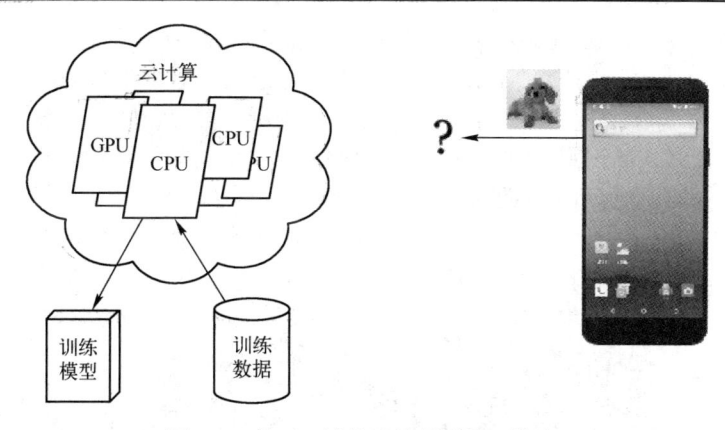

图 9-4　基于云端的训练预测推理模式

3）模型下载部署方便，训练完成后，即可下载训练好的模型，然后根据需要部署它。

云计算方式的缺点是：需要将训练数据上传到云计算平台；训练模型需要单独完成，如果不熟悉或无训练经验，则比较困难。

托管学习方式只需上传数据或者使用云平台提供的数据，在云端选择需要使用的模型型号，让云端机器学习服务完成"一站式"接管训练和管理。托管学习方式与云计算方式相比，优势是只需上传数据，不需要自己训练模型，容易集成服务到应用程序。但其需要使用第三方的服务，不能离线在移动设备上进行推理预测；此外，可供选择的模型数量有限，灵活性较低。

3．AI 云开发应用领域

随着 AI 应用的强劲需求推动，使用 AI 开发工具（如 Jupyter Notebook、Visual Studio Code）、开源框架（如 TensorFlow、PyTorch、Scikit-Learn 等），开发视觉、语音、语言和决策 AI 模型，训练和部署机器学习模型，构建和大规模部署自己的 AI 系统，共享计算资源，访问具有数千个最先进 GPU 组成的超群集的大规模基础结构，使得云开发成为当前 AI 应用的重要手段，也使用户通过简单的 API 调用访问高质量的视觉、语音、语言和决策 AI 模型成为现实。

从开源硬件到高性能智能硬件，从云侧人工智能到端侧人工智能，从技术到商业场景（如自动驾驶、智慧物流、智能家居、智慧零售），各大云平台逐渐向人工智能应用落地靠拢，开发了如人脸识别、人脸分析、人体分析、文字识别、语音识别、EasyDL、duerOS 等应用接口，减少应用开发的难度，提升开发效率，实现了应用场景的快速落地。

云开发平台应用领域如下。

（1）互联网娱乐行业

实时检测人脸表情及动作，通过真人驱动，使卡通形象跟随人脸做出灵活生动的表情，增强互动效果的同时保护用户的隐私，可用于直播、短视频、拍摄美化、社交等场景。

（2）手机行业

通过人脸实时驱动卡通形象进行录制拍摄，增强手机的娱乐性及互动性，提升用户体验，适用于相机、短信、通话、输入法等场景。

（3）在线教育行业

实时驱动虚拟形象帮助老师和学生沟通交流，提高师生之间互动的效果，使教学更加生动有趣，打造创新型教学体验，促进教学风格多元化。

9.2　云开发平台

当前市场上成熟的 AI 云开发平台有许多，国内主要有百度云开发、阿里云开发、华为云开发

ModelArts、腾讯云开发、科大讯飞云开发、海康威视 hikvision、旷视 Face++AI 等；国外主要有亚马逊的 Amazon AI、Google 云开发、IBM 云开发、微软的 Azure AI 等[1]。

下面就以百度云平台、阿里云平台、Face++云平台为例，讲解它们在机器学习图像识别中的应用。最为典型的应用是人脸识别，人脸识别的关键技术有关键点定位、人脸检测、面部追踪、表情属性、活体检测、人脸识别、3D 重建等[2]。

影响人脸识别效果的因素分为外在和内在两个方面，外在因素主要有光线影响、分辨率影响、摄像头设备影响等；内在因素主要有遮挡与附件、姿态角度、纹理变换等[3]，如图 9-5 所示。

图 9-5　影响人脸识别效果的因素

9.2.1　百度云开发平台

百度云开发平台主要有云+AI、应用平台等类别，云+AI 包含了百度智能云、百度 AI 开发平台、DuerOS、Apollo 自动驾驶、飞桨 PaddlePaddle、Carlife+开放平台、EasyEdge 端与边缘 AI 服务平台等，应用平台包含百度地图开放平台、AR 开放平台、智能小程序、百度翻译开放平台等。

人脸识别中有活体检测、人脸质量检测、OCR 身份证识别等多种，如活体检测中认证核验可通过以下方式完成：

1）确保为真人：通过离在线双重活体检测，确保操作者为真人，可有效抵御彩打照片、视频、3D 建模等攻击[4]。用户无须提交任何资料，高效方便。

2）确保为本人：基于真人的基础，将真人人脸图片与公民身份信息库的人脸图片对比，确保操作者身份的真实性，避免身份证或人脸图像伪造等欺诈风险。

认证核验过程如图 9-6 所示，根据第 3 步中的两张图片的人脸对比得分，作为最终的判断依据，阈值可根据领域业务需要进行调整。

图 9-6　认证核验过程

本部分以人脸识别为例，介绍如何使用百度云平台进行人脸识别。

1）首先完成注册，注册成功后，登录进入管理控制台，选择服务，单击左侧菜单栏的产品服务→人工智能→人脸识别，如图 9-7 所示。

图 9-7　百度云平台目录

2）单击人脸识别下的应用列表，选择创建应用，如图 9-8 所示。

图 9-8　创建应用

3）选择所有标星号的必填项，单击立即创建即可。注意，因为选择了人脸识别服务，所以在接口选择中，默认将人脸识别的所有接口都自动勾选上了，如图 9-9 所示。

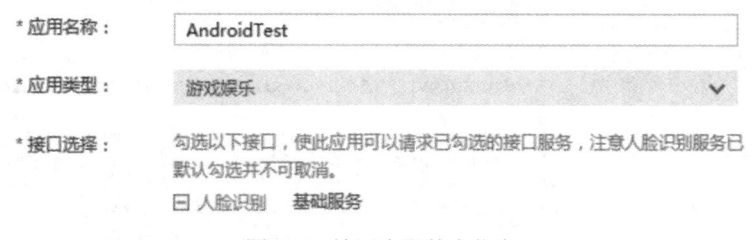

图 9-9　填写应用基本信息

4）创建完成后，应用列表会出现一个名为 AndroidTest 的应用，单击管理查看应用详情，应用详情包括 AppID、API Key、Secret Key，如图 9-10 所示，这些参数会在后面的程序中使用。

图 9-10 应用列表详情

5）选择已经封装好的 SDK 库，选择 Java，单击下载，如图 9-11 所示。

图 9-11 人脸识别 SDK 下载列表

注意：这里选择 Java SDK 下载，因为 Android-离线 SDK 是按个数收费的。

6）下载后，压缩包内存放了 4 个 jar 包，如图 9-12 所示。

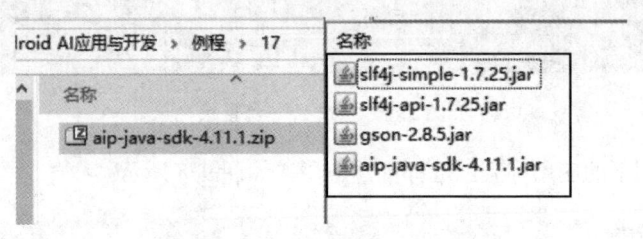

图 9-12 人脸识别 jar 下载列表

7）选择使用说明，切换成人脸识别→API 文档-V3→人脸检测，如图 9-13 和图 9-14 所示。

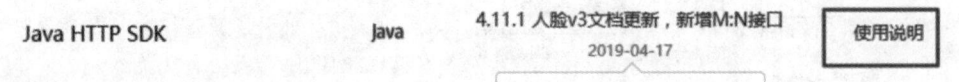

图 9-13 人脸识别文档链接

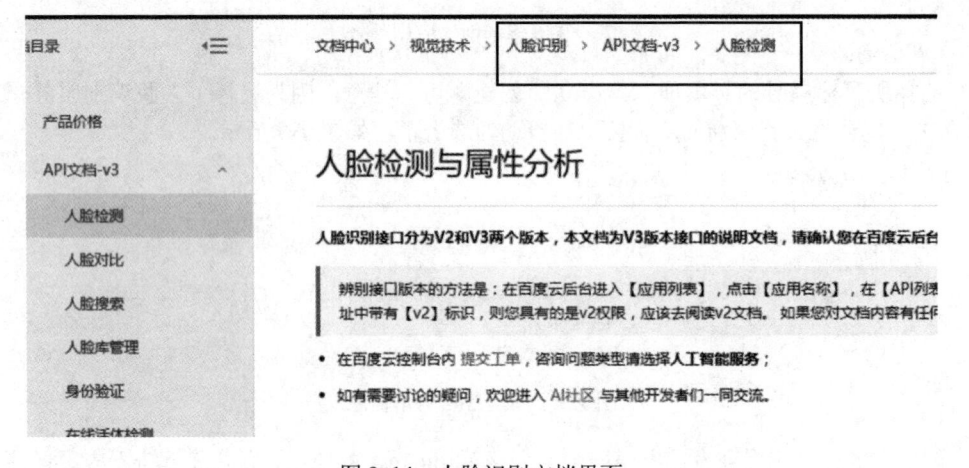

图 9-14 人脸识别文档界面

8）新建例程，然后打开 FaceDetectEmpty 程序，将 jar 包复制到 libs 目录下，并添加依赖，代码如下。

```
dependencies {
    ...
    implementation files('libs/aip-java-sdk-4.11.1.jar')
    implementation files('libs/slf4j-api-1.7.25.jar')
    implementation files('libs/slf4j-simple-1.7.25.jar')
    implementation files('libs/gson-2.8.5.jar')
}
```

9）调用数据，向 API 服务地址使用 POST 发送请求，必须在 URL 中带上参数'access_token'，获取 access_token 代码如下。

```java
package com.baidu.ai.aip.auth;
import org.json.JSONObject;
import java.io.BufferedReader;
import java.io.InputStreamReader;
import java.net.HttpURLConnection;
import java.net.URL;
import java.util.List;
import java.util.Map;

/**
 * 获取 token 类
 */
public class AuthService {

    /**
     * 获取权限 token
     * @return 返回示例：
     * {
     * "access_token": "24.460da4889caad24cccdb1fea17221975.2592000.1491995545.282335-1234567",
     * "expires_in": 2592000
     * }
     */
    public static String getAuth() {
        // 官网获取的 API Key 更新为你注册的
        String clientId = "百度云应用的 AK";
        // 官网获取的 Secret Key 更新为你注册的
        String clientSecret = "百度云应用的 SK";
        return getAuth(clientId, clientSecret);
    }

    /**
     * 获取 API 访问 token
     * 该 token 有一定的有效期，需要自行管理，当失效时需重新获取
     * @param ak - 百度云官网获取的 API Key
     * @param sk - 百度云官网获取的 Securet Key
     * @return assess_token 示例：
```

```java
 * "24.460da4889caad24cccdb1fea17221975.2592000.1491995545.282335-1234567"
 */
public static String getAuth(String ak, String sk) {
    // 获取 token 地址
    String authHost = "https://aip.baidubce.com/oauth/2.0/token?";
    String getAccessTokenUrl = authHost
            // 1. grant_type 为固定参数
            + "grant_type=client_credentials"
            // 2. 官网获取的 API Key
            + "&client_id=" + ak
            // 3. 官网获取的 Secret Key
            + "&client_secret=" + sk;
    try {
        URL realUrl = new URL(getAccessTokenUrl);
        // 打开和 URL 之间的连接
        HttpURLConnection connection = (HttpURLConnection) realUrl.openConnection();
        connection.setRequestMethod("GET");
        connection.connect();
        // 获取所有响应头字段
        Map<String, List<String>> map = connection.getHeaderFields();
        // 遍历所有的响应头字段
        for (String key : map.keySet()) {
            System.err.println(key + "--->" + map.get(key));
        }
        // 定义 BufferedReader 输入流来读取 URL 的响应
        BufferedReader in = new BufferedReader(new InputStreamReader(connection.getInputStream()));
        String result = "";
        String line;
        while ((line = in.readLine()) != null) {
            result += line;
        }
        /**
         * 返回结果示例
         */
        System.err.println("result:" + result);
        JSONObject jsonObject = new JSONObject(result);
        String access_token = jsonObject.getString("access_token");
        return access_token;
    } catch (Exception e) {
        System.err.printf("获取 token 失败！");
        e.printStackTrace(System.err);
    }
    return null;
}
```

10）在对应的字段内填写上自己申请的 API Key（AK）和 Secret Key（SK）。

```java
public static String getAuth() {
    // 官网获取的 API Key 更新为你注册的
```

```
        String clientId = "百度云应用的 AK";
        // 官网获取的 Secret Key 更新为你注册的
        String clientSecret = "百度云应用的 SK";
        return getAuth(clientId, clientSecret);
}
```

11）在 MainActivity 下，调用此方法创建分线程，代码如下：

```
new Thread(new Runnable() {
            @Override
            public void run() {
                ASSESS_TOKEN = AuthService.getAuth();
                runOnUiThread(new Runnable() {
                    @Override
                    public void run() {
                        tv1.setText(ASSESS_TOKEN);
                    }
                });
                Log.e("TAG", "onClick: " + ASSESS_TOKEN);
            }
        }).start();
```

12）获取 access_token 之后，完成人脸检测方法 detect()。

```
package com.baidu.ai.aip;
import com.baidu.ai.aip.utils.HttpUtil;
import com.baidu.ai.aip.utils.GsonUtils;
import java.util.*;

/**
 * 人脸检测与属性分析
 */
public class FaceDetect {

    /**
     * 重要提示代码中所需工具类
     * FileUtil,Base64Util,HttpUtil,GsonUtils 请从
     * https://ai.baidu.com/file/658A35ABAB2D404FBF903F64D47C1F72
     * https://ai.baidu.com/file/C8D81F3301E24D2892968F09AE1AD6E2
     * https://ai.baidu.com/file/544D677F5D4E4F17B4122FBD60DB82B3
     * https://ai.baidu.com/file/470B3ACCA3FE43788B5A963BF0B625F3
     * 下载
     */
    public static String faceDetect() {
        // 请求 url
        String url = "https://aip.baidubce.com/rest/2.0/face/v3/detect";
        try {
            Map<String, Object> map = new HashMap<>();
            map.put("image", "027d8308a2ec665acb1bdf63e513bcb9");
            map.put("face_field", "faceshape,facetype");
            map.put("image_type", "FACE_TOKEN");
```

```java
            String param = GsonUtils.toJson(map);

            // 注意这里仅为了简化编码每一次请求都去获取 access_token，线上环境 access_token
            // 有过期时间，客户端可自行缓存，过期后重新获取
            String accessToken = "[调用鉴权接口获取的 token]";

            String result = HttpUtil.post(url, accessToken, "application/json", param);
            System.out.println(result);
            return result;
        } catch (Exception e) {
            e.printStackTrace();
        }
        return null;
    }

    public static void main(String[] args) {
        FaceDetect.faceDetect();
    }
}
```

13）需要修改：获取发送的图片；修改请求参数；添加 accessToken；解析接收到的 Json 数据。把发送的图片放在 assets 路径下，通过 getAssets().open(fileName)方法可获取输入流。

```java
BufferedInputStream bis = new BufferedInputStream (getResources().getAssets().open(fileName) );
```

多图识别的方法如下：

```java
    private String[] imgSrc = new String[]{ "ldh.jpg", "wql.jpg", "wyz.jpg"
            , "zbz.jpg", "pyy.jpg", "lzz.jpg", "gy.jpg", "dlj.jpg"};
    private int currentIndex = 0;

    @Override
    protected void onCreate(Bundle savedInstanceState) {
        ...
        button2.setOnClickListener(new View.OnClickListener() {
            @Override
            public void onClick(View v) {
                button2.setText("识别（"+ imgSrc[currentIndex] + "）");
                new Thread(new Runnable() {
                    @Override
                    public void run() {
                        facemerge(imgSrc[currentIndex]);
                        currentIndex++;
                        if (currentIndex == imgSrc.length)
                            currentIndex = 0;
                    }
                }).start();
            }
        });
    }
```

图片是以 base64 字符串的形式上传，观察 Base64Util 可发现 encode(byte[] from)方法需要放入 byte 数组，而目前只有输入流，那么需要通过 ByteArrayOutputStream 的 toByteArray()方法转化成 byte 数组。

```
ByteArrayOutputStream bos = new ByteArrayOutputStream(bis.available());
    try {
        int bufSize = 1024;
        byte[] buffer = new byte[bufSize];
        int len;
        while (-1 != (len = bis.read(buffer, 0, bufSize))) {
            bos.write(buffer, 0, len);
        }
        byte[] var7 = bos.toByteArray();
        return var7;
    } finally {
        bos.close();
    }
```

根据文档中的请求参数，加入颜值、年龄、表情的分析，获取人脸属性值 face_field。

14）将 face_field 对应的值设置如下：

```
map.put("face_field", "faceshape,beauty,facetype,age,emotion")
```

接着修改 assess_token 值和解析 JSON 数据。

15）运行程序，单击识别图片，识别返回的人脸属性结果信息，如图 9-15 所示。

图 9-15　人脸属性结果信息

9.2.2 阿里云开发平台

阿里云开发平台是支撑阿里"新零售，新制造，新金融，新技术，新能源"的基础设施，其计算操作系统飞天，是一个大规模分布式计算系统，包括飞天内核和飞天开放服务，以在线公共服务的方式提供计算能力。

在阿里云开发平台中的云原生 AI 支持主流框架（如 TensorFlow、PyTorch、Keras、Caffe、MXNet 等）和多种环境，屏蔽底层差异并承担非算法相关工作，利用阿里云容器服务（ACK）全面支持 GPU 和 CPU 异构资源集群统一管理和调度，支持机器学习计算从数据预处理、开发、训练、预测和运维的全生命周期，如图 9-16 所示。

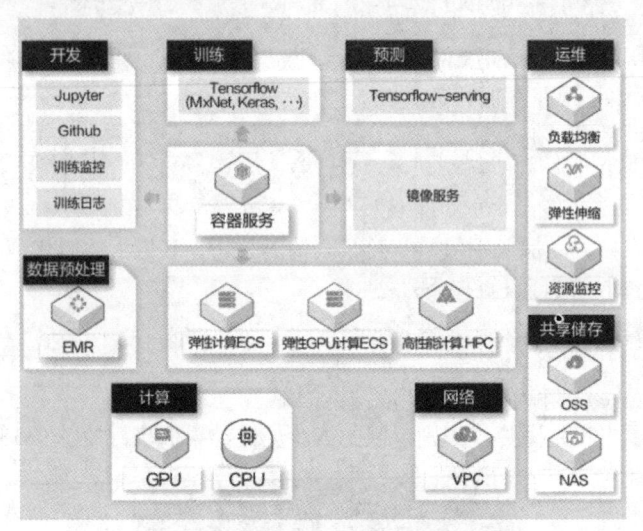

图 9-16 机器学习全生命周期

下面以 OCR 图像识别为例，介绍如何使用阿里云平台开发应用。

1）通过 account.aliyun.com 进入阿里云平台，推荐使用支付宝账号登录，因为云平台的大部分项目都需要实名认证。进入平台后，搜索"通用文字识别-高精版 OCR 文字识别"，搜索结果如图 9-17 所示。

图 9-17 阿里云平台云市场搜索结果

2）选择第一个标签"阿里云官方行业文档类识别"，购买所需套餐版本，如图 9-18 所示。

图 9-18　通用文字识别详情页面

3）购买成功后，进入控制台，在云市场的列表当中有 AppKey、AppSecret、AppCode 三个参数，如图 9-19 所示，这里介绍 AppCode 的使用方法。

图 9-19　AppKey、AppSecret、AppCode 参数详情

4）返回"通用文字识别"页面，显示 API 接口调用方法介绍，以及 curl/Java/C#/PHP/Python/ObjectC 不同语言的参考代码，如图 9-20 所示。

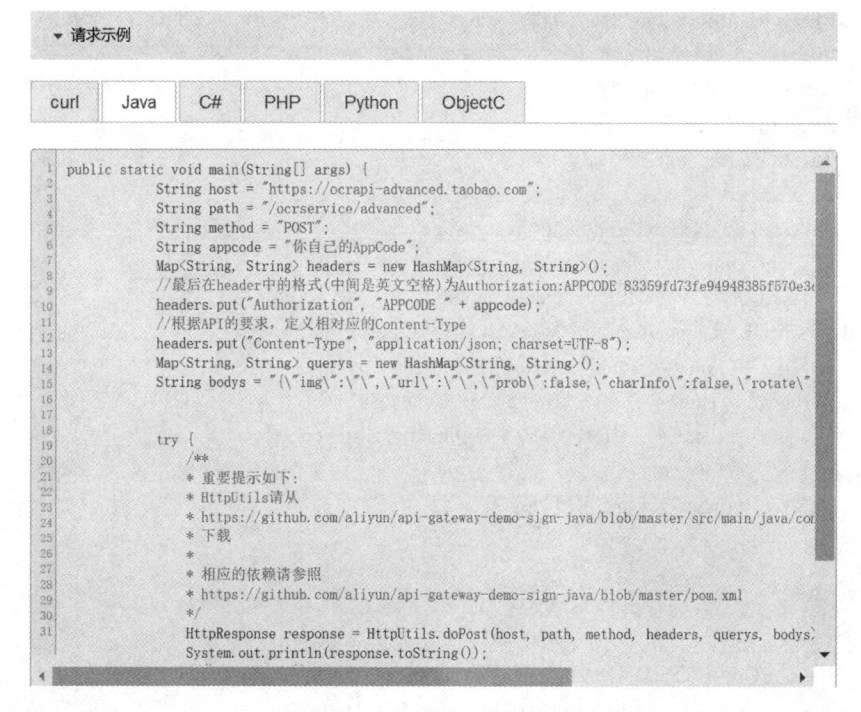

图 9-20　代码示例详情

5）因 Java 和 Android 的添加依赖方式不同，图 9-20 中添加依赖的链接不适用于 Java，需要重写 Http 请求。这里采用 OKhttp3 框架编写网络请求，所以在创建工程后，需要在 build.gradle 中添加 okHttp3 和 gson 依赖，代码如下：

```
dependencies {
    implementation fileTree(dir: 'libs', include: ['*.jar'])
    implementation 'androidx.appcompat:appcompat:1.0.2'
    implementation 'androidx.constraintlayout:constraintlayout:1.1.3'
    implementation 'com.google.code.gson:gson:2.8.0'
    // 联网
    implementation 'com.squareup.okhttp3:okhttp:3.10.0'
}
```

6）复制 utils 工具包至工程中，同样把测试图片放在 assets 目录下，如图 9-21 所示。

```
▼ assets
     carplate1.jpg
     carplate2.jpg
▼ java
  ▼ activity.bkrc.com.ocralit
    ▼ utils
        Base64Util
        BitmapUtil
        GsonUtils
        HttpUtil
      MainActivity
      PhotoInfo
```

图 9-21　Android 工程目录

7）根据 Java 部分的请求示例提示，编写 post 请求，完整的 MainActivity 代码如下：

```java
public class MainActivity extends AppCompatActivity {

    private ImageView img1;
    private TextView tv2;
    private Button btn2;
    @Override
    protected void onCreate(Bundle savedInstanceState) {
        super.onCreate(savedInstanceState);
        setContentView(R.layout.activity_main);
        img1 = (ImageView) findViewById(R.id.img1);
        tv2 = (TextView) findViewById(R.id.tv2);
        btn2 = (Button) findViewById(R.id.btn2);
        btn2.setOnClickListener(new View.OnClickListener() {
            @Override
            public void onClick(View view) {
                post("carplate2.jpg");
            }
        });
    }

    private static OkHttpClient okHttpClient = new OkHttpClient();
```

```java
private static MediaType mediaType = MediaType.parse("application/json");

public void post(String fileName){
    try {
        MediaType JSON = MediaType.parse("application/json;charset=utf-8");

        // 获取图片
        BufferedInputStream bis = new BufferedInputStream(getResources().getAssets().open(fileName));
        // I/O 流转字节流
        byte[] data = readInputStreamByBytes(bis);
        img1.setImageBitmap(BitmapFactory.decodeByteArray(data,0,data.length));
        PhotoInfo pi = new PhotoInfo();
        pi.setImg(Base64Util.encode(data));
        RequestBody body = RequestBody.create(JSON, new Gson().toJson(pi));
        Request request = new Request.Builder()
                .url("https://ocrapi-advanced.taobao.com/ocrservice/advanced")
                .post(RequestBody.create(mediaType, ""))
                .addHeader("Authorization", "APPCODE " + "dbcdadf5d25547f198e64b691cd5b081")
                .addHeader("Content-Type", "application/json; charset=UTF-8")
                .post(body)
                .build();

        okHttpClient.newCall(request).enqueue(new Callback() {
            @Override
            public void onFailure(Call call, IOException e) {
                e.printStackTrace();
            }

            @Override
            public void onResponse(Call call, Response response) throws IOException{
                final String msg = response.body().string();
                Log.e("TAG", "onResponse: " + msg);
                runOnUiThread(new Runnable() {
                    @Override
                    public void run() {
                        tv2.setText(msg);
                    }
                });
            }
        });
    } catch (Exception e) {
        e.printStackTrace();
    }
}

public static byte[] readInputStreamByBytes(BufferedInputStream bis) throws IOException {
```

```
            ByteArrayOutputStream bos = new ByteArrayOutputStream(bis.available());
            try {
                int bufSize = 1024;
                byte[] buffer = new byte[bufSize];
                int len;
                while (-1 != (len = bis.read(buffer, 0, bufSize))) {
                    bos.write(buffer, 0, len);
                }
                byte[] var7 = bos.toByteArray();
                return var7;
            } finally {
                bos.close();
            }
        }
    }
```

8)上述代码是 OCR 图像识别的默认版本,只上传经过 Base64 转化后的图像,还有其他可选参数可以设置(具体可参考相关文档)。如图 9-22 所示是单击"识别"后云平台的返回结果。

图 9-22 单击"识别"后云平台的返回结果

9.2.3 Face++云开发平台

Face++云开发平台是旷视科技开发的人工智能开发平台,主要提供计算机视觉领域的人脸识别、人像处理、人体识别、文字识别、图像识别等 AI 开发支持,同时提供云端 REST API 以及本地 API(涵盖 Android,iOS,Linux,Windows,macOS),并且提供定制化及企业级视觉服务,自称为云端视觉服务平台。该平台有联网授权与离线授权两种 SDK 授权模式,其 API 文档和 SDK 文档可参阅 https://console.faceplusplus.com.cn/documents/5671789。

下面简单介绍使用 Face++ 云开发平台进行人脸检测的过程。

1）创建 API Key。

在采用联网授权模式前，用户需要首先创建 API Key（API 密钥），它是使用 SDK 的凭证。进入控制台，单击"创建我的第一个应用"，一个免费的 API Key 将会自动生成，如图 9-23 和图 9-24 所示。

图 9-23　创建 API Key

图 9-24　创建生成的 API Key

2）创建 Bundle ID。

Bundle ID（包名）是 App 的唯一标识，如果需要在 App 内集成 SDK，首先需要绑定 Bundle ID。每开发一个新 App，首先都需要创建一个 Bundle ID。Bundle ID 分为两种：Explicit App ID，一般格式为 com.company.appName，这种 ID 只能用在一个 App 上，每一个新应用都要创建并只有一个；Wildcard App ID，一般格式为 com.domainname.*，这种 ID 可以用在多个 App 上，虽然方便，但是使用这种 ID 的 App 不能使用通知功能，所以不常用。

在 Android 系统中，Bundle ID 是 Package name，是判断一个 App 的唯一标识；而在 iOS 中是 bundle id。

创建完成后，进入控制台-应用管理，单击"Bundle ID"，进行绑定。

3）下载 SDK 开发包。

进入"控制台-联网授权 SDK-资源中心"，选择需要的 SDK 产品及相应平台进行下载。下面以"人脸检测-基础版 SDK"为例进行简单讲解。

下载完成后,在运行 Demo 工程前,将 Demo 工程的工程名填入应用名称中,创建新的 API Key,创建完成后单击查看,如图 9-25 所示。

图 9-25 Demo 创建完成的 API Key

单击创建 Bundle ID,把名称填入 Bundle ID,如图 9-26 所示。

图 9-26 创建 Bundle ID

4）在 Android Studio 中导入 Demo 工程，把 model 文件中的 megviifacepp_model 文件复制到工程的 src→main→assets 目录下，然后修改 utils 文件下的 Util 文件，把上述申请的 API_KEY 和 API_SECRET 填入下面代码中。

```
public class Util {

//在此处填写 API_KEY 和 API_SECRET
public static String API_KEY = "-lLeU-VgZoY-ZHZXqWJRhQJWkGAvY**";
public static String API_SECRET = "xB0ycbPueUD0VUNsC7xdZy4K86s6D_**";
    }
```

5）接着在 SelectedActivity.java 中修改代码如下：

```
licenseManager.takeLicenseFromNetwork(Util.CN_LICENSE_URL, uuid, Util.API_KEY, Util.API_SECRET,
        duration: "1", new LicenseManager.TakeLicenseCallback() {
    @Override
    public void onSuccess() {
        authState( result: true, errorCode: 0, errorMsg: "");
    }

    @Override
    public void onFailed(int i, byte[] bytes) {
        String msg = "";
        if (bytes != null && bytes.length > 0) {
            msg = new String(bytes);
        }
        authState( result: false, i, msg);
    }
});
```

注意：默认测试 key duration 填写 1，正式的 key 根据购买时间填写。

6）连接真实手机设备，部署运行 Demo 工程，运行后，单击人脸检测，会出现"实时浏览"和"图片导入"按钮，单击"图片导入"按钮，导入图片，检测效果如图 9-27 所示。

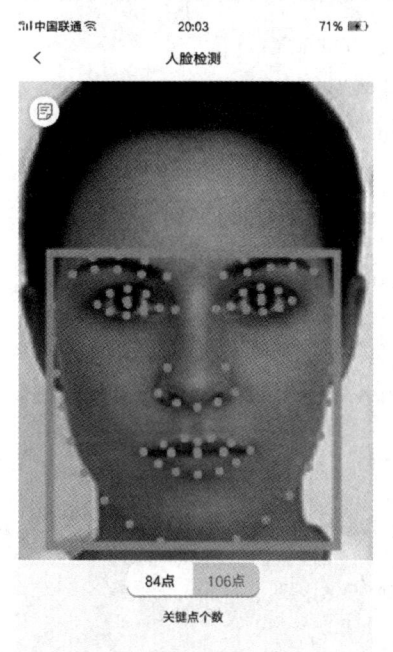

图 9-27　人脸检测效果

注意：如果创建自己的工程完成人脸检测，创建 API Key 和 Bundle ID 步骤同上，但需要把 Demo 工程 libs 文件下的 licensemanager.aar 和 sdk.aar 复制放入自己的 app→libs 文件下，同时需要在 Project 的 build.gradle 中增加配置，修改添加如下：

```
...
repositories {
    flatDir { dirs 'libs' }
}
dependencies {
    ...
    implementation(name: ' licensemanager', ext: 'aar')
    implementation(name: 'sdk', ext: 'aar')
}
```

调用流程中需要使用下面的方法获取网络授权：

```
private void network() {
    long ability = FaceppApi.getInstance().getModelAbility(ConUtil.readAssetsData(SelectedActivity.this, "megviifacepp_model"));
    FacePPMultiAuthManager authManager = new FacePPMultiAuthManager(ability);
    final LicenseManager licenseManager = new LicenseManager(this);
    licenseManager.registerLicenseManager(authManager);
    String uuid = Util.getUUIDString(this);

    rlLoadingView.setVisibility(View.VISIBLE);
    licenseManager.takeLicenseFromNetwork(Util.CN_LICENSE_URL, uuid, Util.API_KEY, Util.API_SECRET, "1", new LicenseManager.TakeLicenseCallback() {
                @Override
                public void onSuccess() {
                    Log.e("access123","success");
                    loadModel();
                }

                @Override
                public void onFailed(int i, byte[] bytes) {
                    rlLoadingView.setVisibility(View.GONE);
                    String msg = "";
                    if (bytes != null && bytes.length > 0) {
                        msg = new String(bytes);
                        Log.e("access123","failed:"+msg);
                        Toast.makeText(SelectedActivity.this, msg, Toast.LENGTH_SHORT).show();
                    }
                    setResult(101);
                    finish();
                }
```

```
        });
    }
```

9.2.4 科大讯飞云平台

科大讯飞云平台在语音识别、语音合成、机器理解、卡证票据文字识别、图像识别、人脸识别、机器翻译等领域都有典型应用。在图像识别方面主要有场景识别、物体识别、场所识别等。在人脸识别方面主要有人脸验证与搜索、人脸对比、人脸水印照对比、静默活体检测、人脸分析等。

下面以运行官方 Demo 为例，了解科大讯飞云平台的使用流程。

1）进入官网 https://www.xfyun.cn/ 后注册账号，登录控制台。注册完成后，可选择完成个人实名认证。

2）注册后，在"我的应用"中单击创建应用，填写应用名称、选择应用分类、填写应用功能描述，如图 9-28 所示。

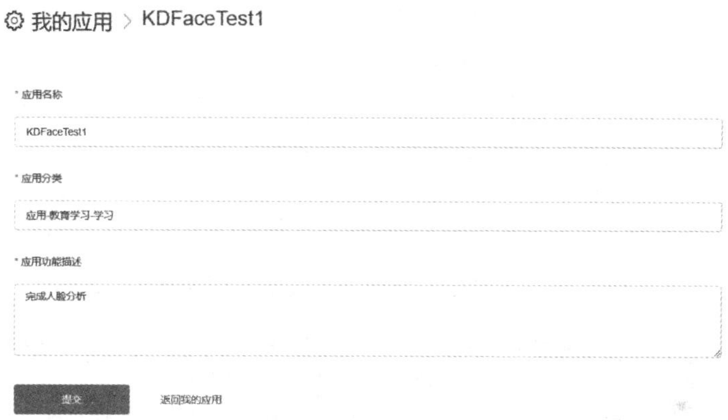

图 9-28 创建应用

创建完应用后，单击生成的应用名称，可以看到 APPID、APISecret、APIKey 信息，如图 9-29 所示。

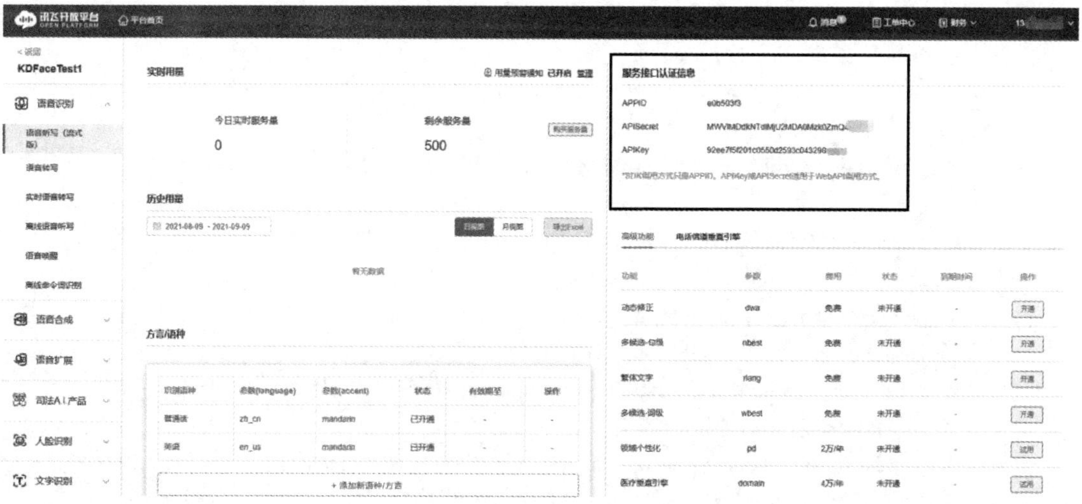

图 9-29 APPID、APISecret、APIKey 信息

3）导入 SDK。下载"人脸验证与搜索"对应的 SDK 后，将 Android SDK 压缩包中 libs 目录下的所有子文件复制至自己创建的工程 KDFaceTest1 的 libs 目录下，如图 9-30 所示。

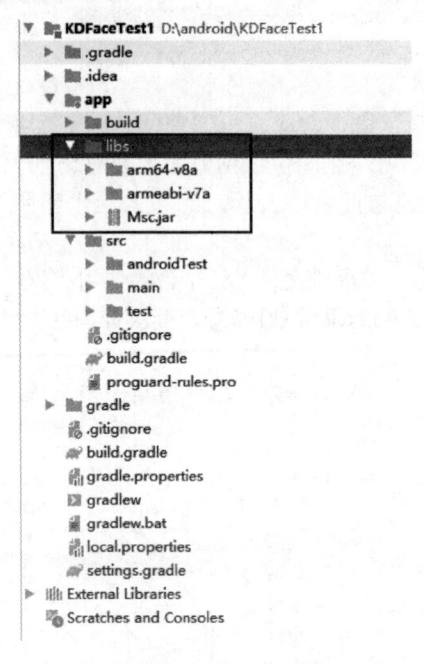

图 9-30　导入 SDK

4）添加用户权限。在工程的 AndroidManifest.xml 文件中添加如下权限：

```xml
<!--连接网络权限，用于执行云端语音能力 -->
<uses-permission android:name="android.permission.INTERNET"/>
<!--获取手机录音机使用权限，听写、识别、语义理解需要用到此权限 -->
<uses-permission android:name="android.permission.RECORD_AUDIO"/>
<!--读取网络信息状态 -->
<uses-permission android:name="android.permission.ACCESS_NETWORK_STATE"/>
<!--获取当前 wifi 状态 -->
<uses-permission android:name="android.permission.ACCESS_WIFI_STATE"/>
<!--允许程序改变网络连接状态 -->
<uses-permission android:name="android.permission.CHANGE_NETWORK_STATE"/>
<!--读取手机信息权限 -->
<uses-permission android:name="android.permission.READ_PHONE_STATE"/>
<!--读取联系人权限，上传联系人需要用到此权限 -->
<uses-permission android:name="android.permission.READ_CONTACTS"/>
<!--外存储写权限，构建语法需要用到此权限 -->
<uses-permission android:name="android.permission.WRITE_EXTERNAL_STORAGE"/>
<!--外存储读权限，构建语法需要用到此权限 -->
<uses-permission android:name="android.permission.READ_EXTERNAL_STORAGE"/>
<!--配置权限，用来记录应用配置信息 -->
<uses-permission android:name="android.permission.WRITE_SETTINGS"/>
<!--手机定位信息，用来为语义等功能提供定位，提供更精准的服务-->
```

```xml
<!--定位信息是敏感信息，可通过 Setting.setLocationEnable(false)关闭定位请求 -->
<uses-permission android:name="android.permission.ACCESS_FINE_LOCATION"/>
<!--如需使用人脸识别，还要添加：摄像头权限，拍照需要用到 -->
<uses-permission android:name="android.permission.CAMERA" />
```

注意：如需在打包或者生成 APK 的时候进行混淆，可在 proguard.cfg 中添加如下代码：

```
-keep class com.iflytek.**{*;}
-keepattributes Signature
```

5）初始化。通过初始化来创建语音配置对象，只有初始化后才可以使用 MSC 的各项服务。一般将初始化放在程序入口处（如 Application、Activity 的 onCreate 方法），初始化代码如下：

```
// 将"12345678"替换成您申请的 APPID，申请地址：http://www.xfyun.cn
// 请勿在"="与 appid 之间添加任何空字符或者转义符
SpeechUtility.createUtility(context, SpeechConstant.APPID +"=12345678");
```

6）人脸注册。根据 mEnrollListener 的 onResult 回调方法得到注册结果。

```
// 设置会话场景
mIdVerifier.setParameter(SpeechConstant.MFV_SCENES, "ifr");
// 设置会话类型
mIdVerifier.setParameter(SpeechConstant.MFV_SST, "verify");
// 设置验证模式，单一验证模式：sin
mIdVerifier.setParameter(SpeechConstant.MFV_VCM, "sin");
// 用户 id
mIdVerifier.setParameter(SpeechConstant.AUTH_ID, authid);
// 注册监听器（IdentityListener）mVerifyListener，开始会话
mIdVerifier.startWorking(mVerifyListener);
// 子业务执行参数，若无可以传空字符
StringBuffer params = new StringBuffer();
// 写入数据，mImageData 为图片的二进制数据
mIdVerifier.writeData("ifr", params.toString(), mImageData, 0, mImageData.length);
// 停止写入
mIdVerifier.stopWrite("ifr");
```

7）模型操作（删除）。人脸注册成功后，在语音云端会生成一个对应的模型来存储人脸信息，人脸模型的操作即对模型进行删除，当前不支持查询操作。

```
// 设置会话场景
mIdVerifier.setParameter(SpeechConstant.MFV_SCENES, "ifr");
// 用户 id
mIdVerifier.setParameter(SpeechConstant.AUTH_ID, authid);
// 设置模型参数，若无可以传空字符
StringBuffer params = new StringBuffer();
// 执行模型操作，cmd 取值"delete"表示删除
mIdVerifier.execute("ifr", cmd, params.toString(), mModelListener);
```

8）使用带 UI 接口时，将 assets 下的文件复制到项目中。把 sample 文件夹下的 speechDemo→

src→main→java 中的 com.iflytek 包下的文件复制到工程对应的包下。同时，将 res 文件中的内容复制到工程对应的 res 文件夹下。另外把 src→main 下的 AndroidManifest.xml 文件内容，复制到工程对应的 AndroidManifest.xml 文件中。

9）修改工程的 build.gradle 文件，添加代码如下：

```
android {
    ………
    sourceSets {
        main {
            jniLibs.srcDirs = ['libs']
        }
    }
}

dependencies {
    ………
    implementation files('libs/Msc.jar')
    implementation 'androidx.legacy:legacy-support-v4:1.0.0'
    implementation 'com.google.android.material:material:1.4.0'
}
```

10）连接真实手机设备，部署工程，启动后需要授权访问声音设备和相机处理图片，如图 9-31 所示。

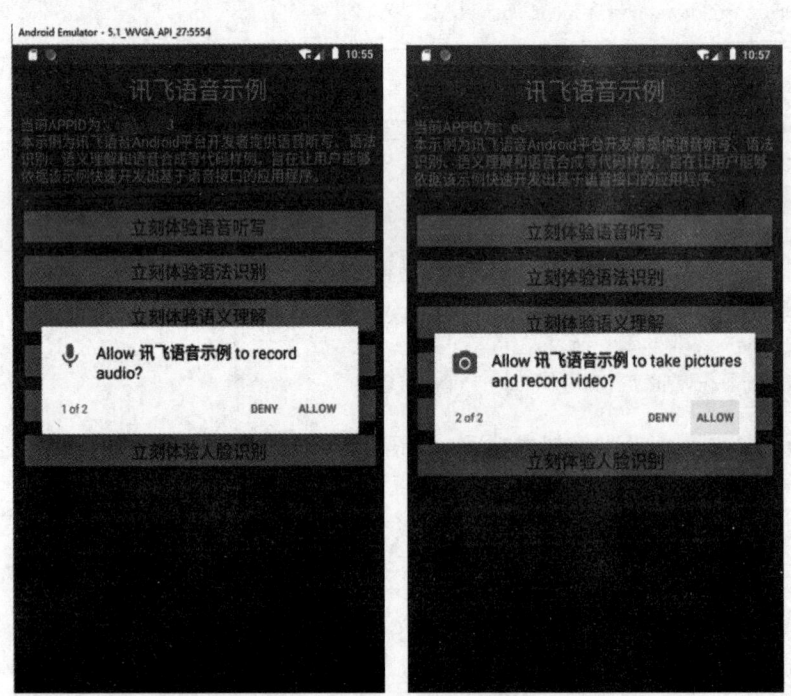

图 9-31　授权访问声音设备和相机处理照片

11）单击"立刻体验人脸识别"，出现界面如图 9-32 所示。
12）输入 authid，然后单击"选图"，选好后单击"确定"，如图 9-33 所示。

图 9-32　人脸识别界面　　　　　　　　　图 9-33　裁剪图片

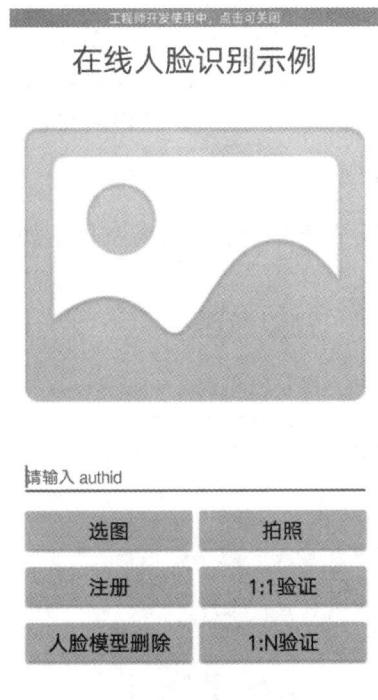

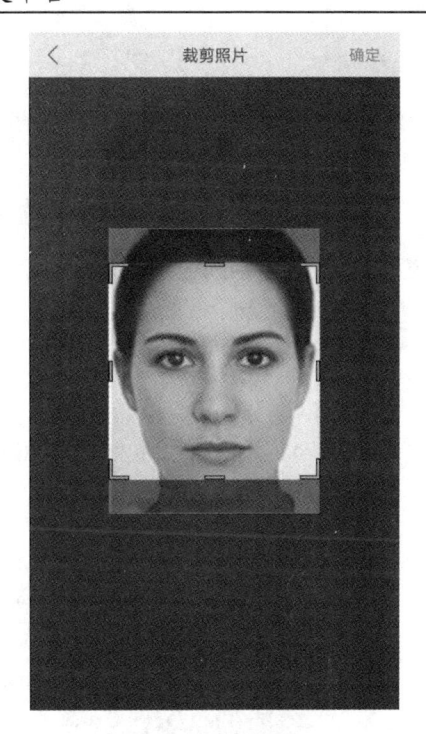

13）单击注册，识别后会返回包含图片识别信息的 JSON 格式字符串，其他后续功能不再一一解释，可部署本书附带代码工程，进行操作测试。相关文档可参考 https://www.xfyun.cn/doc/face/face/Android-SDK.html。

9.3　综合案例

在前面章节已经介绍了机器学习的工作流程，包含数据准备、训练模型开发、训练任务执行、导出模型、运行在线预测服务等。基于云端的机器学习框架贯穿了机器学习整个生命周期，包括开发、训练、预测、运维等。目前云端学习训练支持单机和多机两种模式，如果是多机模式，需要分别指定参数和任务服务器的数量，然后在调度时，将生成的参数传递给任务服务器，训练过程中可以根据需要查看训练状况。下面以百度的 EasyDL 为例，介绍 AI 开发平台在图像识别方面的多物体识别应用。

9.3.1　基于 EasyDL 的多物体识别

EasyDL 基于 PaddlePaddle 飞桨深度学习框架构建而成，内置用户百亿级大数据训练的成熟预训练模型，如图像分类、物体检测、文本实体抽取、声音/视频分类等，并提供一站式的智能标注、模型训练、服务部署等全流程功能，支持公有云、设备端、私有服务器、软硬一体方案等灵活的部署方式。

下面以多物体识别为例，介绍使用 EasyDL 平台进行物体检测的基本流程。

1. 物体检测及流程

物体检测：是指在一张图包含多个物体的情况下，能够根据需要个性化地识别出每类物体的位置、数量、名称。同时，也可以识别图片中有多个主体的场景[5]。

物体检测中训练模型的基本流程如图 9-34 所示。

1.创建模型　2.上传并标注数据　3.训练模型并校验效果　4.上线模型获取API或离线SDK

图 9-34　物体检测中训练模型的基本流程

模型的选择取决于需要解决的实际场景问题，图像分类和物体检测任务的区别如图 9-35 所示。

图像分类

识别一张图中是否是某类物体/状态/场景，适合图片中主体相对单一的场景。

物体检测

在一张图包含多个物体的情况下，定制识别出每个物体的位置、数量、名称，适合图片中有多个主体的场景。

图 9-35　图像分类和物体检测任务的区别

2. 创建模型

通过链接 https://ai.baidu.com/easydl/ 登录控制台，在"创建模型"中，填写模型名称、联系方式、功能描述等信息，即可创建模型。操作示例如图 9-36 所示。

图 9-36　EasyDL 创建模型界面

模型创建成功后，可以在"我的模型"中看到刚刚创建的模型。

3．上传并标注数据

在训练之前需要在数据中心创建数据集。

（1）设计标签

在上传之前确定想要识别哪几种物体，并上传含有这些物体的图片。每个标签对应想要在图片中检测出的一种物体。注意：标签的上限为 1000 种。

（2）准备图片

1）基于设计好的标签准备图片：

每种要识别的物体在所有图片中出现的次数需要大于 50。

如果某些标签的图片具有相似性，需要增加更多图片。

一个模型的图片总量限制为 4 张～10 万张。

2）图片格式要求：

目前支持的图片类型为 png、jpg、bmp、jpeg，图片大小限制在 4MB 以内。

图片长宽比在 3：1 以内，其中最长边小于 4096px，最短边大于 30px。

3）图片内容要求：

训练图片和实际场景要识别的图片的拍摄环境一致，例如：如果实际要识别的图片是摄像头俯拍的，训练图片就不能用网上下载的目标正面图片。

每个标签的图片需要覆盖实际场景里面的可能性，如拍照角度、光线明暗的变化。训练集覆盖的场景越多，模型的泛化能力越强。

（3）上传和标注图片

先在"创建数据集"页面创建数据集，再进入"数据标注/上传"，步骤如下：

1）选择数据集。

2）上传已准备好的图片。

3）在标注区域内进行标注，以"检测图片标志物"为例，首先在标注框上方找到工具栏，单击标注按钮在图片中拖动画框，圈出要识别的目标，操作如图 9-37 所示。

图 9-37　EasyDL 数据标注界面

然后在右侧的标签栏中，增加新标签，或选择已有标签，如图 9-38 所示。

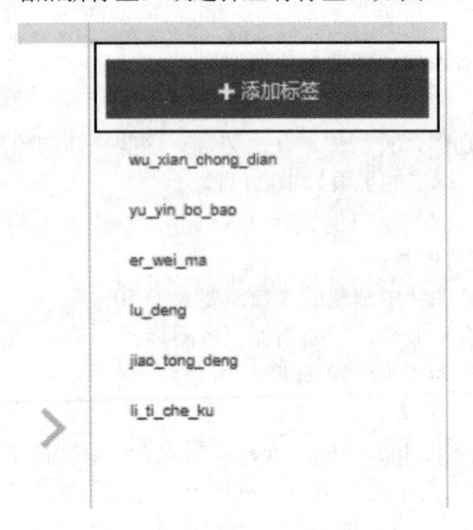

图 9-38　为数据标注添加标签

若需要标注的图片量较大（如超过 100 张），可以启动智能标注来降低标注成本。

4．训练模型

数据提交后，可以在导航中找到"训练模型"，启动模型训练。这时需要选择模型、应用类型、选择算法，添加训练数据。完整操作如图 9-39 所示。

图 9-39　EasyDL 训练模型界面

5．校验模型效果

在模型训练完成后，可以在"校验模型"中看到模型效果，以及详细的模型评估报告。如果单个分类/标签的图片量在 100 张以内，数据基本参考意义不大。校验模型界面如图 9-40 所示。

如果对模型效果不满意，可以通过扩充数据、调整标注等方法进行模型迭代。

6．发布模型

模型训练完毕就可以在左侧导航栏中找到"发布模型"，发布模型页面需要自定义服务名称和接口地址后缀，填写完成后即可申请发布。发布模型界面如图 9-41 所示。

图 9-40　EasyDL 校验模型界面

图 9-41　EasyDL 发布模型界面

申请发布后，通常审核周期为 T+1，即当天申请第二天可以审核完成。

在正式使用之前，还需要为接口赋权。需要登录"控制台"，在"EasyDL 定制训练平台"中创建一个应用，获得由一串数字组成的 AppID，如图 9-42 所示。

同时支持在"EasyDL 定制训练平台-云服务权限管理"中为第三方用户配置权限，操作过程如图 9-43 和图 9-44 所示。

图 9-42　EasyDL 定制训练平台

图 9-43　云服务权限管理

图 9-44　配置权限

发布成功后，就可以在"我的模型"中获得 API 接口了。模型发布成功界面如图 9-45 所示。

图 9-45　EasyDL 模型发布成功界面

7．标志物检测

首先找到物体检测的 API 文档，该文档提供了在获得接口后如何去请求的方法，如图 9-46 所示。

图 9-46　EasyDL 接口调用文档

以上便是多物体识别的使用流程介绍，具体功能可参考官方 API 文档。部分关键代码如下。

1）将文档代码复制到 LandmarkDetectionEmpty.java 当中。

```java
public void easydlObjectDetection(String fileName) {
    // 请求 url
    String url = "【接口地址】";
    try {
        Map<String, Object> map = new HashMap<>();
        map.put("image", "sfasq35sadvsvqwr5q...");

        String param = GsonUtils.toJson(map);

        // 注意这里为了简化编码每一次请求都去获取 access_token，线上环境 access_token 有
```

```
//过期时间，客户端可自行缓存，过期后重新获取
            String accessToken = "[调用鉴权接口获取的 token]";

            String result = HttpUtil.post(url, accessToken, "application/json", param);
            System.out.println(result);
        } catch (Exception e) {
            e.printStackTrace();
        }
    }
```

2）将图片转化至 base64 编码格式。

```
    // 获取图片
BufferedInputStream bis = new
BufferedInputStream(getResources().getAssets().open(fileName));
    // I/O 流转字节流
    byte[] data = readInputStreamByBytes(bis);
Bitmap bmp = BitmapFactory.decodeByteArray(data,0,data.length);
    runOnUiThread(() -> image1.setImageBitmap(bmp));

    Map<String, Object> map = new HashMap<>();
    String basse64 = Base64Util.encode(data);
```

3）解析 Json 数据。

```
    LandmarkInfo lmi = GsonUtils.fromJson( result,LandmarkInfo.class);
    for (LandmarkInfo.ResultsBean rb : lmi.getResults()){ }
```

4）根据返回位置画出矩形框。

```
    Canvas canvas = new Canvas(tempBitmap);
    //图像上画矩形
    Paint paint = new Paint();
    paint.setColor(Color.RED);
    paint.setStyle(Paint.Style.STROKE);//不填充
    paint.setStrokeWidth(10);    //线的宽度
    canvas.drawRect(rb.getLocation().getLeft(), rb.getLocation().getTop()
, rb.getLocation().getLeft() + rb.getLocation().getWidth(), rb.getLocation().getTop() + rb.getLocation().getHeight(), paint);
```

5）运行案例，拍摄标志物之后，识别检测结果，如图 9-47 所示。

9.3.2 基于 PaddlePaddle 的 CNN 图像识别

本节以 AI Studio 实训平台为例，简要介绍在飞桨 PaddlePaddle 2.0 上基于 CNN 的图片识别多分类任务——宝石识别，本任务及资料来源于 AI Studio 平台。前面已经讲述了 CNN 的基本原理，不再赘述。任务实验环境为 AI Studio、PaddlePaddle 2.0、Python 3.7 以上。

任务整个流程共分 5 个阶段，分别是数据准备、模型设计、训练配置、模型训练、模型保存，如图 9-48 所示。模型设计包含网络结构设计、损失函数选择与设计。训练配置包含优化器选择和

资源配置（单机 CPU 或 GPU、多机 CPU 或 GPU）。

图 9-47 识别检测结果

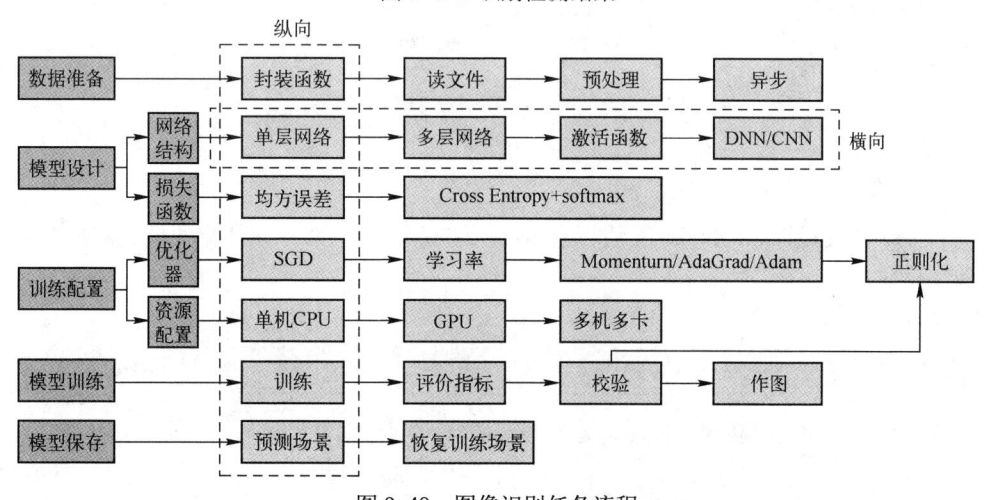

图 9-48 图像识别任务流程

1．数据准备

宝石图像数据集包含 25 类宝石，共 811 张图片，其中训练集 749 张，验证集 62 张，图片格式为 RGB，大小是 3×224×224。

（1）导入需要的包

```
#导入需要的包
import os
import zipfile
import random
import json
import cv2
```

```python
import numpy as np
from PIL import Image
import matplotlib.pyplot as plt
import paddle
from paddle.io import Dataset
import paddle.nn as nn
import paddle
```

(2) 进行参数配置

```python
'''
参数配置
'''
train_parameters = {
    "input_size": [3, 224, 224],                      # 输入图片的 SHAPE
    "class_dim": 25,                                  # 分类数
    "src_path":"data/data55032/archive_train.zip",    # 原始数据集路径
    "target_path":" /data/dataset",                   # 要解压的路径
    "train_list_path": "./train.txt",                 # train_data.txt 路径
    "eval_list_path": "./eval.txt",                   # eval_data.txt 路径
    "label_dict":{},                                  # 标签字典
    "readme_path": " /data/readme.json",# readme.json 路径
    "num_epochs":20,                                  # 训练轮数
    "train_batch_size": 32,                           # 批次的大小
    "learning_strategy": {                            # 优化函数相关的配置
        "lr": 0.001                                   # 超参数学习率
    }
}
```

注意：上述路径是以 AI Studio 在线平台/home 为起始路径，如果采用离线模式，则需要修改为自己的数据路径。

(3) 解压数据集

```python
def unzip_data(src_path,target_path):
    '''
    解压原始数据集，将 src_path 路径下的 zip 包解压至 data/dataset 目录下
    '''
    if(not os.path.isdir(target_path)):
        z = zipfile.ZipFile(src_path, 'r')
        z.extractall(path=target_path)
        z.close()
    else:
        print("文件已解压")
```

(4) 定义生成数据列表方法

```python
def get_data_list(target_path,train_list_path,eval_list_path):
    '''
    生成数据列表
    '''
```

```python
# 获取所有类别保存的文件夹名称
data_list_path=target_path
class_dirs = os.listdir(data_list_path)
if '__MACOSX' in class_dirs:
    class_dirs.remove('__MACOSX')
# 存储要写进 eval.txt 和 train.txt 中的内容
trainer_list=[]
eval_list=[]
class_label=0
i = 0

for class_dir in class_dirs:
    path = os.path.join(data_list_path,class_dir)
    # 获取所有图片
    img_paths = os.listdir(path)
    for img_path in img_paths:                          # 遍历文件夹下的每个图片
        i += 1
        name_path = os.path.join(path,img_path)         # 每张图片的路径
        if i % 10 == 0:
            eval_list.append(name_path + "\t%d" % class_label + "\n")
        else:
            trainer_list.append(name_path + "\t%d" % class_label + "\n")

    train_parameters['label_dict'][str(class_label)]=class_dir
    class_label += 1

#乱序
random.shuffle(eval_list)
with open(eval_list_path, 'a') as f:
    for eval_image in eval_list:
        f.write(eval_image)
#乱序
random.shuffle(trainer_list)
with open(train_list_path, 'a') as f2:
    for train_image in trainer_list:
        f2.write(train_image)

print ('生成数据列表完成！')
```

(5) 上述定义函数的调用和执行

```python
# 参数初始化
src_path=train_parameters['src_path']
target_path=train_parameters['target_path']
train_list_path=train_parameters['train_list_path']
eval_list_path=train_parameters['eval_list_path']
batch_size=train_parameters['train_batch_size']
```

```python
# 解压原始数据到指定路径
unzip_data(src_path,target_path)

#每次生成数据列表前,首先清空 train.txt 和 eval.txt
with open(train_list_path, 'w') as f:
    f.seek(0)
    f.truncate()
with open(eval_list_path, 'w') as f:
    f.seek(0)
    f.truncate()

#生成数据列表
get_data_list(target_path,train_list_path,eval_list_path)
```

(6) 定义读取数据类和方法

```python
class Reader(Dataset):
    def __init__(self, data_path, mode='train'):
        """
        数据读取器
        :param data_path: 数据集所在路径
        :param mode: train or eval
        """
        super().__init__()
        self.data_path = data_path
        self.img_paths = []
        self.labels = []

        if mode == 'train':
            with open(os.path.join(self.data_path, "train.txt"), "r", encoding="utf-8") as f:
                self.info = f.readlines()
            for img_info in self.info:
                img_path, label = img_info.strip().split('\t')
                self.img_paths.append(img_path)
                self.labels.append(int(label))

        else:
            with open(os.path.join(self.data_path, "eval.txt"), "r", encoding="utf-8") as f:
                self.info = f.readlines()
            for img_info in self.info:
                img_path, label = img_info.strip().split('\t')
                self.img_paths.append(img_path)
                self.labels.append(int(label))


    def __getitem__(self, index):
        """
        获取一组数据
```

```
            :param index: 文件索引号
            :return:
        """
            # 打开图像文件并获取标签值
            img_path = self.img_paths[index]
            img = Image.open(img_path)
            if img.mode != 'RGB':
                img = img.convert('RGB')
            img = img.resize((224, 224), Image.BILINEAR)
            img = np.array(img).astype('float32')
            img = img.transpose((2, 0, 1)) / 255
            label = self.labels[index]
            label = np.array([label], dtype="int64")
            return img, label

        def print_sample(self, index: int = 0):
            print("文件名", self.img_paths[index], "\t 标签值", self.labels[index])

        def __len__(self):
            return len(self.img_paths)
```

（7）训练数据和测试数据加载

```
#训练数据加载
train_dataset = Reader('./',mode='train')
train_loader = paddle.io.DataLoader(train_dataset, batch_size=16, shuffle=True)
#测试数据加载
eval_dataset = Reader('./',mode='eval')
eval_loader = paddle.io.DataLoader(eval_dataset, batch_size = 8, shuffle=False)
```

2．模型设计

本例可设计 20 层的 AlexNet 结构，代码如下：

```
class AlexNetModel(paddle.nn.Layer):
    def __init__(self):
        super(AlexNetModel, self).__init__()
        self.conv_pool1 = paddle.nn.Sequential(     #输入大小为 m×3×227×227
            paddle.nn.Conv2D(3,96,11,4,0),          #L1, 输出大小为 m×96×55×55
            paddle.nn.ReLU(),                       #L2, 输出大小为 m×96×55×55
            paddle.nn.MaxPool2D(kernel_size=3, stride=2))   #L3, 输出大小为 m×96×27×27
        self.conv_pool2 = paddle.nn.Sequential(
            paddle.nn.Conv2D(96, 256, 5, 1, 2),     #L4, 输出大小为 m×256×27×27
            paddle.nn.ReLU(),                       #L5, 输出大小为 m×256×27×27
            paddle.nn.MaxPool2D(3, 2))              #L6, 输出大小为 m×256×13×13
        self.conv_pool3 = paddle.nn.Sequential(
            paddle.nn.Conv2D(256, 384, 3, 1, 1),    #L7, 输出大小为 m×384×13×13
            paddle.nn.ReLU())                       #L8, 输出大小为 m×384×13×13
        self.conv_pool4 = paddle.nn.Sequential(
            paddle.nn.Conv2D(384, 384, 3, 1, 1),    #L9, 输出大小为 m×384×13×13
```

```
            paddle.nn.ReLU())              #L10, 输出大小为 m×384×13×13
        self.conv_pool5 = paddle.nn.Sequential(
            paddle.nn.Conv2D(384, 256, 3, 1, 1),  #L11, 输出大小为 m×256×13×13
            paddle.nn.ReLU(),             #L12, 输出大小为 m×256×13×13
            paddle.nn.MaxPool2D(3, 2))    #L13, 输出大小为 m×256×6×6
        self.full_conn = paddle.nn.Sequential(
            paddle.nn.Linear(256*6*6, 4096),  #L14, 输出大小为 m×4096
            paddle.nn.ReLU(),             #L15, 输出大小为 m×4096
            paddle.nn.Dropout(0.5),       #L16, 输出大小为 m×4096
            paddle.nn.Linear(4096, 4096), #L17, 输出大小为 m×4096
            paddle.nn.ReLU(),             #L18, 输出大小为 m×4096
            paddle.nn.Dropout(0.5),       #L19, 输出大小为 m×4096
            paddle.nn.Linear(4096, 25))   #L20, 输出大小为 m×10
        self.flatten=paddle.nn.Flatten()


    def forward(self, x): #前向传播
        x = self.conv_pool1(x)
        x = self.conv_pool2(x)
        x = self.conv_pool3(x)
        x = self.conv_pool4(x)
        x = self.conv_pool5(x)
        x = self.flatten(x)
        x = self.full_conn(x)
        y = paddle.reshape(x,shape=[-1,50*25*25])
        return y

epoch_num = 20
batch_size = 256
learning_rate = 0.0001

val_acc_history = []
val_loss_history = []

def train(model):
    #启动训练模式
    model.train()

    opt = paddle.optimizer.Adam(learning_rate=learning_rate, parameters=model.parameters())
    #train_loader = paddle.io.DataLoader(cifar10_train, shuffle=True, batch_size=batch_size)
    #valid_loader = paddle.io.DataLoader(cifar10_test, batch_size=batch_size)

    for epoch in range(epoch_num):
        for batch_id, data in enumerate(train_loader()):
            x_data = paddle.cast(data[0], 'float32')
            y_data = paddle.cast(data[1], 'int64')
            y_data = paddle.reshape(y_data, (-1, 1))
```

```python
        y_predict = model(x_data)
        loss = F.cross_entropy(y_predict, y_data)
        loss.backward()
        opt.step()
        opt.clear_grad()

    print("训练轮次: {}; 损失: {}".format(epoch, loss.numpy()))

    #每训练完 1 个 epoch，用测试数据集来验证一下模型
    model.eval()
    accuracies = []
    losses = []
    for batch_id, data in enumerate(eval_loader()):
        x_data = paddle.cast(data[0], 'float32')
        y_data = paddle.cast(data[1], 'int64')
        y_data = paddle.reshape(y_data, (-1, 1))
        y_predict = model(x_data)
        loss = F.cross_entropy(y_predict, y_data)
        acc = paddle.metric.accuracy(y_predict, y_data)
        accuracies.append(np.mean(acc.numpy()))
        losses.append(np.mean(loss.numpy()))

    avg_acc, avg_loss = np.mean(accuracies), np.mean(losses)
    print("评估准确度为: {}; 损失为: {}".format(avg_acc, avg_loss))
    val_acc_history.append(avg_acc)
    val_loss_history.append(avg_loss)
    model.train()
```

也可以设计简单的 7 层 CNN 结构，代码如下：

```python
#定义 CNN 实现宝石识别
class MyCNN(nn.Layer):
    def __init__(self):
        super(MyCNN,self).__init__()
        self.hidden1_1 = nn.Conv2D(in_channels=3,
                    out_channels=64,kernel_size=3,stride=1) #通道数、卷积核个数、卷积核大小
        self.hidden1_2 = nn.MaxPool2D(kernel_size=2,stride=2)
        self.hidden2_1 = nn.Conv2D(in_channels=64,out_channels=128,kernel_size=4,stride=1)
        self.hidden2_2 = nn.MaxPool2D(kernel_size=2,stride=2)
        self.hidden3_1 = nn.Conv2D(in_channels=128,out_channels=50,kernel_size=5)
        self.hidden3_2 = nn.MaxPool2D(kernel_size=2,stride=2)
        self.hidden4 = nn.Linear(in_features=50*25*25,out_features=25)
    def forward(self,input):
        x = self.hidden1_1(input)
        x = self.hidden1_2(x)
        x = self.hidden2_1(x)
        x = self.hidden2_2(x)
```

```
            x = self.hidden3_1(x)
            x = self.hidden3_2(x)
            x = paddle.reshape(x,shape=[-1,50*25*25])
            y = self.hidden4(x)

            return y
```

3. 模型训练

```
    #model=MyCNN() #  模型实例化
    #model.train() #  训练模式
    model = AlexNetModel()
    train(model)
    cross_entropy = paddle.nn.CrossEntropyLoss()
    opt=paddle.optimizer.SGD(learning_rate=train_parameters['learning_strategy']['lr'],\
                                         parameters=model.parameters())

    epochs_num=train_parameters['num_epochs'] #迭代次数
    for pass_num in range(train_parameters['num_epochs']):
        for batch_id,data in enumerate(train_loader()):
            image = data[0]
            label = data[1]
            predict=model(image) #数据传入模型
            loss=cross_entropy(predict,label)
            acc=paddle.metric.accuracy(predict,label)#计算精度
            if batch_id!=0 and batch_id%5==0:
                Batch = Batch+5
                Batchs.append(Batch)
                all_train_loss.append(loss.numpy()[0])
                all_train_accs.append(acc.numpy()[0])

print("epoch:{},step:{},train_loss:{},train_acc:{}".format(pass_num,batch_id,loss.numpy(), acc.numpy()))
            loss.backward()
            opt.step()
            opt.clear_grad()      #使用 opt.clear_grad()重置梯度
    paddle.save(model.state_dict(),'MyCNN')#保存模型
    draw_train_acc(Batchs,all_train_accs)
    draw_train_loss(Batchs,all_train_loss)
```

4. 模型评估

```
        #模型评估
    para_state_dict = paddle.load("MyCNN")
    model = MyCNN()
    model.set_state_dict(para_state_dict) #加载模型参数
    model.eval() #验证模式

    accs = []
```

```
    for batch_id,data in enumerate(eval_loader()):#测试集
        image=data[0]
        label=data[1]
        predict=model(image)
        acc=paddle.metric.accuracy(predict,label)
        accs.append(acc.numpy()[0])
avg_acc = np.mean(accs)
print("当前模型在验证集上的准确率为:",avg_acc)
```

5. 模型保存

```
def unzip_infer_data(src_path,target_path):
    '''
    解压预测数据集
    '''
    if(not os.path.isdir(target_path)):
        z = zipfile.ZipFile(src_path, 'r')
        z.extractall(path=target_path)
        z.close()


def load_image(img_path):
    '''
    预测图片预处理
    '''
    img = Image.open(img_path)
    if img.mode != 'RGB':
        img = img.convert('RGB')
    img = img.resize((224, 224), Image.BILINEAR)
    img = np.array(img).astype('float32')
    img = img.transpose((2, 0, 1))      # HWC to CHW
    img = img/255                       # 像素值归一化
    return img


infer_src_path = '/data/data55032/archive_test.zip'
infer_dst_path = '/data/archive_test'
unzip_infer_data(infer_src_path,infer_dst_path)

para_state_dict = paddle.load("MyCNN")
model = MyCNN()
model.set_state_dict(para_state_dict)    #加载模型参数
model.eval()                             #验证模式

#展示预测图片
infer_path='data/archive_test/alexandrite_28.jpg'
img = Image.open(infer_path)
plt.imshow(img)                          #根据数组绘制图像
```

```
    plt.show()                              #显示图像
#对预测图片进行预处理
infer_imgs = []
infer_imgs.append(load_image(infer_path))
infer_imgs = np.array(infer_imgs)
label_dic = train_parameters['label_dict']
for i in range(len(infer_imgs)):
    data = infer_imgs[i]
    dy_x_data = np.array(data).astype('float32')
    dy_x_data=dy_x_data[np.newaxis,:, : ,:]
    img = paddle.to_tensor (dy_x_data)
    out = model(img)
    lab = np.argmax(out.numpy())    #argmax():返回最大数的索引
    print("第{}个样本,被预测为：{},真实标签为：{}".format(i+1,label_dic[str(lab)],infer_path.split('/')[-1].split("_")[0]))
    print("结束")
```

预测结果如图 9-49 所示。

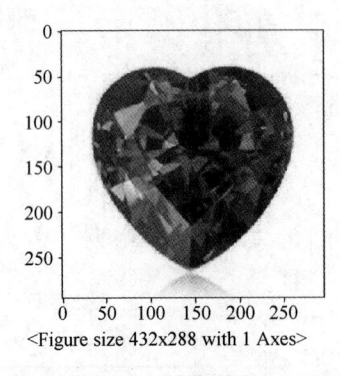

<Figure size 432x288 with 1 Axes>

图 9-49　预测结果

第 1 个样本，被预测为：alexandrite，真实标签为：alexandrite。

注意：如果上述训练模型的预测结果与真实标签不一致，模型还需要重新优化和训练。

9.4　小结

本章主要介绍了 AI 云开发的基础知识以及常用的百度、阿里、Face[++]、科大讯飞等云开发平台和云端机器学习的基本过程，详细描述了 AI 云开发的模式、不同云开发平台的模型基本开发、训练、发布、调用基本流程，同时对基于云端机器学习的多物体识别、图像识别任务所需的数据准备、模型设计、训练模型、模型评估、模型预测全过程进行了详解，并以 EasyDL 和 PaddlePaddle 为基础，进行了模型学习和预测的实现。

习题

1．概念题

1）AI 开发模式有哪些？不同开发模式之间有什么区别？

2）云开发平台进行图像识别开发的基本流程有哪些？

3）人脸检测、活体检测、人脸识别有什么不同？
4）云端使用 CNN 和 DNN 算法进行图片分类预测，通常需要完成哪些步骤？

2．操作题

Oxford-IIIT Pet 数据集（https://www.robots.ox.ac.uk/~vgg/data/pets）包括 37 个类别的宠物数据，每个类别大约有 200 张图像。编写程序，设计网络结构和模型，根据该数据集实现宠物分类，并展示预测结果。

参 考 文 献

[1] SIDHARTH. Cloud AI：the top cloud computing platforms for machine learning and AI[EB/OL].（2023-02-03）[2023-06-25]. https://www.pycodemates.com/2022/06/top-cloud-computing-platforms-for-machine-learning.html.

[2] VOULODIMOS A，DOULAMIS N，DOULAMIS A，et al. Deep learning for computer vision：a brief review[J]. Computational Intelligence and Neuroscience，2018，2018：1-13.

[3] TIAN C W，FEI L K，ZHENG W X，et al. Deep learning on image denoising：an overview[J]. Neural Networks，2020，131：251-275.

[4] XIE X H，BIAN J T，LAI J H. Review on face liveness detection[J]. Journal of Image and Graphics，2022，27（1）：63-87.

[5] WANG Z Q，ZHANG Y S，YU Y，et al. Review of deep learning based salient object detection[J]. Journal of Image and Graphics，2022，27（7）：2112-2128.